华人育儿百科

Encyclopedia of Parenting

为华人量身定制的育儿指南
送给新父母的最佳礼物

300 个常见育儿问题
70 种婴幼儿常见疾病
24 个促进幼儿发育的小游戏

台湾前长庚儿童医院院长 林奏延
台湾长庚纪念医院儿科医疗团队 | 著

北京新世纪儿童医院医疗网络儿科医师 崔克西 | 审校

北京联合出版公司
Beijing United Publishing Co.,Ltd.

本书审阅者

吴佑佑（同为本书作者）
现　　职：宇宁身心诊所负责人
简　　历：南康涅狄格州立大学特殊教育研究所硕士、台湾中国医药学院医学系医学士、耶鲁大学儿童研究中心研究员、林口长庚儿童医院儿童心智科主任

周怡宏（同为本书作者）
现　　职：周怡宏小儿科诊所院长、台北中山医院小儿科兼任主治医师
简　　历：台湾大学医学系医学士、美国农业部儿童营养研究中心访问医生、敏盛医疗体系妇幼系总监兼总院副院长、长庚儿童医院新生儿科主任与儿童内科部主任

林瑞莹（同为本书作者）
现　　职：林口长庚纪念医院新生儿科主治医师、长庚大学助理教授
简　　历：台北医学院医学系医学士、林口长庚纪念医院新生儿科主任、宾夕法尼亚州立大学医学院临床助理教授、宾夕法尼亚州立大学费城儿童医院研究员及主治医师

邱政洵
现　　职：林口长庚纪念医院儿童内科部主任、长庚大学医学系教授
简　　历：长庚大学临床医学研究所博士、台湾中山医科大学医学系医学士、英属哥伦比亚大学博士后研究员、台湾感染症医学会秘书长

黄美涓（同为本书作者）
现　　职：桃园长庚纪念医院院长、台湾复健医学会理事长
简　　历：台湾大学医学系医学士、西北大学芝加哥复健学院研究员、梅约医学中心生物力学实验室研究员、长庚大学复健科学研究所所长、2010年"台湾医疗典范奖"得主

赵舜卿（同为本书作者）
现　　职：林口长庚纪念医院儿童胃肠科主任、长庚大学医学系副教授
简　　历：台湾中国医药大学医学系医学士、加州大学洛杉矶分校儿童胃肠肝胆营养学研究员，曾参与台湾儿科医学会"台湾儿童肥胖与儿童喂食困难治疗方针"的制定

本书作者群

王辉雄	翁逸豪	黄玉成	骆至诚
王锦满	高宜娟	黄玉书	谢育嘉
朱世明	高轩楷	黄芳仪	谢依璇
江明洲	张北叶	黄冠颖	谢孟颖
江东和	张敏玉	黄建富	谢明慧
吴志德	张钧竹	黄健燊	钟宏涛
吴昌腾	张嘉献	黄绍基	钟美勇
吴哲民	张学岑	黄琦棻	简邵如
李文益	梁歆宜	黄新纯	颜大钦
李冠逸	庄智贤	黄璟隆	魏自宜
李筱蓉	许凯翔	黄钟莹	魏欣怡
李嘉惠	郭贞孃	杨兆平	罗福松
辛宜蓉	陈世彦	杨秀云	苏文鉁
孟令夫	陈世翔	杨孟玲	苏绣雅
林光麟	陈志诚	杨美玲	
林宜君	陈志荣	杨瑞永	
林俏汛	陈芊卉	杨鹏弘	
林思偕	陈宜纶	詹翔琳	
林淑芳	陈怡玲	欧良修	
林淑雯	陈姿吟	欧阳美珍	
林凯慧	陈建彰	蔡明翰	
林钰珊	陈美慧	蔡荫玲	
施一新	陈郁文	郑秋凤	
洪悠纪	陈嘉玲	郑博仁	
倪信章	陈丰顺	郑积慧	
夏绍轩	傅仁煇	郑鸿卫	
徐任甫	程劭文	赖明玮	

前言

儿科医生给家长的一封信

亲爱的家长：

您好！

"每个孩子都是父母眼中的心肝宝贝"，这句话，除了您自己之外，最有体会的就是我们儿科医生了。孩子生病，哪怕只是一点低烧、轻微的精神倦怠或是食欲减退，都会引起父母莫大的焦虑。因此，身为儿科医生的我们，除了肩负"孩子健康的守护者"这一使命，尽心尽力为患儿诊治外，也希望能成为您与孩子的好朋友，帮助您了解预防儿童疾病的方法，并促进孩子身心正常成长发育。

对儿科医生来说，"视病犹亲"绝不是一个口号，而是发自内心的热忱。为小朋友诊治疾病时，我们会把每个孩子当作自己的儿女与孙儿来看待，以寻求最适当的医疗方式，但是同时，为了下一代的健康成长，我们也恳请身为家长的您做好以下这些功课：

丰富自己的保健知识：阅读声誉良好的育儿书刊，以获得正确的儿童保健知识，避免听信人云亦云的谣言或是网络上流传的种种没有根据的说法。

以身作则，帮孩子养成有益身心的生活习惯：例如，家长们自己就要规律运动，多吃蔬菜、水果，少吃垃圾食品等，因为孩子的模仿性很强，家长的一举一动他们都看在眼里，在未来就会演变成他们自己的习惯与行为。

让孩子养成良好的用眼习惯：除了定期做视力检查、定时进行户外活动外，近距离用眼30分钟，就要让眼睛休息10分钟，并不要过度使用数码产品，不要让2岁以下的幼儿看屏幕，2岁以上儿童每天看屏幕的时间不要超过1小时。

预防意外事故的发生：1～4岁儿童可能遭遇的事故伤害以交通事故和意外溺水为主，家长要特别小心预防车祸和溺水。

孩子要定期接受预防接种：疫苗是已知的预防传染病的最有效的方法。有些另类医疗人士散布"疫苗有害论"，这些都经不起现代科学的推敲。试问，在没有疫苗的年代，为何儿童夭折的比例那么高？历史上那些可怕致命的疾病——天花、小儿麻痹、白喉，现在都到哪里去了？

孩子要定期接受生长发育评估和营养咨询：儿童生长或发育缓慢有时是正常现象，有时却是潜藏疾病的表现。反之，因为新陈代谢异常或营养不良而生长发育较缓慢的儿童，也可能更容易受到病魔的侵袭。不可不谨慎！

要随时仔细观察孩子的变化：孩子在

生病时变化很快，年纪越小变化越快，尤其是幼儿，如果有持续性剧烈呕吐、眼神涣散呆滞、活力欠佳、呼吸急促等现象，应马上送医，即使半夜也要送急诊。

学会正确、有组织地叙述孩子的病史：从关键症状开头，告诉医生症状是何时开始的，是否越来越严重，伴随着哪些事件（或是否有其他症状），过去是否有类似症状，用过哪些药物，等等。如有发热情况，一定要量体温。

找一位固定的、能倾听病史并仔细检查的儿科医生：婴幼儿疾病大多为伤风感冒，很多常用感冒药在孩子身上并未被证实有效，或只能短暂改善症状，所以正确诊断和花时间解释病情可能比开一大堆药更重要。

善用数码产品录像或录音：有些不定时出现的症状，如腹股沟斜疝（俗称坠肠），当腹压降低时，移位的肠道又会回到腹腔内，症状会消失，导致医生无法确诊，所以当肠移位到腹股沟处形成肿块时，最好能录像或拍照给医生参考；有些皮疹、腹泻时的粪便也可以拍下来给医生看，孩子呼吸或咳嗽时发出的奇怪声音也可以录下来，给医生提供参考。

家长想做检查或认为某些药物更好时，可以坦率地和医生讨论，但最终要尊重医生的专业决定：例如感冒不需要用抗生素治疗，大部分也都不需要影像检查，有些家长爱子心切，要求医生开抗生素或是胸部X线检查，其实大部分是不必要的，因为抗生素多少都有副作用，并会造成细菌的耐药性，而胸部X线检查虽然放射线剂量极其微小，还是会造成不必要的伤害。

遵从医嘱服药与回诊：如孩子的恢复不如预期、有新症状出现或服药后有副作用，都应该再和医生讨论。

"神医"只存在于小说与戏剧中。就算医术再高明，医生也不是神，不能代替您承担疾病的后果。孩子生病了，比起选择一位鼎鼎大名的医生，排很久的队，看诊两分钟，不如选择一位有医德、能认真为孩子详细检查并与您解释与讨论的医生。最后，我们建议您多关心保健常识，养成良好的生活习惯，善于与医生沟通，继续回诊追踪，这些才是让孩子保持健康的不二法门。

本书儿科医生团队

目录

本书审阅者 001
本书作者群 002
前言　儿科医生给家长的一封信 003

PART 1 享受养育宝宝的喜悦

第 1 章 从产前到产后

·迎接新生命的挑战·

001. 给宝宝一个健康的开始——
　　　怀孕前后该做哪些准备？ 005
002. 为迎接宝宝的诞生，你该做哪些准备？ 006
003. 当新生儿即将到来——
　　　新父母面对的挑战与成长 007
004. 宝宝出生后会改变原本的生活节奏
　　　与夫妻关系吗？该怎么办？ 008
005. 爸爸与其他家人应该扮演何种角色？ 009
006. 妈妈怀孕了——
　　　大孩子准备好当哥哥姐姐了吗？ 010

·从孕期到产后护理·

007. 为什么要定期产检？
　　　产检包含哪些项目？ 012
008. 如何降低难产或早产的风险？ 013
009. 是否需要参加产前父母教室？ 015
010. 生产征兆有哪些？该如何准备待产包？ 016
011. 准妈妈生产，准爸爸该不该陪产？ 018
012. 需要为宝宝保存脐带血吗？ 019
013. 如何坐月子？需要选择月子中心吗？ 021
014. 什么是产后抑郁症？ 022
015. 宝宝出生后会做哪些基本的身体检查？ 023
016. 需要为宝宝进行新生儿自费筛检吗？ 025
017. 新生儿听力筛检的重要性 026

·物品与环境准备·

018. 如何为宝宝布置一个安全舒适的窝？ 027
019. 要为宝宝准备哪些衣食住行用品？ 029
020. 如何选购婴儿载具？ 031
021. 如何选购婴儿椅和婴幼儿游戏围栏？ 034
022. 儿童居家安全有哪些注意事项？ 035

第 2 章 0～3 个月的宝宝

·发育与学习·

023. 宝宝的发育正常吗？认识儿童生长曲线图 039
024. 宝宝的六大发育指标与早期刺激训练 043
025. 如何抚摸婴儿？需要为宝宝按摩吗？ 045
026. 如何给予宝宝适当的感官刺激？ 047

·基础照顾·

027. 如何哺喂母乳？ 048
028. 如何帮宝宝洗澡？ 049
029. 如何做脐带护理？ 050
030. 如何测量体温？ 051
031. 如何辨别宝宝的情绪反应？ 053
032. 如何护理新生儿的皮肤？ 055
033. 宝宝有尿布疹，该怎么办？ 056

034. 如何选择尿布? ……………………… 057
035. 宝宝的胎记长大后会消失吗? ……… 059

· 睡眠与饮食 ·

036. 宝宝一天应该睡多久? ……………… 060
037. 仰睡、俯睡还是侧睡? ……………… 062
038. 宝宝经常在半夜哭闹,该怎么办? … 065
039. 如何选择吸乳器? …………………… 066
040. 如何正确保存母乳? ………………… 067
041. 如何亲喂?哺乳中有什么技巧? …… 068
042. 如何选购奶瓶、奶嘴等相关器具? … 070
043. 瓶喂有什么技巧? …………………… 072
044. 要不要给宝宝使用安抚奶嘴? ……… 074

· 保健与照顾 ·

045. 宝宝又吐奶了,如何分辨溢奶与呕吐? … 076
046. 当宝宝鼻塞、呼吸有杂音时该如何处理? … 077
047. 宝宝腹胀、腹绞痛,该怎么办? …… 079
048. 宝宝的大便正常吗?
　　如何判断便秘或腹泻? ……………… 080
049. 满月后的宝宝仍有黄疸,这正常吗? … 082
050. 新生儿发热该怎么办? ……………… 084
051. 如何喂婴幼儿吃药? ………………… 087
052. 如何预防婴儿猝死症? ……………… 088

第 3 章　3～12 个月的宝宝

· 发育与学习 ·

053. 宝宝开始流口水了 …………………… 091
054. 宝宝会自己翻身了 …………………… 092
055. 宝宝能自己坐着了 …………………… 093
056. 宝宝会爬和站了 ……………………… 095

057. 宝宝用学步车好吗? ………………… 096
058. 如何选择第一双鞋? ………………… 098
059. 宝宝 O 型腿或走路外八字正常吗? … 099
060. 宝宝长第一颗牙了 …………………… 100
061. 如何促进宝宝的智力发育与肢体协调? … 101

· 睡眠与饮食 ·

062. 如何让宝宝一夜好眠到天亮?
　　谈宝宝夜哭的安抚技巧 ……………… 102
063. 宝宝每天要吃多少奶才够? ………… 103
064. 是否该帮宝宝戒掉夜奶? …………… 105
065. 什么时候可以开始为宝宝添加辅食? … 106
066. 添加辅食时有何注意事项? ………… 109
067. 宝宝适合吃哪些辅食? ……………… 110
068. 正确的宝宝喂食技巧 ………………… 112
069. 厌奶期来了!
　　宝宝不愿意吃或吃得太少怎么办? … 113

· 保健与照顾 ·

070. 宝宝乱抓东西往嘴里塞,怎么办? … 115
071. 宝宝吸吮手指或奶嘴好不好? ……… 116
072. 可以抱着宝宝玩抛高高的游戏吗? … 118

| PART |

2　了解幼儿的成长与日常照顾

第 4 章　1～3 岁的学步儿

· 发育与学习 ·

073. 宝宝何时学会走路才正常? ………… 123
074. 什么时候可以开始训练宝宝上厕所? … 124

075. 左撇子需要矫正吗？ 126
076. 宝宝黏人怎么办？ 128
077. 如何帮助孩子克服羞怯与焦虑？ 130
078. 如何与孩子谈"性" 132

· 睡眠与饮食 ·

079. 0～3岁幼儿的睡眠问题 133
080. 如何训练幼儿独自睡觉？ 134
081. 婴幼儿需要吃营养补充品吗？ 135
082. 学步儿一天该吃多少？ 137
083. 宝宝不吃蔬菜怎么办？ 139

· 保健与照顾 ·

084. 如何帮婴幼儿刷牙？ 141
085. 孩子需要涂氟吗？ 142
086. 孩子近视了吗？ 143
087. 孩子对电视、电脑、手机等电子产品上瘾了，怎么办？ 145
088. 如何选择合格的保姆？ 147

第5章 4～6岁的学前幼儿

· 发育与学习 ·

089. 孩子的成长是否落后于同龄人？ 149
090. 孩子口吃该怎么办？ 152
091. 学龄前儿童需要学写字吗？ 154
092. 孩子不专心怎么办？ 156
093. 孩子应该什么时候开始上幼儿园？ 157
094. 如何选择理想的幼儿园？ 159
095. 上幼儿园的孩子是不是很容易生病？ 160
096. 孩子不想上学怎么办？ 161

· 睡眠与饮食 ·

097. 学龄前儿童常见的睡眠问题 162
098. 孩子5岁了还会尿床，怎么办？ 164
099. 孩子在幼儿园里的饮食问题 166
100. 孩子能吃零食吗？ 167

· 保健与照顾 ·

101. 孩子爱看电视，该怎么办？ 168
102. 孩子玩手机好不好？ 169
103. 孩子有龋齿了，该如何处理？ 170
104. 孩子近视了怎么办？什么是假性近视？ 172

PART 3 探索孩子不同阶段的发育关键

第6章 儿童的感官、大动作与精细动作发育

105. 儿童的发育与生长大不同 177
106. 0～3岁是幼儿脑部发育的黄金期 179
107. 0～3岁幼儿的感官发育 181
108. 4～6岁儿童的感官发育 184
109. 0～3岁幼儿的大动作发育 186
110. 4～6岁儿童的大动作发育 189
111. 0～3岁幼儿的精细动作发育 191
112. 4～6岁儿童的精细动作发育 193

第7章 儿童的语言、情绪与社会行为发育

113. 0～3岁幼儿的语言发育 195
114. 4～6岁儿童的语言发育 199
115. 0～6岁儿童的社会行为发育 200

116. 0～6岁儿童的情绪发育 ……………… 202
117. 0～6岁儿童的游戏能力发育 …………… 204
118. 0～6岁儿童的自理能力发育 …………… 206

第8章 发育迟缓与早期干预

119. 孩子需要做智力评估吗? ……………… 209
120. 孩子的发育滞后了吗?
     浅谈发育迟缓的预警信号 ……………… 210
121. 孩子为什么会发育迟缓?
     如何帮助发育迟缓的孩子? …………… 214
122. 为什么定期接受发育检查很重要? …… 216

第9章 认识感觉统合

123. 什么是感觉统合?它有怎样的重要性? …… 219
124. 改善感觉统合失调的方法有哪些? …… 221

PART 4 喂养方式的选择与建议

第10章 母乳喂养

125. 我能成功哺喂母乳吗? ………………… 227
126. 为什么说母乳是最符合婴儿需求
     的食物? ………………………………… 229
127. 应该从生产后多久开始哺喂母乳? …… 231
128. 成功哺乳有哪些秘诀? ………………… 233
129. 哺乳时如何知道宝宝已经吃饱了? …… 235
130. 宝宝一天吃多少属于过度喂食? ……… 236
131. 哺乳期妈妈在饮食方面应注意哪些事项? …… 237

132. 哺乳期药物使用禁忌 …………………… 239
133. 哺喂特殊婴儿时要注意哪些事项? …… 241

第11章 配方奶喂养

134. 你落入选购配方奶的误区了吗? ……… 243
135. 婴儿配方奶是怎样配制的? …………… 244
136. 如何为宝宝挑选合适的配方奶? ……… 246
137. 婴儿羊奶粉适合给宝宝吃吗? ………… 247
138. 1岁以上的宝宝需要吃成长奶粉吗? … 248
139. 吃辅食后是否还需要持续吃奶? ……… 249

第12章 治疗性配方奶喂养

140. 什么是水解蛋白配方奶(低敏配方)? …… 251
141. 什么是无乳糖配方奶? ………………… 253
142. 什么是稠化配方奶(止溢配方)? …… 254
143. 宝宝胀气时,要不要喂食配方奶? …… 255

第13章 辅食添加

144. 为何要给宝宝吃辅食? ………………… 257
145. 宝宝可以吃哪些辅食? ………………… 258
146. 宝宝吃辅食后,应如何调整奶量? …… 260
147. 制作与食用辅食需要哪些器具? ……… 261
148. 如何为不同年龄的宝宝选择合适的辅食? …… 262
149. 如何在家自制辅食? …………………… 263

第14章 断奶后的饮食

150. 如何选择断奶后的食物?何谓断奶? …… 265
151. 母乳喂养的宝宝如何断奶? …………… 266

152. 成长中的孩子，怎样吃才健康？ 268
153. 如何安排孩子的用餐时间？ 270

PART 5 满足孩子全方位的营养需求

第15章 营养对健康的影响

154. 矿物质对儿童健康的重要性 275
155. 维生素对儿童健康的重要性 276
156. 纤维素对儿童健康的重要性 278
157. 孕妇或哺乳期妈妈可以吃鱼油吗？ 279
158. 宝宝需要额外补充DHA吗？ 280
159. 补充钙片真的有助儿童成长吗？ 281

第16章 益生菌的选择

160. 什么是益生菌？ 283
161. 益生菌可以缓解腹泻吗？ 284
162. 如何选择合适的益生菌？ 286
163. 可以长期吃益生菌吗？ 287

第17章 儿童的喂养困难问题

164. 什么是儿童喂养困难？ 289
165. 孩子偏食、挑食合并营养不良怎么办？ 291
166. 如何预防与改善孩子的偏食和挑食行为？ 292
167. 孩子厌食怎么办？ 294
168. 应该如何给孩子吃零食？ 296

第18章 儿童的肥胖问题

169. 什么是儿童肥胖？ 299
170. 如何预防儿童肥胖？ 302
171. 如何治疗儿童肥胖？ 303
172. 肥胖儿童在运动中要留意哪些事项？ 305

第19章 儿童的运动与成长

173. 为什么儿童需要运动？ 307
174. 什么是体适能？适合儿童的运动项目有哪些？ 309
175. 如何帮孩子预防运动伤害？ 311

PART 6 搞定教养，亲密加分

第20章 教养观念一点通

176. 如何从婴儿期起为宝宝打下良好的发展基础？ 315
177. 父亲参与育儿对宝宝的身心发育有何影响？ 316
178. 如何建立美好的亲子关系？ 317
179. 如何与祖父母一起快乐育儿？ 318
180. 上班忙的父母如何带好孩子？ 319
181. 当爱变成溺爱——如何理智地爱孩子？ 321
182. 体罚孩子有效吗？ 323
183. 如何陪孩子度过人生中第一个叛逆期？ 324
184. 如何从孩子的角度看世界？ 325
185. 如何教养独生子女？ 326

186. 如何让兄弟姐妹和睦相处? ... 327
187. 孩子为什么不听话? ... 328
188. 如何教出有礼貌的孩子? ... 329
189. 孩子为什么会"人来疯"? ... 330
190. 孩子怕黑、怕鬼时该怎么办? ... 331

第21章 幼儿学习,齐步走

191. 上幼儿园前需做哪些准备? ... 333
192. 幼儿园有哪些不同的教学理念
　　 与教学法? ... 334
193. 如何帮孩子交朋友? ... 336
194. 如何处理孩子与玩伴间的冲突? ... 337
195. 当孩子羡慕或嫉妒别人时怎么办? ... 338
196. 怎样教孩子保护自己? ... 339
197. 如何帮孩子顺利从幼儿园进入小学? ... 340
198. 如何培养孩子的阅读兴趣? ... 342
199. 孩子不专心、没耐性,该怎么办? ... 344
200. 数码产品对幼儿发育有哪些影响? ... 345
201. 幼儿需要学英语、发展特长吗? ... 346
202. 如何培养孩子的审美? ... 347

PART 7 认识儿童常见疾病

203. 孩子生病了该看哪科医生? ... 350

第22章 常见感染病

204. 发热 ... 353
205. 伤风感冒 ... 355
206. 水痘 ... 357
207. 麻疹 ... 359
208. 风疹 ... 360
209. 流行性腮腺炎 ... 361
210. 幼儿急疹 ... 362
211. 金黄色葡萄球菌感染 ... 363
212. 沙门氏菌感染 ... 365
213. 肠道病毒感染 ... 366
214. 脑炎 ... 369
215. 脑膜炎 ... 370
216. 川崎病 ... 372
217. 脐炎 ... 373
218. 败血症 ... 375
219. 中耳炎 ... 377
220. 鼻窦炎 ... 379
221. 急性喉炎 ... 380
222. 肺炎 ... 381
223. 结核病 ... 383
224. 骨髓炎 ... 384
225. 化脓性关节炎 ... 386
226. 儿童泌尿系统感染 ... 387
227. 皮肤感染 ... 390
228. 关于抗生素,你一定要知道的事 ... 392

第23章 内科类疾病

229. 肠炎 ... 395
230. 肝炎 ... 396
231. 胃食道反流 ... 397
232. 消化性溃疡 ... 398
233. 慢性腹泻 ... 399
234. 过敏性鼻炎 ... 400

235. 哮喘 ············ 401
236. 食物过敏 ············ 403
237. 特应性皮炎 ············ 405
238. 先天性免疫缺陷 ············ 407
239. 热性惊厥 ············ 409
240. 癫痫 ············ 410
241. 抽动秽语综合征 ············ 411
242. 心脏杂音 ············ 413
243. 先天性心脏病 ············ 414
244. 心肌炎 ············ 415
245. 贫血与地中海贫血 ············ 416
246. 蚕豆病 ············ 417
247. 恶性肿瘤 ············ 418
248. 白血病 ············ 420
249. 喉软骨软化 ············ 421

第24章 外科类疾病

250. 儿童麻醉 ············ 423
251. 胆道闭锁 ············ 424
252. 肠套叠 ············ 425
253. 急性阑尾炎 ············ 426
254. 腹股沟斜疝 ············ 427
255. 婴幼儿是否需要割包皮？············ 428
256. 斜颈 ············ 431
257. 结膜炎 ············ 432
258. 弱视与斜视 ············ 434
259. 龋齿 ············ 436
260. 髋关节发育不良 ············ 438
261. 骨折与脱臼 ············ 440
262. 生长痛 ············ 441

第25章 儿童心理问题

263. 走进孩子的心理世界 ············ 443
264. 学习障碍——别错怪孩子不努力 ············ 444
265. 发育性协调障碍——
    用爱陪伴慢飞天使 ············ 446
266. 注意力缺陷多动症——
    分心好动就是我 ············ 448
267. 自闭症——星星的孩子 ············ 450
268. 阿斯伯格综合征——
    我只看得到我的需要 ············ 452
269. 拒学症——学校里有怪兽！我害怕 ············ 453
270. 焦虑症——处处都是焦虑源 ············ 455
271. 分离焦虑症——我想永远待在育儿袋里 ············ 456
272. 强迫症——一点都不能错 ············ 457
273. 选择性缄默症——
    我怕我的声音被你听到 ············ 458
274. 适应障碍——当孩子身陷压力风暴 ············ 459
275. 创伤后应激障碍——
    尘封在心中的伤口 ············ 460
276. 遗尿症——又尿床了怎么办？············ 461
277. 遗粪症——就是管不住自己 ············ 462
278. 重复性行为障碍——
    孩子爱咬指甲怎么办？············ 463
279. 患慢性身体疾病孩子的心理健康 ············ 464
280. 面对丧亲的悲伤 ············ 466
281. 习惯性偷窃行为 ············ 468
282. 孩子需要做心理测验吗？············ 469

第26章 儿童意外伤害处理

283. 意外伤害的预防及处理 ············ 471

284. 中毒的预防及处理 473
285. 烧烫伤的预防及处理 474
286. 居家意外伤害的预防 476
287. 呼吸道异物梗塞的预防及处理 478

| PART |

 认识疫苗接种

第27章 关于疫苗，你应该知道的事

288. 什么是疫苗？疫苗接种有多重要？ 483
289. 幼儿接种疫苗的时间与禁忌 485
290. 接种疫苗后可能出现的反应与处理 487
291. 疫苗漏打、延迟或接种状况不明的补种方式 489

第28章 认识重要疫苗

292. 五合一疫苗 491
293. 卡介苗 491
294. 乙型肝炎疫苗 492
295. 麻疹、腮腺炎、风疹混合疫苗 492
296. 水痘疫苗 493
297. 流行性乙型脑炎疫苗 493
298. 甲型肝炎疫苗 494
299. 肺炎链球菌结合疫苗 494
300. 流感疫苗 496

附录　医生家庭的常备药品 497

索引 499

出版后记 507

PART 1

享受养育宝宝的喜悦

0～3岁是大脑成长最快速的时期。俗话说"三岁看大，七岁看老"，指的就是婴幼儿阶段的生活体验与未来的发育有密切的关系。提供孩子丰富多元的居家与自然环境，引导宝宝在玩耍中学习，对孩子的感官发育有莫大的好处。

4～6岁的幼儿已经有能力将感觉和动作刺激传入大脑进行整合，进而对外界事物产生比较完整的概念。此时孩子也多半进入幼儿园，家长和老师可通过日常训练帮孩子建立良好生活作息，为孩子的发育奠定基础。

家长要明确孩子不同年龄段的生长发育和行为发育重点，如果怀疑孩子有发育迟缓的问题，要尽快就医，接受早期治疗，以免孩子错过黄金发育期。

- 第 1 章　从产前到产后
- 第 2 章　0～3 个月的宝宝
- 第 3 章　3～12 个月的宝宝

第 1 章

从产前到产后

· 迎接新生命的挑战 ·

001

给宝宝一个健康的开始——怀孕前后该做哪些准备？

首先恭喜您决定或即将成为父母！随着新生儿的到来，您和另一半将组成一个更加完整的家庭，同时也将面临人生中一个崭新的重要阶段。因此，让我们先来谈谈在迎接宝宝前，准爸妈应该在心理和生理上做哪些准备。

■ **我想怀孕，在怀孕前需要做什么准备？**

1. 准爸妈心理上的准备：

准备怀孕时，就应开始思考下面几个重要课题，为未来的变化做准备，例如：我为什么想要宝宝？我的另一半也同样期待有个宝宝吗？有了宝宝之后，我们的生活模式会有什么改变？我们已经准备好去适应和接受这些改变了吗？我们是否有足够的心理准备和经济能力来抚养一个宝宝？我们是否有足够能力提供宝宝适当的教养？

2. 准爸妈生理上的准备：

准备怀孕前，准爸妈同时要考虑到自己的身体健康状况。受孕前，孕妇的身体健康状况保持得越好，就越能避免怀孕期间母子可能面对的困难和伤害；越早做好孕前的身心健康准备，对怀孕的积极效果越大。

■ **我怀孕了，在怀孕期间要注意什么？**

1. 准妈妈在怀孕后应立即戒除不良嗜好，包括吸烟、喝酒等，而含有咖啡因的饮料如咖啡、浓茶则以每天一杯为限。

2. 怀孕期间的饮食应遵循均衡、多样化、少量多餐、少盐少油等原则，并严格控制体重增加的速度。

3. 怀孕期间如需要使用药物治疗，应先咨询妇产科医生。

4. 怀孕期间应维持规律的生活作息，做好情绪管理，并保持充足的休息和睡眠。

5. 怀孕后孕妇的心肺负荷会随着怀孕周数和体重上升日益增加，准妈妈最好维持每周3～4次、每次20分钟的规律性运动。定时、适度的运动除了可减轻孕期姿势不良导致的后背、下肢疼痛症状外，更可增加骨盆及下肢肌肉的张力，为顺利自然地迎接宝宝诞生储备生产的能量。

为迎接宝宝的诞生，你该做哪些准备？

当预产期确定后，准爸妈在期待过程中的心情就像刚得知怀孕般紧张、兴奋。请记住，此时要开始努力为孩子的出生做好一些重要的事前准备工作，这些准备虽然多而复杂，却是非常具体而实际的，包括以下几项：

■ 生产前的工作安排与家庭的经济准备

准妈妈如果是职业女性，建议最好提前几个月就开始逐渐与接手的同事沟通，把工作一项项逐步交接，以便同事能有适应过程，也使自己的产前体能在工作与休息间做好平衡。如此一来，准妈妈不仅可以兼顾自己的事业理想和拥有完整家庭的美好憧憬，还能时时保持快乐的心情，期待小生命的诞生。

生产除了住院的医疗与手术费用之外，还有不少的杂项支出，包括妈妈与孩子的病房费用、各种用品与营养补充品等，应该做好各项预算准备，才能有备无患，另外也要保管好所有医疗费用的单据，以便日后整理报销。

■ 充实分娩与婴儿护理知识

对于怀孕后期可能有的正常及不正常现象（例如破水或阵发性腹痛），最好事前阅读与分娩有关的资料，并与妇产科医生充分沟通，以了解自己的预定分娩方式与过程，避免不必要的惊慌和紧张。

至于孩子的哺喂方式与准备用品，也应由准爸妈双方事先沟通、建立默契，而育儿中可能碰到的种种常见问题，如主要照顾者的决定、喂食顺利与否、对婴儿哭闹的处理等，建议应先阅读育儿百科类书籍，充分了解其内容，并向有经验者请教，以帮助自己建立信心以及稳定情绪。

■ 为新生儿准备必要用品

关于婴儿用品的准备，可见 29 页。此外，要特别提醒新父母，购买婴儿用品，特别是寝具、尿布、婴儿衣物和哺喂用具等，应注意是否有安全认证，以及不含毒性物质的检验证明；当然也最好多准备一些，避免突然间不够用的窘况。

当新生儿即将到来——新父母面对的挑战与成长

面对家庭新成员的到来,新父母应该深刻了解,宝宝的加入对夫妻双方的生活及关系的经营都是一项挑战,父母在心理和生理层面都会经历相当大的变化。许多研究都建议,在孩子出生前后,可通过与另一半坦诚地沟通,通过讨论对宝宝出生的期待、育儿书籍的心得,以及询问有教养经验者等方式,重新规划并调整家庭生活的步调,先划分好家事以及育儿工作,尽量做好时间管理,这些都是很重要的。

■ 新父母的身心自我调适

产后,大多数妈妈会随着新生儿降临与孕期身体不适的解除而感到喜悦与幸福。但是研究指出,有70%的女性会在短暂的欢喜之后暂时陷入紧张不安与心情低落的状态,这被称为"产后抑郁"(见22页),这种状况多半只会持续几天,通常会在2周内逐渐消失。

对爸爸而言,孩子的出生则不只带来了对父亲角色的适应问题,也关系到育儿责任与技巧、经济负担等层面,情绪和行为上难免出现一些消极表现,包括恐惧、不满、生气、疲惫、想逃避等。

■ 学习做个称职的父母

如今的新爸妈,许多都是在有了孩子后才开始学做父母,有些可能会对照顾宝宝的能力没有信心,或是觉得自己的个性或生活习惯不适合为人父母。其实,宝宝不但是被教养的小小个体,也是父母最好的学习对象,因为每个宝宝都是独特的。若能耐心地逐渐了解宝宝的习惯,新父母就能与宝宝建立起适宜的互动模式,在育儿书籍与前辈的指导下,慢慢发展出一套属于自己小家庭的教养方式。

> **小贴士**
>
> 夫妻彼此的包容体谅、相互扶持打气、扮演角色的轮换、照顾职责的分工,都可以让双方有勇气和力量继续往前走。有时,一句安慰的话,或是一个心疼的眼神,都可以安抚另一半的情绪;夫妻间相处的和谐气氛会为孩子顺利成长营造优质环境,也是塑造孩子日后健全人格的重要保证。

004

宝宝出生后会改变原本的生活节奏与夫妻关系吗？该怎么办？

成为父母，是人一生中要经历的重大转折点之一。对新父母而言，等待新生儿到来的过程往往伴随着"喜忧参半"的复杂情绪。夫妻俩心中充满兴奋与喜悦的同时，也常因担忧孩子出生后照顾任务繁重、经济负担增加、夫妻关系转变等种种问题而陷入无谓的心理困境之中。因此，在怀孕期间，随着胎儿的发育，准父母们也应该慎重思考该如何自我成长，调适怀孕带来的生理、心理、经济及环境的变化，让自己在不久的将来成为全面发展的称职父母。

■ 照料新生儿打乱了原本的生活节奏与时间规划，我该怎么办？

新生儿降生后，免不了会为父母带来不少压力，例如，婴儿的啼哭会占用父母更多的关注、要求父母更有爱心和耐心，甚至可能让父母感觉世界大乱，因为根本没有自己的时间而感到很重的压力。

在怀孕期间，准父母就必须认识到，自己是因为真心想要喜悦地迎接这个新生命才准备并完成怀孕这件大事的。因此，夫妻俩必须在此时定好婴儿出生后的照料计划，按照自己和配偶的长处与特质，做好夫妻之间的工作分配、角色扮演、相互补位与协调合作等计划，进行全方位考虑，为新生儿付出尽可能多的关爱。

■ 孩子出生后家务与经济负担大幅增加，我该怎么办？

新生儿降生后，父母需要承受较以往更重的家务与经济负担。因此，若在经济或婴儿照顾方面可能力不从心，也应在怀孕期间定好替代方案，寻求亲友、长辈或社会资源的协助，以应对新生儿到来后的工作。

■ 孩子的出生打乱了原本夫妻间的相处模式，我该怎么办？

随着新生命的诞生，小家庭瞬间由二人世界转变成三人世界，夫妻之间的相处模式与亲密关系可能因小家伙的介入而不断被干扰，增加了单方或双方的压力，进一步形成迁怒对方或婴儿的情绪反应。因此，准备孕育新生儿的准父母，在怀孕期间也必须随着胎儿的发育，对前述转变有充分的认识，并与另一半充分沟通协调、自我成长，为未来的三人世界做好准备及调适。

005

爸爸与其他家人应该扮演何种角色？

虽然孕期生理和心理方面的巨大负担大部分是由女方承受的，但孕育新生命必然是夫妻俩责无旁贷的共同任务，因此在怀孕期间，准爸爸和其他家人就应开始学习如何扮演好孕期照顾者的角色，帮助孕妇安全、愉快地度过艰辛的孕期。

■ 让孕妇心情愉快

近代的妇产科医学研究显示，怀孕期间妇女的心理及情绪，将决定孕妇及胎儿的健康，而且将影响终生。许多胎教理论也指出，怀孕期间孕妇经常保持愉悦的心情，脑部产生快乐的 α 波，可进一步诱导良性激素——内啡肽的分泌，对胎儿心灵及身体的成长都有非常积极的帮助。

因此，准爸爸和其他家人应在准妈妈怀孕期间扮演积极施予胎教的角色，利用共同欣赏音乐、抚摸孕妇小腹、和胎儿对话、陪伴孕妇运动等方式为准妈妈提供最贴心的关怀与照顾，这些举动不但能表达出对孕妇的爱，同时也能让胎教者与胎儿产生紧密不可分的亲子联系。

■ 促进母子生理健康

积极的产前照顾，包括产前检查、孕期营养的保证和运动等，是保障孕妇安全和胎儿健康的基本要求。怀孕期间，除了孕妇需要多加注意、定期产检外，准爸爸和家人的陪伴与共同参与则有事半功倍之效，能提升产前照顾的效果。

准爸爸可以和孕妇一同参与产前检查，产检过程中通过胎心音和超声波检查听到胎儿心跳，看到胎儿形态，和孕妇一起分享对新生命的喜悦，除了能提前建立并增强亲子关系外，也是令孕妇感到安心与幸福的不二法门。在产前检查过程中，若发现孕妇或胎儿的检验结果出现异样，也可通过夫妻及家人共同分担、相互讨论，有效率地做出最正确的对策。

准爸爸也应该陪伴孕妇一同参与产前父母教室的学习，除了丰富自己怀孕和生产的相关知识外，还能和孕妇一起进行产前运动及分娩呼吸法的练习，降低妻子对生产的焦虑，使分娩过程更安全、顺利。

妈妈怀孕了——大孩子准备好当哥哥姐姐了吗？

家中即将迎来新成员，这件事对大孩子是一项极大的挑战，往往会对他们幼小的心灵产生相当大的冲击，需要他们在各方面做出调整。父母应事先协助他们做好心理上的调适，并让他们适度分担母亲的工作，扮演好自己的角色。

■ 小哥哥和小姐姐面临的冲击

1. 感觉妈妈变得没耐心了：妈妈在怀孕初期会因为身体不适而感到焦虑与不安，此时紧张不安与心情起伏的状态也会对家中的大孩子造成相当大的冲击。

2. 害怕失去妈妈的爱：原先受到的照顾与关爱的减少会导致适应方面的问题，也可能让幼儿产生嫉妒等心理，难免导致一些消极的情绪表现，包括恐惧、不满、生气等。

■ 如何协助他们更好地适应？

其实年幼的哥哥姐姐也是需要教养的个体，因此可以耐心地慢慢引导他们参与妈妈怀孕的过程，例如让他们感受胎动，或是一起测量妈妈腹围的变化等，以此与他们建立起合适的互动模式。如此一来，不但能减轻不安与嫉妒，还能逐渐发展出新的教育方式，让他们以期待的心情迎接家中的新成员。

医生在线

Q 面对即将诞生的第二个宝宝,如何帮助家中孩子做好当哥哥或姐姐的心理准备?

A 兄弟姐妹是彼此最初的玩伴,他们相互陪伴,但也免不了会比较和嫉妒。孩子之所以会嫉妒彼此,是因为每个孩子在内心深处都想独占父母的爱。这时,父母的教育态度是影响孩子之间关系亲疏的关键。父母可以参考以下几个原则,帮助适应和改善孩子们的关系。

1. 提前做好准备,从怀孕初期就协助大孩子做好接纳弟弟妹妹的准备:父母必须设法让大孩子了解,弟弟妹妹不是来跟他抢东西的,而是来丰富他的生活的。
2. 了解大孩子还很小,不能期待他瞬间懂事:孩子在7岁以前认知发育还不成熟,会以自我为中心去思考问题,因此,孩子的情绪发育必须配合其认知发育。
3. 接纳大孩子消极和退化的行为,给予关怀:大孩子为了吸引父母的注意力,可能会出现行为退化的现象,此时父母千万不要打骂,反而应给予关怀。
4. 尊重孩子的所有权:不要强迫大孩子分享其独有的物品,适时教导孩子如何共享资源。
5. 了解每个孩子都是特别的:避免做无谓的比较。
6. 建立公平的教育态度:发生冲突时,不要忙着介入当仲裁者。适度的争吵其实是学习如何解决人际冲突的最佳机会。
7. 保留与大孩子单独相处的时间和空间:让孩子知道父母仍然是爱他的,孩子就能找回安全感。

为什么要定期产检？产检包含哪些项目？

新生命的诞生，从精子与卵子的结合，到胚胎、胎儿的成长，需经历一连串过程和挑战。每一个过程中，都有一些足以影响胎儿健康的内外因素存在，通过定期产前检查进行严格把关，医生可筛检出大部分有健康问题的胎儿，为孕妇及其家人提供最完整的优生保健咨询。

■ 产前检查的意义

产前检查其实是对孕期的风险评估，通过既往病史、家族史、孕产史的分析，血液与尿液检验，体重、血压、内诊等身体检查，以及胎心音和超声波影像等检查，把所有孕妇族群分为低风险或高风险两类，后者即所谓的"高危险妊娠"。高危险妊娠又可被分为高危险胎儿、高危险孕妇、羊水异常、胎盘异常和早产风险等。

当筛检出高危险胎儿时，医生通常需经过一道更详细的产前胎儿诊断程序，例如绒毛取样、羊膜穿刺、染色体或基因分析和高阶超声波，进一步确认胎儿的健康状况，再决定后续的诊疗计划。

■ 产前检查的项目

并非所有孕妇都需要接受最详尽的产前检查，而应该循序渐进，因人而异，从最基本的筛检开始，根据筛检结果评判出不同的风险等级，再规划进一步的产前诊断。基本的产前筛检中最主要的步骤是针对孕期的感染症、遗传病或代谢症进行评估。

1. 孕期的感染症评估：检测孕妇是否具有风疹和水痘的免疫力，是否感染了艾滋病、梅毒、风疹、乙型链球菌等；若筛检出孕妇患有上述感染性疾病，则应根据不同的感染病种类及其程度，按标准流程在产前或产程中施予积极治疗，预防胎儿感染。

2. 孕期的遗传性疾病检测：包括地中海贫血筛检、唐氏综合征超声波或母血筛检等；筛检结果若发现夫妻皆为同型地中海贫血基因携带者，或孕妇为唐氏综合征筛检的高危人群，则应进一步安排绒毛取样或羊膜穿刺检查，取得胎儿检体后进行染色体或基因检测，确认胎儿的健康状况。

3. 孕期的代谢症评估：主要是针对子痫前症及妊娠糖尿病两大疾病进行预测，进而拟定适当的预防措施，避免因对孕妇代谢症控制不良而影响胎儿的健康。

008

如何降低难产或早产的风险？

随着孕期的推移，准妈妈也会逐渐感受到对能否顺利分娩的担忧。其中最引人注目的两大问题是：一、妊娠足月后能否顺利自然分娩；二、会不会还没到预产期，胎儿便早产了。

■ 难产的预防

1. 导致难产的因素相当复杂，其中最重要的是胎儿的体重过重，也就是所谓的"巨婴症"。某些先天性状况，例如肥胖症、妊娠糖尿病等，最容易导致胎儿体重超标，代谢异常的孕妇应该在怀孕期间严格地控制自己的体重，防止胎儿体重也毫无节制地增加，从而导致难产，甚至对婴儿造成生产伤害。

2. 所有孕妇都应该在怀孕期间定期接受产前检查，通过B超评估胎儿体重，并接受妇产科医生的骨盆评估；适度的产前运动，练习拉梅兹呼吸法等，都是预防难产的必要准备。

■ 早产的预防

1. 导致早产的原因有很多，目前医学界并没有一套可以完全预防早产的有效策略。但是，若孕妇能做好积极的孕期自我管理，包括保证均衡充足的孕期营养、维持干爽洁净的阴道生理环境、对早产症状有认知和警惕性等，则可以使早产的发生率及风险明显降低。

2. 有过早产病史的孕妇由于再度发生早产的风险较高，更应该注意并进行预防。早产高风险人群可以在怀孕早期通过B超进行子宫颈长度测量，若出现子宫颈过短（小于2.5厘米）或子宫颈张开现象，则可考虑医疗介入，接受子宫颈缝合手术或药物治疗；若在怀孕期间出现规律性子宫收缩、阴道分泌物增加等早产现象，应立即进行子宫颈生化评估，如果确定有早产风险，应立即住院积极治疗。

医生在线

Q 孩子早产了怎么办?

A 所谓早产儿,是指怀孕周数小于 37 周的新生儿。早产儿的诱因有很多,目前已知的有多胞胎,子痫前症,妊娠性高血压,甲状腺、心脏或肾脏疾病,子宫异常,怀孕期间抽烟、喝酒、吸毒,等等。

在早产儿的照顾方面,早产儿的发育、辅食添加时机等,在 3 岁前都须按矫正年龄(从预产日期起算,见 40 页)进行评估;3 岁后则按实际年龄(从出生日期起算)即可。同时要特别留意的是,疫苗接种自出生起即是按实际年龄实施。

近年来,随着新生儿医疗以及呼吸器的发展,早产儿存活率大幅提高,虽然存活的早产儿可能会存在一些后遗症,但随着医学的进步,治疗方法也越来越多,家长对早产儿要建立信心,积极配合医护人员的治疗。同时,我们鼓励以母乳喂养,即使是极少量的母乳,也在宝宝的发育中扮演着很重要的角色。

009

是否需要参加产前父母教室？

医院的产房、待产室对多数人来说都是个陌生的环境，对于初次生产的女性而言，生产过程更是会带来莫名且不可预期的压力，加上生产相关知识的匮乏，时而可见产妇在剧烈的阵痛下失控或选择放弃自然产（接受剖腹产）的困境。生产并不该由女性独立完成、独自面对，而应由准父母携手合作，共同承担、一同面对，才能为未来家庭的发展打下良好的基础。

■ 参加产前父母教室好处多多

1. 获取生产相关信息：很多医院都会为孕妇及其家庭成员提供与生产相关的大量信息，通过优质的生产教育课程，能让准父母充分了解生产时可能面对的情境、医疗环境和仪器设备，以及可以选择的生产方式与自己的权益。

2. 学习母婴保健与护理知识：目前各医院安排的产前教育课程包括孕期常见的不适与处理、产前运动、孕期营养、孕期危险征兆、对产兆的认识、生产过程、准爸爸陪产与支持、母乳喂养、新生儿的照顾、婴儿按摩和产后保健等，相当丰富与完整。

3. 减轻对生产过程的焦虑：准爸妈若能积极参加产前父母教室课程，必能增加分娩知识，进而减轻对未知生产过程的焦虑，因此在分娩时能有效运用呼吸、运动、放松等技巧来应付子宫收缩造成的不适，进而缩短产程、减少医疗介入、降低剖腹产的可能。

■ 准爸爸该扮演什么角色？

1. 随着孕期的推移，准妈妈的身体会逐渐产生变化，从害喜、味觉嗅觉改变到心理的情绪化反应，面临着相当大的转变。此时准爸爸必须不时给予关心，了解准妈妈的身体状况，并适时进行协助。

2. 准爸爸应该尽量找出时间陪伴准妈妈，不管是讨论与分享生活琐事还是关心准妈妈的身体与心理变化，同时也要适时安抚准妈妈的不安情绪，陪准妈妈一起了解生产过程、讨论适当的生产方式，并感激准妈妈为迎接新生命所做的努力，让准妈妈安心地知道她不是独自一个人在面对这些改变。

3. 在合适的情况下也可以陪产，让准妈妈体会到准爸爸的参与及支持。

生产征兆有哪些？该如何准备待产包？

接近预产期时，准妈妈的心情是既期待又紧张，在预产期前该准备哪些物品？哪些征兆表明孕妇即将生产？

■ 该如何准备待产包？

准爸爸除了可以陪同准妈妈进行产检之外，平时也可以协助准备到医院待产与入院时需要的用品，放进合适的小包（待产包）中，方便生产前迅速带走。待产包的内容包括：

1. **证件类**：社保卡与孕妇健康手册记载了准妈妈就医与产检等相关记录，要记得携带夫妻双方的身份证、准生证、生育保险凭证等相关证件。

2. **计时器**：帮助准爸爸记录准妈妈阵痛的频率，帮助医生了解生产的进度。

3. **盥洗用品与内衣**：不论是自然产还是剖腹产，都必须准备一定数量的换洗衣物。建议准备好产后卫生护垫、阴部洗护用品与湿纸巾等。

4. **保暖衣物**：产后孕妇可能比较容易感到冷，出院时如果温度较低也需要适当的保暖衣物，包括棉袜、外套、睡觉时的毛毯等。

5. **哺乳专用衣物**：前开扣式的胸衣与睡衣，方便哺乳与医生检查。吸乳器、溢乳垫、乳头保护器等用品也是哺乳时需要的。

6. **婴儿用品**：宝宝所需的衣服、袜子、尿布、包巾等用品。

7. **回家的交通工具**：准爸爸除了安排与照顾准妈妈与新生儿住院期间的生活之外，也要记得安排好回家时的交通方式，安全、安心地迎接新生命的到来。

8. 可事先了解医院已准备哪些用品，减轻负担。

■ 什么时候该去医院？生产征兆有哪些？

一般而言，当阴道出血、破水或阵痛三者出现其一，就该准备到医院待产。

1. **阴道出血**：通常在子宫开始收缩前24～48小时，孕妇就会发现有混杂着血的黏稠状分泌物出现，这是子宫颈变软、变薄时子宫颈黏液流出所致，是即将分娩的征兆之一。虽然少量出血不代表马上就要生产，但若出血量多或是血色已经变得鲜红，则要立即入院。

2. **破水**：一般而言，破水的状况指产妇突然感到有大量液体由阴道流出，感觉像尿失禁且无法控制。另一种可能是，羊水并非一次性大量流出，而是慢慢渗出，如果观察到小便的颜色成了蓝绿色，准妈妈就该怀疑是否破水，速到医院检查。如不注意，准妈妈可能因为分不清究竟是羊水渗出还是分泌物流出而忽略了这项产兆，导致胎儿受感染的概率增加。

3. 规律性阵痛：真正的阵痛的特征是疼痛越来越强、间隔越来越短、收缩的时间越来越久，而且真正的阵痛不会因为走动而减轻。只要是规律性的阵痛，第一胎在 10 分钟内阵痛 3 次、每次 30～40 秒的情况持续了 2～3 个小时，就可以到医院待产；同样，第二胎只要 10 分钟规律阵痛 1 次，也是快生产的征兆。

小贴士

准爸爸宣言

前往产房前，请准爸爸举起右手，真诚地大声朗读：
1. 我郑重地保证，要为我的妻子和孩子奉献一切。
2. 我将给予妻子应有的崇敬及感激。
3. 我会给予她关爱与体贴，好好照顾她。
4. 妻子和孩子的健康在我心里是第一位的。
5. 妻子因为疼痛而打我时，我要任其蹂躏，绝不还手。
6. 我将完成上天托付我的使命。
7. 我将努力学习陪产技巧，减轻妻子的疼痛与焦虑，用心成为优秀的教练。
8. 我将陪伴妻子完成重要的任务，一同迎接我们的孩子。
9. 我郑重地以我的人格宣誓。

011

准妈妈生产，准爸爸该不该陪产？

根据调查，越来越多的准爸爸愿意进产房陪产，然而无论对谁来说，第一次进入产房的心情都是既期待又紧张不安的，许多准妈妈对于准爸爸是否应进产房陪产也有许多不同的想法与顾虑。究竟准爸爸该不该陪产？如何做好陪产的心理准备呢？

■ 准爸爸陪产的优点

研究显示，准爸爸在孕产期间的陪伴、照顾、言语上的支持以及对内心感受的分享，对产妇具有重大意义，不但可以增加积极情绪，使产妇较为快乐与平静，而且会影响日后母性行为的表现。准爸爸陪产的优点包括：

1. **增进与妻子的情感**：虽然准爸爸的陪伴不一定能减轻生产时的疼痛与不适，但能给产妇情绪上满满的支持，让产妇感受到丈夫的爱与尊重，夫妻间的感情也会因此次生产体验而有更积极的发展。

2. **获得做爸爸的成就感**：在孕产期的全程陪伴中，准爸爸也会有一种达成目标并获得回报的感觉，可以增加自己的成就感，这让生孩子不再只是女性独有的体验，男性也能从中分享生产的喜、怒、哀、乐。

3. **建立紧密的亲子联系**：准爸爸陪产不仅能增加其与新生儿的联系与依恋，也能提升其照顾新生儿的意愿，建立接纳家庭新成员的心理准备。

■ 陪产守则

1. **全力支持准妈妈生产是准爸爸最重要的任务**：待产时可利用闲聊、按摩背部、双脚或者肩膀的方式来转移准妈妈的注意力。在阵痛的感觉来临时，握住妻子的手，鼓励她呼吸，最好同步跟着做，让妻子维持缓慢而有节奏的呼吸。

2. **提供让准妈妈身体舒适的方法**：包括擦汗、拥抱、肢体按摩、擦拭身体、更换产垫及衣服、协助如厕、扶孕妇走动及休息等。

3. **询问准妈妈的需要**：随时提供开水、流质或易消化的食物补给品。

4. **别让准妈妈感到孤独**：除非不得已，请勿让妻子独处，加油打气和甜言蜜语必不可少，请配合身体接触，陪产时不要吝啬给予妻子掌声，多给妻子鼓励，加强心理建设。

5. **宝宝出生后可捕捉其珍贵画面**：但请尊重肖像权，避免拍摄产房内环境及工作人员。

需要为宝宝保存脐带血吗？

许多孕妇在产前因报名由脐带血保存业者开办的准妈妈教室而初次认识了脐带血，然而对于究竟是否需要保存脐带血这个问题，却仍存有许多疑惑。

■ 脐带血移植有何优点？

保存脐带血主要与人体的造血干细胞可供移植有关。由于造血干细胞的来源包括骨髓、周边血以及脐带血，骨髓或周边血移植虽然已有数年历史，但仍然存在某些无法克服的医疗难题，因此脐带血移植就成了另一个可替代的选项。

根据研究，脐带血具有以下几个优点：（1）人类白细胞抗原（HLA）的配对限制较宽松，HLA配对的6个基因型中有4个位点相合，即可考虑接受移植；（2）移植后出现排异反应的风险较低；（3）对捐赠者而言无任何伤害与疼痛；（4）干细胞分化产生新细胞的能力强，逐渐在临床应用中脱颖而出。正因为HLA的配型限制比较少，加上脐带血早已先行储存，配对适合就可以取用，比起骨髓或周边血移植能更快地找到合适的来源，适时地予以治疗，避免延误病情或疾病复发导致悲剧。

■ 脐带血在临床上可治疗哪些疾病？

脐带血移植的临床应用可分为三部分：第一部分是取代骨髓及周边血造血干细胞移植，治疗白血病、淋巴瘤、重度地中海贫血、严重再生障碍性贫血以及先天性免疫缺陷或代谢异常等疾病，对此医疗成果，国际上看法相当一致。第二部分则是再生医学的运用（例如治疗脑受损、脊椎受损及心脏受损等），医学界对此仍有诸多争议。第三部分则是基因治疗，目前仍在研究阶段，未来临床应用的可能性仍不明确。

■ 是否该为宝宝保存脐带血？

关于商业化的脐带血存储服务，因为自存自用的可能性极低（二十万分之一），这种做法的意义仍然值得商榷。至于是否要保存脐带血以备未来不时之需，专家的看法不一。一般认为，若家族有血液疾病或少数遗传性疾病，保存脐带血后，未来可能有机会挽救家族的其他成员。

■ 脐带血移植成功率高不高？

目前的脐带血移植技术已有相当高的水平，例如长庚纪念医院接受非亲属脐带血的个案多为 HLA 仅有 4 至 5 个位点相合，成功率已超过九成。

此外，面对每单位脐带血所含细胞数有限而不适合超重病人的问题，医学界后来发展出双单元脐带血移植策略，将来自不同捐赠者的两个单位脐带血输入同一位病人体内，增加了脐带血移植时植入的细胞数量，提高了移植成功率，进一步拓展了脐带血移植的临床应用范围。

脐带血干细胞具有增殖与自我更新的能力，可以代替骨髓和周边血作为干细胞的来源。脐带血捐赠与其他器官捐赠的不同之处在于，脐带血独一无二的免疫特性有利于减少移植物抗宿主疾病发生的风险，这使脐带血可以成为造血干细胞快速便捷的来源，也更容易让院方找到干细胞捐赠者，治疗的有效性与及时性得到提高，为这些与时间赛跑的重症病人带来了治疗的新曙光。

如何坐月子？需要选择月子中心吗？

现代人生得少，都想在产后恢复得早、恢复得好，加上养生概念的风行，因此到月子中心（会所）坐月子的选择也就逐渐蔚然成风。产后如何坐月子？需要住月子中心吗？月子中心又该如何选择？

■ 根据医学原则坐月子

足月生产后一个月至一个半月这段时间，医学上叫"产褥期"，中国传统观念叫"月子"。医学上的产褥期，意味着怀孕期间在孕妇身上发生的生殖生理与解剖变化，在产后必须经过约六周的时间，才会慢慢恢复到孕前的正常状况；因此，在这段时间必须让孕妇休养生息，注重身心调整，补充足够营养，避免感染，以平安度过产褥期，恢复生活常态。根据中国传统的坐月子观念，产后孕妇必须不受外在环境干扰，在室内休息至少一个月的时间。现代的医学理论与传统的坐月子观点其实是一致的。

现代医学在进步，有些不符医疗原则的传统坐月子方式必须进行调整，例如坐月子期间不能喝水、忌洗头吹风、必须包得密不通风、束腹束腰等做法，而应以更健康、更科学的方式来坐月子。

■ 如何选择坐月子的方式与场所？

坐月子的方式甚多，在家坐月子可选择由长辈帮忙、请专业的月子保姆上门服务、订购外送的月子餐，也可在产后出院时直接转进月子中心。

若决定去月子中心，可比较住宿环境、护理人员专业度、膳食调理方式、婴儿照顾设备、价格、合同约定等，选择一家符合您个人需求的月子中心。

坐月子方式及场所的选择因人而异，但基本上仍应遵循"循序渐进、顺其自然、符合科学"等原则，并考虑个人喜好及家庭经济状况，不要一味赶时髦，往月子中心挤，反而失去了产后健康护理的初衷。

什么是产后抑郁症？

孕育一个新生命后，孕期高升的激素水平顿时下降，加上生产导致的身体疼痛、日夜照顾婴儿导致的睡眠不足、睡眠质量差以及母亲角色的扮演、家庭结构的改变等因素，大部分产妇都会在产后发生轻重不等的抑郁症状。

■ 认识产后抑郁

产后抑郁按程度不同可分为三个等级：

1. 产后情绪低落：有50%～80%的女性在产后偶尔会出现烦躁、易怒等症状，但不影响其日常生活及照顾婴儿的能力，这就是所谓的"产后情绪低落"，也就是轻度的产后抑郁症，通常在两周内会自行缓解。

2. 典型的产后抑郁症：发生率为10%～20%，表现和重度抑郁症一样，包括情绪低落、易怒、对新生儿有消极感受、食欲及睡眠困扰、罪恶感和轻生念头。我们通常会用产后抑郁症量表筛检出产后抑郁症的高危人群，甚至可以诊断出产后抑郁症个案。产后女性如果有情绪或持续失眠问题，感觉到排山倒海的沮丧，或是情绪已经影响到了自己的日常生活及照顾婴儿的能力，或是通过产后抑郁症量表评估为产后抑郁症个案时，应立即向医生寻求进一步的诊治。

3. 产后精神病：产后最严重的情绪并发症是产后精神病，发生率约为千分之一，患者会出现妄想、幻觉、情绪失控、有伤害婴儿的念头等情况，这类个案需要立即住院治疗。

■ 爸爸及家人的角色

产后抑郁症是一种常见且需要立即就医的心理疾病，而爸爸及家人的支持与鼓励在协助产妇就医方面扮演着重要的角色。许多产妇即使有忧郁症状，也宁愿相信这样的产后情绪反应是正常且短暂的；有的产妇即使知道这种心理状况可能需要就医，却也担心被当成疯子、坏母亲或被迫和宝宝分离而不敢求医，以致耽误了诊治。

产后妇女若出现异常的情绪反应，切忌一味否认、拒绝求医；产妇丈夫或家人应认识到产后抑郁症是一种常见而真实的疾病，并非因为产妇想太多、不够坚强或装模作样，也并非通过自我调节就会痊愈，应积极鼓励并安排产妇就诊。

015 宝宝出生后会做哪些基本的身体检查？

新生儿出生后，儿科医生会来到婴儿室，并在24小时内进行第一次身体检查，出院前再做一次评估。新生儿出生后的身体检查十分重要，目的在于确认宝宝的健康状况，也能及早发现宝宝可能出现的先天性（如身体畸形）以及后天性（如黄疸）问题，给予必要的处置或治疗，并向父母提供适当的说明指导，让新父母能够安心。

■ 了解母亲病史

首先，要了解母亲的家族病史，尤其是一些遗传疾病；了解围生期病史，例如糖尿病、子宫或胎盘出血、哮喘、感染性疾病、结核病、性病等；了解用药史，特别是一些治疗慢性病的药物，如长期服用的抗高血压药，还有是否吸食了毒品；了解有无外伤，包括腹部伤害、放射线检查等；了解既往孕产史，例如体重异常、流产等；还要评估社会环境、母亲对新生儿的照顾能力等。

■ 体格检查

至于新生儿的体格检查，最基本的是全身上下、从头到脚的器官触诊与听诊，也就是理学检查，包括身高、体重、头围、皮肤、头颈部与头骨及囟门、面部五官、手臂与手肘手掌、胸肺部与呼吸、心脏与血液循环、肤色、腹部与脐带、腹股沟与外生殖器、背部与脊椎、臀部、髋关节与大小腿、身体姿态与活动性及肌肉强度，还有脉搏、排尿与否以及胎便情况等。

■ 神经学检查

接着，要进一步进行评估新生儿的感觉、动作以及反射反应等神经学检查，以了解新生儿的神经发育状况，其中重要的项目包括：

1. 皮肤对碰触、搔抓以及压触的反应、疼痛表现、听觉与视觉反应。
2. 通过平躺及趴卧的姿势，判断肌肉张力有无过弱或过强的情况。
3. 从自发动作是否充足、四肢动作是否对称，可以推断神经成熟度以及是否遭受了生产伤害。
4. 原始反射的表现，作为评估新生儿神经肌肉发育情况的方式，例如觅食反射、吸吮反射、吞咽反射、握持反射、惊跳反射（莫罗反射）、牵引反射、踏步反射和抬步反射、非对称性紧张性颈反射等，这些反射动作通常在出生后4个月大时逐渐消失。若是这些反射动作未出现，或者应消失而未消失，都属于不正常状况，需做进一步评估。

■ 代谢与听力筛检

此外，还要安排一系列较为特别的新生儿先天性代谢异常疾病筛检和听力筛检（见26页），前者需要通过采血检验方式进行，以了解宝宝是否有患一些先天性代谢疾病的可能性；后者则通过听力筛检仪进行，以了解宝宝是否有先天性听力损伤的问题。

而对父母有需求或特殊情况的宝宝，婴儿室通常也会提供脑部、心脏、肠胃和肾脏以及髋关节等几项用超声波机器做的器官构造检查，即"新生儿自费超声波检查"（见25页）。

016

需要为宝宝进行新生儿自费筛检吗？

随着医疗科技的进步，许多自费检查应运而生。选择进行新生儿自费筛检，能及早发现异常并做适当的处理与跟踪。

1. 脑部超声波检查：

超声波检查是一项无放射性、无侵入性、安全性高的检查，婴儿期未闭合的前囟门是脑部超声波检查最佳的天然音窗。根据医学统计，每千名活产的新生儿中就有 3 名患有先天性脑积水，10～20 名可能有其他结构异常。利用脑部超声波可及早发现婴儿脑部异常情况，如先天性脑部畸形（脑积水、平脑、前空脑）、脑梗死、血肿、脑瘤等。

2. 腹部超声波检查：

根据医学统计，每千名活产的新生儿中会有 0.5～1 名患有胆道囊肿，0.5～2 名有腹部肿瘤问题（如血管瘤、畸胎瘤）。此外，0.5% 的新生儿会有肾脏异常现象，包括肾水肿、多囊肾、肾静脉血栓或肾上腺出血、增生等。利用腹部超声波，可及早发现婴儿肝胆系统和肾脏的异常情况。

3. 心脏超声波检查：

根据医学统计，每千名活产的新生儿中会有 8～12 名患有儿童先天性心脏病。部分的先天性心脏异常在出生时并无明显心杂音，心脏超声波检查能对先天性结构异常提供相当准确的诊断讯息。但心脏超声波目前仍无法准确预知婴幼儿心律不齐、渐进性的心脏功能异常或后天性心脏病。此外，由于刚出生时宝宝有少许心脏机能仍在调整中，此项检查建议于出生后 4 周进行。

4. 新生儿过敏性 IgE 检测：

人体受到过敏原反复刺激后，身体的免疫系统会产生细胞激素及抗体（免疫球蛋白 E，即 IgE）以对抗过敏原。刚出生的婴儿尚未受到外在环境刺激，理论上体内 IgE 含量应该相当低，但有研究指出，母亲怀孕期间，部分过敏原可能通过胎盘存在于羊水之中，胎儿吞咽吸收时即可能发生致敏反应，使体内 IgE 含量增高。然而，宝宝是否有过敏现象，仍需配合家族过敏史以及后天环境等各项因素，由医生做综合性的评估与判断。

新生儿听力筛检的重要性

新生儿要做听力筛检吗？答案是肯定的。根据资料统计，台湾每一千名新生儿中就有一名具有先天性双侧重度听力障碍；如果再加上中、轻度及单侧性听力障碍，发生的比例高达千分之三，比绝大多数现有常规新生儿筛检项目的发生率还要高。

■ 孩子的听力有问题会造成什么影响？

先天性双侧重度听力损伤的婴幼儿若未能尽早诊断、治疗，语言发育可能会受到局限，甚至会影响学习，这是因为在3岁以后，大脑听觉中枢的可塑性会逐渐变差，变得不太容易接受声音的刺激，治疗与康复的效果会很有限。正因如此，先天性听力障碍若能于3个月大前得到诊断，并让孩子于6个月大前开始戴听觉辅助工具、接受听力康复训练，孩子的大脑听觉中枢才能得以发育，进而拥有正常的语言发育历程。

■ 听力筛检是如何进行的？

目前的新生儿听力筛检工具为"自动听性脑干反应"，其筛检结果分为通过与不通过。在初次筛检后，部分新生儿需接受后续满月复筛，而未通过复筛者应于3个月内陆续接受各种诊断式听力检查，以尽早确认听力受损的类型与程度。除了听力筛检外，父母也可以从孩子的行为（例如对声音的反应）来观察他们的听力状况，有听力障碍家族史者应特别注意。

· 物品与环境准备 ·

018

如何为宝宝布置一个安全舒适的窝？

每个孩子都是父母的宝贝，让宝贝在舒适环境中健康、快乐地长大是每位父母的殷殷期盼。"金窝银窝，比不上父母用爱布置的小窝"，给新生儿最好的第一份礼物，就是一个舒适又安全的窝。如何为宝宝布置睡眠及居住环境？主要有以下几点建议：

■ 温度

适宜的环境温度是为宝宝保暖的最基本措施，室温过高可能会导致宝宝皮肤大量排汗，使体内水分不足而引起发热；室温过低可能造成宝宝呼吸暂停、低血糖等问题，进而影响宝宝四肢活动和吸吮。理想的房间内温度应保持在25～28℃，室温过高时，可用电扇吹墙壁、用湿布拖地、开空调等；室温过低时，可用开电暖气等措施来调节。

■ 湿度

宝宝居住的环境应该光线充足，通风良好，室内湿度保持在50%～60%，空气过于干燥易使宝宝发生呼吸道黏膜感染。室内要保持清洁，最好用湿法清除灰尘，如用湿布擦拭家具、地面用半湿半干的扫帚清扫，也可先在地面上洒水后再清扫，避免床铺上的灰尘碎屑飘浮在空气中，刺激宝宝的口、鼻咽部黏膜及皮肤。同时，若开空调，则每天应开窗2～3次，保持室内空气新鲜。

■ 婴儿床

1. 床要选择没有油漆异味且边缘为圆角的设计。

2. 婴儿床的围栏间隙应小于6厘米。若围栏间隔过大，可能卡住婴儿头部，造成危险。

婴儿床的围栏间隙应小于6厘米

3. 选择防螨虫的床垫和被褥，床垫与床沿间不可有空隙，避免导致宝宝被困住而窒息。

4. 婴儿床周围应尽量避免摆放毛绒玩具，以防止螨虫增生，导致过敏。还应留意玩具安全性，以免阻塞婴儿呼吸道。

5. 婴儿床的周围可以布置得丰富多彩些，例如墙上贴一些图形简单、色彩鲜明的图片，悬挂一些色彩鲜艳并可发出声响的玩具；宝宝处于清醒状态时，可以轻轻摇动玩具，让宝宝不由自主地随玩具的摇动而转动眼睛，这样既训练了视觉又训练了听觉，有助于刺激宝宝的脑部发育。

医生在线

新生儿是否需要使用枕头？如何挑选适合的枕头？

· 刚出生的宝宝

此时宝宝可以不使用枕头，因为新生儿脊柱直、颈部短，而且刚出生时头部较大，几乎与肩宽相等，若头部被垫高反而会不舒服，肌肉紧绷，容易落枕，也会影响呼吸和吞咽。

但是，如果您的宝宝有溢奶或吐奶的现象时，可将上半身略垫高一些，或把毛巾折叠2至3层、1～3厘米高做枕头用，以防吐奶；另外，如果您的宝宝两侧肌肉张力不对称、睡姿明显向单侧偏、有斜颈问题时，可在医生建议下使用特殊辅具或枕头，如在耳朵两侧、颈肩下用卷轴固定，在睡觉时用毛巾包裹住宝宝以维持正确姿势，但应避免过度固定，影响上肢活动的后续发育。

· 3～4个月大的宝宝

此时宝宝的颈椎开始向前弯曲，睡觉时可枕1厘米高的枕头。等宝宝到了7～8个月开始学坐时，胸椎开始向后弯曲，肩也发育增宽，这时宝宝睡觉枕3厘米高度的枕头最合适。

· 选枕头时需要注意

枕芯质地应柔软、轻硬、透气、吸湿性好。以天然材质、可清洗、防螨虫的填充物为佳，避免用泡沫塑料或丝棉做填充物。枕套可选择棉布质地，建议选用透气排汗、方便定期更换清洗的材质。

019

要为宝宝准备哪些衣食住行用品？

为了家中即将加入的新成员，父母需要添置一些照顾宝宝所需的用品。如何精打细算，事先做好规划，将最需要乃至必备的用品准备好，开心地迎接宝宝的来临，是项很重要的课题。

■ "食"在必得

"吃"是宝宝最重要的一件事，也是让宝宝成长发育的关键，根据哺喂母乳或配方奶的不同选择，需要准备的物品也不同，简单的分类如下：

1. 母乳喂养： 母乳喂养原则上要准备母亲的防溢乳垫、哺乳型胸罩、哺乳衣及外出时哺乳用的包巾以保护隐私；若以奶瓶哺喂母乳，则需准备6～8个替换奶瓶、奶瓶消毒锅、奶瓶刷等。

2. 配方奶喂养： 包括配方奶、6～8个替换奶瓶、奶瓶消毒锅、奶瓶刷等。

■ 柔情"衣"依

为新生儿准备4～6件纱布衣、3～4件连体服，还有外出服、护手套、毛巾袜等衣物，必须选购宽松、透气的纯棉衣物，且开口朝前，以便穿脱和更换尿布。由于新生儿的体温较高，加上季节的变化容易导致出汗，可以挑选纯棉、易吸汗的衣服，还要有简单、易穿脱的设计。

另外，纸尿布也是必备的消耗品之一，好尿布需要具备吸收力强、不渗漏、剪裁合身、舒适、透气性佳、松紧适中等条件（关于如何选择尿布，见57页）。目前许多尿布厂商也推出如尿湿显示、分性别专用等功能的尿布，让宝宝舒适，也让父母方便。但无论哪种尿布，在使用上都有一个相同的重点，就是要时常更换，以降低宝宝得尿布疹的概率。

■ "住"福美满

住的用品以婴儿床、床单、棉被、枕头为主。在各项物品的选择上，婴儿床首重安全，同时需注意是否采用了无毒、无铅的安全式、钝角塑料制品，床垫硬度需符合"以手压不会下陷"的标准。另外，由于新生儿的成长非常迅速，选择可拆卸组合的婴儿床为佳。当然，必须按季节的变化来选购不同材质的床品，最好选用透气、舒适的材质，以及便于拆卸和清洗的设计。

■ "行"运大吉

让宝宝跟着爸爸妈妈外出走走，需要婴儿推车、汽车安全座椅等经过安全认证的装备（关于如何选购婴儿载具，见31页）。

■ "清洁"溜溜

因为宝宝细嫩的皮肤非常需要温和、中性、不含香料的洗发精、沐浴乳、湿巾、香皂等清洁保养用品，挑选时也应选购没有太多泡沫、易冲洗的产品，避免化学物质残留在宝宝皮肤上，造成过敏。此外，也需添购一些必备的清洁用具，如浴盆、浴巾等。

020

如何选购婴儿载具？

选择婴幼儿载具时，应根据孩子年龄挑选合适的大小和材质。使用时务必扣好搭扣和安全带，并确定孩子不会被这些安全配件勒住脖子和四肢；此外，也要定期检查载具情况，确保设备完整牢靠，发现损坏就应立即修理或更换。带孩子外出时最重要的是随时留意孩子，别让宝贝离开你的视线。以下是婴儿载具选购方面的建议：

■ 婴儿背巾

婴儿背巾或背架是带宝宝出门时非常好用的工具，可分为前背式和后背式，一般而言，大于3个月的宝宝就不太适合前背式了；早产儿或有呼吸道疾病的宝宝不应使用后背式，以免呼吸困难。

购买背巾时应带宝宝一同前往，以挑选合适的大小、坚固的材质，足以支撑宝宝的背部，又不会让宝宝滑落。至于背架，要选择有护垫包覆保护的，要定期检查接缝、纽扣处是否有撕裂或破损情况。

使用背巾或背架时，若要捡拾东西，必须屈膝而非弯腰，以免宝宝滑落。

■ 婴儿推车

婴儿推车可分为座椅式及平躺式两种，6个月以下的宝宝因脊椎发育尚未成熟，需选择平躺式。推车内要有舒适的扶手、柔软的安全带等安全装置；车轮则应设有防震装置，避免过度摇晃造成宝宝不适或碰撞。

在婴儿推车的挑选及使用方面，应注意避免车体翻覆，所以要选择有较宽底部和刹车装置的，最好是能同时刹住两个轮子的，且不能让孩子碰触到车闸和轮子。要注意推车的载重限制，选择有安全带和护垫的推车。推车上不要挂背包，若有物品，应放在推车底部靠近后轮处。若在推车上放置小玩具则要绑紧，在宝宝需要坐车时移除。收纳或打开推车时要确定宝宝不会被合页夹住，将宝宝放进推车时，要确定合页是牢固地卡住的。

■ 汽车安全座椅

汽车安全座椅可分为婴儿用卧床、幼儿用座椅、学童用座椅（增高型坐垫）三种。

选购时应注意产品需符合安全标准,并以儿童年龄和体重为依据,让孩子试坐以测试舒适度,同时也要将材质是否通风透气、身高是否合适等因素纳入考虑(见表1-1)。

表1-1 各年龄层适用的安全座椅

年龄与体重	座椅的选择
0～1岁 或 10公斤以下	1. 安置于后座上的婴儿用卧床或幼儿用座椅
1～4岁 且 体重10～18公斤	2. 安置于后座上的幼儿用座椅
4～12岁 或 体重18～36公斤	3. 系安全带会勒到脖子:安置于后座上的幼儿用座椅或学童用座椅 4. 系安全带不会勒到脖子:坐在后座上直接系安全带

医生在线

请问一定要为孩子购买汽车安全座椅吗？父母用双手抱着孩子不是更安全吗？

在许多行车事故中，没有正确使用儿童汽车安全座椅是导致儿童在汽车事故中死亡的重要原因。实验表明，如果在每小时40公里的车速下发生冲撞事故，车内乘客会在重力加速度的作用下产生相当于体重30倍的冲力。如果此时父母抱着孩子坐在前座，手臂不太可能承受高速冲撞下巨大的瞬间冲力，孩子往往会撞上挡风玻璃或被抛出车外。成人可能因为系着安全带而抵消冲力，但对没有乘坐安全座椅的儿童而言，后果就不堪设想了。

小贴士

交通事故的预防

- 使用安全带或安全座椅
- 行车时按下安全锁
- 不可将幼儿单独留在车内
- 倒车时，先确认幼儿不在车后
- 禁止幼儿在路边嬉戏
- 遵守交通规则

021

如何选购婴儿椅和婴幼儿游戏围栏？

■ 婴儿椅

婴儿椅的设计目的在于让婴儿坐到高处，以方便喂食，或让婴儿可以观看四周。以下是使用婴儿椅时的安全注意事项：

1. 婴儿椅使用时须遵守厂商对婴儿椅承重量的建议，超重使用可能带来危险。

2. 务必使用婴儿椅安全带，并不要让无人看护的婴儿独自坐在婴儿椅上。

3. 选择婴儿椅时，应特别注意其设计是否安全，例如座位要够深才能给婴儿充分保护，底座要够宽够稳才不易倾倒，底部应使用特殊材质以防滑等。

4. 需要移动婴儿椅时，应用双手举起婴儿椅框架。虽然部分婴儿椅有把手，但如果只使用把手，婴儿椅可能因重心不均而翻倒。

5. 从高处坠落是使用婴儿椅时最危险的意外，即使是小婴儿也可能因为施力摇晃而让婴儿椅移动，因此建议将婴儿椅放置在平整地面上，并避开有尖角的家具，若是置于过软的平面上（如床上）则仍可能翻倒。

6. 婴儿椅的功能不同于汽车安全座椅，决不可代替汽车安全座椅使用，否则容易滑动或翻倒而造成意外。

■ 婴幼儿游戏围栏

以下是关于婴幼儿游戏围栏的几点注意事项：

1. 注意游戏围栏上的网是否有大于0.6厘米的洞口，以免婴幼儿的手指被卡住；而游戏围栏的四周如果是直栅栏，其空隙不得超过6厘米，以免婴幼儿的头被卡住。如果围栏网上有固定用钉子，应确定没有遗失或外露的情况。

2. 一旦婴幼儿可以坐起、爬起或是年龄达到5个月（如果有一个以上婴儿，以年龄最大的为主），应移除任何绑在游戏围栏顶端的玩具，以免婴幼儿被玩具缠住。

3. 如果游戏围栏附有更换尿布的台面，未使用时应收妥，以免婴幼儿被台面困住。

4. 一旦婴幼儿可以站立，需移除围栏内任何盒子或大型玩具，以免婴幼儿利用其爬出游戏围栏。

5. 在长牙的过程中，幼儿常常会啃咬游戏围栏，因此必须定期检查围栏是否裂开或出现缺口。

022

儿童居家安全有哪些注意事项？

家是学龄前儿童每天待得最久的地方，所以也是最常发生意外的地点之一。家长的生活习惯和居家摆设会影响儿童的居家安全，因此父母们应该尽到责任，检查每个房间是否安全。如果只是关上某些较不安全房间的门，试图阻止孩子进入，反而容易激起孩子的好奇心，更有可能让他们去探索，所以还是要做好安全规划，尽量保持孩子居家空间的安全。

■ 宝宝的睡眠空间

是否建议亲子同床？

许多专家都反对亲子同床，因为孩子在学会翻身前与父母同睡一床，甚至盖同一条棉被，可能导致孩子被厚被掩住口鼻无力挣脱，或被熟睡的父母压到，都有可能造成生命危险。大部分专家较支持"同房不同床"的做法。

如果仍选择亲子同床，应该注意什么？

如果真的只能同床睡，建议尽量等到孩子学会翻身后，并注意以下几点：

1. 有些家长习惯让孩子睡在父母中间，以为有人墙防护比较安全，但是这样三人可能同盖一条被，孩子可能在熟睡中被闷住口鼻。

2. 陪孩子睡觉时必须提高警觉性，同时陪伴者最好是孩子的主要照顾者。但主要照顾者如果有肥胖症、急性疾病或传染病，或正在服用感冒药，或是过于疲劳，则不能与孩子同床睡觉，以免因嗜睡而忽略了孩子的情况，导致意外发生。

3. 孩子最好使用自己独立的棉被和枕头，不应与同床者盖同一条棉被。

如何防止孩子滚下床？

1. 孩子会翻身后，可能会出现各式各样的睡姿，会翻身至何处难以预料，常常发生睡在父母中间却掉下床的情况，所以床边的防护措施就显得很重要了。比较安全的做法是调整床的高度，床不宜过高，并应在大床周围铺设围栏或软垫以防孩子掉落。

2. 让床的一端靠墙，从靠墙至远离墙的位置分别为孩子、妈妈和爸爸。此举至少可保证孩子有三面是安全的，床尾则可增加安全防护设备，如软垫。床头最好选用有软垫的床架，避免孩子在黑暗中撞到墙而伤及头部。

■ 当孩子躺在婴儿床上时

您的孩子在满8个月、学会爬行或站立之前，或是照顾者忙碌时，有很大一部分时间可能独自待在婴儿床内，所以我们应该在婴儿床上营造一个绝对安全的环境。

1. 跌落是使用婴儿床时最常见的意外。不要把床垫放得太高，并务必随时拉上围栏。如果孩子还没学会坐，放低床垫，使其无法爬出围栏或侧身而出。如果孩子已学会站立，将床垫降至最低位置。如果孩子已有90厘米高，或围栏已不足其身高的四分之三，则需要换床了。

2. 如果婴儿床上有凸出的装饰物，应设法去除，否则一旦钩住或撕裂布单，可能会使孩子窒息。

3. 确认所有的螺丝和螺栓已固定牢靠，否则孩子的活动可能导致婴儿床倒塌，从而使孩子被卡住或受伤。千万不要使用破损或遗失部分配件的婴儿床。

4. 新购买的婴儿床上包覆的塑料套都应该移除，否则孩子有窒息的风险。

5. 在床垫置于最高处时，围栏高度至少需要比床垫高23厘米，并确认围栏已经固定。当孩子在婴儿床上时，千万记得拉上围栏。

6. 如果使用围栏缓冲垫（床围），请确认其已在围栏上固定，并使用6条安全带固定，每条带长需小于15厘米，以排除绕颈窒息的可能。如果孩子已能站立，则要移除床围，避免在拉扯中脱落，造成危险。

7. 如果在婴儿床上方悬吊玩具，绳子不可过长，避免孩子或其伸出的手被缠住。应确认已将其固定牢，不要固定得太低，以免被孩子抓住。当孩子满5个月或能靠膝盖支撑身体或站立时，应该移除悬吊玩具。

8. 为将孩子窒息的风险降至最低，婴幼儿时期不一定要用枕头。尽量不在婴儿床上摆放被褥、毛绒玩具或其他柔软的物品。

9. 如果使用二手婴儿床，在添购新床垫时常会出现床垫与床框不合的情形。床垫大小应能与床框贴合，以免发生窒息危险。

■ 尿布台

换尿布的平台比较方便父母为孩子换尿布和更衣，但不要对可能会发生的危险掉以轻心，仅仅信任自己的警觉是不够的，还需留心以下几点：

1. 在开始帮孩子换尿布前，应确认已备妥尿布、纸巾等需要用到的物品，尽量不暂时离开，这样做可能增加孩子从尿布台上跌落的风险。

2. 不要让孩子有机会玩装有粉末的容器（如换尿布时使用的痱子粉），如果不小心倒出，很可能造成吸入性的肺部损伤。

3. 使用时记得绑上安全扣环，但也不要以为有安全扣环就绝对安全，千万不要把孩子留在无人看护的尿布台上。

4. 选择坚固牢靠、中间略有凹陷的尿布台，四边都应有相隔5厘米以内的栏杆。

5. 一般尿布台的承重约为15公斤，请注意购买的尿布台的承重上限，不要在孩子超重后继续使用。

■ 幼儿的床

关于幼儿用床，需注意以下几点：

1. 孩子再大一些时，如果不考虑使用小床，可改用床垫代替，同样，床垫一端应该靠墙，高度不宜超过30厘米。床必须坚固，避免塌陷。

2. 有些孩子入睡时需要特定的安抚物品，比如娃娃或某条特殊的小被，家长不用刻意禁止，只是要注意安全，比如音乐娃娃需注意锁好电池，避免孩子误吞。

3. 许多孩子喜欢毛绒玩具，从安全角度讲应该没有问题，但如果有引发过敏的可能，应常洗涤除尘。

4. 孩子的床不宜靠窗，并应远离窗帘和能碰到百叶窗吊绳的地方。如果真的靠窗，应加装防坠设施，如防坠纱窗或隐形铁窗。

5. 如果在寒冷的冬季使用电暖设备，切忌正对着孩子睡觉的地方，以免烫伤或让皮肤过度干燥。并注意用电安全，以免电线走火。

6. 如果孩子怕黑或担心有怪物，或是半夜需要起床如厕，可安装小夜灯。

■ 上下铺

很多孩子喜欢上下铺，爬上爬下让他们觉得很有趣，但上下铺存在潜在的风险。如果床铺没有组装妥当、结构上存在错误，上铺可能塌落，睡在上铺的孩子可能掉下来，下铺的孩子也可能因为上铺倒塌而受伤，注意事项包括：

1. 小于6岁的孩子不宜睡上铺，因为其还不具备足够的协调能力爬上床，也没有能力保护自己不跌下床。在一个案例中，因为年龄太小、协调性不足，一个孩子在爬梯子时颈部卡在梯上，导致窒息性脑损伤。所以幼儿在爬梯子时，父母需多留心。

2. 上铺应加装护栏，以防孩子滚落。最好安装夜灯，让孩子在夜晚也能看清楼梯。

3. 应确保上铺足够坚固，不至塌陷，并严禁孩子在上铺跳上跳下或嬉闹。

4. 通往上铺的梯子必须牢固，不要在梯子上放置其他物品，如悬吊玩具或晾毛巾，以免从上铺下来的孩子踩空跌落。

5. 把上下铺放置在房间的角落，使床至少有两面受到墙的阻挡而获得部分保护。

6. 床垫应完全紧贴床框，以免缝隙造成窒息或卡住孩子。

第 2 章

0～3个月的宝宝

·发育与学习·

023

宝宝的发育正常吗？
认识儿童生长曲线图

"我的宝宝发育正常吗"是每个妈妈都很在意的问题。其实要解答这个问题，最简单的方式就是利用儿童生长曲线图来评估宝宝的生长发育。

■ 什么是儿童生长曲线图？

"0～7岁儿童生长曲线图"以百分位图形式呈现一般儿童身高、头围、体重生长概况，以便家长及医务人员掌握孩子生长情况。其中0～5岁儿童的数据采用了世界卫生组织于2006年发表的《国际婴幼儿生长发育标准》，该标准以国际合作的方式研究母乳喂养并适时添加辅食、母亲不吸烟并在良好健康环境下成长的0～5岁儿童的生长情况。而图上5～7岁的数据则是根据对台湾儿童生长发育的研究结果绘制的。

41、42页分别是女孩、男孩的身高、体重与头围三个生长指标的百分位图。

■ 如何使用儿童生长曲线图？

使用生长曲线图时，先找到横坐标所示年龄，再找到纵坐标所示身高、体重、头围数值。根据两条线的交叉点得出百分位，就可以知道宝宝的体格在同年龄宝宝中的位置。以4个月大、身长64厘米的女孩为例，其数值为85%，这表示在100个4个月大的宝宝中，她的身长超越84人，按比例来说排名靠前。

生长曲线图的身高图在2岁时存在落差，主要是因为测量方法不同。2岁前测量的是宝宝躺下时的身长，2岁后则是站立时的身高。

■ 我的宝宝生长发育是否正常？

1. 生长指标落在97%及3%两线之间的宝宝均属正常，如果超过97%或低于3%就要多加注意，观察是否有过高或过低的情况。

2. 生长曲线具有连续性，不能只看某一个时间点的数据，需要观察一段时间，并结合身高、体重、头围三者一起评估。父母可每一至两个月为宝宝测量一次，在将多次测量结果做成曲线表时，宝宝的身高、体重、头围应沿自己的百分位曲线增加。最好的情况是能与其他百分位曲线平行，如果曲线的曲度变化太大或有

039

降低的情况（生长曲线在短时间内偏离超过两条曲线，也就是上下差了 30～50 个百分数时），情况便比较特殊，此时父母必须注意宝宝的饮食和健康情况，并请医生评估检查。

3. 在测量生长曲线时，不只要与别人相比，还要注意自身比例（例如体重与身高的比值）。如果外观比例正常，基本不会有太大问题，但如果两者差距过大，就应怀疑是否有问题，需要请医生评估检查。

4. 建议父母们一定要定期为宝宝进行测量与记录，以观察宝宝的生长曲线，并定期回诊，让医生做进一步评估及专业分析。

■ 如何评估早产儿的发育？

早产儿通常在 3 岁前以矫正年龄（自预产期起算）作为对照生长曲线的依据，过了 3 岁就可以根据实际年龄来衡量。

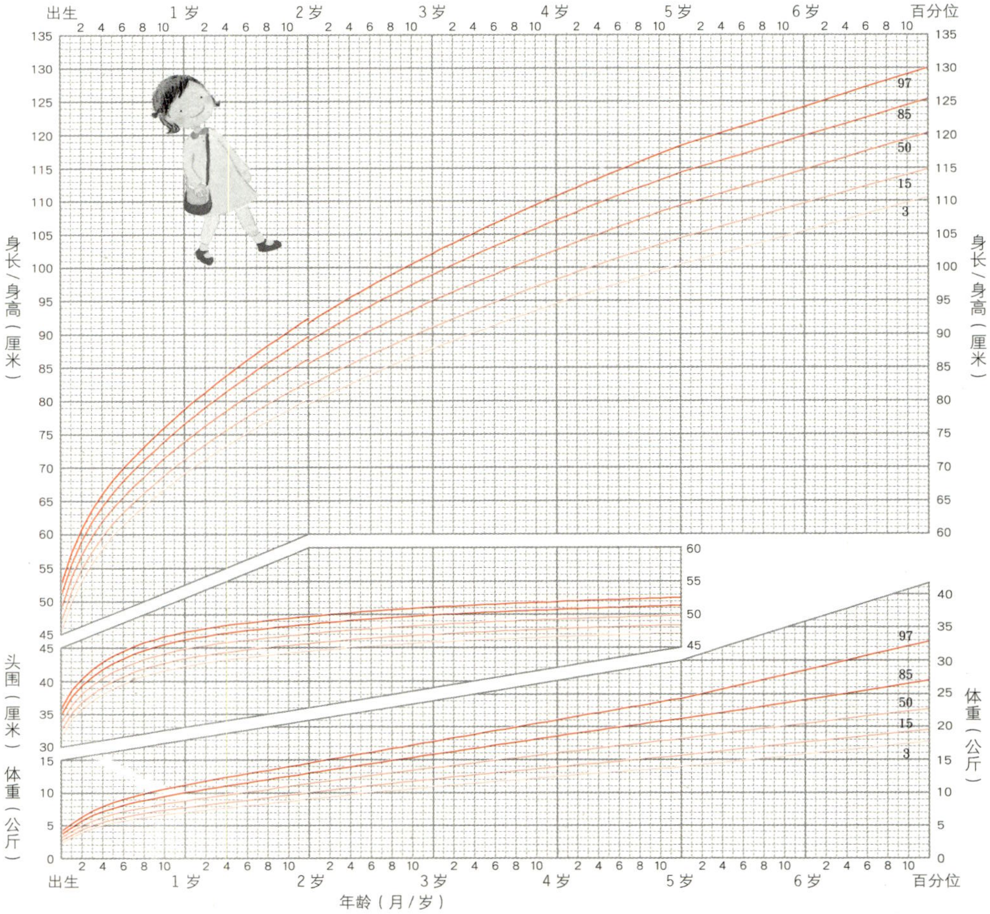

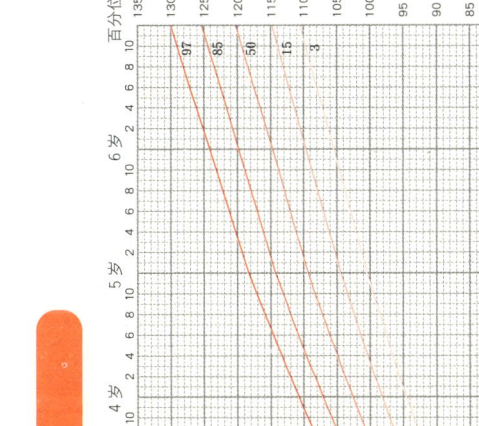

儿童生长曲线图（男孩）

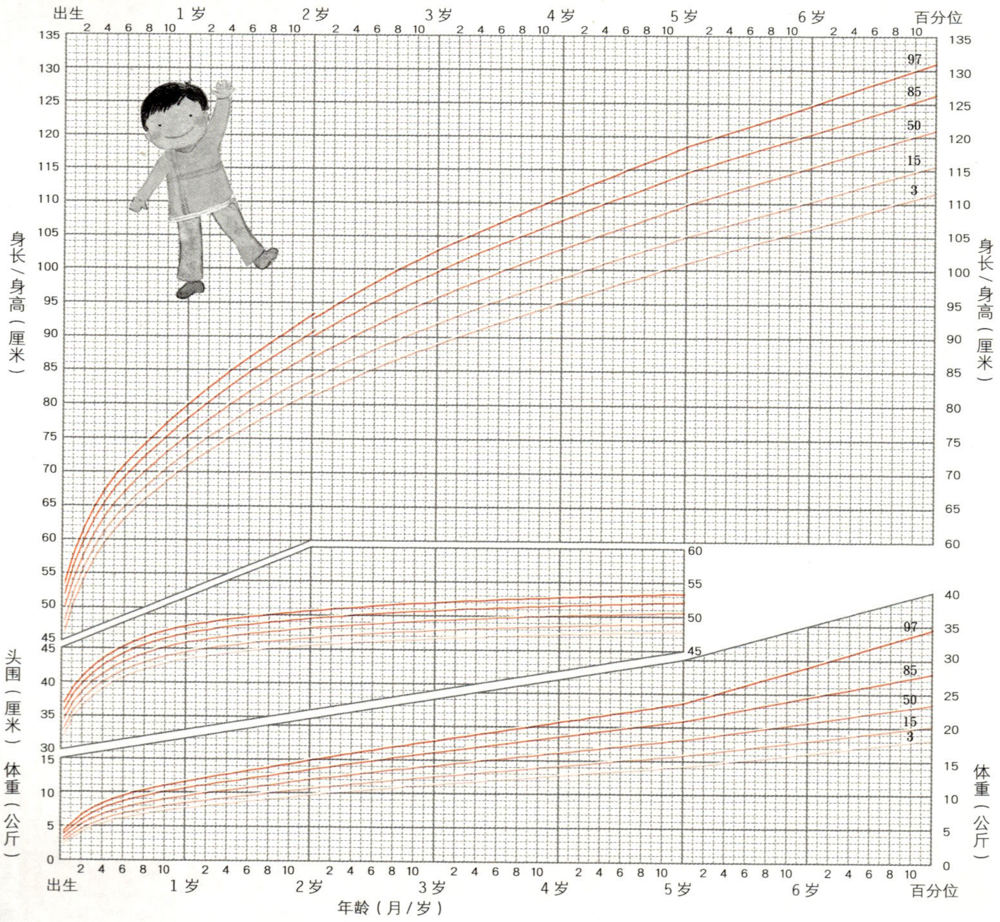

年龄	身长/身高	头围	体重
岁 月	厘米	厘米	公斤
岁 月	厘米	厘米	公斤
岁 月	厘米	厘米	公斤
岁 月	厘米	厘米	公斤
岁 月	厘米	厘米	公斤
岁 月	厘米	厘米	公斤
岁 月	厘米	厘米	公斤
岁 月	厘米	厘米	公斤
岁 月	厘米	厘米	公斤
岁 月	厘米	厘米	公斤
岁 月	厘米	厘米	公斤
岁 月	厘米	厘米	公斤
岁 月	厘米	厘米	公斤
岁 月	厘米	厘米	公斤
岁 月	厘米	厘米	公斤

早产儿三岁前的年龄应从预产期起算（即矫正年龄）

宝宝的六大发育指标与早期刺激训练

孩子呱呱落地后，从一个不会说话只会哭的小婴儿，变得逐渐会对着父母笑，会坐、爬、站、说话，还会跟人玩，这一连串身心变化都让父母充满了惊喜。但是，在陪伴孩子成长的过程中，父母总不免会担心孩子是不是发育正常，是不是需要更丰富的刺激与协助。

■ 宝宝均衡的身心发育

宝宝的发育可分为六大领域，这六个领域彼此息息相关，每个宝宝在不同年龄段均有不同的身心发育重点。我们审视孩子的发育状况时，别忘了要同时观察、同步促进这六大领域，才能让宝宝的发育均衡又完善。六大发育领域的指标如下：

1. **大动作**：大肢体动作，如翻身、坐、爬、走路、跑、跳、骑自行车等。

2. **精细动作**：小肢体动作，如会张手抓取物品、拍打东西、拿汤匙、用笔乱画、拉下拉链等。

3. **语言理解与语言表达**：了解他人的语言和非语言信息，同时也能以语言和非语言的方式表达自己的需求或意见，如能听懂大人讲的动作名称（如拍拍手）并可做出动作、1岁时会叫爸爸妈妈、2岁时会说短句等。

4. **认知学习**：认知概念的学习，如会分辨大小和颜色、玩积木、拼图，懂得相对词和数量概念等。

5. **人际社会**：对他人有与年龄相符的人际互动兴趣与社交技巧，如认得妈妈的脸、懂得怕生与危险、有分离焦虑、消极情绪能被妈妈安抚、喜欢跟人一起玩、会主动分享感受并关心他人感受、具备与同伴一起玩或轮流玩游戏的能力等。

6. **自理能力**：照顾自己的能力，如自己拿奶瓶、喝水、拿汤匙吃饭、刷牙、穿衣服、背背包等。

■ 如何促进婴幼儿正常发育？

婴儿在出生后一两年内脑细胞数目增加很快，神经网络的连接也大致在这段时期内完成。由此可知，在新生儿到幼儿的阶段，脑部的发育与训练是非常重要的。婴幼儿对外部刺激做出反应，可以促进大脑发育，对脑部的刺激可以从感官、环境、心理、儿童发育追踪等各方面着手。刺激其实是脑部发育最好的营养品，来自家长或主要照顾者的全面刺激能让脑部发育和神经网络连接达到最佳效果。

而全面的刺激该如何进行呢？以下是一些建议：

1. 对视力发育的刺激：

要经常注视和拥抱宝宝，跟宝宝玩耍和说话。在0～6个月时，可以准备黑白视力图卡等教具来刺激其视觉。

2. 对听力发育的刺激：

出生后，婴儿需要做全面的听力筛检，父母也应在日常生活中多注意观察婴幼儿对听力的反应，若有异常，应及早就医。此外，可以多跟婴儿说话，或是用各类可发出不同声响的物品来刺激听力。听音乐也是一种不错的方法。

3. 对触觉发育的刺激：

多拥抱婴儿，除了可以得到触觉刺激的效果外，还能使婴儿获得心灵的满足。此外，抚摸、按摩或给予婴儿一些适合抓握的玩具也可以刺激婴儿的触觉发育。

刺激有很多训练方法，身为父母，在教养中无须焦虑，只要注意保证几个基本原则即可：（1）足够的时间与体力；（2）父母的敏感度与耐受力；（3）亲密感与安全感的建立；（4）纪律与同理心的培养；（5）丰富但适切的语言引导与认知刺激；（6）丰富而适当的环境刺激；（7）父母的自我了解与成长，对孩子的合理期待。

025

如何抚摸婴儿？需要为宝宝按摩吗？

■ "抚摸婴儿"指什么？

国际上将系统性的抚摸称为按摩。最早在公元前200年的中国即有关于"抚触"的记载，印度及其他亚洲国家自古以来也有按摩的习俗，在为婴儿进行抚摸或按摩时是否使用润滑油都可以，在尼泊尔，人们常用芥子油为出生不满十二小时的新生儿按摩，以保持其皮肤光滑、温暖，预防咳嗽，促进骨骼发育。抚摸不仅是传统医疗方法，也是当今流行的一种母婴交流方式，既能促进宝宝发育，也是增进亲子交流的快捷方式之一。

■ 抚摸或按摩对婴儿真的那么重要吗？

近二三十年来，抚摸及按摩对人类身体和行为发育的正面效果被不断证实，在现代医学中渐受瞩目。"抚摸婴儿"是由美国医生蒂凡妮·菲尔德提出的，临床研究证实，给予婴儿适当的抚触，有益其体重增加、四肢发育，能够提高其睡眠质量，促进神经系统成熟及感觉统合发育，增强免疫力，促进血液循环，有助于食物的消化吸收，减少婴儿哭闹的现象；同时，抚触可以增加婴儿与父母的交流，帮助婴儿获得安全感及对父母的信任感。心理学研究发现，在婴幼儿期有过被抚摸经验的人在成长中较少出现攻击性行为，较为合群。

另有研究显示，抚摸可以刺激大脑产生催产素，帮助婴儿及其父母得到放松、宁静、平和的感觉。综上，适当的按摩与抚摸能帮助宝宝进行身心整合与调节，同时建立良好的亲子关系，对宝宝的一生有重要的影响。

> **小贴士**
>
> 给婴儿按摩的方法并没有既定的规则及步骤，最重要的是如何与宝宝享受这段亲密的互动时光。按摩者可随着宝宝的反应决定按摩时间与部位，在整个过程中保持轻松愉快，可配合音乐、说话或唱歌来联络感情。总之，对孩子轻柔的抚触，是爱的传递，也是无价的育儿艺术。

亲子游戏

按摩乐（适玩年龄：刚出生的宝宝即可进行）

活动步骤：

1. 洗完澡后，让宝宝光着身子仰躺在铺有毛巾的软垫上，轻柔地在宝宝身上涂抹少许婴儿润肤油，在躯体、脸、四肢等处轻轻地按摩。在选用婴儿润肤油时，应先确认不会导致宝宝过敏。
2. 过程中请观察宝宝对抚摸的触觉反应，观察其是否能放松肌肉并舒展四肢。如果宝宝出现哭泣、皱眉、四肢缩回等反应，表示感觉不舒服，应停止按摩。
3. 可准备沐浴球、软毛刷子等，在宝宝四肢上从近心到远心的方向轻刷，如从大腿往下至脚踝、从手臂往手掌的方向进行。
4. 过程中可一边对宝宝说"刷刷宝宝的小手、小脚，痒痒的哦"一边动作，让宝宝感到安心。

小提醒：

1. 请尽量选择含有机物的纯植物油，而非以矿物质为主的婴儿润肤油。
2. 无论使用何种油，使用前都应进行皮肤测试，在婴儿的一小块皮肤上抹一点油，等30分钟。若皮肤出现1～2小时才消失的红色疙瘩，请咨询儿科医生。
3. 可选择专门用于婴儿按摩的软质毛刷，一般洗脸毛刷亦可。
4. 如果室内开空调，需注意室内温度变化，注意保暖。
5. 新生儿的身体发育尚未成熟，按摩时仅应以轻抚、轻刷等方式进行，并要随时注意宝宝反应，宝宝如果出现不舒服的表现，应立即停止以避免造成伤害。

026

如何给予宝宝适当的感官刺激？

婴儿从出生起就展开了学习之旅，他们主要是通过感觉器官，包括视、听、嗅、味、触等感官知觉来学习的，这些感觉器官接收的讯息传递到大脑中相应的皮层，然后由大脑对这些信息进行整合和处理，再回馈给相应的感觉器官。"感官～大脑～身体～行动"的神经网络在无数次信息联系中逐渐发育，并成熟和协调起来。越来越多研究显示，在婴幼儿期给予孩子丰富的感官刺激与经验，对其未来的成长发育而言非常重要，学习反应及动作协调能力皆与早期感官发育有密切联系。

■ 怎样利用各种刺激去促进感官知觉发育呢？

学龄前宝宝正值感官发育的启蒙黄金期，每个宝宝都是独特的，有着与众不同的特质，在这个阶段，父母或主要照顾者陪伴宝宝一起在游戏中互动，用心发掘并为宝宝量身定做一套专属刺激训练法，是开发婴儿智慧潜能的最佳途径。

对宝宝而言，大千世界处处新奇，父母从小就应该为宝宝营造适宜且丰富的生活环境，以增强他们对事物的颜色、声音、味道、气味、温度等各种属性的感知能力，例如，照顾者可利用精心布置的家庭环境，各种颜色、形状和声响的日用品以及自然环境来丰富孩子的感知经验，还可利用专门的游戏、绘画、剪贴、折纸等活动促进孩子的感官知觉发育。如果能从婴幼儿时代起每天均衡、适当地进行感官刺激训练，您的宝宝将受益终身。

小贴士

宝宝是通过感官知觉来认识这个世界的，他们利用眼睛所见，耳朵所闻，嘴巴所尝，手指、手掌及脚掌的触觉感受一切，家长在此时期应适当引导，在安全的范围内尽量满足宝宝的探索欲望，并运用随手可得的东西，以游戏方式进行灵活的变化，来满足感官知觉所需的刺激，这将促进孩子的神经发育，建立日后认知学习的基础。

如何哺喂母乳？

宝宝出生后，在医院里经过几天的短暂停留，终于能与父母开心地出院了。近几年月子中心林立，新生儿有专人照顾，新父母们暂时不会遇到不知如何照顾婴儿的难题；然而一回到家，父母们马上就会面临宝宝的吃喝拉撒睡及情绪问题，就连大人们原本的作息都因为新家庭成员的加入而有所改变。

在宝宝快速成长的最初几个月，除了身体上的照料外，也要满足宝宝的情感需求，父母要经过不断摸索才能找出与宝宝和谐相处的一套照顾方式。以下就宝宝每天的作息，为父母提供一些基础照顾方面的建议。

■ 哺喂母乳的注意事项

1. 出生未满1个月的宝宝的任务就是睡觉和吃奶。只要宝宝能够按时吃母乳，活力充沛，父母就不必过于担心。

2. 每次哺乳时，应先用肥皂或洗手液将双手洗净。

3. 哺乳时宝宝最先吸入的乳汁叫"前奶"，后吸入的叫"后奶"。前奶与后奶并没有清楚的分界，所以必须让宝宝有足够的时间吸吮，才能吃到前奶及后奶，获得完整的一餐。

4. 母乳能提供宝宝发育所需营养，宝宝4～6个月大前不需添加辅食，也不需要额外添加任何配方奶。

5. 为了避免乳头混淆，建议尽量以亲喂为主，不要用奶瓶喂食。

6. 无法直接哺喂或乳汁分泌充裕时，可用手或挤乳器将乳汁挤入消毒后的奶瓶或集乳袋内。食用前应隔水加热，勿使用微波炉；加热过的母乳必须在4小时内食用完毕，未食用完毕则应丢弃。

7. 母乳比配方奶更容易消化，因此吃母乳的宝宝经过2～3小时就会饿，这是正常现象，此时应增加吃奶次数。出生后前2周，只要婴儿需要就应喂奶（每天至少10～12次），既可满足宝宝的成长需求，也可使母乳充足。

028

如何帮宝宝洗澡？

1. 需要准备的物品：

澡盆、浴液（或婴儿香皂）、小毛巾两条、浴巾两条、脐带护理包、尿布、婴儿手套及衣服。

2. 沐浴时间：

最好选在一天中较温暖的时间洗澡，并以喂奶后 2 小时或喂奶前 1 小时为宜，以免吐奶。

3. 沐浴的步骤：

1. 放水：先在洗澡盆内放冷水，再放热水，并用手腕内侧或温度计测试水温，水温为 37.7～40.5℃。

2. 脱衣服：脱去婴儿尿布及衣服，用第一条浴巾包住婴儿身体。

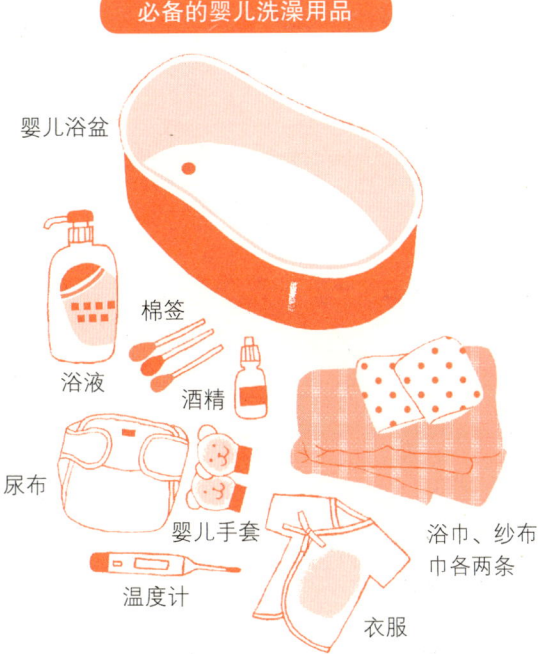

必备的婴儿洗澡用品：婴儿浴盆、浴液、棉签、酒精、尿布、婴儿手套、温度计、衣服、浴巾、纱布巾各两条

3. 清洁脸部：先以清水沾湿小毛巾，用小毛巾的四角分别清洗眼睛（由内往外擦拭）、耳朵，然后用小毛巾干净处擦拭脸部。

4. 清洁头部：倒入浴液，用左手托住婴儿头部，拇指中指将外耳折向前轻轻压住，以防水渗入耳内，然后开始洗头。

5. 清洁身体正面：解下大毛巾，将婴儿身体放入水中，以一手抓住对侧手臂并托住头颈部，一手清洗身体。请注意清洁脖子、腋下、腹股沟、手掌及脚趾间等褶皱处。

6. 清洁背部与臀部：一手抓住婴儿的对侧上臂，让婴儿趴在操作者的手臂上，再以一手清洗婴儿的背部及臀部。

7. 擦身体：洗好后，将婴儿抱至铺好第二条浴巾的台面上擦干，完成脐带护理后，先包尿布，再穿衣服。

8. 穿衣服：穿衣时，操作者将手伸进衣服袖内，握住婴儿手腕，再用另一只手将袖子套上，然后平整地穿上衣服，戴上婴儿手套，最后以包巾包起来固定。

029

如何做脐带护理？

1. 需要准备的物品：

脐带护理包，包括75%的酒精（杀菌用）和95%的酒精（干燥用）各一瓶及棉签。

2. 脐带护理时机：

为使脐带干燥，促进脐带早日脱落并预防感染，通常在宝宝沐浴后或尿布打湿脐带时实施脐带护理。

3. 脐带护理步骤：

① 沐浴后或更换尿布后，用浴巾擦干脐带周围水分，先用一根棉签蘸75%酒精，用拇指及食指将脐带周围皮肤撑开，再用棉签从根部往脐带面方向呈环状消毒，静候约30秒后再用另一根棉签沾上95%酒精，用相同的方法擦拭脐带。

② 脐带一般于婴儿出生后1～2周脱落，掉落后可能会有微量渗血，应使用75%的酒精由内而外消毒肚脐内部（注意，擦拭内部而不是周围皮肤），直到完全干燥为止。

4. 脐带护理注意事项：

① 脐带应保持通风干燥，不需要包扎，并注意不让尿布盖住脐带。给男婴包尿布时，应让阴茎朝下，以防脐带受尿液污染而造成脐部发炎。

② 脐带护理一天至少应执行一次，即将脱落的脐带及肚脐根部偶尔会有少许黄色分泌物或少量血渍，应持续给予脐带护理，并保持干燥。

③ 如果出现脐带处分泌物增加、分泌物颜色呈绿色、脐带处有臭味、脐带周围皮肤发红等现象，应立即就医。

030

如何测量体温？

新生儿体温调节功能尚未发育成熟，因此营造一个适合宝宝的室内环境非常重要。对宝宝而言，舒适的环境温度为 25～28℃，湿度则在 50%～60%，但即使在相同的温度和湿度下，夏天和冬天的感受也有所不同。

1. 体温观察与测量：

正常耳温范围为 36.5～37.5℃。为观察宝宝的体温变化，及早发现问题，建议每天为宝宝测量一次体温，并在固定时间测量。测量时，将宝宝的耳朵朝下，向后轻拉，略朝前置入耳温枪测量。

2. 宝宝体温过高时的家庭护理：

① 环境改善：宝宝体温高于 37.5℃ 时，应注意是否因为衣服穿太多或被太厚，窗户是否未打开通风。

② 后续观察与处理：环境改善后，等半小时再测量一次体温，若仍高于 38℃ 则可先帮婴儿洗温水澡，或使用冷水枕，不要随便吃退烧药。半小时后再测量体温，若有改善则继续观察，若情形仍未改善则需要就医。

3. 宝宝体温过低时的家庭护理：

① 环境改善：若体温低于 36.5℃，先加被保暖并调整室内温度（如关空调或窗户）。

② 后续观察与处理：半小时后再测量一次耳温，若仍未改善则需要就医。

医生在线

Q 如何帮孩子正确地测量体温？

A 量体温的方法包括量肛温、口温、腋温、耳温、背温、额温等，其中，肛温最接近身体真正的温度，较为准确。

量肛温时要将肛温计润滑，再放入肛门约 2.5 厘米深，停留大约一分钟，电子温度计会显示温度。

孩子要到四五岁才可以使用电子口温计，量口温时要将温度计放在舌下并闭口，直到温度计量出体温，口温加 0.5℃ 就是肛温。

量耳温时，3 岁以下的幼儿要将耳朵向下及向后拉；3 岁以上的儿童要将耳朵向上及向后拉。另外，量耳温时常会出现两耳温度不同的现象，要以温度较高的一侧为准。至于温度计的选择，建议用电子温度计，会比耳温枪准确。

031

如何辨别宝宝的情绪反应？

除了营造一个合适、安全的居住环境以及照料宝宝的饮食外，在对宝宝的基础照顾中还有一个很重要的环节，那就是注意并辨别宝宝的情绪反应。

1. 哭：

哭是婴儿和大人沟通时使用的语言，即宝宝表达需求的方法。在婴儿出生后的第一个礼拜，新父母们要学习的第一件事就是如何辨别婴儿的哭声，以及如何响应他们的需要。感到饿、冷、热、不舒服，或者疼痛、孤单、厌烦、疲倦、害怕、不知所措或想被抱时，婴儿都会哭，但通常到 12 周大泪管成熟后才会流眼泪。

在逐渐长大的过程中，婴儿的哭声会有一点差异，如疼痛的哭声通常响亮刺耳，哼哼声表示疲倦或生气。有些宝宝比较爱哭，这种情况不太可能制止，我们甚至可能无法了解哭的原因，如果吃过奶也打理得舒舒服服的宝宝仍在哭，可能是因为刺激过度，可将其放进婴儿床，他们就会渐渐平静下来。

2. 肢体语言：

几周后，宝宝会发展出一些脸部表情来表达感觉，而且很快就会应用到全身。父母此时应表现出积极的关注，如搂抱，或用宝宝最爱的玩具逗弄，这些举动一定能讨宝宝欢心。兴奋时，宝宝会踢来踢去，焦虑时动作显得很激烈，头摇来摇去。与宝宝之间的互动为亲子关系的建立逐渐奠定了基础。

医生在线

Q 新生儿出现哪些情况时要尽快去医院?

A 出现下列情况时,请家长立即带宝宝就诊。

· 黄疸

宝宝出院后黄疸值仍有可能上升,通常会在1～2周内消失;父母在此阶段仍应继续观察黄疸情况,若宝宝皮肤明显变黄或持续超过两周仍有黄疸,则需就医。

纯母乳喂养的婴儿的轻微黄疸可能持续至2个月大左右。可将宝宝置于光线明亮处观察黄疸情形,可看出皮肤和眼白处是否比出院时更黄,同时观察不同的部位,若只有脸部泛黄,表示黄疸程度并不很严重;若泛黄的情形向下延伸至腹部或腹部以下时,或宝宝出现活动力变弱、吸吞力减弱等症状,应立即就诊。

· 头皮水肿(产瘤)

婴儿头部肿块最常见的起因是生产过程中产道的挤压,此肿块并不会影响到大脑,属于一种良性现象。另外有些肿块是头骨表层的血管在生产过程中受到较大的拉扯而破裂出血造成的,需要住院观察。

头皮水肿不需特别按摩或冰敷等处理,只要细心观察至其消失即可,但要注意若有红肿或扩大的情况,应立即就诊。

· 大便异常

正常婴儿一天大便6～10次不等,通常在满月后会慢慢减少排便次数。正常大便的颜色呈黄色,这是因为其中含有黄色的胆汁。母乳喂养的婴儿的大便由于偏酸性,时常会呈绿色。如果是纯母乳喂养的婴儿,大便会呈松软甚至稀溏状,次数也较多。

032

如何护理新生儿的皮肤？

新生儿出生后，脱离了原本在子宫中浸泡在羊水里的环境，身上原有的一层保护性胎脂也逐渐消失，这时宝宝的皮肤开始与真实的世界有了真正的接触。婴儿的角质层与表皮都比成人薄，角质层含水量高，因此健康宝宝的皮肤看和摸起来都很水嫩，让人忍不住想捏一把。然而，由于宝宝的皮肤水分丧失速度很快，若不注重保湿，皮肤很快就会因含水不足显得干燥。那么我们该如何护理新生儿的皮肤呢？

■ 宝宝的皮肤护理

从医院回家后，婴儿皮肤不会很脏，一般1～2天以温水洗一次澡就够了。如果洗澡次数较多，建议可于洗澡后使用温和、无香精的乳液润肤。至于脸、手及生殖器周围，建议每天以少量、温和、无香精、酸碱度适中的清洁剂清洗即可。

■ 谨记"越少越好"的原则

对宝宝的皮肤而言，"多多益善"未必适用，应遵循"越少越好"的原则。

1. 清洁要适度：

有些父母追求完美，替宝宝洗澡过勤或使用了太多的清洁产品（肥皂、酵素、沐浴乳等），除了让宝宝的皮肤过于干燥或受刺激之外，也增加了发生过敏性、接触性皮炎的风险，不可不慎。

2. 保暖勿过头：

也有许多父母担心宝宝着凉，衣服裹了一层又一层。婴儿体温调节机制尚未成熟，穿太多会让宝宝长一身的痱子。

> **小贴士**
>
> 宝宝的皮肤其实不会很脏，洗澡时不必使用太多清洁用品，否则有害无益。适当的清洁与衣着，单纯的保湿乳液，便能把宝宝的皮肤护理得很好。

033

宝宝有尿布疹，该怎么办？

尿布疹，是指在宝宝臀部与尿布包裹的位置出现的红色皮疹或皮肤疾病。几乎所有婴儿或多或少都曾发生程度不等的尿布疹，此外，较大的婴儿及儿童也可能因腹泻、尿失禁而出现尿布疹。

■ 尿布疹的形成原因

1. 尿布与皮肤过度摩擦，容易形成水泡和破皮。
2. 尿液里的尿素与粪便中的细菌经过肛门附近存在的肠道细菌分解之后，产生氨等碱性化学物质，直接刺激皮肤。
3. 排便稀且次数频繁，如患肠胃炎拉肚子的宝宝，因粪便中细菌增生，也易形成接触性皮炎。
4. 此外，尿布中化学物质及肥皂和清洁剂的刺激也可能导致尿布疹出现。

■ 预防与治疗

保持臀部和会阴部皮肤清洁是最重要的。要勤换尿布，可用温水帮宝宝清洗臀部，再用干净的布巾擦干。天气炎热时，可尽量不包尿布，如此就可减少尿布疹的发生；尤其在季节交替、天气太热或太冷时，要注意更换尿布的时间。

排泄物的刺激会让宝宝的皮肤感到不舒服，可涂抹乳液（或使用含有乳液成分的湿纸巾）在皮肤表面形成一层保护膜，减少尿布和皮肤之间的摩擦，减轻宝宝的不适感。另外，也可使用氧化锌药膏或凡士林来护理。

> **小贴士**
>
> 当宝宝出现尿布疹时，首先应保持患部的清洁与干爽，并可选择使用乳液、凡士林或氧化锌药膏来减缓宝宝的不适感，并可尝试更换尿布品牌与清洁用品，来排除化学物质刺激导致尿布疹的可能性。一般而言，如果经上述护理后情况得以改善，则不需就医；若红疹仍无改善，应尽快就医，由医生诊断并采取适当治疗。

034

如何选择尿布？

该如何选择适合的尿布？该使用环保的布尿布还是方便的纸尿布？这些问题常困扰着父母。首先，我们要了解布尿布与纸尿布的优缺点。

■ 布尿布与纸尿布有何不同？

1. 布尿布的优缺点：布尿布以纯棉、棉纱等材料为主，质地柔软。布尿布的透气度和舒适度高，由于可重复使用，较省钱且环保，但进口的纱质尿布价格也不便宜。布尿布需要时常更换清洗，可能会有清洗剂残留的问题，容易伤害宝宝皮肤。

2. 纸尿布的优缺点：纸尿布是一次性的，不可重复使用，更为方便，但需考虑透气、吸水性及柔软度等材质问题。纸尿布较易产生尿布疹问题，但其发生也与护理方式有关。

■ 该选择布尿布还是纸尿布？

如果家长有第二位协助者可以分担对宝宝的照顾，建议考虑使用布尿布。布尿布可重复使用，既省钱又环保，而且布尿布透气度佳，宝宝臀部舒服，较不易得尿布疹。但照顾者必须非常敏感，宝宝排尿后应立刻察觉并更换，不然宝宝的臀部一直被湿湿的尿布包裹会很不舒服，容易情绪不佳，也容易长疹子。

现代家庭大多使用方便的纸尿布，但要如何选择？宝宝皮肤很细嫩，最好采用轻薄、柔软、透气的尿布。太厚重、不透气的尿布容易让宝宝长疹子，触感太粗糙的尿布也容易伤到好动宝宝的皮肤。另外，尿布粘贴处不能太黏，否则不易重复使用，黏性不佳也不行，容易松脱。简言之，一般需考虑的因素有：吸水性、防漏、宝宝舒适度、是否环保和性价比。最重要的是尿湿后要适时更换，宝宝才不会得尿布疹。

医生在线

 **市面上有许多湿纸巾品牌,宝宝的皮肤是否会对湿纸巾有不良反应?要如何选购质量良好的湿纸巾呢?**

 购买湿纸巾时可先买小包装试用几次,观察宝宝的皮肤是否有不良反应。有关湿纸巾的选择,注意事项如下:

1. 注意湿纸巾成分:为了能达到产品需要的保湿、滋润、抑菌等效果,各品牌湿纸巾的添加成分也不同,有些成分可能会伤害宝宝,购买时不要忽略这一方面。湿纸巾一般都需添加抑菌剂,抑菌剂又分成"一般级"和"食品级"。擦拭臀部用一般级的抑菌剂即可,但要擦拭口腔就应使用食品级的。另外,湿纸巾必须经过荧光剂检测。荧光剂分为"可迁移"和"不可迁移"两种,不可迁移的荧光剂比较安全。

2. 注意手感和气味:有的湿纸巾很密实,有的很柔软,有的气味芳香,有的基本没什么气味。这方面可以根据喜好来帮宝宝选择。建议买手感比较柔软厚实、没有香味的湿纸巾。

3. 关注产品信息:购买前应先确认商品表面印刷字迹是否易脱落、包装是否存在粗糙及破损等现象。注意生产日期、保质期、制造厂商、有效成分、生产批号、卫生许可证号、使用说明及注意事项等内容。如果发现这些信息不全或者比较模糊,最好不要购买。

035 宝宝的胎记长大后会消失吗？

所谓胎记，是指皮肤内某一群正常细胞或组织，如血管、黑色素细胞、脂肪等过度增生而产生的与正常肤色不同的印记，通常在出生时或出生后数周内便可被发现。胎记一般可分成色素型和血管型。

1. 色素型胎记：

① 蒙古斑：常见于东方人中，常出现于背部下方与臀部，也可出现在四肢或肩膀上。外表为蓝黑色的大面积斑块，青春期前会慢慢消失（见图1）。

② 咖啡牛奶斑：外观为扁平且界线鲜明的棕色或淡咖啡色斑块，在约10%的正常儿童身上可见。如斑块数量大于6个（含）且大于1.5厘米，需请医生评估及跟踪。

③ 先天性黑色素细胞痣：1%～2%的新生儿会出现，也就是平常所说的痣。一般无须治疗，但如痣快速长大就需切除。

图1

2. 血管型胎记：

① 鲑鱼斑：又名"新生儿火焰痣"，为先天性真皮血管扩张。颜色如鲑鱼肉色或淡粉红色、外表平坦、形状不规则，通常长在前额、眉心、眼皮或后脑勺，婴儿哭的时候会变明显，通常4岁前会消失（见图2）。

图2

② 葡萄酒斑：皮下微血管异常扩张所造成，出生后就可发现。外观通常是界线鲜明、扁平的红紫色斑块，分布在脸上、颈部或四肢，且在单侧沿神经分布，建议于婴儿期开始接受激光治疗。

③ 婴儿型血管瘤：分成表层、深层与混合型。约四成在消失后外观近似正常，六成无法完全消失，会留下痕迹。多数血管瘤只需观察，但脸部血管瘤或长在眼睛四周的血管瘤则需提早跟踪治疗。

・表层血管瘤：也就是草莓色痣。外表鲜红突起，看起来像草莓，常见于女婴与早产儿中，有一半以上在5岁前能够完全消退。

・深层血管瘤：面积较大，边缘较不明显，外表可为正常肤色或偏蓝色。

・混合型血管瘤：此型较为常见，多发生于面颈部表层，并侵入深层。

·睡眠与饮食·

宝宝一天应该睡多久？

睡眠在宝宝的日常生活中占了很重要的一部分，宝宝的睡眠模式与质量不只关系到宝宝的发育，也会影响父母与家人的生活质量。

■ 宝宝应该睡多久？

想让宝宝养成健康的睡眠习惯，需要先了解宝宝的睡眠。一般而言，健康宝宝每天的睡眠时间会随着年龄变化，睡眠时间多半是断断续续的，要合并计算（见表2-1）。

表 2-1　年龄与睡眠

年龄	睡眠时间 / 天
出生 1 个月内	16～20 小时
1～3 个月	14～16 小时
3～6 个月	12～13 小时
6～12 个月	10～12 小时

■ 睡眠质量对宝宝的影响

宝宝在睡眠时，不论脑部还是身体都在持续发育，睡眠质量的重要性可想而知。宝宝整天的睡眠时间相当长，这些睡眠时间又可以分成不同的周期：

1. 快速眼动睡眠期（或称快波周期）：此时脑部血流量增加，脑部活动旺盛，有益于中枢神经系统的发育。

2. 非快速眼动睡眠期（或称慢波周期）：此时脑下垂体生长激素分泌增加，促进身体的发育和代谢。

■ 何时宝宝能开始有规律地作息？

宝宝自然的睡眠时间会随着年龄增加而逐渐减少。刚出生时，宝宝的睡眠与清醒是随着生理本能进行的。随着年龄的增长和视网膜的成熟，宝宝逐渐能感受到周遭光线与昼夜的变化。这些变化会影响脑部，让宝宝发展出日夜作息的生物钟，慢慢养成白天清醒、晚上睡觉的习惯，到六七个月大时，这种生物钟就会稳定下来，能够配合家人的作息。

■ 如何调整宝宝的睡眠模式？

在了解宝宝睡眠的生理作用与发展之后，我们就比较容易按照宝宝的生理特性来调整其睡眠模式了，让父母照顾宝宝时得心应手。

首先，我们知道1～3个月的宝宝多半由生理需求决定是睡是醒，生理需求不外乎饥饿感与舒适感，所以定时喂饱宝宝，适时更换尿布，维持舒适的睡眠环境，就可以让您预测宝宝睡与醒的时间。当然，此时的宝宝无法完全配合父母的生活作息，因此只能父母辛苦一点，根据预测的时间来配合宝宝的作息。

宝宝长到2个多月时，偶尔在睡前可以多喂一点食物，这有助于宝宝晚上睡眠时间的延长。另外，舒适的睡眠环境包括一张安全的婴儿床、足够大的睡觉空间、适当的室内温度、安静的睡眠环境、柔和的房间颜色等，这些都是能让宝宝安稳睡觉的基本条件。

此外，为了让宝宝在发育过程中适应日夜作息，睡觉时把灯光调暗，并在固定时间培养睡觉的气氛，是让宝宝轻松入睡的好方法。另外，午睡不要太长以及增加宝宝在傍晚时的活动量，也是能让宝宝一觉到天亮的有效技巧。

医生在线

Q 宝宝晚上睡觉时能否开小夜灯？这是否会影响褪黑激素分泌？

A 开小夜灯睡觉有好处也有坏处，好处是减少黑暗造成的不安全感，父母夜间起来照顾宝宝时也比较安全。但近几年研究显示开夜灯也有坏处，首先，太强的光线会穿过眼皮刺激眼睛，让瞳孔和脑神经无法真正休息。其次，夜灯会抑制成人的褪黑激素分泌，影响免疫力与自主神经功能。也有研究发现，有近视的青少年在幼儿时期多半使用过夜灯，应多加小心。建议家长如果使用夜灯，要尽量使用较弱、较温和的灯光；如果可以，最好不要使用。

037

仰睡、俯睡还是侧睡？

宝宝的睡姿是家长们经常询问的问题，宝宝的睡姿不外乎仰睡、俯睡或侧睡，随着年龄的增长，睡姿的影响也有所不同。我们先来看看各种睡眠姿势的优缺点。

■ 仰睡

1. 优点：

①对宝宝来说，仰睡更能放松肌肉，让四肢自由活动，不易对全身脏器造成压迫。

②宝宝脸部不容易被棉被遮盖，可以减少呼吸道阻塞的问题。

③能让父母观察到宝宝的睡眠状况。

2. 缺点：

①缺点也来自肌肉的放松，因为宝宝舌根的肌肉放松后，舌根可能会往后垂落，阻塞咽喉部分的上呼吸道。

②如果宝宝有喉软骨软化（见421页）的问题，仰睡时咽喉部分塌陷会造成呼吸困难，此时宝宝会发出类似打鼾的呼吸声，并出现呼吸很费力的表现，此时父母应注意宝宝呼吸的变化。

③宝宝如果容易吐奶，或者有胃食道逆流的情形，溢出的奶水可能再次呛入气管，造成吸入性肺炎或是窒息，所以刚喂完奶时尽量不要马上让孩子仰睡。

■ 俯睡

1. 优点：

①俯睡时宝宝前胸贴着床面，比较有安全感，容易入睡而不易因为惊吓反射而惊醒。

②俯睡时头会偏向一侧，轻微溢奶或吐奶时奶水会从口中流出，不会吸入呼吸道导致吸入性肺炎或窒息。

③某些患有呼吸道先天异常（如皮尔罗宾氏症）的宝宝在仰睡时会舌根后坠，阻塞呼吸道，造成严重窒息，此时需要让宝宝维持俯睡姿势。

④俯睡时身体内的脏器会承受部分压力，只要宝宝没有特殊的先天性疾病，这些压

力不但不会造成问题，反而有助于宝宝心肺功能的成熟。对于容易胀气的宝宝，俯睡时腹部的压力也有助排气。

2. 缺点：

如果枕头或棉被太厚、太软，或是宝宝太小，还不太会抬头、转头，那么宝宝趴在枕头上很可能导致呼吸道被外物阻塞而窒息。目前普遍认为俯睡与婴儿猝死症（见88页）有相当大的关系。此外，俯睡时父母不易观察到宝宝的呼吸状况，必须格外留心。

■ 侧睡

侧睡分为右侧睡或左侧睡。一般情况下如果要让宝宝侧睡，建议均衡地左、右侧轮流睡。

1. 优点：

①刚喂完奶时让宝宝右侧睡，可避免宝宝溢吐奶。因为按胃部的倾斜度来看，右侧睡更能让奶顺利通过幽门，流进小肠。如果左侧睡，食道和胃的贲门会朝向下方，容易造成胃食道逆流而溢吐奶。

②侧睡较不会对内脏造成压力。

2. 缺点：

宝宝不易长时间维持同一侧的睡姿，如果宝宝已经会翻身，可能会翻来翻去，变成俯睡或仰睡。如果宝宝还不会翻身，父母就需要定时协助宝宝变换姿势。

整体而言，宝宝睡眠的姿势各有利弊，每一个宝宝也都会有自己喜欢的睡姿。父母在选择宝宝的睡姿时，要尽量了解各种睡姿的优缺点，并配合每个宝宝的性格，才能让宝宝一觉到天亮。父母最需要注意的还是各种睡姿的缺点与潜在的危险性。站在儿科医生的立场上，宝宝的安全是第一位的，例如要考虑到宝宝较小还不会翻身的情况以及婴儿猝死症的危险性，选择仰睡比较安全；刚喂完奶时，要预防溢吐奶造成窒息或吸入性肺炎，右侧睡是比较合适的睡姿。

医生在线

宝宝的头何时会定型呢？仰睡、俯睡和侧睡对头形与脸形有何影响？

宝宝的头形会因睡姿而改变，主要是因为头骨的骨缝未愈合，头骨尚可以移动。随着年纪成长，骨缝会逐渐愈合，头形会慢慢固定。2个月以上，当宝宝会主动转头改变睡姿时，头形便逐渐不易改变。6个月以上头形更固定，要改变需要有更持久的外力，如使用头盔或固定睡姿。到了1岁半以上，囟门渐渐闭合，头就几乎定型了。

睡姿对头形与脸形的影响如下：

1. 仰睡的宝宝多半枕骨（也就是后脑勺）会较扁平，脸形也会较宽。
2. 俯睡时由于宝宝的头会转向侧面，宝宝的脸形会偏向修长。不过记得要让宝宝均衡转向左右两侧，才不会让脸形偏向一侧。
3. 侧睡时头形和脸形的变化与俯睡相似，所以均衡地左、右侧轮流睡是保持漂亮头形与脸形的重点。此外，宝宝耳廓的形状在侧睡时也要注意一下，不要往前压。

038

宝宝经常在半夜哭闹，该怎么办？

每个婴儿的性格都不同，有些很少会哭，有些很容易安抚，但有些宝宝哭起来惊天动地，很难安抚。几乎所有宝宝都有在半夜哭闹的情况。

■ 婴儿夜啼的原因为何？

1. 最常见的原因是肚子饿了，一般而言，小宝宝可能2～4个小时就会饿，因此无法一觉睡到天亮。

2. 大小便造成尿布脏了，也是婴儿夜啼的一个常见的原因，婴儿的臀部触碰到湿的尿液或是粪便，会感到不舒服而哭泣。

3. 有些宝宝喜欢被拥抱入睡，常常半夜哭闹找妈妈。

4. 对喂母乳的宝宝来说，妈妈的饮食（例如辣椒、洋葱、咖喱或咖啡等）可能对其造成影响，让他们感到不舒服而哭闹。

5. 宝宝的肚子胀气，想睡觉，环境太吵，太冷或太热，肠绞痛或其他疾病，例如胃食道逆流、乳糖不耐受或食物过敏等，也都可能使婴儿在夜间啼哭。

■ 如何避免婴儿夜啼的情况？

宝宝出生时几乎是吃饱了睡、睡够了吃，但是随着他们慢慢长大，宝宝需要的睡眠时间会逐渐减少，因此可以让他们在白天多保持清醒，避免半夜因活动力太强而哭闹。

婴儿夜啼多属正常，只是宝宝沟通的一种方式，因此饿了、尿布湿了、太热、太冷、无聊孤单等时候，宝宝都会以哭泣来表达他们的感受与需求。但如果宝宝食欲下降、活动力变差或是有其他并发症，则要考虑生病的可能性，应带宝宝就医。

如何选择吸乳器？

亲喂是母乳哺喂的最佳方式，也能让母乳分泌得更持久。但当宝宝无法自己吸吮乳头或是妈妈无法 24 小时陪伴宝宝时，为了持续哺喂母乳，挤出奶水将是唯一的选择。除了用手挤奶外，也可使用吸乳器辅助，市面上常见的吸乳器有手动和电动两种，可以选择购买或租赁使用。

■ **手动吸乳器**

手动的吸乳器因为不需要电力就可以使用，外出时比较方便携带，但需靠手挤压带动吸力，会比较费力气。

■ **电动吸乳器**

电动吸乳器按体积大小区分，一般大型的效果最好，但相比之下有体积太大、太重、不易携带等缺点，一般常于医疗场所内使用；而小型动力吸乳器则轻巧、方便携带，有插电和使用电池两种选择，价格比较亲民。此外，现在也出现了双边电动吸乳器，让妈妈可以同时排空两侧乳房内的奶水，不过价格相对较高。

大部分电动吸乳器在使用时会有高低速的选择，建议使用时应从低速开始，之后再慢慢转强，以免使乳头疼痛或皮肤破皮。

■ **使用吸乳器的注意事项**

1. 使用吸乳器时必须准备许多配套物品，如集乳瓶或集乳袋等。
2. 使用后应注意吸乳器的清洗及消毒，才能保障提供给宝宝的母乳质量。
3. 使用吸乳器挤乳后，也要确认乳房是否排空，还会不会感到胀、硬痛等问题，以免乳房排空不完全造成乳腺阻塞发炎，从而影响母乳的哺喂。

040

如何正确保存母乳？

将母乳挤出后，无论是装于奶瓶还是母乳袋中，都必须预留空间，不要装得过满，因为液体在冷冻一段时间后会膨胀。

■ 母乳的储存方式

1. 奶瓶：

最经济的方式是使用奶瓶，很多产妇会用吸乳器搭配的奶瓶，直接加上密封盖，置于冰箱内冷藏储存，这是最经济、安全又卫生的方法，因为把母乳直接挤到奶瓶里，可以减少被污染的机会，而宝宝也能喝到未经冷冻、新鲜而原味的乳汁。

2. 母乳袋：

也可选择专用母乳袋，母乳袋一般有 PE 或 PP 材质，都是适合用来冷冻保存母乳的安全材质。储存时请记住不要超过标示线，以免在冷冻时因压力过大而挤爆封口。封口时，用手轻轻向上推，挤出多余的空气，再往下翻折，贴上专用的贴纸，放入冷藏室即可。

■ 母乳保存期限

室温（25℃以下）可保存 6～8 小时，冰箱冷藏室（0～4℃）内可保存 5～8 天，在与冷藏室隔开的冷冻室内可保存 3～4 个月，在冷冻柜（-20℃以下）内则可保存 6～12 个月。建议母乳尽量放置在冰箱内部，不要放置在冰箱门边，避免因开关冰箱而影响温度。

> **小贴士**
>
> 1. 母乳保存的"333 原则"：3 小时内喝的母乳可以放在室温中保存；3 小时以上至 3 天内喝的母乳建议放在冷藏室保存；3 天后才会喝的母乳要放到冷冻室里保存。
>
> 2. 冷藏或冷冻母乳的取用以"后进先出"为原则，保证宝宝喝到最新鲜的母乳。

如何亲喂？哺乳中有什么技巧？

由于乳房与人工奶嘴在结构上存在差异，直接以乳房哺乳（亲喂）能促进亲子关系的增进、有助于母子间情感联系的加深。宝宝吸奶时，会刺激母亲的脑下垂体产生泌乳激素与催产素，有助于乳汁生成及排出；且直接吸吮乳房的动作能促进宝宝口腔和面颊部位肌肉的发育，减少龋齿以及口腔变形、齿列不正的发生，并有增进语言发育的可能性。

■ **哺喂母乳的技巧**

1. 协助宝宝正确地含住乳头和乳晕：

①利用寻乳反射将宝宝的头转向母亲，再用乳头去轻碰其嘴唇，让宝宝张大嘴。此时应注意，是把宝宝拉近乳头，而非母亲把身体弯向前。

②当宝宝的嘴张得够大够宽（像打哈欠一样大）时，将宝宝抱近乳房及乳晕，把乳头放入其口中。

③宝宝正确的含乳姿势：下巴应贴着乳房，下唇外翻，鼻子没有接触乳房；不只吸吮乳头，连乳晕也应含住，上方乳晕留出面积较大。

2. 观察宝宝吸吮状况：

宝宝用力吸吮时，脸部肌肉会很用力，可看到颌部肌肉的强烈动作，并可听到吞咽声。乳头感到疼痛时，将小拇指塞进宝宝嘴角，使其张嘴，轻轻移出乳头，避免乳头受伤。

3. 如何知道宝宝吃饱了？

宝宝吃饱时，会自动离开乳房，舒服地睡着。若要中途终止，应以一根手指轻压或塞进嘴角，再移出乳头。

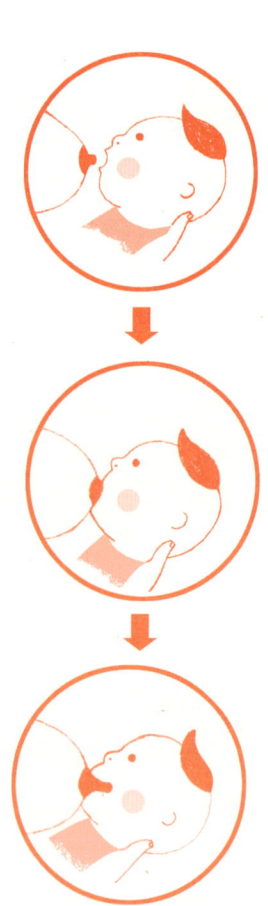

■ 四种乳头类型的哺喂技巧

1. 扁平乳头：对宝宝而言，较不容易吸到口腔深处，不过只要让宝宝多吸吮，转变成正常乳头的可能性很高，宝宝也就能吸得轻松又顺利。

2. 小乳头：宝宝较不易含住吸吮，但只要宝宝能连乳晕一起含住，还是吸得到奶水的。

3. 巨大乳头：宝宝刚开始吸奶时会感到困惑，不知道该如何吸吮，即使妈妈的乳头比一般乳头大许多，只要让宝宝多吸吮，一样可以顺利、成功地哺喂母乳。

4. 凹陷乳头：乳头凹陷在乳晕中，无法凸出，针对这类乳头，在怀孕第六个月以后即可开始进行乳房护理运动（霍夫曼运动），进行的方式很简单，只要用食指轻压乳晕两侧，将乳头牵引出即可，使用乳头吸引器也可以使乳头凸出；另一种方式则是利用冷敷让乳头自然挺出，这是一种较为自然的身体反应。一旦哺乳步入正轨，乳头只要接收到宝宝吸吮的刺激就会自动凸出，不再需要刻意牵引。

■ 哺乳姿势

建议妈妈可以多尝试不同的姿势让宝宝吸奶，寻找您和宝宝都觉得舒服的哺乳方式。

小贴士

婴儿刚开始还不是很会吸吮乳头，所以容易造成妈妈的乳头龟裂，大约一周后这种情况就可以渐渐改善。乳头龟裂时，直接把挤出来的奶水涂抹在乳头上，可以缓解疼痛并帮助愈合。

042

如何选购奶瓶、奶嘴等相关器具?

为了准备安全卫生的一餐,照顾者要挑选合适的奶瓶、奶以及清洁和给奶瓶消毒的器具。

■ 如何选购奶瓶?

建议准备6~8个奶瓶替换,可根据奶瓶的材质特性及使用需求选购(见表2-2)。

表2-2 各种奶瓶的优缺点

奶瓶材质	优点	缺点
玻璃	使用寿命长、易清洗、耐热度高、导热快、不易产生化学物质	携带不便,且要注意防止打碎
PES或PPSU塑料	PES和PPSU塑料材质较类似,PPSU更高级。PPSU奶瓶的特性是轻巧、耐摔,耐热度达180℃,高温消毒时不易产生毒素,使用安全,寿命长	PPSU单价较高
PP塑料	轻巧质软,不易产生刮痕	耐热度只到120℃,高温时易变形

■ 如何选购奶瓶奶嘴?

1. 奶嘴的材质: 主要分为硅胶及橡胶两种,可根据材质特性做选择(见表2-3)。

表2-3 各种奶嘴的优缺点

奶嘴材质	优点	缺点
橡胶(黄奶嘴)	柔软、有弹性,更像母亲的乳头	略带橡胶味且易变质
硅胶(白奶嘴)	无橡胶味,较不易变质	容易被咬破

2. **奶嘴孔的分析**：选购奶嘴时，应注意孔洞形状及孔洞大小，以符合宝宝需求（见表2-4）。

表2-4 各种孔洞的优缺点

奶嘴类型	适用年龄	特性	缺点
圆孔（标准型）	0～4个月	1. 奶水会自动流出，吸吮时较不费力 2. 孔洞分尺寸，可按奶嘴外盒标示的适用年龄选购 3. 早产儿及患儿吸吮力较差，建议使用圆孔型	容易导致宝宝懒得吸吮
十字孔	4个月以上	利用宝宝的吸吮力来控制奶水流速，适用于添加辅食后的阶段	1. 切口无特别设计，容易被宝宝咬断 2. 流出量可能受吸吮角度影响而较不稳定
Y字孔	4个月以上	1. 奶水的流出量均匀稳定，即使宝宝用力吸吮，也不会让吸孔变大 2. 可在宝宝添加辅食后及边喝边玩时使用	吸吮能力较差的宝宝不适合使用

3. **如何判断奶嘴吸孔大小是否适中**：喂奶前可先将奶瓶倒转过来，如果奶水呈水滴状，流量为每秒两滴左右，则代表吸孔大小刚好；如果奶水呈水流状，则代表吸孔太大；如果宝宝常用力吸奶嘴，并容易发生腹胀、吐奶的情况，则可能代表吸孔太小了。

■ **如何选购清洁与给奶瓶消毒的器具？**

1. 清洁奶瓶的器具：根据奶瓶口径选择合适的奶瓶刷。

2. 给奶瓶消毒的器具：可选择奶瓶消毒锅，或准备一个大小合适、专门给奶瓶消毒用的煮锅，并准备专用的夹子，便于消毒后夹取奶瓶及相关配件。

> **小贴士**
>
> 建议塑料奶瓶一般使用3个月应更换一次，PPSU塑料奶瓶则可使用6～8个月。当奶瓶奶嘴有变形、易滴漏现象时，应立即更换以提升使用安全性。

043

瓶喂有什么技巧？

■ 消毒器具

将奶瓶的奶嘴和奶嘴栓分开，用清水刷洗干净后，就可以消毒了。若使用自备煮锅，水开前放入玻璃奶瓶，使其瓶身完全浸入水中，水开后再煮10分钟；之后将塑料材质的奶嘴、奶嘴栓及奶瓶盖放入锅中再煮3~5分钟即可（塑料奶瓶则在水滚后才一起放入煮3~5分钟）。之后将锅内水倒掉，不移开锅盖，利用锅内热气蒸干奶瓶后再用夹子取出。

■ 奶水准备

在瓶喂母乳或配方奶之前，都要先准备好奶，并确认温度适中。

1. 瓶喂母乳的准备：有些产妇会定时将母乳挤出，让其他人协助用奶瓶喂奶，这样只要将母乳倒入奶瓶即可喂食。若是经冷冻或冷藏的母乳，则要用60℃以下的温水隔水加热，或把母乳放到专用的调乳器中隔水加热。使用前略微摇晃，使脂肪混合均匀。

2. 瓶喂配方奶的准备：冲泡奶粉前先用肥皂将双手洗干净，将冷水倒入消毒好的奶瓶内，再注入热水，调整所需水量及温度（可以用前臂内侧测温度），再加入正确的奶粉量，装上奶嘴栓盖好，以两手手掌左右水平摇匀。

■ 用奶瓶喂食的技巧

1. 喂食时应确认奶嘴必须在宝宝舌头上方，宝宝躺下时舌头会卷起来，若奶嘴在宝宝舌头下方，宝宝会无法顺利吸吮。

2. 奶嘴要放得够深，宝宝必须能含住至少三分之二的奶嘴，吸吮的力量才足以让奶水顺利流出。

3. 喂奶时应该让整个奶瓶和宝宝的嘴成45度角，并让奶水充满整个奶嘴，若奶瓶的角度不够高，容易使宝宝在喝奶的同时吸入大量空气。

■ 拍打嗝

喂完奶让宝宝坐着或斜靠在大人肩上，将吸吮过程中吸入胃中的气体轻轻拍出，宝宝的打嗝声和大人的相同，有时候只是一个气声，有时候则会有响亮的嗝音。若宝宝仍未打嗝，可让宝宝向右侧卧或头部抬高，或是抱着宝宝，让其靠在肩上维持直立的姿势，可以避免在平躺时突然打嗝而溢奶的情况,也可以避免因吐奶而呛到,造成吸入性肺炎。

1. 手呈杯状制造出手心空洞,让宝宝在拍背过程中不会感到不舒服

2. 让宝宝身体微向前倾,轻拍或摩擦宝宝的背部,让宝宝打嗝

小贴士

当宝宝吃奶状况良好,每顿都能吃光喂食量,而且会在喂食时间前哭闹,便可以考虑增加奶量,以一次 5～10 毫升为宜。增量后要观察宝宝有没有腹胀、呕吐的情况,不要强迫喂食,这样反而可能造成宝宝害怕与排斥。

要不要给宝宝使用安抚奶嘴？

许多父母对于是否要让宝宝使用安抚奶嘴感到疑惑与担心：让宝宝吃奶嘴好吗？该如何选择奶嘴？含着奶嘴睡着好吗？万一拔掉奶嘴宝宝会惊醒，该怎么办？奶嘴会不会很难戒？不吸奶嘴，口腔期没有得到满足，会不会留下心理阴影？吃母乳的宝宝可以吸奶嘴吗？

■ 要不要给宝宝吸安抚奶嘴？

其实吸吮是宝宝与生俱来的天性，他们会通过吸吮反应来摄取奶水，以得到足够的营养。有些宝宝对吸吮的需求比较多，即使吃饱了仍无法得到安抚，此时安全的奶嘴就是一个不错的选择。事实上，近几年的实验发现，给睡眠中的宝宝吸吮安抚奶嘴，可以避免婴儿猝死症的发生，因此美国儿科医学会于2011年发表声明，鼓励健康足月的宝宝于睡眠中使用安抚奶嘴。

■ 何时可以开始使用安抚奶嘴？

宝宝刚出生前几天并不建议使用安抚奶嘴，因为新生儿的胃部容量较小，适合少食多餐，而使用安抚奶嘴可能会减少喂奶的次数，影响营养的摄取。此外，对纯母乳喂养的宝宝而言，过早使用安抚奶嘴，可能会干扰对吸吮母乳的学习，造成母乳喂养上的困难。因此，台湾儿科医学会对安抚奶嘴使用时机的建议为，一般正常新生儿应延迟至出生后的3～4周，等妈妈和宝宝都学会母乳喂养的方法后，才开始在宝宝睡觉或打盹时使用奶嘴。

■ 如何选购安抚奶嘴？使用上有哪些注意事项？

1. 安全的安抚奶嘴最好一体成形，方便清洗；奶嘴环直径至少3.8厘米，以防婴儿误吞。

2. 宝宝于睡眠中吸吮奶嘴时，应避免将安抚奶嘴绑在宝宝的脖子上或固定在衣物上，也不要将安抚奶嘴绑在婴儿床的栏杆上，以免绳子绕住宝宝的脖子导致窒息。

3. 宝宝睡着后若将奶嘴吐出，不需要再将它塞回去，除非宝宝睡眠被打断，需要再次安抚。

4. 由于安抚奶嘴与奶瓶奶嘴不同，有些宝宝不愿意使用。建议父母尝试不同形状的奶嘴，或者等宝宝大一些再尝试，千万不要强迫宝宝吸吮安抚奶嘴。

5. 若宝宝始终无法接受安抚奶嘴也没关系，照顾者可以将手洗干净、指甲剪短，用手指来安抚宝宝也是不错的选择。

■ 孩子长期使用安抚奶嘴会不会有不良影响？

由于长期使用安抚奶嘴会增加中耳炎的发生率，甚至影响牙床的发育，导致咬合不正，建议 6 个月后的宝宝渐渐减少安抚奶嘴的使用，最好在 1 岁之前完全脱离，最迟应于 3 岁前停止使用。

宝宝又吐奶了，如何分辨溢奶与呕吐？

■ 新生儿呕吐的情况

1. 溢奶：通常发生在不到1岁的婴儿之中，表现为喂食后奶水在婴儿打嗝或活动时从口中流出，在开始翻身的宝宝中尤为明显。溢奶是婴儿常见的表现，大部分婴儿在1岁前会自行缓解与改善。若婴儿食量正常、体重增加稳定，父母则不必过度担心。

2. 呕吐：腹部肌肉与横膈膜强烈收缩，导致胃部内容物从口中喷出。常见的原因包括肠胃感染、肠梗阻、药物影响、心理因素和中耳炎等，这些情况都会刺激脑部中枢，导致呕吐反射。

■ 可能造成新生儿呕吐的疾病

未满月的新生儿出现持续性呕吐，必须尽快接受儿科医生的评估。

1. 幽门狭窄：常发生在出生2～4周的新生儿中，患儿胃部出口的肌肉肥厚，导致喷射状呕吐。宝宝很容易饿，体重却没有增加，通常需要手术治疗。

2. 胃食道反流：初期症状很像一般的溢奶，但不会随时间改善，宝宝反而会更频繁地吐奶。少食多餐、分段喂食、喂食后30分钟采取直立抱姿可减缓宝宝的症状。

3. 胃肠道感染：除了引发呕吐，常有发热、腹痛以及腹泻等并发症以外，最常见的原因为轮状病毒感染，症状7～10天后才会缓解，必须注意宝宝是否有脱水的症状。除了勤洗手，目前还有轮状病毒疫苗可供接种，可预防轮状病毒感染。诺如病毒、肠道病毒以及细菌性肠胃炎都可能造成呕吐。

4. 其他疾病：某些胃肠外感染也会引起呕吐，例如中耳炎、上呼吸道感染、尿路感染、盲肠炎、脑膜炎，都需要接受进一步的检查。

> **小贴士**
>
> 吐奶可能是正常现象，也可能是疾病的表现。当宝宝出现呕吐物呈鲜红色或者胆汁状、严重腹痛、反复性呕吐、腹胀、精神不振或者过度躁动、肢体抽搐、脱水、无法经口喂食或者24小时内持续呕吐时，最好立即带宝宝就医，接受适当的治疗。

046

当宝宝鼻塞、呼吸有杂音时该如何处理？

在新生儿时期，宝宝呼吸有杂音的情况很常见，尤其是吃奶或是大哭时声音更为明显，父母也常常感到相当困扰，不知该如何处理。

■ 宝宝为什么会鼻塞和出现呼吸杂音？

其实绝大部分鼻塞与呼吸杂音属于正常的生理现象。新生儿的鼻道比较狭窄，鼻腔、喉软骨尚未发育成熟，如果分泌物较多或是大哭，就会出现呼吸杂音，这种情况在3个月以下的新生儿中常见，只要不影响吃奶和睡眠，并不需要进一步处理。

但对一小部分的宝宝而言，出现鼻塞与呼吸杂音是有问题的，例如：

1. 后鼻腔闭锁：双侧闭锁一般在出生时就能发现，新生儿安静时脸会因吸不到氧气而发绀，哭时因嘴张开可以吸到氧气而有所改善；单侧闭锁有时并不容易发现，怀疑有此病症时，医生甚至无法插入极细的鼻胃管进行诊断，需开刀矫正。

2. 感冒：是婴幼儿期及儿童时期流鼻涕最常见的原因，鼻黏膜受病毒感染时会水肿充血，分泌很多黏液，因此会出现鼻塞、流鼻涕的症状，通常会兼有发热及咳嗽症状，5～7天后症状就会改善。

3. 鼻道异物：6个月以上的宝宝会开始将一些小玩具或纽扣、珠子一类的东西塞到自己的鼻腔里，造成鼻塞。几天之后会开始流黄脓鼻涕甚至带血，家长可以用手电筒看一下有无异物，若有异物，建议找耳鼻喉科医生处理。

■ 宝宝鼻塞时，需要吸鼻涕吗？

宝宝鼻塞时，父母总希望医生为孩子吸鼻涕，这样做真的对宝宝有帮助吗？其实鼻涕就是鼻腔里的分泌物，并不是吸一下就不会再流了，吸鼻涕也许可以暂时缓解症状，但是没几分钟鼻涕又会流出来，所以吸鼻涕对宝宝的帮忙不大。而吸鼻涕的方式对宝宝而言其实是一个很大的刺激，也可能导致日后孩子一进医院就产生恐惧感而哭泣。

对新生儿来说，可用吸球处理；如果是看得到的鼻屎，可以把细棉花棒沾湿，轻轻地将其移除即可。或是利用洗澡时潮湿的水汽滋润鼻腔，这时比较容易清除鼻涕或鼻屎。

医生在线

Q 家中长辈说,他们都用嘴将孩子的鼻涕吸出来,请问这种方法可行吗?市面上的电动吸鼻涕器安全吗?

A 老一辈用嘴吸鼻涕是安全但不卫生的做法,因为用嘴吸鼻涕力道不大,并不会伤及幼儿,但在卫生考虑下还是不建议使用。此外,市面上的吸鼻器只是暂时让感冒的鼻塞症状减轻,并没有治疗效果,若是长期存在流鼻涕的问题,还是需要就医,以确定流鼻涕的原因。

047

宝宝腹胀、腹绞痛，该怎么办？

腹胀和腹绞痛是婴儿常见的两大肠胃问题。许多父母发现宝宝吃饱后不知为何不停啼哭，因而怀疑是否出现了腹胀或腹绞痛，却无法判断。

■ 腹胀

最常造成婴儿腹胀的原因是胀气，临床上看，除了腹部突出以外，轻轻敲打肚子时，会出现打鼓般的声音。婴儿容易因为胀气而打嗝、吐奶或一直放屁，严重时甚至会造成肚子不舒服、哭闹及睡眠障碍问题。

大部分的婴儿胀气现象是因为喂奶时吞进太多空气，因此帮宝宝拍嗝排气可以减少胀气。除此之外，按摩婴儿腹部也可改善胀气现象。市面上卖的胀气膏或是医生开具的消除胀气的处方药也有效果。

少数婴儿是因为乳糖不耐受或食物过敏等出现胀气的，因此若上述处置手段无效或是婴儿有其他症状，如腹泻或体重没有正常增加时，就要考虑这些疾病的可能性。另外，极少数婴儿的腹胀并非胀气，可能是肝脏肿大、肾脏积水或腹内有肿瘤等疾病造成的，因此若腹部摸到硬块则要立即就医。

■ 腹绞痛

许多婴儿曾有腹绞痛的症状，一哭起来怎么安抚都没有用，也因此成为很多父母的梦魇。腹绞痛发生在1～3个月的婴儿身上，症状为大声哭闹、脚甚至会弯曲抬到胸部、腹胀、能听到肠子快速蠕动的声音，常发于傍晚或夜间。

对绝大部分婴儿来说，造成腹绞痛的原因不明，只有不到5%的婴儿的病情与乳糖不耐受、便秘、肠套叠或食物过敏等因素有关。腹绞痛的护理通常只需要观察即可，药物治疗的效果有限，并不建议立即更换母乳或奶粉，因为不一定能改善情况，反而可能造成婴儿不适应。家长可以通过袋鼠式环抱让宝宝有安全感，或以温水拭浴、按摩腹部等方式来安抚宝宝情绪。腹绞痛通常在4～5个月之内就会消失，并不会有任何后遗症。

腹胀及腹绞痛属于婴儿期常见问题，通常并非疾病造成，长大后症状即会消失，不会留下任何后遗症，因此家长并不需要过度担心。然而，若婴儿并发其他不正常症状（如腹部摸到硬块、食欲变差、活动力下降等），则需立即就医。

宝宝的大便正常吗？如何判断便秘或腹泻？

大部分新生儿在出生24小时内就会排便。此时的肠胃处于无菌状态，所以排出的粪便无臭味，外观较黑，称为胎便。有些胎儿在子宫里就会排出胎便，原因可能与胎儿感染或者难产有关。这些宝宝可能会发展出被称为"胎便吸入症候群"的肺部疾病，需要特殊照顾。若宝宝出生超过24小时仍未排便，医生将评估其是否有肠梗阻、肛门发育不良或者胎便钳塞的症状。

■ 宝宝粪便的颜色是否正常？

宝宝出生后头几天陆续将胎便排出，开始吃奶后粪便的颜色逐渐由黑转为深绿以及黄色。黄色、咖啡色、深棕色或者绿色等大地色的粪便都是正常的颜色，白色、灰色或淡黄色的粪便通常代表严重的肝胆疾病，必须由医生进一步诊治。红色粪便成因较多，包括生产时吞入妈妈的血水或者哺乳时吸到出血的乳头，但最好还是请医生评估是否正常。

■ 宝宝一天排便几次才正常？

宝宝排便的情况有很多种，因此很难定义正常的排便次数。原则上吃母乳的宝宝较吃配方奶的宝宝排便次数多，随着宝宝长大，排便次数会渐渐减少。新生儿放屁时常常会带出一些粪水，或者连续分批解出少量粪便，建议父母不要急着换尿布，等宝宝全部解完再一次性清理。

■ 吃母乳与配方奶的宝宝的大便有何不同？

母乳喂养的宝宝的排便次数较多，粪便颜色偏芥末黄，外观上较稀，会掺杂一些白色点状杂质。而多数配方奶喂养的宝宝则是每天至少解一次便，粪便颜色呈黄色或者棕褐色，外观上像糨糊或成形的软便。

出生不到2周、母乳喂养的宝宝每天排便若少于3次，或者每次粪便的量小于一个硬币，可能是由于没有吃够奶，需注意体重是否增长、哺乳中是否存在问题。有些母乳喂养的宝宝的粪便颜色偏绿，可能是喂奶的间隔太久，建议按照宝宝的需求来哺乳。

母乳喂养的宝宝在满月后排便差异较大，可能一天好几次，也可能好几天甚至超过一周才排便。健康的母乳喂养的宝宝很少出现排便困难或硬便的情况，若宝宝超过5天才排便，还需请儿科医生做初步评估，排除胃肠道疾病的可能。

■ 宝宝是不是便秘或腹泻了？

有些宝宝排便时会出现脸红脖子粗、哭闹的现象，父母不免担心是否有便秘的问题。排便对宝宝而言是费力的，因此父母平时可以帮宝宝做腹部按摩，让宝宝排便更顺畅。若宝宝排便时异常躁动不安、持续呕吐、排便次数突然减少、粪便过硬或者带血、用力超过10分钟仍解不出，可能确实便秘了，还要请儿科医生来处理。反之，当宝宝的粪便越来越稀，或者排便次数超过喂奶次数，要考虑是否腹泻，最好尽快就医。

049

满月后的宝宝仍有黄疸，这正常吗？

新生儿在出生第二到第三天时肤色开始变黄，一般在第五天皮肤最黄，黄色在2周大时消失，这是正常的生理性黄疸，并不需要任何处理。少数情况下黄疸会超出上述正常范围，严重时可能会对脑部造成永久性之伤害，因此，分辨黄疸是否正常，是非常重要的一点。

■ 哺喂母乳造成的黄疸

黄疸超出生理性范畴的原因，在台湾以母乳哺喂的情况最常见，母乳造成的黄疸可分为两种类型，第一种为母乳量不足造成的黄疸，发生在新生儿1～2周大时，患儿的黄疸会比正常生理性黄疸严重。第二种称为母乳性黄疸，其特征为黄疸经久不退，甚至数个月大的婴儿仍有黄疸。

母乳性黄疸是否会对婴儿造成危害？绝大部分母乳性黄疸为轻微黄疸，通常只分布在脸部及躯干。因此若只是单纯的母乳性黄疸，与其他疾病无关，则完全不会对婴儿造成任何影响，所以不需要任何治疗，也不需要停止哺喂母乳，黄疸在几个月内即可自动消退。

■ 蚕豆病与母子血型不合造成的黄疸

除了母乳哺喂之外，蚕豆病（见417页）和母子血型不合也会造成黄疸。新生儿应进行蚕豆病的筛检。母子血型不合极易导致新生儿在出生第一天内出现黄疸。

■ 胆道闭锁造成的黄疸

婴儿在满月后仍有黄疸时，首先要排除胆道闭锁的可能,因为此疾病必须尽早诊治(关于胆道闭锁，见424页）。除黄疸以外，胆道闭锁的症状也包括大便呈灰白色，好在胆道闭锁并不是很常见的疾病，母乳性黄疸常见得多。

■ 黄疸的检验

　　轻微黄疸一开始表现为脸部先出现皮肤变黄现象，接下来会扩散到躯干，黄疸更严重时会扩及四肢，手脚肤色都会变黄。另外，黄疸越严重，皮肤看起来就越黄。但单凭外观判断容易有误差，用仪器检查比较准确，例如通过皮肤红外线测定仪及抽血来检验。最常用的抽血方法为在脚底取一滴血，有时需要抽一管生化血来检验。

> **小贴士**
>
> 绝大多数的新生儿黄疸是正常的，若观察到全身皮肤都有黄疸，或是有其他并发症，例如灰白色大便或食欲、活动力变差等，则需至医院检查处置。

新生儿发热该怎么办？

按照学术上的严格定义，新生儿是指从出生至满28天的宝宝；但广义来说，3个月以内的宝宝都会被看作新生儿。发热在华人社会的观念里是不得了的大事，对成人来说尚且如此，何况是新生儿？但一般人对发热有诸多误解，不少处理发热的传统做法适得其反，帮了倒忙。

■ **人为什么会发热？**

人体脑部的下视丘有一个体温调节中枢，平时它设定的体温为37℃，在生病发炎时，发炎反应制造的物质会使体温调节中枢的定位点上升，体内各项生理反应也随之调整而使体温上升。根据医学定义，身体的中心体温高于38℃时即称为发热。

天太闷热、衣物包裹得太多太紧、洗热水澡等因素引起的体温上升被称为"体温过高"，因为体温调节中枢的定位点并没有上升，因此并非医学定义的发热。

发热可以调动人体的免疫系统来应付引起发热的病原体，并修护发炎的组织或器官。

■ **怎么量体温？怎样算发热？**

测量体温可以量口温、耳温、腋温、背温和肛温。人体正常温度为36.5～37.5℃，口温比中心体温低0.5℃，但口温测量不适用于新生儿；耳温接近中心体温，但新生儿的耳温对中心体温的反应较弱；腋温则比中心体温低0.5～0.8℃；肛温最接近人体中心体温。所以在实际的测量中，当口温为37.5℃，耳温为38℃，腋温为37℃，肛温为38℃，就算发热。

新生儿因为结构、反应、生理活动等影响因素多，例如盖被、哭闹、吃饭、洗澡、大便后都会影响测量结果，考虑到安全、准确及方便性，建议测量时不测口温。

测前需确认测量计准确归零，经常校正且无破损；各式体温计有各自的测量时间，需熟悉使用方式。用红外线测量额温或以奶嘴型测温计测量口温都不准确，至于用手摸量体温则是最不准确的方法。

■ **发热会把脑袋烧坏？**

发热只是疾病症状的表现之一，或代表了体内发炎和人体反应的激烈程度，但真正会伤害脑部的是疾病本身对脑细胞的影响，并不是发热本身。体温高达41℃以上一段时间后才会对脑细胞造成直接伤害，没有证据显示普通高热本身会对脑部造成永久性损伤。

■ 婴儿夏天也要里三层外三层包住才不会发热？

细菌或病毒感染造成的疾病，例如感冒、肺炎、肠炎、尿路感染等会导致发热，包裹得太多或太闷热也可能会导致发热。老一辈总爱把婴儿层层包裹，打个喷嚏就整天紧闭门窗怕冻着孩子，这样体温容易上升。"婴儿没有六月天"的说法是没有根据的。东方社会频繁的满月、年节聚会和亲戚探访也会增加感染的机会。

■ 是否应该帮宝宝退热？

一般情况下，不是发炎引起的发热对身体没有好处，应该用调整室温、除去多余的包裹等方式促进退热。但如果是有慢性肺部疾病、新陈代谢异常、脑部疾病、心脏病或表现出不适的新生儿，体温超过38℃时就应考虑退热。除此之外，应该查明引起发热的原因，而不是一味强求退热；因为就算退了热，也不代表病因已经排除，疾病已经痊愈。

■ 宝宝发热了怎么办？何时应该就医？

轻微发热时，可先查看是否包裹太厚、室内是否太闷热，并观察宝宝的进食情况和精神状态如何、尿量是否减少，简单处理后约半小时再量一次体温，如果没有改善，应该立即就医。

新生儿的免疫系统尚未发育完全，如果体温达到38℃则应特别小心，通常无论怎么包覆体温都不应高于38.5℃。如果体温高达40℃、两天内有两次超过39℃，那么受病毒或细菌感染的可能性相当高，并发症和死亡的风险也相对提高，相当危险。因此新生儿发热时最好尽快就医，并由医生进行必要的处置，甚至住院检查。

医生在线

新生儿可不可以使用冰枕或擦酒精退热？

绝对不行！新生儿的体表面积与成人相比相对较大，散热较为迅速，因此使用冰枕或擦酒精容易导致宝宝快速失温、颤抖，相当危险。即使使用水枕也要十分小心，要用毛巾适当包裹水枕，不要接触肩膀，非不得已并不建议使用。

在新生儿不觉得冷、没有打战发抖的状态下，用温水泡浴或擦拭是可行的，但是过于频繁的擦洗反而会使宝宝疲惫不堪。

新生儿可不可以吃退烧药？能不能使用栓剂？

新生儿胃肠肝肾等器官都不成熟，非必要不要随便吃退烧药，即便要吃，剂量也应谨慎计算。栓剂虽然方便，但对新生儿有吸收快、刺激肠道引起腹泻、伤及直肠和肛门的风险，剂量也较难拿捏，因此并不建议使用。

051

如何喂婴幼儿吃药？

■ 不同年龄层需要不同的喂药技巧

1. **婴儿期（0～1岁）**：吃药时应把宝宝抱在怀里采取半坐仰角45度以上姿势，利用滴管或喂药器自嘴角沿着舌头侧边滴注药物，喂药过程要缓慢进行，并用温柔的声调与其互动，以免惊吓到孩子。若药从嘴角流出，可在喂完少量药物后轻触其脸颊或下巴，或使用奶嘴使其做出吞咽的动作，帮助宝宝把药物吃下。

2. **幼儿期（1～3岁）**：此阶段幼儿对外部世界有了一些认知，因此可利用安抚及诱导方式，例如，可利用说故事的方式引导幼儿服药，并在服下药物后给予鼓励或奖励，也可利用糖水或其他食物改变药物原来的口味，但不建议使用牛奶或果汁协助喂药，以免影响药性。

3. **学龄前期（4～6岁）**：对此阶段的儿童可使用沟通的方式，使其了解吃药的原因，并让孩子有自己能控制的感觉，例如，可选择一次喝完还是分几次喝下，想要自己喝还是由家长喂，等等。如果孩子发现不好喝而抗拒，可边安抚边鼓励，并适当给予奖励，例如贴纸、气球和喜欢的玩具，但不建议强行灌食，避免呛到。

■ 喂药注意事项

1. **合适的药物储存方式**：应放在阴凉高处及孩子无法自己拿到的地方，以免被孩子当成糖或饮料。如果需要冷藏药物，也应尽量放在冷藏室顶部或孩子拿不到的地方。

2. **确认服药信息**：喂孩子吃药前先确认药物与剂量，以及服用方法和注意事项。

3. **事前准备充分**：吃药过程中可能需要的用具需要先备齐，例如水、喂药器、饼干、小礼物、卫生纸或毛巾等。

4. **喂完药后若马上呕吐**：可请教医生、药剂师是否需要补服药品；服药后30分钟后才呕吐，则不需补服药品。

如何预防婴儿猝死症？

婴儿猝死症是指在没有预兆的情况下婴儿突然死亡，而且死亡原因无法通过病史、现场检视以及病理解剖来解释。

■ 多大的婴儿较易发生婴儿猝死症？

婴儿猝死症的多发年龄是2～4个月，也有在出生后数周内发生的案例。一般而言较少发生在6个月以后，不过1岁以下的婴幼儿都需要注意。

■ 如何避免婴儿猝死症？

婴儿猝死症的诊断需要排除其他疾病的可能性，确定死因不是异物引起的窒息、突发的抽搐痉挛、心脏功能失调或心律不齐以及感染或先天代谢异常等情况。由于诊断困难，以下根据医学界的研究以及统计数据，提出与婴儿猝死症相关性较高的危险因子，为父母做参考。

1. 睡眠与睡姿：婴儿猝死症多发生在半夜及清晨，因此医学界认为猝死与宝宝的睡眠有一定关系。熟睡时宝宝的上呼吸道肌肉放松，可能造成呼吸道塌陷、呼吸阻力上升，引起窒息。在睡姿方面，俯睡的宝宝容易放松熟睡，可能会忘记呼吸或挣扎。如果宝宝的年龄小于4个月，颈部肌肉尚未发育成熟，俯睡时可能因为口鼻被被褥阻碍无法转头挣脱，从而窒息。欧美有研究认为婴儿猝死症与俯睡有关，因此近年来提倡仰睡，果然降低了婴儿猝死症的发生率。提醒家长，不要让小于4个月的婴儿单独俯睡，尤其不能俯卧在松软的棉被或枕头上，以免脸鼻陷入，导致窒息。

2. 男婴、早产儿与出生体重极轻的婴儿发生率较高：根据医学研究统计，男婴发生猝死症的概率较高，原因尚不清楚。早产儿（怀孕未满37周即出生）与出生体重极轻的婴儿（出生时体重低于1.5公斤）大脑、神经与肌肉的协调性较差，呼吸机制与心肺功能较不成熟，因此发生率相对较高。

3. 喂食问题：母乳喂养的宝宝发生猝死症的概率较低，这可能与母乳较易吸收、含有抗体等保护因子、让宝宝不容易溢奶及受到感染有关。容易呕吐与溢奶的宝宝可能容易出现呼吸道收缩、吸入呕吐物等问题，造成呼吸道阻塞与窒息的概率相对较高。

4. 环境温度影响：温暖或较热的环境温度会抑制宝宝自发性的呼吸功能，容易造成窒息。冬天虽然温度较低，但是家里人几乎都聚集在室内，不流通的空气增加了交互感染的概率。加上为了保暖，父母多半会把宝宝包得更厚，这会提高猝死症的发生率。对婴儿来说最适宜的室内温度一般为 25～28℃。

5. 家庭环境因素：许多家庭环境因素与婴儿猝死症有关，例如与宝宝同床共眠或使用同一床棉被容易造成窒息，怀孕时酗酒、抽烟、营养不良会造成影响，另外滥用药物也会造成宝宝体质不良。家中成员对宝宝照顾不佳会引起营养失调，抽烟及其他生活习惯会造成家中空气质量不好、环境卫生较差，甚至家中已有过婴儿猝死症的先例，都是增加婴儿猝死症发生率的危险因子。

6. 宝宝本身的健康问题：某些先天性心脏病、神经疾病或代谢异常在宝宝年幼时没有症状，一旦宝宝有些微不适，可能引发严重的并发症，导致猝死。

由于婴儿猝死症可能涉及的相关因素太多，一般民众在对其不甚了解的情况下，可能将其与虐待婴儿、保姆疏失、医生误诊甚至药物或疫苗不安全等因素画上等号，容易引起医患之间的误会与冲突，希望读过本文后，读者们能更了解婴儿猝死症及其衍生的问题。

第 3 章

3～12 个月的宝宝

053

宝宝开始流口水了

宝宝一般在约 4 个月大时会开始流口水，两岁左右会停止。当然也有婴儿 2～3 个月大就开始流口水，甚至一直流到四五岁。

■ 宝宝为何会流口水？

新生儿一般是不会流口水的，因为新生儿的唾液腺还没有发育成熟，所以不会分泌口水。宝宝到 4～5 个月大唾液腺成熟时，便开始会分泌口水，但这时吞咽功能还不成熟，所以会流口水。

■ 流口水代表什么意义，有何功能？

宝宝从 4～5 个月大开始流口水，表示唾液腺成熟，可以消化母乳或婴儿配方奶之外的某些半固体食物，这时宝宝也可以开始逐渐吃辅食了。目前较新的医学观念主张辅食不宜过早添加，应于 4～6 个月开始添加较为合适。

宝宝到了 6～7 个月大时，会开始长出下方两颗门牙，这代表宝宝开始具备初步咀嚼的功能，这是宝宝从母乳哺喂过渡到添加辅食的里程碑，从流质到半流质，从少样到多样，从植物性开始慢慢添加一些动物性辅食，这段时间是宝宝学习如何咀嚼和吞咽的黄金训练期。

下方两颗门牙长出后，平均 1～2 个月会长一到两颗乳牙，每颗新的乳牙从牙龈长出，就会刺激牙龈和口腔内侧的神经，促进唾液腺分泌口水，唾液腺的功能也就越来越旺盛，所以六七个月大之后，口水就越流越厉害。但随着各种婴儿辅食被慢慢地添加进来，咀嚼吞咽的功能更加成熟，口水也会流得越来越少。

■ 老人们常说"流口水就是要长牙了"，这种观念正确吗？

婴儿 4～5 个月大时开始流口水，紧接着 7～8 个月大开始长牙，这是正常的发育顺序，因此老一辈的人一提到婴儿流口水，就会想到婴儿是准备长牙了，这样的观察大体上是正确的。

宝宝会自己翻身了

宝宝一般 4～5 个月大时会开始翻身。翻身是宝宝第一个移动身体的大动作，也是发育的重要里程碑。由于宝宝很可能突然学会翻身，所以在 4 个月左右大时就应开始特别注意，避免发生宝宝从椅子、沙发或床垫上跌落的意外。

■ 为翻身做准备

在学会翻身之前，宝宝必须先能稳定控制头部，肩膀、手腕、上臂的肌肉也会逐渐成熟并变得有力量。宝宝约 3 个月大时，头部可以稳定维持 90 度，等头部肌肉发育完成，身体各部分神经肌肉协调度也慢慢成熟，宝宝就渐渐具备尝试翻身的生理条件了。

■ 翻身的尝试与练习

通常宝宝会先学会玩自己的脚丫，手甚至嘴可以碰到自己的脚趾。宝宝在仰卧时玩自己的脚丫，身体变成弯曲的弓形，由于重心不稳，身体自然会侧倾，这就完成了翻身的第一步。

有时宝宝身体和手臂先侧向一方，由于腿部神经肌肉控制成熟得较晚，腿翻得会比较慢，只要在玩耍中多试几次，一般都会成功。当然，此时家长可以帮宝宝做翻腿动作，但很多宝宝在自得其乐的玩耍中就自然慢慢学会了，不见得需要他人帮忙。有一些宝宝比较急躁，难免会因翻不过去而哇哇大哭，此时家长无须沮丧，到 5～6 个月大时，宝宝才可以做出真正有意义的翻身动作，也就是由仰卧变俯卧，再由俯卧变仰卧，同时准备完成下一个更重要的发育里程碑——坐。

■ 我的宝宝是不是比同龄孩子晚学会翻身？

少数宝宝到了 5～6 个月大还不会翻身，但 7 个月大时可以独自坐得很好，这就表示其骨盆和神经肌肉发育是正常的，家长无须担心，因为可能宝宝就是不喜欢翻身。如果真有担忧或疑问，也可请儿科医生做详细的检查。

宝宝能自己坐着了

俗话说"七坐八爬",意思是宝宝一般 7 个月大时可以独立坐着,8 个月大时开始会爬了。根据一般宝宝的成长状况来看,这个描述是比较准确的,但并非指宝宝 7～8 个月大时一定能坐得很稳。一般而言,对头部的控制稳定后,宝宝接着学会翻身,接着能够坐、爬、站、走,虽然有其发育顺序,但没有一定的必然性,还是存在个体差异性的,评估时还要看整体的发育情况。

■ 从半躺到坐起

一般宝宝通常 6 个月大时会尝试坐,但仍需要家长扶着。起初,婴儿都是先学会半躺坐,很容易东倒西歪,还无法坐得很稳,这时婴儿会尝试学会前倾,用手来辅助平衡;随着婴儿颈部、背部、腰部、骨盆和下肢神经肌肉的缓慢发育,在掌握对头部的控制和翻身后,7～8 个月大的宝宝才慢慢学会独立坐,而且坐得很稳。独立坐是一个很重要的里程碑,宝宝从平躺发展到坐起,眼睛能接收到的信息的高度完全不一样,这为宝宝开拓了新的视野。

■ 我的宝宝是不是比同龄孩子晚学会坐?

若宝宝在 7～8 个月大之后仍无法独立坐着,可能需要详细检查脑部、神经以及肌肉的发育是否正常。如果到了 9 个月还不能坐得很稳,之后的爬、站与走路可能会出现问题,家长这时该注意宝宝是否有发育迟缓的问题,或有脑部、神经、肌肉和协调性的问题,可请医生评估是否该进行早期的康复治疗。

■ 学会坐之后，是否该注意某些姿势？宝宝该坐多久呢？

一般来讲，应该避免宝宝把脚压在屁股下方，或小腿向外侧翻，呈现 W 形，这样对宝宝腿部关节发育有不良影响，合适的坐姿是有一点前交叉，腿自然地放在前方。

宝宝学坐初期也不宜久坐，因为宝宝的背部、脊椎、骨头和肌肉的强度都还不够，原则上一次不超过 30 分钟才不容易造成脊柱伤害或脊椎侧弯。当然也可以使用一些辅助工具，如婴儿学坐椅来帮忙。

左图为较合适的坐姿：有一点前交叉，腿自然地放在前方。右图为宝宝把脚压在屁股下方，小腿向外侧翻，呈现 W 形，此种坐姿对宝宝腿部关节发育有不良影响。

宝宝会爬和站了

■ 宝宝向前爬了

当宝宝能够独立坐稳后，随着下肢、骨盆和上肢的肌肉、神经慢慢发育成熟，宝宝要准备进行下一个比较有效率的行动，也就是爬了。

宝宝一开始可能像蛇或虫子一样用腹部及大腿摩擦地面移动，常常一开始呈蠕动姿势，肚子贴在地面上，而且是向后爬的。有的妈妈说："我的宝宝怎么是向后爬的，像倒车一样，这正常吗？"是的，这是正常的，等宝宝的手臂和腿部肌肉发育得更成熟，就会向前爬了。

一般而言，等宝宝9～10个月大、能爬得很灵活时，肚子才能离开地面，但有很多因素会影响宝宝学爬的时间，例如宝宝的个人体质因素，而有时照顾者过度溺爱宝宝，时常抱着，也会剥夺宝宝正常发育的机会。另外，床铺太软或者衣服穿得太多太厚也会妨碍宝宝学会爬的时间。值得注意的是，每一个婴儿在爬行方面的差别都很大，有些婴儿甚至直接跳过爬，就会站和走了，这也是正常现象。

■ 宝宝学会扶着东西站立了

一般而言，宝宝9个月大时就能扶着墙壁或物品站立，但有的6～7个月大的婴儿就能扶着东西站立片刻了。宝宝一旦能扶着东西站起来，视野就会和躺着的时候完全不同，这对婴儿而言是很新奇的体验，会对其视觉及脑部形成新鲜的刺激，也会激励宝宝不断站起来观察这个崭新的世界。

在学会扶物站立之后，宝宝会越站越稳，会开始扶着家具和大人站立，甚至开始尝试侧移，有些宝宝也喜欢让大人牵着走，这些都在为1岁后的独立行走做准备。

许多父母常问："如果太早让宝宝学会站立，会不会有不良影响？"这个问题关系到宝宝的体重和腿部肌肉的发育，个体的差异性很大。如果宝宝是自己学会站立的，则不需要特别加以限制。

057

宝宝用学步车好吗？

根据调查，国际上的婴幼儿中使用过学步车的有五到九成。许多父母觉得宝宝坐在学步车中显得很快乐，有的认为学步车可以将宝宝围起来，所以比较安全，也有不少人认为坐学步车可以帮宝宝学走路，但学步车真的对宝宝有帮助吗？

■ 宝宝什么时候开始独立走路？

根据过去的婴儿发育研究文献以及大动作发育专著《发育中婴儿的运动评估》，绝大多数学者专家都同意，约50%的宝宝在11个半月时可以放手行走，而90%可以在14个月大时独立行走，18个月大的宝宝应该都能自行走路了。当然，在这长达半年之久的时间里，孩子们的表现差异甚大，有的在前一天还是"爬行动物"，隔一天就变成了"北京猿人"；有的虽然早就想放手一搏，但经常走一下就摔倒；有的已经十分享受走路的自由与乐趣，总是要大人带着出去走动。父母们要牢牢记得，这个年龄范围并非金科玉律，因为每一个宝宝都有其独特的发育历程表，年龄表现只是一个受到普遍认可的范围而已。

但是，如果宝宝在超过18个月大后仍无法独自走路，应尽快向专家医生们咨询，确认是否有疾病的原因，或者有阻碍因素需进行调整。

■ 学步车是否会使宝宝走路及发育变慢？

答案基本是肯定的，大部分相关研究发现，学步车会阻碍学走路前幼儿的各项学习发展，并不只包括大动作发育。在一篇来自《儿童发育与行为》杂志的文章中，实验人员将109位婴儿分为使用学步车及不用学步车两组，比较其动作及心智发育情况（在6至15个月之间）。结果发现，使用学步车组的婴儿坐、爬及走路发育表现较慢，贝利婴儿发育量表的动作发育（PDI）及心智发育（MDI）两项指标得分都低于未使用学步车组的婴儿。此外，这种延迟与学步车种类、使用时间与频率存在关联。

■ 学步车安全吗？

英国等部分欧洲国家以及加拿大在多年前即已全面禁止婴儿学步车的生产、营销与广告，理由是学步车已经在全世界范围内造成了许多伤害及死亡案例，尤其是头部伤害。据估计，美国每年的学步车相关伤害在一岁以下婴儿中的发生率约为0.89%，而严重伤害的发生率则为0.17%。此外，多篇国外研究也指出，学步车会导致孩子较晚学会独立行走。

站在促进婴幼儿神经发育及预防事故伤害的立场上看,如果家长让孩子使用学步车的时间过早或过多,显然是弊大于利的,最好还是让孩子多在自然环境中学习,踏出人生第一步。

医生在线

有哪些因素会影响孩子学习独立行走?

根据多年来的临床经验,下列因素会不利于宝宝正常发展独立行走的能力:

1. 衣服穿得过多或过厚,影响活动性。
2. 宝宝因为太常被抱,很少有机会在地上活动。
3. 宝宝体重过重,超过同龄婴儿,以致缺乏走路的动机。
4. 宝宝发育不良,慢于同龄婴儿,以致肌肉骨骼质量不足而影响了走路。
5. 宝宝对扶物有心理阴影,以致害怕而不肯学习走路。
6. 不具备让宝宝扶物行走的环境,以致宝宝缺乏学走路的兴趣。
7. 宝宝常被放置在学步车内,以致没有练习独立行走的机会。

家长们应该小心谨慎,切勿压抑甚至剥夺宝宝努力学习行走的机会,孩子们自然会顺利发育。

如何选择第一双鞋？

宝宝还没开始走路时是不需要鞋的，当宝宝开始站立，要迈出人生的第一步时，就可以开始考虑购买其人生中的第一双鞋了。

■ 如何选择适合孩子的鞋？

挑选孩子的鞋，须以柔软、舒适、宽松为原则，能够保护足部不受外界伤害即可。学步期的儿童可以选择稍微高筒的鞋，以防掉落。可选稍有防滑效果的鞋底。

足底不需要任何支撑垫，也不要限制脚踝的活动，因为儿童的骨骼和肌肉都还在发育，需要足够的空间来正常发育。孩子的足部发育越自然，其平衡感及肌力越强。甚至有研究报告指出，儿童时期光脚的时间越长，成年后脚的外形及功能越好，所以其实最好的鞋就是自己的脚！

■ 孩子走路姿势奇怪，是否需要矫正？

要注意的是，孩子的脚还在发育，所以外观上看起来会跟成年人的脚不一样，尤其是儿童常见的弹性扁平足和内八字足，绝大多数会随着年龄的增长逐渐接近成年人的形状。这是儿童正常的生理现象，并不是一种疾病，父母不必太过担心，也不必急于矫正。

■ 矫正鞋对儿童是否有帮助？

"矫正鞋"其实是一个错误的名称，因为这些鞋并没有真正矫正儿童的骨骼发育。事实上，这些鞋绝大部分都穿在正常儿童的脚上，儿童足部外形的改善其实来自儿童本身的成长，而非这些鞋的效果，所以父母不必为了安心而购买过于昂贵的鞋。

059 宝宝O型腿或走路外八字正常吗？

■ O型腿与X型腿

儿童站立时，若膝关节内翻导致脚跟并拢时双侧膝盖无法并拢，下肢呈现O型，则称为"O型腿"；若因膝关节外翻导致膝盖并拢时双侧脚跟无法并拢，下肢呈现X型，则称为"X型腿"。

儿童下肢的发育表现出有趣的钟摆现象。婴儿刚出生时，小腿骨就是稍微向内弯曲的，因此在出生时就是O型腿，但婴儿不会站立，父母注意不到。宝宝开始走路后，父母才会开始注意到这个现象。随着骨骼发育，宝宝在1岁半左右时下肢会变直，2岁后渐渐发育成X型腿，3～4岁是X型腿最明显的时候，之后X型腿的角度逐渐变小，7～8岁时发育为成人的模样。事实上，成人的膝关节也不是直的，而是呈5～8度外翻。

■ 内八与外八

走路时脚尖朝内，称为"内八字足"或"走路内八"，走路时脚尖朝外，称为"外八字足"或"走路外八"。其实脚尖朝内或朝外并不单纯是脚掌的问题，从骨盆、大腿、小腿、脚掌到脚趾的各个环节都有影响。

婴儿在子宫内时，髋关节是向外转的，所以宝宝从新生儿时期到开始走路时，大腿仍习惯性外转而呈外八字足，这种情形会持续到1岁半至2岁。之后大腿骨逐渐内转，5～6岁时，大腿内转最明显，此时走路容易呈内八字足。有些儿童同时有小腿骨内转及足部距骨内展的情况，这会导致内八字足更加明显。随着年龄增长，内八字足会逐渐改善，最后会发育为与成人形态接近。

> **小贴士**
>
> 以上叙述的肢体形态都会随着儿童的成长而逐渐改善，就算最后仍有些许不同，绝大部分都还属于正常的生理性差异，几乎不会有功能上的障碍，父母不必过于担心。

060

宝宝长第一颗牙了

牙齿也是人体的一个器官，正常情况下，人类的恒牙应为32颗，乳牙则应有20颗。不管是乳牙还是恒牙，每颗牙长出的时间与顺序都有一定的规律。

■ 宝宝长第一颗牙：您应该知道的长牙故事

一般来说，宝宝应在6～7个月大时长出第一颗牙，通常顺序是下颚正中门牙打前锋，不久后上排乳牙正中的门牙也开始冒出头来，就这样先长前面的乳牙，后长后面的。通常16个月大的宝宝大概会有16颗乳牙。到了2岁半至3岁左右，20颗乳牙就长全了。

虽说有一定的长牙时间与顺序，但这时间与顺序是一般人的平均值，并非绝对；不同宝宝之间的差异有时可高达6～7个月。有些父母抱着1岁多的幼儿来找医生询问："为什么我的孩子1岁多了，嘴里一颗牙都没有？"牙医检查后告诉家长，宝宝的牙床上的确有牙齿正在蓄势待发，只是比一般孩子长得慢一些，因为长牙的快慢是由遗传因素决定的。

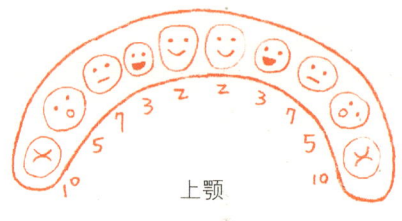

乳牙生长顺序

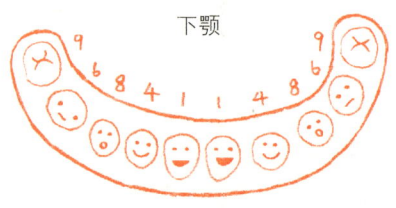

上颚

下颚

■ 宝宝的牙齿清洁

长了牙的宝宝一定要做好牙齿清洁，但清洁牙齿的习惯其实越早建立越好，例如每次喂宝宝吃完奶，就可用棉签和纱布清洁宝宝的牙齿与口腔。久而久之，宝宝也就习惯大人帮忙清理口腔这件事，如此便能为大人日后帮孩子刷牙奠定基础。

> **小贴士**
>
> 长牙时间、顺序因人而异，要尽早养成替幼儿清洁牙齿的习惯。等长出牙齿后，不要让宝宝含着奶瓶睡觉。幼儿应在1岁前做第一次牙科检查。

061

如何促进宝宝的智力发育与肢体协调？

■ 宝宝的智力发育

宝宝的认知是通过全方位学习来整合的。听到声音觉得有趣、看到玩具手舞足蹈、看图听故事津津有味、跑跳丢球乐此不疲，孩子就会日渐成长进步。所谓"寓教于乐"，游戏是孩子快乐学习的动力，因此通过把玩和抚触各种形状的积木、不同质地的玩偶、颜色丰富的玩具，宝宝的脑部反应区域会变大。在此同时，父母和照顾者要常常给予适度的鼓励和及时的奖赏，这会让孩子更有自信，更愿意追求卓越，也会增加其对挫折的忍耐力，培养再接再厉、接受挑战的勇气。

霍华德·加德纳博士在1983年发表了"多元智能"学说。他提出，每个人都具有八种多元智能，包括身体运动智能、视觉空间智能、音乐智能、语言智能、数理逻辑智能、人际关系智能、自然观察智能和自我认识智能。这些智能在不同的情境下都会被用到，应用得越多就发育得越好，然而大多数人只会在一两种智能方面表现特别出色。

父母和启蒙老师要学习开发潜能的技巧，以陪伴、接纳、肯定和指引的方式来协助孩子充分开发。因为每个人的大脑都有可塑性，智能的表达不仅局限于在传统智力测验中表现出来的分数，最重要还是真实生活中解决问题的能力。

■ 肢体动作的平衡与协调

孩子的动作发育经常是随着神经系统的发育而循序渐进的，从抬头、坐起、爬行、站立到步行，看起来好像是自然掌握的。然而，优美、轻巧、敏捷、具韵律感的动作仍然来自足够多的动作学习与练习。

地板是孩子第一个最好的运动场，安全、平滑、干净、温暖的地板可以让孩子练习由匍匐前进到攀爬等各种肢体活动，发展协调性。抱着孩子坐在摇椅上随着儿歌的节拍晃动，把孩子吊在手臂上摇，都会促进孩子的发育。

孩子蹒跚学步之初，就可以开始进行各种体能及手眼协调运动，年龄越小的孩子学得越快，也越能在玩耍中学习。养成爱好运动的习惯，可以增强儿童的体能，提高免疫力，培养专注力及创造力。

如何让宝宝一夜好眠到天亮？
谈宝宝夜哭的安抚技巧

宝宝长到6～8个月大，会开始对周围环境进行敏锐的观察，此时，我们通常会建议家长适当运用安抚技巧以及睡眠仪式。睡眠仪式包括给宝宝其心爱的被子或小毯子、读故事、睡前喝牛奶、父母陪睡、刷牙等，这些每日进行的睡眠仪式不仅会给孩子做好入睡前的心理准备，对入睡困难的幼儿也有极大的帮助。

■ 影响宝宝睡眠的因素

1. 生理因素：饥饿、腹胀、肠绞痛以及身体上的疾病，如发热、咳嗽、流鼻涕、鼻塞、肚子痛、药物影响、长牙不适、尿布湿了、感觉太热或太冷等，都会引起夜哭。

2. 心理因素：睡前有太大的情绪变化，如玩得太疯、生气哭闹、害怕等，因此在睡前一小时内建议不要看电影或是讲恐怖故事。

3. 不合理的育婴习惯：妈妈对宝宝睡眠质量的担忧经常会造成心理压力，相对也会影响宝宝的睡眠质量，例如有些妈妈夜里会检查宝宝是否需换尿布，导致婴幼儿夜间睡眠苏醒频率上升，睡眠质量也会下降。也有妈妈习惯将安全别针别在宝宝背后，使孩子长期睡不安稳。有些妈妈会担心宝宝吃得不够、长得不好，而在夜间唤醒孩子喂奶，导致孩子习惯性夜间起来吃奶而中断睡眠，或者在夜里一看到宝宝醒来就喂奶，也会导致孩子因夜奶而睡眠不足。

4. 饮食问题：巧克力、可乐等食物会导致胀气不适，对胃肠道也具有刺激性，影响孩子消化，孩子自然睡不好。

5. 环境因素：温度太热或太冷、空气中的刺激物和噪音等也会让孩子睡不安稳。

宝宝每天要吃多少奶才够？

门诊中常有妈妈忧心忡忡地问："宝宝吃的奶够不够？会不会影响发育？"以下针对宝宝的哺喂与所需营养进行说明。

■ 宝宝每天需要多少热量？

宝宝周岁前是一生中长得最快的时期，体重的增加在这个时期非常迅速，1岁时的体重约为出生时的3倍，因为活动量大、热能消耗多，因此对营养和能量的需求是大人的2～3倍以上。婴儿在满4个月以前，每天每公斤体重需要的热量约为120大卡[1]，4个月至1岁时约为100大卡，1岁以后约每3年每公斤减少10大卡，除青春期又略有增加外，到了成人时减少到约40大卡。

■ 宝宝每天要吃多少奶才够？

4个月以前的宝宝未添加辅食，热量供应单纯来自母乳或配方奶，因此所需奶量很容易根据每公斤体重所需热量来计算。

1. 配方奶喂养： 用市面上的"婴儿配方"奶粉哺育婴儿时，照标准冲泡处理，每100毫升配方奶含67大卡的热量（与母乳基本相同），即每30毫升约20大卡。所以宝宝每天所需奶量为120大卡/公斤 × 婴儿体重（公斤）×（30毫升/20大卡）。如此计算得出宝宝每天所需奶量是每公斤180毫升。再用每天所需奶量除以每天喂奶的次数，就是每次喂奶所需的奶量。等宝宝4～6个月大后开始逐渐添加辅食时，必须按辅食供应的热量另行计算。

2. 母乳喂养： 吃母乳的宝宝并没有一定的喂奶时间及奶量，通常2～3小时1次，刚出生时可能一天达到10～12次。事实上，宝宝吸吮的次数越多，乳汁的分泌就会越充足。哺喂时，宝宝吸吮4～5分钟后已吃完母亲单侧乳房内约90%的乳汁，所以建议妈妈应左右乳房交替哺喂，这样一方面可促进母乳分泌，另一方面可避免胀奶的不适。

如果宝宝只吃母乳并且一天至少会尿湿尿布五六次、体重每个月长0.5～1公斤或每周至少125克，每次吃完奶都显得很满足，可以安稳睡2小时以上，就表

---

[1] 1大卡=4.184千焦（kJ），本书保留原文中以大卡计算热量的习惯。——编者注

示奶量足够。以上的标准也仅是参考，每位宝宝的发育状况及所需热量不尽相同，所需奶量自然也不尽相同。只要宝宝的身体发育在正常范围内，妈妈们是不太需要斤斤计较几毫升奶量的。

■ 婴儿的营养摄取应注意哪些原则？

1. 在第1个月内，尤其是体重较轻的宝宝，仍要以每3小时喂食1次为宜。满2个月以前，可以每3～4小时喂食1次，一天喂6～8次；2至4个月，一天喂食5～6次；4至6个月，一天喂食4～5次。

2. 能按时喂食最好，喂食时间未到而婴儿饿了时也可喂食，但切勿时时刻刻喂食。

3. 4～6个月大后，一般每天奶量不超过1 000毫升，不足的水分可由开水、柑橘汁、汤汁等供给，而不足的热量可以由增加米粉、面粉或其他辅食来供给。

4. 当奶已喂足时，不要再强迫宝宝吃了。喂食时，母亲和宝宝都要保持愉快轻松的心情。

是否该帮宝宝戒掉夜奶？

许多妈妈都有"半夜要不要起来喂奶""何时该戒掉夜奶"的疑问，关于宝宝夜奶的问题，建议可根据以下原则处理。

■ 3个月大以前不建议戒夜奶

足月出生的宝宝在满3个月大以前，半夜不能完全不吃奶，这与宝宝的血糖维持有关。由于宝宝体内的肝糖原比成人少，因此宝宝进食比成人频繁，需要每3~4小时进食一次来帮助维持体内血糖稳定。在3个月大左右，宝宝慢慢熟悉了白天黑夜的变化，晚上睡眠的时间逐渐拉长，同时体内肝糖原的储存量也慢慢增加，这时妈妈可以增加睡前那一餐的奶量，终止半夜那次喂食。如果是母乳喂养的妈妈，睡前可以让宝宝含吸的时间长一些，让宝宝多吃一些，宝宝半夜便不容易觉得饿，也就可以顺利延长从睡觉到半夜起来吃奶的时间，从3~4小时延长到5~6小时。

■ 吃辅食后可完全戒除夜奶

宝宝满4~6个月大，开始吃辅食之后，就应该戒掉半夜吃奶的习惯，因为良好的睡眠质量对宝宝的成长发育是非常重要的。随着辅食摄入量的增加，再加上睡前那一餐奶量的增加，就可以戒掉宝宝半夜喝奶的习惯。

但是如果宝宝有先天代谢方面的问题，身体对能量的利用情况比较不好，可能还需要通过频繁进食的方式（每3~4小时喂食一次）来补充身体需要的能量。此外，生长曲线百分位在3%以下的宝宝有时也需要通过少食多餐的方式来增加能量的摄取。对上述情况的宝宝，不建议家长强制宝宝戒掉半夜喝奶的习惯。

■ 满周岁后避免将母乳或配方奶当主食

宝宝能否在满周岁后成功戒掉夜奶，与白天的饮食习惯有关。宝宝满周岁之后，液体食物（母乳或配方奶）应该只是营养补充品，若仍以液体食物为主食，会因缺乏饱足感而坚持要半夜吃奶。这时应增加宝宝白天的正餐量，一天至少两餐吃辅食，晚上睡觉前吃母乳或配方奶当睡前点心，宝宝吃得够，半夜自然就不会起床要吃奶了。

什么时候可以开始为宝宝添加辅食？

宝宝开始吃辅食是个重要的里程碑，然而关于辅食添加时机的问题不但常让父母们感到困惑，在医学界也有"4个月大后添加"及"6个月大后添加"两种主张。主张4个月大后添加的理由主要是为了避免婴儿营养不足影响发育，6个月大后添加的主张则大体基于对母乳喂养的鼓励。总体而言，在宝宝4～6个月大时添加辅食，应为目前的主流共识。

■ 添加辅食的适当时机是什么？

1. 世界卫生组织及美国儿科医学会：

近年来，母乳喂养已成为国际主流的喂养方式，世界卫生组织和美国儿科医学会皆主张，母乳足以提供宝宝前6个月发育所需营养，因此建议一般足月生产的宝宝以纯母乳哺育6个月，6个月大后应开始逐渐添加辅食。

至于添加辅食后是否还需要喂母乳这个父母常关心的问题，世界卫生组织建议，在开始添加辅食后，仍要持续哺喂母乳至少到宝宝2岁；美国儿科医学会则建议持续哺喂母乳至少到宝宝1岁大，之后可视母婴情况决定是否要继续哺喂。

2. 台湾儿科医学会：

根据台湾儿科医学会2013年发表的建议，母乳是正常新生儿的最佳营养来源，足月的正常新生儿在出生后应尽快哺喂母乳，并持续全母乳哺喂至4～6个月大，于4～6个月大时开始添加辅食。建议至少持续哺喂母乳至1岁，视母婴需求，可考虑持续更久。但不建议纯母乳喂养超过6个月且无适量辅食补充，因为这可能会造成营养不良。

台湾儿科医学会建议，选择纯母乳喂养到宝宝6个月大的妈妈，应从宝宝4个月大时开始为其补充婴幼儿专用口服铁剂与含有维生素D的综合维生素，以免铁、钙摄取量不足，影响宝宝的发育。

■ 对添加辅食时机的具体建议

综合以上讨论，我们原则上建议从宝宝4～6个月大开始添加辅食，太早或太晚尝试喂辅食都可能对宝宝产生不良影响，至于确切添加时机，则应视宝宝的发育情况而定。

1. 父母在为宝宝添加辅食前，应了解孩子是否已经发育充足，包括颈部应已挺直、不会摇晃，在他人扶持下可维持一段时间的坐姿，咀嚼时头部不会晃动，用汤匙喂食时舌头不会有明显的排出反射以及对餐桌上的食物表现出明显的兴趣等，这些发育表现都是宝宝已经准备好吃辅食的信号。

2. 从小以奶瓶喂食（母乳或配方奶）的宝宝容易较早产生厌奶的问题，使得吃奶量降低，专家通常建议在满4个月后即可喂食辅食，以满足婴儿的营养需求。相对而言，母乳喂养的婴儿通常厌奶的可能性低，若过早给予辅食，反而会剥夺持续母乳喂养的机会。

3. 有些宝宝胃口很大，奶吃得很多，可能会超重，可从4个月开始酌量喂辅食，以增加其饱足感而避免超重；相对而言，体重不足的婴儿则需要较高的蛋白质及热量摄取，就营养成分来说，母乳是比较好的选择，这种情况下，建议到6个月大时再开始添加辅食。

父母或照顾者平时需要多观察宝宝发育状况，有任何关于辅食添加的疑问，可多与医生讨论，由医生根据宝宝实际的发育状况，给出专业的判断及建议。

医生在线

我担心宝宝吃辅食会引起过敏,想纯喂母乳到1岁,然后再给宝宝吃辅食,请问这样合适吗?

虽然母乳是宝宝最理想的营养来源,但仍建议不要晚于6个月开始添加辅食,理由如下:

1. 避免因部分营养素(如铁、维生素D)摄取不足而影响宝宝发育,甚至造成缺铁性贫血、佝偻症等问题。
2. 膳食纤维能帮助4个月后的孩子形成正常粪便,这些可由果泥、菜泥、婴儿米粉等辅食来提供。
3. 由于1岁后的幼儿就应该以一般的固体食物为主食(奶则退居辅助地位),因此从流质到半固体状辅食的渐进添加能让宝宝在进食过程中练习咀嚼时口腔及舌头的动作,为进食固体食物做准备。太晚尝试辅食的孩子,日后容易因对固体食物接受度较差而出现营养失调的问题。
4. 辅食不但能提供发育所需营养,接触新的味道也具有活跃脑部发育的功用;同时咀嚼也可促进口腔机能发育,帮助宝宝培养日后发音及说话的能力。

添加辅食时有何注意事项？

■ 添加辅食的原则

1. 添加食品类型的顺序，建议为：谷类（如米糊、米精）→水果类（如苹果、香蕉、梨）→蔬菜（如胡萝卜、南瓜）→豆类（如豆腐）→肉类（如鱼、鸡）→蛋类（先从蛋黄开始）。

2. 添加时，量由少渐增，稠度由稀至浓。

3. 添加食品形态的顺序，建议液体→糊状→泥状→条状→块状。

4. 每次添加一种，待适应后再加另一种，如喂食后3～5天都没有不良反应（如腹泻、呕吐、皮肤出疹等情形），再换（添加）新的食品。这样万一出现过敏反应，比较容易找出过敏原。

5. 添加新食品后，应注意是否有过敏反应，如粪便或皮肤发生变化，应立即停止吃该种食物，并带宝宝去看医生，以确定是食物引起的还是宝宝身体有其他不适。

■ 添加辅食的注意事项

1. 两次哺乳之间，为避免宝宝太饿而缺乏耐性，开始添加辅食时，一天喂食1次即可，1个月后再增为一天2次。

2. 宝宝如太饿会吃得太急，容易被食物或牛奶呛到。此时应暂停喂食，给宝宝拍拍背，让宝宝休息一会儿再继续喂食。并确保食物够细滑，容易吞咽。

3. 每个宝宝进食的速度不一样，可以变换口味，找出宝宝爱吃的，如果食物已经非常可口，宝宝仍然不爱吃，要考虑是否有身体不适或其他因素。

4. 做辅食时，最好以天然食物为主，口味应清淡不油腻，尽量不要使用调味品。

5. 注意食物保鲜。如购买市场上现成的婴儿食品，应注意保存期限。开罐后如不能立即吃完，应冷藏或丢弃。

6. 开始吃辅食后，一定要清洁口腔。要给宝宝养成良好的习惯，否则以后要刷牙或清洁口腔时就很难要求宝宝配合了。

067

宝宝适合吃哪些辅食？

宝宝 4~6 个月大时就可以开始吃辅食，增加营养摄取并做断奶的准备了。表 3-1 为几种为 4~12 个月大的宝宝制作辅食的常用方式。

表 3-1　辅食做法一览

辅食	适用年龄	做法
米糊（精）	4~6 个月	·初期可用宝宝喝不完的配方奶加米粉（精）调制，逐渐倒入直到成为糊状后即可食用，之后可增加米粉（精）的量
果汁	4~6 个月	·橙子和橘子可使用榨汁机榨汁食用；西红柿和葡萄则需先烫熟去皮后再用干净的纱布包起挤汁；西瓜和香瓜则需切开后挖出瓜肉再挤汁 ·刚开始食用时，要先稀释果汁再给宝宝食用，如 2 茶匙橙汁加 2 汤匙开水稀释，逐步提高宝宝的接受度
菜汁	4~6 个月	·挑选新鲜菠菜等嫩叶菜洗净切碎，投入锅内加水煮沸，煮开约 3 分钟后再取出冷却食用
五谷类	7~9 个月	·米加水以小火煮烂成稀粥，宝宝适应后就可添加小鱼或叶菜一起熬煮，增加风味 ·面条煮熟后切碎食用 ·吐司面包（最好去边）或馒头（去掉硬皮），撕碎后泡入奶内，用小汤匙喂
鱼、肉、蛋类	7~9 个月	·挑选刺少的鱼类或绞细的肉馅蒸熟，用汤匙捣碎食用 ·豆腐可用开水烫洗后，用汤匙直接挖食 ·鸡蛋则是打入碗内，加入水至八分满，再加入少许的盐（或糖），置入锅内蒸熟食用
果泥、菜泥	7~9 个月	·果泥如木瓜、香蕉果泥，菜泥如菠菜、南瓜、胡萝卜泥 ·与果汁、菜汁做法相同，完成后不经滤渣，将果（菜）泥与汁液一同取出给宝宝食用

小贴士

每尝试一种新食物，应先给予少量并注意宝宝的状况，若 3~5 天后无腹泻、呕吐、出疹或皮肤潮红等不良反应时，才可换另一种新食物；如有不良反应产生，则应停用并即刻带宝宝就医以确定原因。（更多有关辅食的信息，见第 13 章。）

医生在线

Q 平时因工作忙碌,无法自己给宝宝做辅食,这时可否选择市面上的辅食来补充营养?又该如何选择呢?

A 建议按照"营养又容易消化吸收"的原则来帮宝宝挑选市面上的辅食。以下为选购时的几点建议。

1. 成分越单纯越好:市售辅食往往会添加或综合许多食材,建议妈妈一开始先喂宝宝成分单一的辅食,等确认宝宝对辅食中的混合成分不会过敏后再尝试成分较复杂的辅食比较好。
2. 选择信誉良好的厂商:不添加防腐剂、香料等不利于宝宝健康的成分。
3. 选择商品流动率大的店家:商品流动率大更能保持商品新鲜。
4. 购买时要注意选择符合宝宝年龄的食品:可参考商家建议,最好请教医护人员。
5. 注意包装完整:大部分婴儿辅食(应强调不添加防腐剂)采用真空包装。开罐时需注意是否有表示真空的漏气声,确保质量,要注意标志的完整,包括品名、重量、生产日期、保质期、保存方法、制造或进口商、服务电话等。
6. 罐装的辅食打开后,建议吃多少拿多少,将要使用的部分装在小碗里,剩余的冷藏,最好在开封后48小时内食用完毕,以保证新鲜。

正确的宝宝喂食技巧

"吃饭难"是许多新父母心中的梦魇,为什么宝宝总是呛到?为什么宝宝不吃?为什么宝宝总是挑食?如果强迫宝宝吃,吃饭时的气氛很不好;如果放松下来不勉强,又怕宝宝营养不均衡,影响发育。上述问题总是困扰着父母们。

■ 宝宝的发育与饮食

随着生理发育,婴儿出生后便要学会不同的技能,以适应环境中不同的挑战,尤其在进食方面,更是需要让口腔的工作方式和胃肠道的发育相配合,从纯液体乳汁过渡到固体食物。因此正确的喂食技巧应该顺应宝宝的生理发育阶段,提供合适的食物,以训练宝宝的进食能力,从而获取营养、促进发育。

我们可通过表3-2了解不满1岁的宝宝的口腔发育与饮食关系,供照顾者烹调与喂宝宝吃饭时参考。

表3-2 宝宝的口腔发育与饮食关系

月龄	0~3个月	4~6个月	7~9个月	10~12个月
口腔发育状况	咬合反射,无咀嚼食物的能力,吸吮能力发育中	有咀嚼能力,主要动作为单纯咬及放开	咀嚼开始出现斜向运动,可以自由地用舌头移动口腔中的食物	口腔动作发育至成熟,能自由运用舌头舔食或咀嚼细碎的固体食物
主要食物	·母乳/配方奶	·母乳/配方奶 ·流质辅食	·母乳/配方奶 ·流质辅食 ·半流质辅食	·母乳/配方奶 ·流质辅食 ·半流质辅食 ·软质辅食
食物举例		·经过滤的蔬菜/果汁 ·兑了米浆的奶	·蔬菜泥/水果泥 ·米糊/麦糊 ·蛋黄泥/猪肝泥	·糙米小鱼粥 ·丝瓜蛋面线汤 ·布丁面包

069

厌奶期来了！
宝宝不愿意吃或吃得太少怎么办？

曾有妈妈告诉我："要宝宝吃奶就像要他的命一样。"宝宝的成长过程对父母而言，就像各种不同的考试接连而来，当宝宝对其赖以维生的食物——母乳或配方奶产生厌恶时，该怎么办？

■ 厌奶期何时到来？

厌奶的情况一般会发生在宝宝4～6个月大时，但也有一些宝宝会提前在2～3个月大时就开始出现厌奶现象。每一次"厌奶期"大多会维持一周至半个月的时间。宝宝2～3个月大以后，因为肌肉张力、视力与听力越来越好，开始对身边的事物感到好奇，尤其是具有鲜明色彩与高频音调的东西，会分散宝宝吃东西时的注意力。出现厌奶情况，其实也就表示宝宝长大了。

■ 厌奶期的特征

宝宝精神旺盛，很活跃，但吃奶时常会将头转开，或总是用舌头将乳头或奶嘴顶出来，或是不愿意吞咽，任由奶水流出。

■ 如何度过厌奶期？

1. 宝宝情绪不好时，不要强迫其吃奶：

采用强迫的方式勉强宝宝吃奶，可能会让宝宝对进食产生恐惧感，对奶更厌恶。

2. 建议采取定时少量的方式：

厌奶宝宝的饭量通常会减少三分之一至二分之一，此时父母仍要维持原来的喂奶习惯。有两个建议：（1）固定喂食的时间与长度，不必因宝宝不肯吃而拉长喂奶时间；（2）固定喂食次数，避免在非习惯时间喂奶，可以帮助宝宝调整吃奶的步调。宝宝若吃得太少，可在下次喂奶时再根据需求增加奶量。

3. 增加宝宝活动量：

宝宝白天清醒的时间会越来越长，爸爸妈妈可以趁宝宝清醒时多陪宝宝玩游戏、唱歌、说话、进行婴幼儿按摩等活动来消耗体力，增加宝宝的饥饿感，改善其进食状况。

4. 在单纯的环境中哺喂：

　　喂奶时选择柔和灯光、合宜温度，并播放一些轻柔的音乐营造舒适的喂食环境，避免声响或动作吸引宝宝注意力，使宝宝能专心吃奶，不会一心想玩耍而不愿意吃奶。

> **小贴士**
>
> 　　曾有学者认为出现厌奶情况较早的宝宝相对聪明，对环境变化的好奇心也比较强。因此，宝宝若无不舒服的表现，活动力也不错，父母大可不必太过担忧，应该放宽心情，以轻松自然的态度面对宝宝的厌奶期，不要和宝宝为了吃奶这件事展开痛苦、对立的拉锯战。

070

宝宝乱抓东西往嘴里塞，怎么办？

宝宝经常往嘴里乱塞东西，像啃鸡腿一样吃得起劲，爸妈常无法理解个中原因，其实除了极少数有特殊需求的小孩之外，通常3岁以后，孩子就不会再随便抓东西塞进嘴里了。

■ 宝宝为什么爱往嘴里塞东西？

这是因为口腔内每单位面积上的神经末梢比身体任何部位都多，宝宝可以从吸吮中得到满足和快感。抓东西塞进嘴不是宝宝有样学样，不是因为肚子饿，也不是因为要长牙，这是一种本能，是好奇的尝鲜。所以，宝宝大约3个月大时，周围一切够得到的东西对宝宝而言都是吸引力极大的"珍馐美味"。

■ 父母该怎么做？

宝宝随便抓东西塞进嘴的确十分危险，但是尽管爸妈很生气，宝宝仍然不会停手，因为不知道为什么不能这么做，何况"美食"当前，诱惑之大难以抵挡。有些家长会威胁孩子，再把东西塞进嘴里就把嘴贴上或缝起来，或者往东西上涂辣椒，但这么做有效吗？不如试试这么做：

1. 注意安全：

①随时保持活动半径范围环境和物品的清洁卫生，移除危险物品，注意玩具材质、形状及大小；别过于信任宝宝，随时留心是安全的不二法门。

②宝宝和大孩子一起玩时更要注意，小弹珠、纽扣、小零件等都是危险物品。

③小心喂食，果冻、坚果、小糖果甚至是豆腐等都可能在大人一不留神时就被宝宝一把塞进嘴里，引起呛咳、吸入气管甚至造成窒息。

2. 切勿大惊小怪、惊慌大叫：

如果照顾者过于惊慌，引起的负面效应小则会令宝宝觉得有趣或者可以引人注意，于是更加乐此不疲，大则会让宝宝在惊吓之余将异物呛入呼吸道从而引起窒息。最好的方式是设法转移其注意力，并把东西轻轻地从宝宝嘴里移开。

071

宝宝吸吮手指或奶嘴好不好？

宝宝还在妈妈子宫里时就会吸吮手指了。他们通过吸吮手指来探索环境、了解自己的能力，同时借此加强触觉、嗅觉与味觉的刺激。

■ 婴幼儿为什么喜欢吸吮奶嘴或手指？

吸吮与大脑发育和心理发展有关，1岁以前的幼儿处于口腔期，通过吸吮获得满足和快乐。饥饿、焦虑、惊吓、不适、尿湿、不安或紧张时，宝宝也会在吸吮中寻求安慰，有时哺喂方式不当、姿势不佳、不舒服或意犹未尽时，宝宝即使吃饱了，心理上仍未满足，也会通过吸吮获得满足。

进入幼年后，口腔期的强弱、长短和孩子自觉受到关怀的程度成反比。孩子可能不认同父母的关心方式，觉得父母不理解、不关心自己。家长宜多关心而不是溺爱或严格管教，多启发而不是命令或代替孩子完成任务，适度地让孩子接触周围的刺激，而不是无谓地担心，隔绝孩子和旁人的互动。只要用爱、关怀与耐心对待孩子，同时加强孩子对多种事物的注意力，自然会让孩子顺利脱离口腔期。简言之，吸吮手指或奶嘴，理论上说没有好坏之分，只有他们需不需要的问题。

■ 吸吮奶嘴或手指有什么影响？

以下针对小宝宝与较大幼儿吸吮奶嘴或手指提供一些建议：

1. 对于小宝宝：

许多父母担心孩子爱吸吮奶嘴或手指，以后会有难戒、卫生和牙齿等方面问题。其实卫生问题只要多注意就好，孩子没有长牙的时候，这些习惯对牙齿和牙龈的影响也不大，反倒是心理上的问题需要多加留意。

①注意手部和手接触范围内物品的清洁卫生：手脏了要立刻用清水清洗，尽量不用清洁剂。湿纸巾、卫生纸、酒精、洗手液之类的物品含有化学物质，若沾在手上再放入嘴里仍不健康，还是少用为好。

②奶嘴要保持洁净，慎选材质：弄脏后要用热水消毒冲洗。夹在衣服上的奶嘴在胸前乱晃时会沾染脏东西，选购有盖的奶嘴较佳，但是必须做好盖内清洁，并注意质量是否合格，是否耐咬，能否经常清洗或消毒。

③注意宝宝心理的需求：是不是被冷落了？是否彼此互动不足，宝宝感受不到关爱？是否觉得无聊？再怎么忙，也得抽时间陪孩子。

④技巧性地逐步戒除奶嘴：如果暴力移除宝宝的奶嘴，容易造成宝宝的心理创伤，也容易影响牙齿和牙龈的成长；咬扯之间如有小碎片掉在嘴里，会有吸入呼吸道、导致窒息的危险。温和地对宝宝说话，通过多陪宝宝探索周围的物品来转移其注意力，在宝宝不经意的情况下减少其对手指或奶嘴的倚赖，是个不错的方法。

2. 对于较大的幼儿：

①如果超过1岁的宝宝仍然紧紧地吸吮手指或奶嘴，就应开始设法分散其注意力，转移宝宝对手指或奶嘴的兴趣。如果孩子过了4岁还有这些动作，就需要留意孩子是否有焦虑、缺乏安全感等困扰，或其他身心发育上的问题。

②在手指和奶嘴上涂辣椒水、黄连等刺激物的传统做法不太人道，也非绝对有效，何况也不能保证涂料本身没有毒性，不会和奶嘴起化学作用，不会灼伤口腔黏膜。

072

可以抱着宝宝玩抛高高的游戏吗？

照顾者为了逗孩子，玩起"抛高高"或"摇到外婆桥"等游戏是很常见的。然而当宝宝支撑脑部的头颈部还不稳时，如果身体或头颅摇晃得太厉害，可能导致脑部受伤，使宝宝产生"婴儿摇晃综合征"，不可不谨慎。

■ 出现婴儿摇晃综合征的原因

在从出生到 4 岁的婴幼儿中都曾出现婴儿摇晃综合征的案例，大部分发生在 1 岁以前，主要集中在 10~16 周大时。其原因常为幼儿哭闹不停或大人无法顺利安抚幼儿时，大人因为动怒而把双手置于幼儿腋下或双臂处，前后用力摇动幼儿，甚至会通过抛甩等方式企图阻止幼儿继续哭闹，但摇动过于剧烈，不幸导致婴儿摇晃综合征的发生。

■ 婴儿摇晃综合征的症状

典型症状包括视网膜出血、硬脑膜下出血（尤其是同时存在不同时期的血肿或慢性血肿），出现脑部伤害的病变，还有视神经鞘出血、玻璃体出血、颅内出血、蛛网膜下出血、脑水肿、弥漫性轴索损伤、缺血缺氧性脑病、颅骨骨折等其他症状。临床上的表现因受伤程度而异，反应有哭闹不安、嗜睡、抽搐痉挛、剧烈呕吐，严重可至昏迷、呼吸困难、死亡等。

由于目前婴儿摇晃综合征被认为与虐待儿童或监护人疏忽高度相关，如果宝宝除了有上述症状以外，在临床检查中未发现有明显头部外伤、感染、先天遗传代谢病或先天出血异常，或身体其他部位出现了不明原因的骨折或瘀伤，而症状与成人对发生过程的陈述不符时，成人的行为便值得高度怀疑。

■ 婴儿摇晃综合征的影响

脑部受损程度不可一概而论，严重可造成宝宝死亡。婴儿摇晃综合征的宝宝身上常见许多后遗症，包括智力受损、学习障碍、发育迟缓、肢体偏瘫或功能障碍、视力受损或失明、语言障碍、吞咽进食障碍和癫痫等。

医生在线

Q: 如何避免婴儿摇晃综合征的发生?

A:
1. 在抱宝宝、和宝宝玩耍时,记得要保护其头颈部,并给予适当的支持。
2. 应避免可能导致伤害的动作,如反复将宝宝抛向空中、抱着宝宝转圈、让宝宝骑坐在大人的腿或膝盖上晃动、坐上下摇晃的摇床等。
3. 当父母或宝宝的主要照顾者面对哭闹不安、无法被顺利安抚的宝宝感到愤怒与烦躁时,务必先让自己冷静下来,再去处理哭闹的幼儿。
4. 家人也应让主要照顾者有喘息的时间与空间,以免发生虐待或疏忽的不幸事件。

了解幼儿的成长与日常照顾

"七坐八爬九发牙",孩子的成长有自己的节奏,也有前人总结的规则可循。然而,几乎每个小孩都有让爸妈困扰甚至濒临崩溃的问题:孩子什么时候学会走路才正常?为什么别人家的宝宝活泼爱笑,我的宝贝却成天缠着爸妈哭着要抱抱?多大开始训练宝宝上厕所、向尿布说再见才好?说话大舌头、结巴要不要紧?孩子晚上总是吵闹不睡觉该怎么办?这一部分将从"发育与学习""睡眠与饮食""保健与照顾"三个方面为您解答家中学步儿与学前幼儿的成长难题。

第 4 章 1~3 岁的学步儿

第 5 章 4~6 岁的学前幼儿

第 4 章

1～3岁的学步儿

073

宝宝何时学会走路才正常？

学走路并没有所谓最适当的时机，必须视宝宝自身的发育状况而定。根据"丹佛发育筛查测验"的资料，约四分之一的宝宝在11个半月大左右时可以自己走路，约9成的宝宝到14个月大时都能走得很稳了。只要宝宝在1岁6个月前能独立走路，就无须过度担心。

■ **宝宝开始学走路时，是否可以使用学步车？**

使用学步车不但对宝宝学走路没有帮助，而且正在学走路的宝宝也无法完全控制学步车，可能会翻车、从楼梯上滑落或撞到家具，造成意外伤害甚至死亡，因此美国儿科医学会告诫家长不宜让幼儿使用学步车。

■ **如何保护学步儿的安全？**

1. **注意安全**：正在学走路的幼儿，步态仍然不稳，容易跌倒或撞击家具，因此，父母应使用软垫包覆尖锐的桌角，尤其是较矮的桌子（高度约与幼儿相同），以防止宝宝受伤。同时也要注意家具摆设，不要轻微撞击就掉落或倒塌，否则也会危及学走路的幼儿。另外，不可让宝宝玩锐利的玩具，否则摔倒后可能造成伤害。幼儿学会走路后，会对什么都感到新奇，会把任何东西都当成玩具，因此必须把药品与清洁剂等放在远离幼儿的地方。

2. **选择合适的鞋**：如在室内，可让宝宝赤脚行走，如此一来双脚能直接感受到接触的表面，有助于宝宝学走路，且能减少敏感和踮着脚走路的情况；但如在室外，则建议穿上鞋保护脚部。一般的学步期幼儿一双鞋的穿用时间为2～3个月，第二年还能再穿的可能性极小，因此应该选购合脚的鞋，不要刻意买大号的。穿大号鞋容易让宝宝养成不良的走路习惯，同时也容易因松脱导致孩子被绊倒。买鞋时，要让孩子亲自试穿，让孩子站直，脚部放松踩在地上，鞋号的选择以后脚跟的空隙能容下成人小指为原则，脚趾与鞋前端的空隙应约为成人的拇指宽。至于材质的选择，鞋后跟要硬的即可，其余部分以舒适、透气、防滑为原则（关于如何选择第一双鞋，见98页）。

074

什么时候可以开始训练宝宝上厕所？

宝宝开始自己上厕所，是其成长中的一座里程碑，但是什么时候开始训练宝宝自己上厕所最好？首先，可观察宝宝是否已表现出以下基本能力：

1. 宝宝的尿布上2～3小时没有尿液。
2. 宝宝开始出现模仿大人坐马桶的行为。
3. 宝宝可以平稳地坐在小马桶上。
4. 宝宝会用语言或指着下腹部来表示自己的如厕需求。

■ 训练前应做什么准备工作？

当宝宝具备上述能力后，就要进入训练上厕所的准备期：

1. 对马桶高度的选择，以宝宝的脚能放在地上为准。
2. 选择裤子时，应以易穿脱或有拉链、松紧带者为宜。
3. 要让宝宝知道马桶的用处，教宝宝使用"尿尿""拉屁屁""马桶"等简单易懂的词。

■ 如何训练宝宝自己上厕所？

宝宝准备好后，在1岁半以后便可开始进行如厕训练，几点重要原则如下：

1. 每天定时定点带宝宝坐在小马桶上，但每次不要超过10分钟，宝宝是否大小便都没关系，此举只是为了让其熟悉小马桶及厕所环境。
2. 为宝宝换尿布或引导其大小便时，在旁发出"嘘嘘""嗯嗯"的声音，让宝宝慢慢地认识"尿尿"和"拉屁屁"的意思。
3. 父母上厕所时，可让宝宝坐在旁边的小马桶上观摩，不断地重复示范，直到宝宝愿意尝试并学会正确的方法为止。
4. 选温暖的天气进行训练，因为这时宝宝穿得少一些，比较容易行动。要从白天开始训练大小便，因为宝宝在白天比较清醒，感觉也比较敏锐。
5. 可以让宝宝穿小内裤，大小便后及时更换，引导宝宝慢慢体验臀部干净的舒适感，让其清楚自己的生理需要和如厕的感受。
6. 最好由固定照顾者教授，因为可持续训练且让宝宝产生倚赖和信任感。
7. 宝宝练习成功后不要吝于鼓励和称赞，或适度给予小礼物或饼干作为奖励；如果失败了，千万不要打骂宝宝，也不要让其穿着湿或脏的尿布作为惩罚，这样做会使处于反抗期的宝宝更加不合作，甚至出现反抗行为。

小贴士

训练宝宝大小便的适当时机为 1 岁半～2 岁半时，父母需空出时间，持续地进行训练，特别是在刚开始几天需要耐性和时间，不要因为训练宝宝尿尿而让其少喝水。在学习初期宝宝无法完全脱离尿布前，在夜晚睡觉或外出购物时还可以帮宝宝穿上尿布，等训练明显见成效时再考虑和尿布说再见。

左撇子需要矫正吗？

■ 左撇子的产生原因

如果没有社会压力、特定学习或是病理因素的干扰，基因通常是影响惯用手的主要因素，因此家中有左撇子长辈，则孩子是左撇子的概率也较高。有时非刻意的环境摆设也会影响左右手的使用，如家中的某项工具总是在某一边，则孩子在进行该活动时使用该侧手的概率也可能较大。

■ 西方与台湾社会左撇子矫正率对比

依据欧美的文献报告，左撇子占其总人口的8%～15%，笔者曾于2000、2003和2004年在台北和桃园等地的三所小学对家长进行问卷调查，发现在4岁前倾向于使用左手的儿童的比例与欧美相近。左撇子主要由基因决定，属于孩子的发育特性，而西方社会倡导自由发展，因此很少对左撇子进行矫正。笔者进一步分析前述三份台湾资料，发现有60%左右的左撇子儿童曾被长辈强迫矫正，很明显，台湾社会受右撇子文化的影响很深。

■ 矫正左撇子的常见理由

在右撇子文化氛围中，矫正左撇子的常见情况为：（1）担心左撇子可能无法适应右利手文化，如写字或使用工具时；（2）担心左撇子会被嘲笑；（3）担心左撇子会为他人与自己带来不便，如吃饭时筷子会碰到旁边的人；（4）认为两手都会用比较好；（5）没有具体的理由，就是坚持矫正。但是，真要让上述理由困扰父母与孩子吗？矫正左撇子真的是正确的决定吗？

■ 左撇子既正常又优秀

事实上许多左撇子在学校与各行各业的表现都很杰出，无论是在学术、政治、运动、音乐、艺术、文学、医疗还是戏剧等领域。而且在压力下学习适应以右撇子为主流的环境（如用右手操作鼠标），也会使左撇子儿童适应环境与解决问题方面的能力比右撇子突出。

■ 矫正后可能产生的不适

有文献报告过部分左撇子在进行矫正后可能产生的不适应情况，包括口吃、动作协调性变弱、写出镜像字、空间概念感变弱、承受较大压力、生活质量下降等，而笔者在与部分临床治疗师或教育工作者的一些实践经验中也的确遇到过因矫正为右撇子而出现上述不适现象的儿童。

■ 给家长的建议

因为左撇子属于正常现象，加上父母应尊重孩子自由发展、避免给孩子造成不适，建议家长或长辈不要强行矫正左撇子。但由于东方社会的主流为右撇子，部分左撇子儿童的父母或长辈仍希望对孩子进行矫正，如果仍然坚持矫正，则建议家长多关心儿童，及时发现各发育领域出现的困难并提供适当的帮助，另外也要多给予儿童心理支持。而学校与社会可以采取更贴心的行动，例如在教室中置放桌面位于左侧的"连桌椅"，多提供方便左撇子使用的工具（如左撇子剪刀等），使左撇子的儿童也能愉快地生活在右撇子社会中。

宝宝黏人怎么办？

有些妈妈担心宝宝比较黏人，以后带孩子可能会很麻烦，但有研究指出，亲密的亲子关系能让宝宝情绪更稳定，培养宝宝的安全感、信任感和独立性，对日后发展有积极帮助，并不会让宝宝变得难以照料。

■ 婴幼儿的依恋体验对日后发展有何影响？

专家认为，婴幼儿时期良好的依恋行为会促进长大后人格健全发展，让个体较少产生情绪困扰和行为问题；反之，不安全的依恋行为则容易让孩子在情绪和行为方面产生问题。研究显示，依恋关系与孩子成长中的自我概念、人际关系、自我调适、压力知觉、生活适应高度相关，也与解决人际问题的态度、面对问题的自我情绪控制以及对学校生活的适应呈显著的正相关趋势。

■ 我的宝宝为什么那么黏人？

1. 年纪较小的宝宝：

宝宝黏人的原因主要是生理和安全感上的需求，前者的例子包括在感觉饿时会想接近母亲，后者的例子则包括当独处或环境改变时需要母亲的保护与爱抚。

6个月以上的宝宝便会出现不同程度的黏人现象，黏人行为与分离焦虑同时产生，宝宝会在母亲准备离开时表现出手和身体靠近、发出声音甚至爬到母亲身上紧紧抱住的行为，以确保自己是安全的。

2. 年纪较大的幼儿：

当较大的幼儿出现黏人现象时，除了生理及安全感上的需求外，往往还存在较为复杂的心理因素，建议母亲和家人要多关心孩子的生理与心理情况，给予适当的照顾与心理支持。常见原因包括生病、受到惊吓、作息突然改变、处于陌生环境或见到陌生人、与亲密的人分离。

■ 如何照顾黏人的宝宝？

1. 事先告知孩子自己要做什么：以柔和语气说话，多用肢体接触，使用有母亲味道的物品，都可以让宝宝从焦虑中缓和，母亲也要切实遵守承诺，便能培养亲子间的信任。

2. 多用转移注意力的方法：宝宝很容易被外界事物影响，可利用宝宝喜爱的玩具、音乐或物品，除了能让宝宝转移注意力，也可减轻焦虑反应。

3. 逐渐改变生活作息：太快的环境或作息改变较易使孩子失去安全感而产生焦虑，最好采用缓慢渐进的方式，让宝宝有心理调适与接受改变的时间。

4. 多安排短时间独处：在安全环境中，可制造宝宝独处的空间，并慢慢尝试拉长时间，以没有身体接触但宝宝可看到母亲、听到母亲声音为原则。

5. 多抱抚而不要责骂：不要使用责备或处罚的方式要求宝宝接受分离，以免加重焦虑情绪，多给宝宝亲密爱抚，温柔地对宝宝说话，最能有效安抚宝宝的情绪反应。

077

如何帮助孩子克服羞怯与焦虑？

宝宝学会走路后，父母常常会看到他们兴趣盎然地到处探索外面的世界，俨然一个小大人，但是不一会儿又急着回头看或者转身回来，有些担心和焦虑的样子。

■ 学步儿面临的发展危机：独立自主与羞怯怀疑

心理学家埃里克森认为人格的发展是种终生的过程，人类在人生的每个阶段中都有着不同的发展危机，若能克服危机、完成阶段性的发展任务，将为后续阶段的心理发展打下基础，有助于达成对个人心理健康的追求。

埃里克森认为0～1岁的婴儿正面临"信任与不信任"的危机，2～3岁幼儿则面临"独立自主与羞怯怀疑"的危机。特别是在学步期，孩子一方面已能独自行走，自主能力也大大增强，什么事都想自己尝试，展现出了孩子对独立自主的学习与渴望；但另一方面，孩子的能力终究有限，仍有很多想做而事实上做不到的事，他们仍希望得到父母的赞赏与接纳，因此有时又会有羞怯与怀疑的表现。

面对学步儿表现出的独立与羞怯的冲突，家长应以耐心温和的态度对待，适时给予称赞与肯定，孩子才能相信自己，发展出主动、积极的人格。要提醒父母的是，与其要求孩子乖巧顺从，不如助其培养自我肯定与勇于负责的态度。

■ 如何帮助孩子摆脱羞怯与怀疑？

关键在于帮孩子增加家庭以外的人际互动关系，例如发展孩子与亲友的孩子、幼儿园的同学或者参加幼儿体能训练课程的同伴之间的关系。这会让孩子建立起最早的同伴团体概念，慢慢地形成与同伴相处的经验。

开始时，孩子与他人的互动方式是以观察、模仿为主的，做游戏时各玩各的，很少有互动的表现。但在2岁后，孩子们虽仍以平行游戏为主，但偶尔会有简单的交谈，并会开始模仿亲友或其他同伴的行为，也能在家长指导下开始学习如何短暂地等待以及尊重其他孩子的权益。

人际关系的训练过程一方面会逐渐帮孩子发展出与其他孩子相处时的态度与互动方式，另一方面也可帮孩子学习与他人一起做游戏与学习的必备技巧，孩子羞怯与怀疑的表现就会日渐改善。

■ 如何教出独立自主的孩子？

1. **多给孩子尝试的机会**：学习本来就需要时间和练习，应给予孩子适当的自主权，通过多方面尝试让孩子体验不同的生活经验，有助培养其解决问题的能力。

2. **多提出问题再找答案**：当孩子提出问题时，请不要立刻给出答案，而要反问孩子怎么办才好，让孩子自己思考如何解决问题，有助于独立思考能力的建立。

3. **多给积极的鼓励**：在探索过程中，孩子要学习自己动手，父母要多多积极鼓励，并肯定孩子的表现。

4. **多给适当的赞美**：当孩子独自完成一些事情时，应该立即给予适当的赞美，使孩子有成就感，更能增加自信。

5. **多给适当的操作帮助**：可先教导孩子如何一步步做事，例如收拾玩具的步骤和完整洗手流程的分解动作等，有助于孩子降低不懂或者不会时的焦虑感，也能让孩子从中学会如何完成一件完整的工作。

6. **多在旁陪伴但给予自由**：当孩子在做喜欢的事时，父母应扮演旁观、支持、引导的角色，请不要干涉或打断孩子，让孩子有充分的自由和时间完成事情。

如何与孩子谈"性"

"妈妈,我是怎么生出来的?从哪里生出来的?我是怎么进到你肚子里的?""为什么弟弟有小鸟,我没有?我也想要!""妈妈,为什么你的胸比较大?"……

孩子对这个世界的好奇会随着年纪的增长而增加,提出的问题开始变得千奇百怪,其中关于性的问题经常让父母感到尴尬,不知道要怎样回答才最恰当。

■ 好奇心开始萌芽

随着年龄的增长,孩子的认知能力也在不停发展,对周围环境的观察能力与日俱增,他们通过比对、归纳、推理来观察生活中的事物,以此认识和理解环境中的种种现象,而自己与他人的身体也是他们探索的对象。孩子在家庭中,在日常接触的家人与手足间观察到别人与自己的身体结构有所不同,在平时听和看到的故事及电影中知道了怀孕生子的现象,因而出现了许多困惑,这些都是认知能力发展的表现。因此,虽然关于性的问题总会让大人感到难堪,一时之间往往不知该如何回答,但事实上,这些问题对孩子而言十分自然,只是一般生活中的众多疑问之一而已。

■ 与孩子谈性的原则

1. 态度方面:孩子如果在询问有关性的问题时察觉了父母迟疑和转移话题的态度,更会觉得这样的话题很特别,也容易造成孩子在希望引起父母的注意时喜欢提起这类话题的结果,在公众场合下会显得格外尴尬。因此,父母在与孩子谈论这类话题时,态度要保持平稳慎重,与回答孩子其他问题时相同。

2. 内容方面:需要考虑孩子的年龄,有些父母担心误导孩子,因此希望一开始就告诉孩子完全正确的信息,但如果孩子的年龄尚小,则可以给予经过简化的版本,但不建议使用童话和幻想色彩过重的不正确信息,例如"是小天使、送子观音把你送给我们家的",父母可以说:"因为爸爸妈妈结婚了,所以你就到妈妈的肚子里慢慢长大,时间到了,你就出来跟我们见面了……"随着孩子年龄的增长,与孩子讨论性知识时再进行深入即可,合适的态度与内容,让孩子对性的好奇得到解答,也能让他们以正确的态度看待性。

·睡眠与饮食·

0～3岁幼儿的睡眠问题

许多家长常问，孩子究竟一天应该睡多久？其实新生儿一天有三分之二以上的时间在睡觉，1～2个月大时，夜晚睡眠时间明显拉长，4个月以上的幼儿晚上睡觉的时间为8～9小时。2～3岁的孩子一天的睡眠（包括中午的午睡1小时）大约仍需12小时。因此，睡眠的时长与质量对3岁以下的婴幼儿来说是很重要的。

■ 孩子为什么睡不好？

造成夜不安眠的原因，1岁以内的婴儿主要为生理因素（如饿了或尿布湿了），或是睡眠环境不适（如太热或太冷）。1岁以上的幼儿除了生理上的不适外还要考虑心理因素，如认床、做噩梦、尿床、上床时间不固定、白天或睡觉前玩得太兴奋等都是常见的原因。

■ 如何培养宝宝良好的睡眠习惯？

1. 宝宝的夜间睡眠可分成7～8个周期，浅睡眠与深睡眠交替进行。浅睡眠时宝宝会有动静，可能吵醒同床的家长，此时除非宝宝大哭，不然应避免不必要的安抚动作，如喂奶、拍背等，让宝宝学习自行入睡。也可考虑分床睡，减少互相干扰的机会。

2. 2～3个月大后，夜间父母应尽量少更换尿布。宝宝如有动静，可先不予理睬，除非宝宝大哭，不然不要喂奶。喂奶时不要开大灯，不要与其说话或玩耍，也可逐渐减少喂奶量，让宝宝体会白天和晚上的不同，从而逐渐放弃夜间吃奶的习惯，一觉睡到天亮。吃母乳的宝宝可能要更大一些才会拉长夜间吃奶的间隔。

3. 6个月大后，尽量让宝宝学会自行入睡。一旦宝宝习惯别人的安抚，在夜间由深睡眠回到浅睡眠状态时，如感觉无人安抚就会醒来，吵着要家长再用同样的方式哄其入睡。日复一日，家长的身心都会受到很大的影响。

4. 宝宝入睡的地方应该就是夜里睡觉的地方。如果由家长抱着入睡，或在小摇床、沙发、大床等处先睡着后再放回小床，会让宝宝在浅睡眠时感受到睡眠环境的变化而醒来。

5. 大多数孩子都会贪玩或者不想上床睡觉，因此睡前的挣扎与不安极为常见。为了孩子的健康，睡觉时间不应由孩子自己决定，而应由家长在考虑自己和孩子的需要后制定一个合理的上床时间，并以温和的态度坚持执行，让孩子养成适宜的睡觉模式。

080

如何训练幼儿独自睡觉？

许多家长认为只要能训练孩子自己睡觉，就可培养他们独立的个性，其实不然。让幼儿独自睡觉前，必须先除去孩子们心中对独处的恐惧感，并给予孩子足够的安全感，这样才能真正达到训练孩子独自睡觉的目的及效果。

■ 何时可以让幼儿独自睡觉？

可从宝宝一出生时就开始，即让孩子拥有自己独立的床，每次到睡觉时间就将孩子放在自己的床上，让孩子觉得这是一件自然的事。如果因居家空间或其他因素限制无法让孩子从出生开始便独自睡觉，建议在孩子1岁后有一定理解能力时再利用渐进的方式培养幼儿独自睡觉的习惯。

■ 如何帮助幼儿习惯独自睡觉？

从"告知""教导"到"训练"，完成睡觉四部曲：

1. 利用讲故事、唱儿歌的方式让孩子知道独自睡觉的好处，激发孩子潜在的独立意识，让他们有自信，从心理上产生自己睡的愿望。

2. 让孩子参与和决定自己房间的摆设和睡床布置，孩子的房间里可以贴一些孩子和家人的照片或是孩子喜欢的图片，将孩子喜欢的玩具、布偶放在床边陪孩子一起睡觉，减轻孩子的恐惧感，进而让孩子喜欢这个环境，吸引其独自睡觉。

3. 照顾者在孩子睡前要陪伴孩子一会儿，可以讲故事或分享小秘密，和孩子分享一天之中的重要时光，让孩子有安全感。

4. 当孩子自己睡时，可以让孩子穿防止踢被的专用睡衣。如果孩子睡在自己的独立房间里，照顾者的房门不要上锁，让孩子可以随时找到照顾者。

> **小贴士**
>
> 对孩子来说，"自己睡"是件大事，每个孩子的情况不同，应对方法也不同，照顾者一定要有耐心地给予适当的引导，帮助孩子完成这件成长中必须完成的任务。

081

婴幼儿需要吃营养补充品吗？

许多家长在认为孩子成长得较慢、食欲不好或者有偏食情况时，常会考虑购买营养补充品，希望能弥补饮食方面的不足。事实上，多篇研究结果都指出，对于多数健康的孩子来说，多样化而种类均衡的各种天然食物就足以提供生长发育所需的营养。真正需要食用营养补充品的婴幼儿，只有在明显发育滞后、营养摄取不均衡、因为疾病而对营养的需求增加、严格素食或有严重偏食习惯等几种情况下，且在经过儿科医生或营养专家评估之后才能判断应补充的营养品的种类。

■ 营养摄取以天然为基本原则

根据孩子不同的成长阶段，4～6个月以内的健康婴儿应以母乳或婴儿配方为营养的主要来源，并不需要另行添加补充品。4～6个月大以后开始添加辅食时，则需选择补铁的谷物并循序渐进地添加天然食物，以满足发育所需。而1岁以上的孩子可接受的食物种类几乎与成人的食谱相差不远，只要在食物粗细以及分量上慢慢加大即可。因此，建议家长多多采用天然新鲜的食物而非人工营养补充品作为营养摄取的首选。

■ 市面上的婴儿营养品可以吃吗？

由于维生素及矿物质补充品无须医生开具且售价不贵，许多父母会为宝宝选用这些补充品，以达到某些期望的目的。我们要提醒家长，应先为孩子的营养状况做分析，了解孩子真正缺乏的是哪些营养素，另一方面也要明确这些营养品的功效是否经过权威临床研究的证实，确定婴幼儿可以服用并对其健康有益后才能放心选购。所以，一厢情愿地将维生素及矿物质补充品视为宝宝饮食不足时的唯一弥补方式，这种态度并不正确。

美国儿科医学界的一篇报告指出，约有50%的家长会给2岁以下的婴幼儿服用复合维生素，而某些著名育儿杂志也建议父母每周给婴幼儿服用3～4次维生素和矿物质补充品，尤其是挑食的孩子。实际上，这些做法都是不必要的，因为医学研究证实，绝大部分婴幼儿都可以从各种食物中获取各种营养素。因此，对于摄取营养均衡、富变化性的食物的婴幼儿，美国儿科医学会并不建议补充维生素及矿物质。

■ 婴幼儿营养补充品的服用建议

根据美国儿科医学会的建议，应特别注意以下几项。

1. 新生儿： 所有的新生儿都应单剂次、肌肉注射维生素 K，以避免维生素 K 依赖性凝血因子（如第二、七、九及十因子）在出生后损耗和降低，导致新生儿出血性疾病。

2. 母乳喂养的婴儿： 母亲的饮食对乳汁中的某些水溶性维生素会有显著影响，例如有报告表示素食母亲哺喂的婴儿出现过缺乏维生素 B12 的情况，但是除此之外，只要婴儿晒够太阳，一个健康足月、母乳喂养的婴儿并不需要任何维生素或矿物质补充品。

3. 配方奶喂养的婴儿： 每日摄取足量配方奶的婴儿并不需要维生素和矿物质补充品，尤其在前 6 个月内。而且在第二个半年，只要有适量配方奶加上辅食，也不需另加营养补充品。但要注意的是，在 4 个月大后，补铁的配方奶或谷物是较方便有效的铁元素来源，比铁元素补充品更好。

4. 早产儿： 快速成长的需求以及较差的肠胃吸收能力使早产儿对维生素及矿物质的需求较足月儿更高。在前几周时，当每月的能量摄取在 300 大卡 / 天以下，或体重仍不足 2.5 公斤时，应给予早产儿与足月儿"每日营养素建议摄取量"相同的复合维生素补充品。至于铁的补充则最好推到数周后，因为倘若缺乏足够的维生素 E，过多的铁可导致溶血性贫血。当早产儿摄食量超过 300 大卡 / 天时，便不需要给予维生素补充品。但某些特殊营养素如维生素 D 及铁，仍可通过补充品提供。

5. 较大婴儿： 7～12 个月大的婴儿，如果健康情况良好，喂给配方奶或补铁的谷类，并增加辅食摄取，就不需要添加补充品，但要注意饮食中应有充足的维生素 C。至于因为某些特殊生活形态、经济困难或疾病而营养不良的婴儿，便可适当添加维生素及矿物质补充品。

082

学步儿一天该吃多少?

1～3岁的幼儿正值学步期，大脑与智力发育正快速进行，因此，充足的营养不但是帮助身体成长的重要因素，而且对脑部细胞与智力发育更为重要。对活动量大的宝宝和活动量小的宝宝，每日饮食热量建议分别是1350大卡和1150大卡（平均一天需要约1200大卡）。此时期的饮食营养中注意事项如下：

■ 均衡摄取各类新鲜食物

1. 食物分为全谷根茎类、蔬菜类、水果类、乳制品类、豆鱼肉蛋类、油脂及坚果类等六大类。

2. 请根据表4-1中的食物分类与建议量适当搭配饮食，避免添加过多的加工食品。

表 4-1 1～3岁幼儿一日饮食建议量

食物种类	份量
全谷根茎类（碗）	1.5～2碗（一般家用碗）
├─未精制（碗）	├─1碗
└─其他（碗）	└─0.5～1碗
豆鱼肉蛋类（份）	2～3份
乳制品类（杯）	2杯（240毫升/杯，2岁以下儿童不宜喝低脂、脱脂乳品）
蔬菜类（盘）	2盘（熟后一盘直径约为15厘米）
水果类（份）	2份（不宜以果汁代替水果）
油脂与坚果类（份）	4份（菜籽油、色拉油等各种烹调油，5克/份）

■ 健康饮食的原则

1. **每顿吃米饭或全谷根茎类**：未精制全谷类含有更丰富的维生素、矿物质及膳食纤维。因此建议三餐以全谷根茎类为主食，且其中应有三分之一为未精制全谷类（如糙米、全麦或杂粮）。

2. **持续摄取乳制品的习惯**：牛奶是钙质的良好食物来源，可以促进幼儿骨骼的钙化与成长。当不再以母乳或婴儿配方奶为主食后，建议每天仍要喝两杯牛奶或食用其他乳制品（如酸奶或奶酪）。

3. **减少调味料和蘸料的使用**：调味料和蘸料中通常含有较多的盐、糖和油，容易增加日后患高血压等慢性疾病的风险。

4. **多喝白开水，避免含糖和咖啡因的饮料**：过量摄取含糖饮料容易肥胖，而且会让幼儿养成喜欢甜食的习惯。

5. **摄取适当热量，进行适当体育锻炼**：幼儿饮食宜适量，避免过量或强迫喂食。建议减少静态性活动（如看电视、玩电子游戏、上网），并增加体育运动（如户外游戏、散步）。

6. **每天摄取深色蔬菜和新鲜水果**：蔬菜和水果是各种维生素、矿物质与纤维素的主要食物来源，且深色蔬菜较浅色蔬菜含有更丰富的营养素。应注意果汁不能代替水果，饮用果汁要适量，一天不超过240毫升。

7. **用黄豆及其制品取代部分肉类**：黄豆及其制品含有丰富的蛋白质，是理想的蛋白质来源。植物性食物在饮食中比重较大，符合节能减排的环保原则，对减缓全球变暖现象、维护地球环境至关重要。

8. **减少甜食和高油脂食物的摄取**：油炸食品和甜食为高热量食物，摄取过多易造成超重。

9. **注意饮食卫生安全**：饮食应注意清洁卫生，购买食品时应注意标志、外观、产地和保质期。

083

宝宝不吃蔬菜怎么办？

幼儿应按照每日饮食指南中的建议均衡摄取乳制品、水果、蔬菜、全谷根茎、豆鱼肉蛋和油脂类，以建立均衡的成人饮食模式。

■ 为何要吃蔬菜？

蔬菜中含有多种维生素、矿物质与膳食纤维。深绿色、深黄色叶菜类含有丰富的类胡萝卜素（可转化为维生素 A，对维持正常视觉、上皮组织机能和牙齿与骨骼发育有帮助）、维生素 B 群（脚气病、神经炎、口角炎、舌炎、皮炎和此类维生素的缺乏有关）和铁（缺乏会导致贫血）；花菜类的蔬菜含有大量钙质（与骨骼发育有关）；西红柿和甜椒则是维生素 C（缺乏此类维生素会影响牙龈健康、对铁和钙的吸收和伤口愈合速度）的良好来源。膳食纤维除了可以促进肠道蠕动、减少便秘以外，还可以降低胆固醇的再吸收，减少日后高血压和心血管疾病的发生。

■ 宝宝不喜欢吃蔬菜，能否用水果代替？

有些妈妈可能会因为宝宝不喜欢吃蔬菜，转而多喂宝宝吃其爱吃的水果，希望以此补足纤维素及营养。事实上，蔬菜和水果属于不同的类别，营养素的成分与含量有一定差别，且水果的热量及糖分比蔬菜高，也可能会导致宝宝对蔬菜的接受度逐渐降低。妈妈们应该趁孩子还小时用尽各种手段为孩子培养起吃蔬菜的习惯，使吃蔬菜变成一件自然而然的事，宝宝自然会爱上蔬菜！

■ 有哪些方法可以让宝宝爱吃蔬菜呢？

1. 改变食物的外观，对不喜欢的蔬菜形状做些变化：

如果孩子已经对某些蔬菜怀有"成见"，但家长仍将这些蔬菜原封不动地搬上桌，很可能会造成孩子的反感。此时家长可以尽可能发挥创意，改变各种蔬菜在每一道佳肴中的模样，宝贝也许就会愿意尝试了。也可购买可爱的餐盘或餐具，增加宝宝进食时的乐趣。

2. 改变烹调方式，把蔬菜的味道藏起来：

除了外形以外，最让孩子们害怕蔬菜的原因应该是某些蔬菜不讨人喜欢的苦味和涩味，家长不妨使用各种调味方式，只要让味道先骗过舌头，吃下去就不是一件难事了。

3. **父母身体力行，说服孩子吃蔬菜：**

　　家长宜以身作则，抢先把蔬菜当作宝贵的食物，营造轻松的餐桌气氛并吃得津津有味；孩子看见爸爸妈妈都吃得这么开心时，也许就愿意踏出小小的一步，试着一同品尝了。另一种有效的方式则是在餐前念一些关于克服挑食偏食习惯的有趣的书籍，为孩子设立行为模范。

4. **让孩子参与菜肴的制作过程：**

　　让孩子参与制作菜肴的过程，看着一盘盘菜肴从无到有，孩子会更珍惜眼前的食物。

5. **一次试一点就好：**

　　刚开始试吃的时候，父母别要求还不喜欢吃蔬菜的孩子一次吃很多，以能接受菜的味道为主要目标，找到喜欢的蔬菜种类后，再多吃一点就好了。

6. **先尝试喜欢的蔬菜：**

　　如果某些蔬菜不合孩子的胃口，可以先尝试其他蔬菜，等习惯吃蔬菜以后再试试味道比较特别的；如果孩子真的无法接受少数几种蔬菜的口感及味道也没关系，只要掌握均衡摄取的要点就好。

7. **千万不要强迫喂食：**

　　应以鼓励、引导代替责骂、强迫，以免留下不愉快的体验，造成孩子拒吃或畏惧的心理。

如何帮婴幼儿刷牙？

要避免牙齿问题的发生，最简单的方法就是去除牙菌斑。大家都应该想一想，刷牙这个动作的目的是什么？其实不只是清除肉屑菜渣或使口气芬芳，真正的目的就是清除牙菌斑。

■ 应该准备哪些刷牙用具？

孩子的刷牙工作应该分成两个阶段：

1. 第一个阶段是宝宝的乳牙前牙长出后，父母可在喂完奶后用干净的棉棒或将小毛巾、纱布缠在手指上，替宝宝擦净牙齿、牙龈、舌头。

2. 第二个阶段从2岁左右开始，当后面的臼齿陆续长出后，可用较软的幼儿小牙刷在睡前、餐后替幼儿刷牙。此阶段的清洁工具除了牙刷外还要加上牙线。为什么要用牙线呢？因为牙刷无法伸入牙缝，只有牙线才能清除牙缝间的牙菌斑。许多龋齿都是从牙缝开始的，这点请父母务必留意。

一般而言，牙刷应选择软毛，大小合适即可，是否使用牙膏则看孩子的年龄。2岁以前的孩子不会吐泡沫，用清水刷牙即可；孩子会吐牙膏泡沫以后，就可蘸一点含氟牙膏帮孩子刷牙。

■ 一天应该刷几次牙？何时刷牙比较好？

建议每人每天应刷牙2次以上，一次在睡觉前，一次在白天。睡觉前这一次务必要刷得非常仔细与彻底，因为口腔中温度高又潮湿，睡眠时口水流量减少，一旦牙菌斑滞留口中，细菌快速增生，产生更多酸，容易造成龋齿。而白天这一次则什么时候都可以，总之刷牙次数可以增加，不可减少。

■ 应该尽早让孩子自己刷牙吗？

负责刷牙的人必须是大人，因为在8岁前，孩子没有足够的腕力和技术来彻底清洁牙齿，因此建议父母替孩子刷牙及使用牙线至8岁。

085

孩子需要涂氟吗？

氟是地球上的一种微量元素，空气、土壤和水中都有它的踪迹。人体的牙齿和骨骼中也有少量的氟，95%的氟储存在骨骼中。氟好比牙齿的维生素，可以让牙齿强健，抵御龋齿。

■ 氟为什么可以预防龋齿？

早在1930年左右，牙医界就有了用氟来预防龋齿的概念，多年研究发现，氟离子可通过以下机制达到预防龋齿的效果：

1. 氟会沉积在发育中的牙齿结构上，使牙齿晶体结构改变，增强牙齿对酸侵蚀的抵抗力，降低龋齿的发生率。

2. 当牙齿表面（釉质）被酸侵蚀时，氟可以带着口腔中的钙离子和磷酸盐离子去修复被龋坏的牙齿，使牙齿再次钙化，避免龋齿再度恶化。

■ 如何摄取适量的氟？

一般说来，氟化物的作用可分成全身性和局部性两种，全身性是指吞食入体内，局部性则指仅涂在牙齿表面。医学研究建议，为达到较佳的防龋效果，可同时采用全身性和局部性的氟化物。

1. **全身性氟化物**：如饮用水加氟、食盐加氟、氟锭片等，与局部性的氟化物相比效果好、使用方便，且成本较低。

2. **局部性氟化物**：如使用含氟漱口水和含氟牙膏、涂氟等。所谓涂氟是指由牙医定期在患者牙齿表面涂氟化物（氟胶、氟漆）来预防龋齿，建议一般情况下每半年涂一次，龋齿多的人则可视情况增加次数。

086

孩子近视了吗？

新生儿的眼球体积约仅有成人的50%，要到2岁后才能长到八成大小，初具雏形。孩子的视力在出生数个月内快速发育，之后生长曲线虽然渐趋平缓，但到10岁都还有变化的可能，眼轴长度与身体发育也会与时俱进，甚至要到18岁才能稳定下来。正因为视力发育是一个循序渐进的过程，遇到阻碍后可能会发生多米诺效应，所以应及时开始保护视力。

■ 孩子视力出现问题时有什么表现？

观察日常生活中的小细节，可以对儿童的视力有初步了解，以下有些情况会导致视力发育不良，有些现象是视力不良的表现，家长要多加留心。

1. 观察孩子眼睛的外观：如两眼的大小、形状、颜色是否正常且一致，瞳孔的大小、缩放和反光是否一致，眼球位置是否正常。

2. 观察孩子日常生活中的表现：如是否怕光、常揉眼睛、常跌倒或撞到、不停流泪、不停眨眼或眼球不停颤动。

3. 观察孩子的用眼习惯：如是否看东西时距离太近、眯眼或歪头，经常说看不清楚，不喜欢进行需要专注用眼的活动。

■ 何时应带孩子到儿童眼科就诊？

当前述症状出现时，需由医生进行诊察与判断才能确定真正原因，例如3个月大的婴儿总是眼泪汪汪，可能只是鼻泪管未通，按摩几个月后就会好转，但也可能是先天性青光眼，不治疗的话会为视力带来永久伤害。又如6个月大的小宝宝瞳孔里有白点，可能是需要手术治疗的幼年型白内障，也可能是视网膜母细胞瘤，一种儿童中常见的恶性肿瘤。而1岁大的宝宝看起来像有斗鸡眼，可能是假性内斜视，长大后自然会好转，但也可能是真斜视，需要排除神经麻痹或弱视的可能。所以，不论孩子年龄大小，一旦发现有异状，都应请教儿科医生，确定是否需进一步转至小儿眼科检查。

■ 如何帮助孩子维护视力健康？

1. 养成用眼的好习惯： 注意阅读时的光线、姿势和时间，在孩子还小、亲子共读的时候就养成好习惯，等孩子可以自己读写时才能维持正确的用眼方式。尽管使用计算机和网络的教学已成趋势，也要善用电子产品，避免因为依赖而过度用眼，注意不要让 iPad 或电视代替父母成为孩子的保姆。

2. **均衡饮食最健康**：避免偏食，广泛而均衡地从食物中摄取各种营养，是最自然而健康的方法。

3. **充分的户外活动**：任何形式的户外活动，即使是游戏和散步，都是对眼睛有益的，但要注意适度地防晒。

4. **保护眼睛，避免受到外伤**：意外伤害是造成儿童失明的重要原因之一，收藏好尖锐及危险物品，提醒孩子注意安全，避免遗憾发生。

5. **定期接受眼科检查**：对于没有视力异状的孩子，建议在 3 岁半到 4 岁时接受一次正式的眼科检查，以排除单眼视力不良或其他弱视发生的可能。学龄后应半年到一年做一次追踪检查，以确保视力发育无碍。

087

孩子对电视、电脑、手机等电子产品上瘾了，怎么办?

在神经发育过程中，孩子最需要从面对面的人际互动中学习，父母每天陪他们读书、给他们讲故事，一起吃喝、聊聊家庭生活中的事件等活动才是提升孩子语言能力和人际相处技巧的关键。

■ 儿童电子产品使用的相关研究结果

有研究报告指出，孩子看电视时，负责视觉、分析、计算的大脑左侧皮质会因注意画面的移动而呈现混乱状态。另一方面，接受颜色信号的右侧皮质会丧失信息抑制能力，使皮质之间的通路减少，孩子容易出现大脑功能失调的情况。其他研究也指出，从小看屏幕的时间越长，孩子的动作执行功能就越容易受影响，情绪行为异常与反社会行为也越容易增加。

越来越多国外研究指出，手机产生的电磁波对青少年健康的伤害远比想象中来得严重许多，例如，韩国针对2 000多名小学生的一份研究调查指出，青少年使用手机的时间越长，电磁波的吸收量比成人多40%，出现注意力缺陷多动症的可能性越高；因此，近年来许多欧美国家纷纷提倡儿童、青少年和孕妇少使用手机。

■ 长期使用电子产品的不利影响

长期看电视或电脑会对儿童产生的不利影响包括：(1)不利于视觉发育，电视快速闪烁的光点易造成屈光不正、斜视等视力问题；(2)损害身体健康，尤其是电视播放时散发的电磁波；(3)容易造成儿童肥胖，孩子在电视或电脑前一坐几小时，活动减少，会因能量消耗不足而发胖；(4)思考僵化迟钝，因电视和电脑让孩子被动接受信息，易导致大脑活动性降低，智力活动也会受阻，更容易因画面快速转换而分散注意力；(5)社交能力弱化，由于孩子把时间耗在电视和电脑上，与外界交往机会相对减少，独处也容易使心理发展产生障碍，例如不看电视时会焦躁不安、自我控制能力差等。

■ 孩子可否使用电子产品？

美国儿科医学会建议，2岁以下的宝宝完全不要接触电视电脑等产品；2～6岁的幼儿则应限制在每天1～2小时以内，而且应给孩子看有教育意义、没有暴力内容的节目，父母也应在一旁陪伴，一方面监督，另一方面给予指导式说明内容。

综上，建议父母多多安排户外活动，增加适当的视听触觉刺激；带孩子做规律性运动，以增加能量消耗；严格控制使用电视、电脑的时间，能减少就尽量减少，更要努力尽陪伴监督的义务；让孩子与亲友的孩子多接触，通过一起吃饭、聊天、看书、运动等方式促进孩子发展人际交往技巧。

088

如何选择合格的保姆？

■ 保姆的家庭环境

1. 室内环境整洁、采光良好，并有足够的活动空间。
2. 提供数量充足、多样的玩具与图书。
3. 室内环境安全：
   ①清洁剂、药物存放于安全位置并备有急救箱。
   ②家具稳固，不易倾倒，家具尖角部分适当处理。
   ③有安全插座，放置了防滑垫。
4. 室外环境安全：
   ①楼梯间无堆积物品，逃生路线畅通。
   ②住处附近环境整洁，治安良好，行路安全。
   ③住处附近有安全、整洁的户外活动场所，如小区公园和学校。

■ 保姆本身条件与家庭状况

1. 保姆健康状况良好。
2. 保姆大致了解不同年龄阶段孩子的需要与行为发展。
3. 保姆喜欢拥抱孩子、和孩子说话。
4. 保姆生活规律、无不良嗜好且无兼职。
5. 保姆家庭出入人口单纯，同住家人有正当职业。
6. 保姆与家人的关系和谐，家人支持并能互相协调，配合托儿工作。
7. 与保姆同住家人和善，喜欢并接纳孩子。

■ 保姆的托育状况

1. 观察保姆与已收托孩子的互动、对孩子情绪的处理等状况。
2. 观察保姆与自己孩子的互动状况是否良好。
3. 观察保姆制作婴儿辅食的过程及成品。

第 5 章

4～6岁的学前幼儿

·发育与学习·

孩子的成长是否落后于同龄人?

4~6岁的学龄前儿童多数已进入幼儿园学习,开始团体生活,认识人与人之间的关系,也开始懂礼貌和友爱。研究数据显示,6岁以前是儿童发育的关键期,家长如果发现孩子有明显落后于标准的情况,应尽早请专科医生检查,早期发现、早期处理,可获得较佳的疗效。

儿童的成长可分为生长和发育两部分。生长是指个体在成长上的变化,指儿童的身体随着年龄增加而长大,判断好坏的指标是身高和体重;发育则是指心智和动作等能力以一定速度成熟,可通过大动作、精细动作、语言和认知、身边事务处理和社会性等四类表现加以评估。

■ 对4~6岁儿童生长情况的评估

家长可使用儿童生长曲线图来评估孩子的生长情况(见39页)。台湾地区4~6岁儿童的标准身高体重可见表5-1:

表5-1 4~6岁儿童的标准身高体重

年龄	男孩	女孩
4~5岁	身高101~119厘米 体重14.5~26.5公斤	身高100~117厘米 体重14.5~24.5公斤
5~6岁	身高104~125厘米 体重15.5~30.5公斤	身高104~123厘米 体重15~27公斤

■ 4~6岁儿童的四大发育目标

1. **大动作方面**:5岁以前,儿童应可用前脚脚跟接着后脚脚趾向前走两三步,且不扶东西时可单脚连跳五下以上。6岁以前应可单脚稳稳站立10秒钟,还能合并双脚向前跳45厘米以上。

2. **精细动作方面**:4岁以前应会依样画圆圈,用三根手指握住笔;5岁以前应会依样画十字,用大拇指和其他四指互碰;6岁以前应会依样画正三角形,还能画出一个人的模样。

3. **语言和认知方面**：4岁前应能说出自己的姓名，正确说出两种常见物品的用途，并正确表达"这是你的""这是我的"；5岁前应可正确说出自己的性别，辨认红、黄、绿三色，依指示正确拿取三件物品；6岁前应可依序排出1到10的数字卡，背诵5个数字，且能说出身体部位的正确功能。

4. **对周围事务的处理和社会性方面**：4岁前应会自己穿衣服，和同伴玩游戏，且白天已经不会尿裤子；5岁前应会自己穿袜子，用牙刷刷牙；6岁前应会自己拉起或解开拉链，会玩捉迷藏等带有简单规则的游戏。

■ 如何帮助儿童健康成长？

除了仔细观察孩子的生长发育是否有问题外，父母可以做的事包括：

4～5岁儿童

1. 孩子活力十足，玩球、跑步、骑车、跳绳都是很好的运动。运动应适度，不要让孩子太早接受密集且压力大的训练。

2. 让孩子帮忙做早餐、擦桌子、摆餐具，学习自己叠衣服、被子，这些都可以为孩子带来成就感。

3. 不要求孩子记忆、背诵知识，多带孩子到大自然中学习观察，如观察昆虫，让孩子主动探索，鼓励他们提出问题。

4. 鼓励孩子思考故事中发生的问题，并让孩子预测或改编故事的结局，激发孩子的想象力。

5. 聆听孩子描述幼儿园发生的事件或经验，让孩子练习情感分享与口语表达。

6. 鼓励孩子说故事，和孩子一起用图画或文字记录故事，将有助孩子语文水平的提高。

7. 教孩子成为有礼貌的人，如向公交车司机说谢谢，向人问好，这些都是重要的社会语言。

8. 若孩子天生害羞，父母可邀请同学来家中玩，让孩子学习与朋友相处。

9. 在家庭生活中，分配给孩子一份简单的任务，如每天帮忙摆碗筷，帮孩子养成责任感。

10. 和孩子玩角色扮演游戏，有助其练习社交技巧，学习冲突的解决和情感的表达，认识别人和自己的异同。

5～6岁儿童

1. 多到户外活动，训练大肌肉动作的协调性。

2. 做好安全防护，让孩子玩单杠、学习游泳，使孩子的动作更为协调、灵活。

3. 让孩子自行搭配衣服、裤子、鞋并参与更多的家庭事务。

4. 不要求孩子死记硬背、抄写拼音或数字，孩子应该从生活经验中慢慢地建立概念。

5. 拓展孩子真实的生活经验，带孩子去爬山，认识花草植物和昆虫，进行观察与辨别。

6. 适时问孩子问题，教孩子使用新工具，鼓励孩子用语言、图画或其他媒介表达自己的想法等，这些都是促进孩子认知发展的好方法。

7. 与孩子讨论幼儿园学习的活动与经验，帮助孩子吸收新的知识。

8. 跟孩子一起朗读童谣或故事，享受文字的韵律与故事内容，不要求孩子背诵。

9. 鼓励孩子发表自己的想法与意见。如果孩子表现好，立即具体地进行鼓励。

10. 倾听孩子在人际方面遇到的难题，不要批评取笑，给孩子一些鼓励与建议。

孩子口吃该怎么办？

"我家伟伟4岁半了，原本就比同年龄孩子晚开口说话，又说不清楚，最近还总结巴，一句话会重复好多次，也常常说不连贯。我告诉他要先想好再说，但这只会让他说话结巴的情况更严重，该怎么办才好？"

这位妈妈描述的现象即是所谓的"儿童口吃"。

■ 口吃的发生率高不高？原因为何？

儿童口吃初期常发生于孩子30～36个月大（平均年龄约2岁半）时。儿童口吃一般都在6岁之前产生，且在男孩中的发生率更高。在学龄前儿童中，男孩口吃的发生率是女孩的2倍，可能与男性身体及语言等方面的发育皆比女性慢有关。一般人口吃的普遍发生率为1%，而遗传领域的研究发现，如双亲都有口吃表现，其子女有60%的概率发生口吃，双亲只有一人口吃，其子女有40%的概率口吃。至于造成口吃的真正原因是什么，目前仍未有一个明确的理论。

■ 口吃有什么症状？

口吃的症状包括说话时会重复或拉长字和声音、重复破碎的字或词组、插入字修正和中断语句等口语上的不流畅现象，另外也会经常随之出现一些身体动作，包括眨眼、耸肩和脸部的怪异表情、顿足、摆手等。

1. **音节的重复**：说话时会重复第一个音节，例如：唔唔唔我要吃饼干。
2. **单字的重复**：说话时会重复第一个字，例如：我我我要吃饼干。
3. **词组的重复**：说话时会一直重复某一个词，例如：我要……我要……吃饼干。
4. **延长**：说话时延长语音或单字，例如：唔……我要吃饼干/我……要吃饼干。
5. **停顿**：说话时有不恰当的停顿或中断，例如：我想，要吃饼干。
6. **插入**：说话时插入不相关的字，例如：我想……嗯嗯，啊……要吃饼干。
7. **首字难发**：句首第一个字发音有困难，例如：……我（起始困难）要吃饼干。
8. **不恰当行为**：说话时伴随出现不恰当的身体动作或脸部表情，例如眨眼、耸肩、甩头、拍手、跺脚、扭手指等。

■ **父母可以为孩子做什么？**

1. 放慢对孩子说话的速度，整理并简化你所要传达的信息。
2. 给孩子充足的说话时间，在沟通时避免给孩子压力。
3. 耐心倾听孩子说话，不要刻意强调孩子的说话方式。
4. 增加孩子对说话的自信心，提供孩子无竞争或干扰的沟通情境。
5. 不要刻意对孩子说"放轻松""慢慢说""别急""想好了再说"等话。
6. 当你的孩子说话结巴时，勿表现出沮丧或不悦。
7. 不要打断孩子或替孩子说话。
8. 不要在孩子面前和他人谈论孩子的说话行为，或批评、纠正孩子的说话行为。

> **小贴士**
>
> 65%的口吃儿童在口吃出现后的 1～2 年内就会自动康复，康复的平均年龄是 3 岁半。但若到 6 岁以后仍无改善，则需寻求医生及语言治疗师的协助。

091

学龄前儿童需要学写字吗？

儿童的发育在日常生活中时刻不停地进行着，就精细动作而言，婴儿在自然环境中从伸开小手开始，每天都在学习使用他们的手，提升手部功能，从学习抓握、捡小东西、拿奶瓶到用汤匙和筷子自己吃饭。孩子从握笔涂鸦到可以画出如○、×等具体的简单图形，再到可以画出人、动物等复杂图形，都是精细动作发育的表现。

握笔写字也属于精细动作，需要眼睛与手部小肌肉的协调运作才能达成，因此，当精细动作发育到达一定程度，并具备手眼协调能力后，孩子才可能通过精准运笔来写出完整和工整的字。

■ 早点让孩子学写字，孩子才不会输在起跑线上？

1. 太早要求孩子做细部精准协调动作来把字写好，如果孩子肌肉张力不足，为了控制好运笔，可能因过度用力握笔而养成握笔姿势不良的习惯，导致日后手易酸、书写速度慢等问题。

2. 有部分家长认为，提前学习写字有助于提升孩子的认知发展水平，事实上两者并无绝对关联，反倒是多陪孩子阅读对孩子的认知发展更有帮助。

■ 如何协助孩子提升学习书写的兴趣？

1. 鼓励孩子即兴涂鸦：随着认知能力的发展，孩子会逐渐进入模仿学习的阶段，学写字就是其一。对幼儿而言，模仿大人画符号是必经的过程，小孩总喜欢拿着笔学着大人写字，这其实就是涂鸦，孩子往往会通过主动模仿大人来测试自己的能力，因此，对儿童而言，任何游戏只要有趣并能让他们从中获得成功的经验，都是非常重要的。

2. 不要苛求笔画精准：对儿童而言，有时会因为写错地方而被责怪，或因模仿得不够准确而被指正，这其中的分寸就要考验大人的智慧了。爸妈更要了解文字的书写与画图还是不一样的，要在适当空间描绘出特定的符号，还需要更好的手部肌肉运用及手眼协调能力。

3. 在生活中多让孩子自己动手做：生活上的各种活动在不断促进孩子精细动作的发育，也都是对学习用笔写字的间接练习，因此在日常生活中，只要孩子能做、愿意做、应该自己动手做的事，都应该鼓励孩子自己做，多制造良好的练习机会来促进动作的发育。

■ **什么时候可以正式教孩子写字？**

　　儿童什么时候能开始正式书写文字，需视每个孩子的发育速度而定，在进行正式教导前，父母应确认孩子操控书写工具的手部能力是否足够成熟。初期写字时的工具可以易握、易书写的笔为主（如水性笔），之后再进入用铅笔书写的阶段，让学习永远在成功的经验中得到进步。

孩子不专心怎么办?

专注力是一种重要且复杂的心智功能,它能协助我们处理内外信息。通过排除不相关的噪声、抑制我们的冲动行为、选择性注意该注意的对象并持续注意该事物这一连串的动作,我们最终得以完成任务。美国儿童精神科医生斯坦利·格林斯潘提到,儿童成功学习的必备能力包括:投入并与人产生互动,专注于某件事物以及充满好奇心。孩子在学习的过程中专注力的持续有困难,对学习的成效往往有很大的影响。

■ 幼儿的专注力发展

1岁左右婴幼儿的专注力很有限,只能维持几秒钟左右,但随着幼儿发展,这种能力会稳定提高,不集中的情况则会下降。到了3岁,只要活动能完全抓住幼儿的注意力,幼儿已经可以专注地投入其中。内在选择何时专注及如何集中关注该关注的对象的能力则会在5~7岁逐步发展起来。

■ 我的孩子是否有专注力的问题?

幼儿的大脑处于快速发育及变化的阶段,因此,判断5岁以下的孩子是否有专注力方面的问题并不容易,而且过于武断。倘若家长觉得孩子总无法集中关注正在做的事情,建议先检查该任务是否与他们现在的心智发展程度相符。超出孩子能力范围又不够新奇有趣的事做起来是索然无味且缺乏成就感的,此时不难想象孩子容易出现分心的行为反应,如无法好好坐在座位上、眼神游移不定等。

■ 如何帮助幼儿维持专注力?

1. 让孩子进行与其个人发展程度一致的活动,保持新鲜、有趣,并帮孩子获得成就感,才能让孩子的参与动机得到增强,从而促进孩子的专注力。
2. 提升儿童专注力的前提是能激起孩子对事情本身或事情背后的人、事、物的兴趣。
3. 个人对特定事物的成功经验是维持兴趣的重要因素。
4. 孩子对声光刺激强烈的活动专注力高,如电动玩具、平板电脑等。但站在促进幼儿发育的角度,不建议太早及长时间让孩子接触此类产品,建议家长帮助孩子进行与人互动及创作性、自由度高的活动,以刺激脑部的积极发育。

093

孩子应该什么时候开始上幼儿园？

看着孩子长大，父母喜忧参半。喜的是孩子终于长大，要上学了，忧的是从没离开家的孩子上学后不知道能不能适应，会不会被同学欺负，会不会不讨老师喜欢。如果家长决定让孩子晚上幼儿园，又怕孩子在学习发展方面跟不上同龄人。

■ 孩子必须上幼儿园吗？自己在家里教好不好？

上幼儿园是学前教育的重要一环。多和别的孩子接触，是训练孩子学习自己处理事情，独立思考、摸索和学习的第一步，也是接触外在环境，学习融入群体，在团体生活中建立互助、互谅、互信、互惠、互不侵犯等人际关系和观念的重要机会。

上述社会价值观需通过孩子彼此间的日常实际互动慢慢建立，往往无法以说教的方式替代。缺乏人际互动的孩子较容易倚赖父母，且缺乏和同龄孩子相处的机会，可能不知道如何和同伴相处，为日后人际关系的发展带来隐忧。此外，幼儿园中有比家里更多的有趣事物和游戏活动，有许多在家里学不到的知识、做不了的训练，可以刺激、启发孩子的智力和协调能力。除非有特殊状况确实不能上学，否则幼儿园不失为一个良好的学习环境。

■ 上幼儿园的孩子容易生病吗？几岁上学比较好？

进入幼儿园后，孩子会离开原先备受保护的环境，与其他幼儿频繁接触，加上自我保护的卫生习惯尚未建立，生病在所难免。从医学角度看，上幼儿园也是测试和训练免疫力的良机。事实上，孩子被传染上疑难疾病的概率并不高，所以不必因噎废食，家长大可安心让孩子入学，只要知道孩子生病时应如何处理、何时该看医生就好，偶尔生病仍属正常情况。不过一般建议3岁后上学较适当；太小的孩子较容易生病，且心理上常因无法表达需求而产生焦虑和挫折感。

■ 家长应有哪些心理准备？需为孩子做哪些准备？

通常大人会比孩子更担心，既不舍又怕孩子不适应，但是孩子已渐渐长大，总有一天要独立，即使家长会担心与焦虑，但切勿过于不舍，反而会影响孩子上学的情绪。家长可为孩子做以下准备：

1. **选择合适的幼儿园**：考虑时间、交通、经济、师资、设备等各项因素。

2. **训练孩子的表达需求**：如要喝水、小便或上大号等。

3. **教导孩子基本的生活自理能力**：如洗手、脱鞋、脱衣裤等。

4. **以聊天方式鼓励孩子上学**：提升上幼儿园的意愿，减轻其分离焦虑。

5. **了解幼儿园作息**：预先在家逐渐配合训练，可以让孩子更快适应新环境。

6. **评估其健康状态和与亲友孩子相处的状况**：经仔细评估再决定是否适合上幼儿园。

7. **提前入园参访**：可在入学前多带孩子到幼儿园附近走走，甚至进入园内参访，让孩子与园长、老师接触，提前熟悉环境。

094

如何选择理想的幼儿园？

家中宝贝准备上学了！慎选学习环境很重要，如何为孩子选一间适合的幼儿园呢？建议评估以下各种情况后再做选择。

1. 家庭经济能力：在经济许可范围内进行选择，以不会对自己造成压力，也不会让孩子间接承受来自园方的压力为原则。

2. 教育与看护水平：多打听关于教师的学识、涵养、细心、耐心、爱心和热心度等方面的信息，评估其是否有足够的水平教育或包容孩子，老师或园长是否会和家长讨论孩子在学校和回家后的情况。

3. 园内设施及环境卫生情况：应注意园方设备是否安全，是否过于简陋，是否适时更新换代，教室是否通风良好，孩子上课和活动的场所是否经常保持清洁，卫生设备和洗手台是否干净卫生且能让孩子方便安全地使用。

4. 每班学生与教师比例是否适当：2～3岁幼儿每班应不超过16人，3岁以上到进入小学前的幼儿每班应不超过30人。每班学生人数超过上限的二分之一时，应配备两位教师。

5. 接送安全与便利性：交通是否便捷？接送是否方便？万一无法准时接回孩子，园方有无配合机制？如果有车接送，车载人数是否合适？司机及保育人员的素质如何？车辆的车龄、保养和清洁情况如何？

6. 伙食和点心：是否兼顾卫生及营养？炊事人员和厨房的卫生如何？烹调和配送时是否注意到儿童安全问题？

7. 健康照顾：万一孩子生病或受伤，园方是否有合格的签约医院可在第一时间送诊？

此外，开始上学后，可注意当孩子哭闹着不愿入园时，园方人员是耐心引导还是强硬抱走，如果是后者，可能反映出教工的耐性不足。此外，应注意孩子喜不喜欢上学，如果出现排斥上学、淘气、脾气不好等异常表现，应和老师讨论孩子在校的情况，看看孩子是否受到了欺负或排挤，如果一直没有好转，应像孟母三迁一样考虑是否该转学，重新选择幼儿园。

上幼儿园的孩子是不是很容易生病？

学龄前儿童对许多感染性病原体都不具备免疫力，也就容易罹患一些感染性疾病，是所谓的易感染人群；此外，儿童的卫生习惯都还在学习和养成当中，也会助长这些病原体的散播，所以幼儿园俨然成为许多感染性疾病传播的温床。

■ 常见的感染源

一般而言，病毒性疾病容易散播且容易发病，而细菌性疾病也会散播，但较少直接引发疾病。常见的呼吸道病毒（如肠道病毒、流感病毒、副流感病毒、呼吸道合胞病毒、腺病毒等）以及常见的胃肠道病毒（如轮状病毒、诺如病毒等）都很容易在幼儿园中散播，造成儿童患病。相对来说，常见的细菌（如肺炎链球菌和金黄色葡萄球菌）虽也会传染，但是较少直接引起儿童疾病。而A群链球菌则不只会传播，也会造成儿童疾病，如扁桃体炎和猩红热。

■ 儿童感染后的症状

儿童感染这些病毒后，这些病毒会在其体内停留一段时间并持续排出，这时就可能传染给他人，即所谓的"可传染期"。多数病毒在儿童身上的可传染期都比成人来得长，一般有1～2周之久，所以幼儿感染这些病毒后，最好能在家自主隔离至少1周。

儿童感染病原体后到开始出现症状（发病）时所需的时间，就是所谓的"潜伏期"。流感病毒、诺如病毒和轮状病毒的潜伏期短，为1～3天，所以被感染者发病相当快；肠道病毒、腺病毒等的潜伏期在2～7天；而麻疹病毒为10～12天，水痘为14～16天，风疹为15～17天，出现症状的时间相对较慢，需要观察的时间相对较久。

■ 如何预防在幼儿园受到感染？

多数病原体是通过飞沫、直接或间接接触来传播的，所以个人的卫生习惯（如避免共享器皿）、简单的防护措施（如患病者戴上口罩、咳嗽时避开他人、适时适当洗手）以及适时对环境进行清洁与消毒都是既简单又有效的防护方法。不过多数幼儿尚处在培养良好卫生习惯的阶段，上述预防措施往往不易保证，所以生病时最好不要去幼儿园，如果一定要去，则应做适当隔离，以避免病原体在幼儿园中传播。

096

孩子不想上学怎么办?

"小真现在在上幼儿园中班,最近她每天早晨上学总是特别费劲,一开始是怎么叫也不起床,起床后又经常抱怨肚子痛、头痛,到校后她一定要妈妈陪她进去,还总是愁眉苦脸的,但又说不出到底在害怕什么!"

幼儿进入幼儿园和学龄儿童进入小学都是成长中重要的里程碑,离开原有的熟悉环境去适应一个更大、更复杂的人际圈,对有些孩子而言可能充满了新奇和兴奋,但对一些孩子而言可能是挑战和威胁,孩子个性上的个体差异,使得他们对团体生活的适应能力截然不同。多数孩子在一段时间后能够适应新环境,但也有少数孩子仍旧延续了紧张焦虑的情绪,甚至出现了预期性的焦虑、身体不适等症状,对学校产生了强烈的畏惧感。

■ 孩子为什么拒绝上学?

1. 先天因素:一般而言,孩子如果天生敏感度高、消极情绪多、容易逃避又适应力较弱,面对陌生的人事物时也容易认为环境具有威胁性,这会让孩子在进入一个较为新鲜、复杂、信息量大且对他们提出更多要求的环境时,感受到恐惧和警觉的情绪。

2. 后天因素:孩子的学习能力、人际交往能力、过去适应新事物的经验、父母和老师的引导方式及态度等都是重要的后天影响因素,例如,当身边的同学都开始有固定的朋友一起玩时,孩子很可能因为不知道如何加入游戏而总处在人际圈的边缘,如果有许多被拒绝、取笑或孤立的消极互动经验,孩子对上学可能就会更恐惧。

■ 如何帮助孩子喜欢学校?

当我们发现孩子对上学的畏惧时,也许一开始会以为是孩子在找借口,但不宜以责骂、强迫的方式来逼孩子就范。家长们需要细心地观察,除了理解孩子的先天个性外,还要分析孩子在面对新环境时遇到的困难,协助孩子克服在学习和人际交往过程中的困难,同时引导孩子体验解决问题后如释重负的感觉,建立起运用策略解决问题、降低焦虑的自我效能感;家长也要与老师合作,让孩子在环境当中逐渐建立属于自己的人际圈,便可协助孩子渡过害怕上学这一关。

学龄前儿童常见的睡眠问题

睡眠是一种基本生理需求，和饥饿与口渴一样，都是维持生存与身体正常运作不可或缺的行为。睡眠对上幼儿园的孩子而言更加重要，睡眠质量对孩子的身心发育会产生显著影响。

■ 睡眠问题会对孩子造成什么影响？

1. 在睡眠过程中，人体内分泌的调控与新陈代谢等活动相当活跃，孩子进入深睡期时，很多内分泌系统会发生调整，生长激素的分泌最为明显，因此睡眠对儿童的发育相当重要。如果睡眠问题长期未经治疗或改善，孩子的发育可能受到影响。

2. 对已上学的孩子来说，没有良好的睡眠，第二天脾气一定比较暴躁，容易产生焦虑、忧郁情绪，冲动控制力差，注意力不易集中，进而影响学习与人际关系。

■ 学龄前儿童可能遇到哪些睡眠问题？

1. 夜惊与梦游：夜惊与梦游是发生在深睡期中的一种睡眠障碍，一般在入睡后1～2个小时才发生，这种情况是不需药物治疗的，父母也不必特别担心。

2. 梦魇：梦魇一般发生在做梦时，因此通常在后半夜才会出现，孩子也会清楚地记得噩梦的内容。实际上，梦魇的发生与孩子日间的焦虑和压力较有关系，因此在治疗方面，建议父母尽量减轻孩子的压力，如果孩子在做噩梦时哭闹，父母可叫醒孩子哄一哄。

3. 尿床：一般儿童到5岁左右时，尿床的情况应该会变少，如果学龄儿童每周仍有2次以上尿床的情况，建议家长最好带孩子就医，因为尿床的起因不只是一般的心理因素（如紧张、焦虑、害怕、压力等），还要考虑生理因素（如尿道感染、尿路畸形和神经系统中出现的问题），甚至可能是睡眠呼吸暂停综合征。

4. 打鼾：很多父母认为孩子打鼾是很平常的事，殊不知这也可能是另一类睡眠疾病——睡眠呼吸暂停综合征导致的，如果有这种情况，建议父母最好还是带孩子到医院接受睡眠检查。

医生在线

Q **如何让孩子养成良好的睡眠习惯?**

A

1. 为孩子布置舒适的睡眠空间：干净的寝具与舒适的睡眠环境有助安眠。
2. 鼓励孩子在自己的床上睡觉：固定的环境与床铺能帮助孩子建立安全感，进而让孩子顺利习惯一个人睡。此外，准备孩子喜欢的物品，让孩子抱着依恋物一起入睡，也可增加独睡时的安全感。
3. 培养固定的睡前活动：如睡前听故事或音乐，或进行某些静态活动，并应注意避免让儿童在睡前看电视或使用电子产品。
4. 保持规律的生物钟：每天固定上床及起床时间。可利用光照帮助孩子保持生物钟的同步。每天一大早可将窗帘拉开，让阳光进入卧室内；如果没有阳光，也可以定时的方式开启或熄灭卧室灯光。
5. 养成运动的习惯：每天坚持一定时间的运动，到了假日也可安排外出活动，不但能促进儿童身心发育平衡，更能增进亲子关系。
6. 适时寻求医疗帮助：大部分孩子的睡眠障碍不被看作疾病，因而常被忽略。如果孩子出现白天疲倦、早上不易叫醒、上课打瞌睡、白天过分躁动不安、晚上不能顺利入睡的情况，且影响了正常生活作息与学业，则建议父母尽早带孩子就医，做进一步评估，并进行适当的治疗与处理。

孩子5岁了还会尿床，怎么办？

严格来说，尿床并不算是一种疾病。一般而言，随着年龄增长，正常儿童夜间尿量会逐渐变少，且神经系统对膀胱的控制也会逐渐成熟。到了5岁时，有15%~20%的孩子会尿床，7岁时只有10%会尿床，到了10岁只剩5%会尿床，其中男孩多于女孩。然而并非所有尿床的孩子都会自动痊愈，到20岁时仍有1%的成人有尿床情况。

■ 尿床的原因

到目前为止，尿床的原因仍不是十分明确。尿床可能与下列几个因素有关：

1. 中枢神经系统尚未成熟：当膀胱充满尿液时，正常孩子都会察觉并起床上厕所，尿床的孩子并不会被膀胱的鼓胀感唤醒，从而导致了尿床，这可能与过度熟睡、膀胱对排尿的控制尚未成熟、膀胱容积变化等因素有关，这些情况通常会随着年龄增长而消失。

2. 基因遗传：据统计，父母之一有尿床情况时，孩子尿床的概率为47%，若父母双方都有尿床家族史，则孩子尿床的概率为77%，但真正遗传模式并不清楚。

3. 泌尿或神经系统疾病：引起尿床的泌尿系统疾病以尿路感染为主，尿床也可能是先天泌尿结构有问题（如男孩的后尿道瓣膜阻塞或膀胱输尿管逆流等问题）导致的。至于神经系统疾病，则要看孩子是否有癫痫、脑瘫或先天性脊髓脊膜膨出症，这些疾病不仅会导致夜间尿床，也常在白天导致尿失禁现象。

4. 抗利尿激素分泌异常：正常孩子夜间抗利尿激素的分泌较多，在睡眠期间尿液会被浓缩而尿量减少；但会尿床的孩子夜间抗利尿激素的分泌并未增加，因此当尿量大于膀胱容量时，就可能导致尿床。

5. 心理因素：指孩子因情绪问题导致尿床，例如孩子认为妈妈只顾着刚出生的弟弟或妹妹而忽略了自己，感觉失宠受挫，便可能在熟睡后将潜意识中的委屈与压力通过尿床来纾解。

■ 孩子常尿床，是否需要接受治疗？

一般建议满6岁的尿床儿童积极治疗，以避免社会心理层面上的不良影响。因为6岁的孩子已经要上小学，尿床不仅会让儿童及其家人感到莫大的焦虑，也容易造成孩子的自卑心理，进而影响人际互动与人格发展，那么问题就不只在于膀胱了。

■ 父母该如何帮助尿床的孩子？

1. 首先，应让医生进行诊断，排除疾病等其他可能导致继发性尿床的原因。同时家长应该了解，孩子并不是故意尿床的，而是器官尚未成熟所致。父母、孩子和医生应共同讨论，寻求适当的治疗方式。

2. 应限制晚餐后到睡前这段时间的水分摄取，尤其不能喝含咖啡因的或利尿的饮料。睡前要上两次厕所，以确保排空尿液。厕所应邻近卧室，并可开小灯提醒孩子厕所的位置，或在睡房准备小便盆，方便孩子夜间如厕。

3. 在行为方面，可教导孩子自我训练，如果半夜有尿意，应自己起床上厕所。初期可由家长于半夜叫醒孩子如厕，但为避免孩子产生心理依赖，应将每晚唤醒时间渐次拉长，一周后试着不再唤醒孩子，让孩子自己起来。

4. 培养孩子的责任感是治疗尿床的必要条件，必须让孩子正视这个问题，并了解只有自己才能解决这个问题。父母不要为了避免尿湿床单而让大孩子穿尿布睡觉，这样容易让孩子养成依赖心理，不愿起床上厕所。应让尿床的孩子参与第二天的床单换洗工作，以培养其责任感。

5. 不要因为尿床问题责备孩子，要以鼓励代替处罚，并注意孩子心理层面上的问题。

孩子在幼儿园里的饮食问题

孩子在家中的饮食都是由家长或照顾者安排处理的，但入园后就过集体生活了，无法像在家里那样饭来张口、衣来伸手，所以家长应该先帮助孩子做好心理及生活步调上的调整，孩子在入园后才能较快融入环境中。

■ 入园后孩子可能出现哪些饮食问题？

在入园初期，孩子第一次离开家人来到陌生环境里，往往需要一段适应期，此时心理上常出现紧张、焦虑不安、心情起伏不定的情况，而生理上则可能因为太紧张或还不习惯幼儿园饮食而无法稳定进食，造成营养不良、呕吐、便秘、腹泻等症状。

■ 该如何协助孩子适应幼儿园饮食？

1. 在孩子对集体生活的适应期中，家长应耐心地慢慢让孩子了解幼儿园用餐的过程，例如让孩子自己装饭盛菜，给予他们适当的鼓励，训练他们正确使用各种餐具，就能让孩子与其他孩子建立起良好的互动模式，减轻孩子的不安感，也能慢慢培养出用餐礼仪。

2. 面对孩子因适应不良而导致的生理及心理问题，家长与幼儿园教师的配合也相当重要。家长在家中可多给孩子一些鼓励与关心，并学着放心将孩子交给学校，信任教师专业的照料与陪伴，也信任孩子的适应能力。家长和教师的合作有助于稳定孩子的心情，引导孩子逐渐习惯和喜爱团体生活。

■ 幼儿园饮食可能对孩子造成的影响

1. 改善孩子偏食挑食的习惯：在幼儿园中，同伴的相互激励可训练孩子不偏食的习惯，尤其对不喜欢吃蔬菜水果的孩子，幼儿园是改善这种挑食行为的最佳处所。

2. 促进孩子营养均衡：幼儿园的菜谱及其热量大多是根据营养均衡原则设计的，适合成长中的儿童。此外，团体餐中不会出现快餐、零食或是含糖碳酸饮料，对均衡营养而言也有很大帮助。

100 孩子能吃零食吗？

许多医学证据显示，幼儿期的肥胖与成年后的代谢性疾病有相当大的关系。为孩子未来的健康着想，父母有责任帮儿童维持适度的体形，并养成良好的饮食习惯。

■ 零食与儿童肥胖的关系

研究表明，儿童肥胖的主要原因与不正确的饮食习惯、运动量不足等因素有关。在现代双薪和隔代教养家庭中，零食往往变成了安抚儿童情绪的策略之一，儿童肥胖与过度食用快餐、零食与含糖碳酸饮料有着密切的关系。

■ 零食都是有害的吗？

不能说零食都是不好或有害的，但零食种类成千上万，大部分零食都是含有添加剂或人工色素的加工食品，当厂商不断推陈出新并通过广告来吸引孩子时，孩子和家长往往只能单方面接收广告提供的信息，而无从判断这些零食到底是否健康。事实上，加工食品对发育中的孩子是有害的，除了常见的肥胖问题，还可能导致性早熟、生长激素失调、幼年型糖尿病等疾病。

■ 家长应该怎么做？

1. 要爱而不是溺爱孩子，应从小训练孩子不吃零食的习惯。

2. 儿童的饮食行为可以通过教育改变，应该在入学前的居家期与幼儿园时期就投入精力矫正。通常来说，如果孩子在入学前没有肥胖现象，就是危险性较低的人群，等孩子进入接受集体生活的过渡期，可配合幼儿园的教学与饮食建立良好饮食习惯。

3. 家长本身也应该以身作则，与孩子一同遵守良好的饮食习惯，避免购买与食用快餐、零食和碳酸饮料。

> **小贴士**
>
> 应该从小向孩子灌输"我们要吃的是天然食物而非加工食品"的概念，并牢记曾经发生的各种食品安全问题的教训，为了孩子的未来，不要让加工食品损害他们的健康。

孩子爱看电视，该怎么办？

在现代社会中，电视往往已经成为孩子生活中的一部分，许多孩子甚至早在婴儿时期就开始接触电视了。电视能教会孩子许多事情，无论是好的还是坏的。部分教育性节目能丰富学龄前儿童的生活，但电视绝不该是学习的替代品。

■ 电视节目对幼儿有什么影响？

大部分节目并不适合幼儿观看。就算只看动画片，仍可能看到与暴力、色情、毒品或酗酒相关的情节。英雄与坏蛋战斗或受到致命武器的攻击时总是不会受伤，看起来也不感到疼痛，这些信息会让孩子误以为能用暴力来解决问题，可能会对和其他孩子的肢体冲突抱着无所谓的态度，对色情、毒品和酒精也可能如此。

"看到什么就相信什么"是幼儿这个阶段发展的特性之一。就像相信动画片里的英雄不会受伤一样，孩子也会相信电视广告中的零食一定好吃，玩具一定好玩。比起普通孩子，花许多时间在电视上的孩子容易产生肥胖的问题。久坐不动地看电视并吃下更多的食物是造成肥胖的主要原因之一。

■ 如何帮孩子建立健康的看电视习惯？

1. 家长应认识到，看电视无助于孩子现阶段的发展：看电视是一项被动的活动，它无法帮孩子获得这个发展阶段应学到的重要知识、生活经验与技能。

2. 应尽早开始规范幼儿看电视的习惯：一天看电视的时间最好限制在1～2小时之内。如果可以，家长应协助孩子参与其他有趣的活动来分散对电视的注意力。当孩子从活动里得到快乐或成就感时，请给予充分的正面肯定。

3. 家长也应以身作则：家长也应约束自己看电视的行为，节目播完后就关机吧。

4. 尽量别把看电视当成奖励或处罚：这样会让它更有诱惑力。

5. 家长应帮孩子慎重地选择电视节目：若有禁止幼儿观看的节目，清楚地告诉孩子禁止的原因。与孩子一同观看，把握时机教育孩子，也可减少幼儿被信息误导的机会。

6. 家长可积极向电视台反馈意见：家长也可进一步考虑联络制作单位或电视台，指正不当做法，或提供建议及给予肯定。

102

孩子玩手机好不好？

智能手机和平板电脑这些在近五年内快速掀起风潮的电子产品，因其对新信息的快速获取、高度娱乐性和社交便利性而大大改变了人们的生活方式。某杀毒软件公司在 2011 年的跨国调查中发现，5 岁以下的幼儿有一半以上会使用鼠标或手机玩游戏。

■ 智能手机真的万能吗？

多变而有趣的声光刺激以及反应灵敏的可操控性让孩子对这些电子产品的兴趣一再增强，它们的魅力足以让吵闹不休的孩子瞬间变得安静而专心。对父母或主要照顾者来说，在一天辛劳工作过后，把智能手机丢给孩子不失为一种换取喘息之机的策略。

然而，关于电子产品的频繁使用可能带来的后遗症的相关研究也在陆续进入人们的视野，例如，幼儿的晶状体尚未发育成熟，近距离使用智能手机会对视力造成很大的伤害，此外，用手机下载的游戏或视频内容未必适合儿童。美国儿科医学会早在 1999 年就呼吁应禁止 2 岁以下的幼儿看电视，到了 2011 年更再次建议父母不要让 2 岁以下的幼儿接触任何电子产品。除了视力以外，幼儿的语言表达、认知功能、专注力及社会互动等方面的发展都可能受到影响。如果孩子依赖或强烈要求玩手机，要当心孩子是否已对手机上瘾。

■ 最重要的是合理使用

幼儿的大脑处于快速成长的阶段，他们需要的是与人而不是屏幕互动。尽管电子产品是这个时代不可或缺的日常物品，父母和照顾者也需适度地提供及监督孩子使用。规范孩子使用的时间与时机，同时计划其他活动（如户外运动、陪孩子阅读、互动式游戏等）以真正充实孩子的生活。别贪图一时方便而让电子产品成了孩子的保姆。

103

孩子有龋齿了，该如何处理？

幼儿的龋齿问题，在目前世界上的许多国家已成为公共卫生机构、牙医界和许多父母关注的焦点。在亚洲的许多国家，幼儿的龋齿率一直很高。

■ 孩子应该从几岁开始检查牙齿？

很多孩子到了四五岁时还没有看过牙医。幼儿第一次看牙应在周岁前，之后视情况而定，一般每6个月定期检查一次，有龋齿或口腔卫生不佳的孩子应3～4个月检查一次。早期检查（1岁前）的目的主要在于预防，很多幼儿的口腔疾病（例如龋齿）其实很早就可看出问题。

■ 因为乳牙会换，所以不用管它？

儿童龋齿问题的处置与治疗基本与一般成人类似，最大的差别在于孩子年纪小，不配合，常常哭闹不休、抵死不从甚至拳打脚踢，哭到呕吐或尿裤子也很常见，这让有些牙医无法处理，只能告诉家长"乳牙会换，不用管了"。

事实上，乳牙在幼儿7～8个月大时萌生，6～7岁逐年换牙，而要到11～12岁时20颗乳牙才会换完，乳牙的使用时间还是很长的。在这漫长的十多年中，严重的龋齿会造成孩子牙疼、发炎甚至出现蜂窝性组织炎；此外，牙齿过早掉落可能造成恒牙长歪和发育不良等情况，后果不可小觑。

■ 如何应对孩子的龋齿问题？

孩子龋齿，必先清除被龋蚀的牙齿结构，再用适当的牙科填补材料填充。龋蚀范围如果很大，可能已经触及牙齿中间的牙髓神经，则必须做根管治疗（或称牙神经治疗，俗称"杀神经"），做完根管治疗的牙齿可视残存牙齿结构的大小做适当的复形填补，也可做不锈钢牙套保护乳牙。如果不治疗龋齿，时间一久，牙齿被破坏殆尽，则可能需要整颗拔掉。

一旦乳牙的臼齿被拔除或因为其他原因过早失去，失落的乳牙空出的位置会被附近逐渐倾斜的牙齿侵占，将来长恒牙时就会出现长歪、卡住或埋在颌骨中的现象。此时，牙医会建议家长让孩子戴上空间维持器，这是不得已而为之的预防措施，而最好的预防措施应是保证每颗乳牙的健康与健全。

■ 如何让孩子配合治疗?

　　幼儿若有龋齿但又不配合诊疗时该怎么办？答案是找儿童牙科医生处理。儿童牙科医生受过专门的儿科医疗训练，能处理儿童看牙时的各种行为问题，也有办法减轻孩子看牙时紧张不安的心理，加上熟悉儿科各种牙病的治疗，能有效、迅速地对牙齿疾病进行处置。

　　另外，儿童牙科医生处理儿童不配合、哭闹、无法沟通的情况时，可视情况轻重及儿童年龄与身体状况，建议家长使用全身性麻醉和镇静药物，让儿童在无知觉的状态下进行全部的牙科治疗。有时必须将哭闹不合作、不能沟通的儿童用束缚装置固定在牙科治疗椅上做治疗。不管用何种方式治疗，必须由牙医进行专业的判断并与家长详细沟通、双方达成一致后才可进行。

104

孩子近视了怎么办？什么是假性近视？

■ 近视是怎么发生的？

造成近视的原因包括遗传基因、后天环境、近距离用眼行为、早产、先天眼疾等。造成近视的原因并不单一，目轴性近视（真性近视）十分常见，即指眼球前后径受到刺激而快速发育变长，使影像无法正确地投在视网膜上。

■ 什么是假性近视？

指眼球前后径并无明显增长，其原因多为长时间近距离用眼过久导致眼球内睫状肌痉挛。孩子年龄越小，检测时越容易睫状肌调节过度而导致验光仪测到的度数显示为近视，在这种情况下，可以通过散瞳来让睫状肌放松，再进一步确认度数。假性近视通常在用药后即可缓解。

■ 若真的近视了，该如何进一步治疗？

患近视时年龄越小，度数增加幅度越大，得高度近视的可能性越大。而高度近视会增加患白内障、青光眼、视网膜脱落和黄斑部病变的概率。目前对近视的治疗主要以稳定度数为目标。

1. 使用长效型散瞳剂（阿托品）： 可放松睫状肌，抑制眼轴拉长，其副作用为畏光和近距离阅读模糊。应让儿童戴帽子和太阳镜来进行防护，并维持正确的阅读姿势。

2. 使用角膜塑形镜： 利用物理原理将角膜弧度压平，进而使影像能投在视网膜上，可抑制眼轴增长。佩戴者应注意镜片的清洁，并定期回诊，检查佩戴状况。

■ 什么时候配眼镜比较好？

如果因为看不清而引发了不正确的用眼习惯，如眯眼视物，反而容易导致度数上升。对近视度数超过150度的孩子，建议上课时戴眼镜。

医生在线

Q 如何避免孩子近视?平时应该注意哪些方面?

A 家长如果希望预防孩子近视,建议注意以下几点:

1. 注重营养均衡并进行适度的户外运动,多到自然环境中晒太阳、望远。
2. 减少近距离用眼的时间,近距离用眼是儿童近视度数增加的重要原因,不可不慎。
3. 小心控制孩子使用智能手机与平板电脑的时间,建议近距离用眼 30 分钟后应休息 10 分钟。
4. 避免阅读字体太小或印刷不良的书籍。
5. 孩子 3 岁起即可到眼科做定期视力检查。

探索孩子不同阶段的发育关键

0～3岁是大脑成长最快速的时期。俗话说"三岁看大，七岁看老"，指婴幼儿阶段接受的生活经验与未来的发展有密切的关系。提供孩子丰富多元的居家与自然环境，引导宝宝在玩耍中学习，将为孩子的感官发育带来莫大的好处。

4～6岁的幼儿已经有能力将感觉和动作刺激传入大脑进行整合，进而对外界事物产生比较完整的概念。此时孩子也多半进入了幼儿园，家长和老师可通过日常训练帮孩子建立良好生活作息，为孩子的发育奠定基础。

家长要明确孩子不同年龄段的发育和行为发展重点，如果怀疑孩子有发育迟缓的问题，要尽快就医，接受早期治疗，以免孩子错过黄金发育期。

- 第 6 章　儿童的感官、大动作与精细动作发育
- 第 7 章　儿童的语言、情绪与社会行为发育
- 第 8 章　发育迟缓与早期干预
- 第 9 章　认识感觉统合

第 6 章

儿童的感官、大动作与精细动作发育

105 儿童的发育与生长大不同

许多家长经常会问到关于孩子生长的问题，却常分不清生长与发育的区别，其实两者的意义是不同的。

■ 生长与发育密不可分

"生长"指身体长大，表现为身高、体重、头围等各部分测量结果方面的增加；"发育"则指功能上的提升，如动作、语言、智力、情绪、社会行为、人格等方面。生长与发育两者有着密不可分的关系，举例来说，动作发育需要大、小肌肉的量的增加，也需要由简单粗糙到精细灵巧的功能上的质的改进。所谓的生长，指的是身体各部分的成长，而发育则是在这些部分长大的同时整合性功能逐渐成熟的过程。

临床上孩子生长的迟滞（如过于瘦小）很容易导致发育的迟缓。要提醒家长的是，生长良好未必代表发育也是正常的；反之，发育正常的孩子，生长表现也不一定符合标准，因此需要分别对生长和发育进行规律性的定期评估。

■ 发育的三个重要特性

父母在认识孩子的发育时，需要知道三个重要的特性：

1. 有一定的方向性：

包括从头部向脚部发育（例如先发育出颈部的控制能力而会抬头，之后才发育出躯干的控制能力而会翻身），由近端向远端发育（例如先发育出头颈部与躯干的控制，然后才发育出四肢的活动伸展）。

2. 有独特的顺序性：

发育的阶段性变化是可预测的，而非随机或跳跃性的，例如孩子要先会翻身，后会坐，再会爬，然后才会站立和走路。

3. 有相当大的个体差异性：

发育的速度表现因人而异，有一些个体差异，例如，同一家庭中的不同孩子或者双胞胎虽然所处环境相同，教养方式也相同，发育速度仍会有不同的表现。

■ 定期对孩子的发育进行评估

我们鼓励每一位父母根据年龄定期为孩子进行发育评估，原则上 1 岁以下每隔 1～2 个月做一次，1 岁以上每隔 2～3 个月做一次，可以参考儿童发育书籍中的儿童发育评估量表来了解孩子在不同领域中的发育是否正常（儿童在不同发育领域内的里程碑可见 212 页）。

请父母们记住，在为孩子做发育评估时应注意，除了要与同龄孩子相比之外，也要与孩子自身的发育速度做比较，才不至于期待过高，并能制订合理的发育进度规划。

■ 家长需要引导孩子的发育学习

孩子成长过程中每一步的学习都很重要，不需也不应跳过。举例来说，不要急着比较左邻右舍的孩子谁先会爬，而是要先思考家里的环境是否适合孩子学爬，自己是否已经做好环境上的准备与改变，让孩子有足够的空间与合适的环境来尝试爬行。家长最重要的责任就是为孩子提供丰富而多元的居家探索和学习环境，主动引导孩子在游戏玩耍中学习，孩子的发育表现自然会越来越好。

0～3岁是幼儿脑部发育的黄金期

研究显示，从胚胎期到满3岁的这段时间里孩子的大脑发育最快，而多数外国医学研究的结论也表明，促进婴幼儿的早期发育对孩子未来的神经发育也有积极的帮助。

■ 3岁前是大脑发育的关键期

宝宝出生时，脑部就已拥有1 012个神经元，基本构造也都已成形，神经细胞数目也不再增加，大脑的发育主要是神经细胞的日趋成熟与细胞间联系网络的建立。神经学研究指出，3岁前是脑部细胞网络形成最迅速的阶段，新生儿脑细胞中有2 500个神经突触，到3岁时会增长到1.5万个。而脑部重量也由出生时的400克增长近2倍，达到1.1千克。由此可知，孩子未来的神经发育与脑部功能息息相关，但需通过各种合适的刺激，引起一连串大脑神经回路活动，再经过整理，才会成为日后可用的生活智慧。

■ 充足营养保证脑部发育

出生后，宝宝需要每天摄取足量的各种营养，以促进身体器官与大脑的发育，其中与神经发育密切相关的营养包括蛋白质、脂肪以及各种维生素和矿物质，特别是ARA（AA，二十碳四烯酸）和DHA（二十二碳六烯酸）对脑部和视觉发育非常重要，能促进宝宝的智力发育。婴幼儿期是人一生中发育最快的时期，基础代谢和肌肉活动消耗的热量较高，对各种营养的要求都比成人多，饮食应以均衡营养为优先考虑。

■ 从小给予感官动作刺激

大脑在3岁前有80%～90%已经发育完成，而3岁前的发育阶段为感觉动作期，此时给予宝宝适当的活动刺激对神经发育是很重要的。神经医学研究和幼儿教育专家一致指出，出生后，宝宝需要通过视觉、听觉、触觉和动作等不同的学习渠道输入多种感官知觉信息，再将信息传到大脑感觉中枢，从而让大脑做出不同的反应及进行学习。

建议家长可在家中进行对不同感官知觉的训练，提供孩子各种早期的环境刺激,通过经常拥抱、触摸孩子和对孩子说话等方式对视觉、听觉、触觉、前庭觉、本体觉等感官提供刺激,也应尽量参与对孩子的照顾活动,让宝宝的大脑不断接收信息输入,并不断对其进行整合与修正,更要鼓励孩子在玩耍中加强各项动作和体育活动,为日后孩子适应家庭和学校环境以及各项学习活动奠定基础,这样做一定能让宝宝的潜能充分展现。

亲子游戏

人体摇摇马/毯子摇摇船（适玩年龄：4～12个月以上）

这是个可促进宝宝身体协调性、增进亲子关系亲密度的简单游戏。当只有一位大人时可尝试"人体摇摇马",有两个以上大人时则可玩"毯子摇摇船"。

活动步骤:

1. **人体摇摇马:** 让宝宝趴在大人胸前或仰躺在大人肚子上。抱稳宝宝后,大人开始轻轻地左右摇晃自己的身体,让宝宝体会重心的变化；宝宝大些后,可在大人与宝宝身体中间放个枕头。在摇晃过程中,请注意观察宝宝的表情与反应,看其是否流露出愉悦的表情。

2. **毯子摇摇船:** 若同时有两位成人,可一人站一边拉住毯子的两角,让宝宝躺在拉开的毛毯上,接着两人轻轻地左右摇晃毛毯,让宝宝像坐在毛毯船上。玩游戏过程中请适时与宝宝说话,不仅能缓和宝宝的情绪,也能增进其语言能力。如"我们正在坐摇摇船（摇摇马）,真好玩!""宝宝笑得真开心,很喜欢这个游戏吧？"

注意事项:

1. 摇摇马的俯卧姿势会压到宝宝腹部,刚吃过奶或用餐完毕时不建议玩。
2. 要注意摇晃的速度与幅度均不可过大,以免造成婴儿摇晃综合征（见118页）。

0～3岁幼儿的感官发育

从母亲怀孕4周起，胎儿的感觉器官就开始发育了。胎儿的感觉系统包括触觉、听觉、味觉、嗅觉和视觉等，这个系统在胎儿期就已经逐步发育完成，只是功能尚未成熟。婴儿出生后，会通过这些感觉系统与外界环境互动；在互动过程中，大脑会感受、区别及确认这些信息，这个过程就是感觉的建立。

■ 胎儿与新生儿的感官发育

胎儿与新生儿的各项感觉功能发育如下：

1. 触觉：

触觉是最早发育出的感觉系统。新生儿对触觉刺激非常敏感，轻抚与轻压就能让婴儿平静下来。3个月大的婴儿会对触及口部四周的毛发产生反应；4～6个月大时，婴儿开始用口部来探索对象，随后会用手探索环境；6～8个月大时，他们会用触觉来引导爬行动作。

1岁大的宝宝会通过触摸和大量把玩玩具的过程增进手部的操作技巧，2岁大的宝宝已经可以指出何处被触摸，并可以对自己触摸到的物体表现出好恶。

2. 听觉：

有关胎儿听觉的研究发展得最早，也是最多的。胎儿16周时，听觉神经就已经开始发育，此时的胎儿可以听到脐带血液流动的声音和妈妈的心跳声，甚至外界突如其来的巨大声响也会吓到胎儿。

新生儿对妈妈声音的反应尤其大，是因为他们已经在胎儿期熟悉了妈妈说话的频率；在婴儿发育的前6个月，他们能越来越准确地定位声源。1岁以前，宝宝对声音的分辨力最佳，是语言学习的关键期，他们到2岁时就有了大人般敏锐的听觉。

3. 味觉与嗅觉：

胎儿12周时，味蕾和味觉支配神经已经形成，出生后已有味觉喜好，他们天生嗜甜，能分辨甜、咸、酸和苦味；2周大的婴儿就能分辨妈妈的味道，遇到难闻的气味时，婴儿会把头转开。

4. 视觉:

初生婴儿的视力在各感官之中是最弱的,他们只能看到模糊的影像。1个月大时,婴儿的焦点虽然仍模糊,但已经可以认出照顾者的脸和奶瓶等其他重要物体,到2岁时,幼儿能像成人一样看清对象了。

另外,随着年龄增长,婴儿会追视物体,距离由近及远,且追视速度也会由慢渐渐变快;7～10个月大,婴儿会转动手中的物体,并利用视觉来探索该物;12个月大婴儿的近距离和远距离视力都不错,深度感良好,可分辨不同的几何形状,且可用眼睛来监控身体在空间中的移动。

■ 认识七种感觉体验

宝宝在出生后即开始对周遭环境进行探索,构建自我对世界的认知。睁着眼睛四处张望的宝宝其实已经认识了每天照顾和呵护自己的人,也会听周围的声音,闻各种物品散发的气味,并东摸西摸,感受物品的形状与质地。视觉、听觉、嗅觉、味觉、触觉、前庭(内耳)觉、本体(深感)觉等七种感觉体验输入大脑留下印记,就这样一步步累积与统合,这些感觉体验也丰富了婴儿们的世界,见表6-1。吃、喝、拉、撒、睡和玩都可以促进宝宝感官的发育。

表6-1 宝宝的七种感觉体验

视觉	从认识妈妈、爸爸和照顾者的脸等,到认识玩具、自己的家和外界事物
听觉	听声音分辨妈妈和其他人,为玩具发出的频率不同的声音建立关联性,知道"汪汪"叫的是小狗,"喵喵"叫的是小猫,知道自己的名字等
嗅觉	吃奶时闻到乳香,尤其是吃母乳的孩子会认得妈妈的味道,大便时知道是"臭臭"
味觉	通过味蕾来认识食物的味道,知道哪些可以接受,哪些太辛辣刺激,不能吃
触觉	通过碰触学习到冷、热、硬、软等各种感觉
前庭觉	接收器是位于内耳的3个半规管,左右各一。该感觉负责掌控身体的平衡感与变速过程,包括头部位置的改变,婴儿已经可以精确地算出转动中的变化,可将身体拉回平衡位置,恢复正确的姿势,避免头部受伤
本体觉	了解自己身体位置的感觉,使用皮肤、肌肉及关节等处的感觉分辨自己的姿势、动作、平衡和重力等,从而有效控制自己的肢体

■ 感官发育的重要性

感觉系统的建立与统合能力对个体适应环境的能力而言非常重要,可以保护身体,减少或避免伤害。例如,前庭神经及本体觉有助于辨别方向,避免迷路或走失。环境中存在较多的感觉刺激,就会活化儿童的大脑细胞连接,日后促进肢体变得灵活和学习能力及情绪的发育。

3岁前是婴幼儿脑部发育最快速的时期。通过多重感觉功能的发育,视觉会由平面变立体,身体也能逐渐脱离地心引力而移动、调整姿势,甚至做各种运动。婴儿也会发展出基本的语言沟通能力,为未来更高水平的学习奠定基础。

■ 如何促进0～3岁儿童的感官发育?

要常拥抱自己的宝宝,给予其适当的抚触,让宝宝多与妈妈及家人眼神接触,以声音逗弄并利用各种玩具和游戏与其玩耍。多带孩子去接触大自然,多到公园去活动,不要因为怕脏、怕吵而限制孩子的感觉发育。一旦发现孩子在视、听等方面反应迟钝,就要尽早就医做进一步检查,以免错过其黄金发育期。

亲子游戏

滚蛋卷(适玩年龄:2岁以上)

感觉统合中常提到的前庭觉与平衡感和速度感有关。除了可以在户外通过荡秋千、骑滑板车等活动增加前庭觉的经验外,也可在家通过在床上翻滚的游戏来循序渐进,增加练习的机会。另外,用不同的毛毯包覆孩子可增进触觉刺激,毯子或棉被越厚,所需的控制力道就越强。

活动步骤:

1. 用大毛巾把孩子包起来,在床上或软垫上帮助孩子翻滚。
2. 让孩子手向上伸出毛巾外,利用手的力道控制方向。
3. 大毛巾可以换成薄棉被、厚毯子等,让孩子感受被不同质地的东西包裹的触感。

108

4～6岁儿童的感官发育

4～6岁儿童通常已进入幼儿园,他们的各项感官都已发育得比较成熟,包括接收体外感官信息(视觉、听觉、触觉、嗅觉、味觉等)及内部感官信息(内感受觉、前庭觉及本体觉)的方面。日常生活中的各种活动和训练都可以加强感觉系统的发育,最重要的是将各种信息在脑部做统合,才能达到调节和组合与正确运用的目的。

■ 如何促进4～6岁儿童的感官发育?

1. 饮食:

利用各种不同颜色、气味、形状、软硬、粗细、温度的食物给予充分刺激;要增加孩子咀嚼的能力(吃青菜、瘦肉等),让孩子试着用舌头舔或用嘴唇抿汤匙上的酱或汁(如花生酱、巧克力酱等)。可视季节情况选用不同温度、稠度、味道的饮料,用不同速度去喝或吸。

2. 衣物:

要穿合身的内衣裤袜,衣物不要太轻薄、宽松。各种材质、颜色、款式都可以尝试,包括高领毛衣等,要经常练习衣物的穿脱、搭配和照镜子,这些活动对自我概念的建立很重要。

3. 个人日常清洁活动:

学习自己刷牙、洗脸、洗头、洗澡,还有擤鼻涕、擦屁股等。

4. 游戏:

游戏为儿童快乐学习的根本,涉及肢体动作的游戏包括滑滑梯、荡秋千、爬绳梯、跑步、骑自行车、扮家家酒、操控遥控器,还有跳房子、吊单杠、翻跟头、踢球、玩捉迷藏、打躲避球等,都是加强体能、增强协调性,建立积极、主动性和自信心的活动。

4～6岁的儿童对感官发育的统合和新知的吸收而言如同一块海绵。他们用自身的各种感觉去探索世界,将感觉与动作刺激传入大脑进行整合,对事物形成较完整的概念。父母应适时陪伴指引,培养孩子建立良好的生活作息,为人格发展奠定基础。

亲子游戏

促进 4～6 岁孩子认知功能的游戏有很多，例如玩拼图、搭积木、用触摸板（有凹凸和图形的板子）、玩黏土、画画、剪纸、看图讲故事、写字等。此外 4～6 岁孩子已开始发展社会性行为，因此在玩耍中要与同伴一起互动、学习，共同遵守游戏规则，培养出良好的游戏心态。

小贴士

如果孩子对触觉、前庭觉（动态平衡）、视觉、声音等过分敏感，怕被碰触、不喜欢旋转、怕光、怕吵、注意力不足、多动或反应太慢、动作笨拙、怕尝试新事物时，有可能是感官发育和感觉统合有困难，必须尽早就医筛检，找出问题所在，尽早进行专项训练。

109

0～3岁幼儿的大动作发育

所谓大动作，是指控制大肌肉的全身性活动。宝宝的大动作发育大致遵从循序渐进原则，先由头部控制开始，之后陆续发育出翻身、坐、爬、站、走等大动作，动作发育和成熟有其顺序，一般是从头到脚，由近端到远端。所谓"七坐八爬"，就是大动作最基本的阶段性标志事件，同时根据成熟度的差异，大动作发育的速度也会有所不同。

■ 大动作的发育指标

1. 头部控制：

正常足月产婴儿在2～3个月大时就可以控制头部，脖子可以挺起来，头会转来转去、东张西望。3个月后，将婴儿从躺姿拉起后，婴儿的头渐渐可与身体成一直线，不会向后仰垂。5～6个月大时，头可以与身体成一直线，甚至自动抬高。

2. 仰卧与趴卧：

新生儿很爱趴在妈妈身上，手脚做爬的动作。新生儿平躺仰卧时，头常偏向一边，四肢弯曲，并随意挥动手脚。2个月左右的婴儿会出现身躯的整体扭动，3～6个月时变成快躁动作，两脚交踢，两手在胸前互碰，再大一点时就会用手抓住自己的脚来玩耍。3个月大的婴儿趴卧时可以用手肘撑起上半身，5个月后手肘就可以伸直，手掌张开来支撑自己。

3. 翻身：

婴儿被翻身时会由头至身及腿成一直线翻滚，后来才渐渐变成头先转身体再转，最后腿转，呈螺旋状分节翻动。翻身刚开始时是由侧卧变为仰卧，只能翻一半，婴儿6个月大时通常就会随意翻身了，从仰卧到趴卧再翻回仰卧都可以。

4. 坐立：

半岁的婴儿坐时必须用双手伸直支撑，通常要7个月才能独自坐稳。9～12个月时就会由躺姿自行坐起，左转右转都能坐得很稳。

5. 爬行：

小婴儿趴卧时，开始学着原地打转，到8个月大时才渐渐开始出现向前或向后的爬行动作，但这时肚子仍要贴地匍匐前进，到10～12个月时才会肚子离地，用四肢支撑爬行。

爬行对四肢协调、不同侧手脚交替动作的发育十分重要，只有爬得好，才能走得好。

6. 站与走：

在外力的支撑下，半岁以上的婴儿的脚可以承重和站立。9个月大的婴儿会自己扶着家具站起，但无法再坐下，会向大人求助。10个月大后婴儿能站得更稳，会开始扶着家具侧移，像螃蟹一样横着走，或开始喜欢被牵着走，但通常要11～13个月大才开始放手向前走，也有些孩子要到1岁3个月才能放手走稳。刚开始婴儿的平衡不够好，步伐不稳，双脚张得很开，两臂外展或高举，平衡能力更好时才渐渐可以双手垂下，双脚同肩宽，此时婴儿能蹲下来玩，也能自己站起来继续走。这时期的宝宝经常会摔跤，要鼓励其站起来继续练习走路。

7. 跑与跳：

孩子走路的速度与方向控制越来越好时就会开始学跑，刚开始跑步时腿会相当僵直，到2岁之后会跑得更自然，也会开始练习原地跳。

8. 上下楼梯：

2岁左右的孩子会自己抓着栏杆上楼梯，刚开始是两步一阶，要几个月后才能一步一阶。通常他们会先学会上楼梯，再学会下楼梯。一般来说，要到接近3岁时他们才不需要别人的协助，自行一步一阶地上下楼梯。

9. 骑三轮车：

一般儿童在30个月至3岁大时开始学会骑三轮车，平衡功能越好骑得越快，方向控制也越好。

> **小贴士**
>
> 每个孩子都有个性化差异，因此大动作发育的进程也许不完全一致。父母切勿操之过急，必须按发育顺序稳扎稳打，奠定良好基础。可用游戏的方式提高孩子的能力，但不能还没学会爬就把宝宝放在学步车里学走路。每一个大动作发育的里程碑对下一阶段的发育都很重要，但如果能力比正常儿童低过20%，就属于发育迟缓，必须尽快就医评估。

医生在线

我的宝宝目前 1 岁零 7 个月大,已经到了学走路的年纪了,但仍不肯放手走路,我该继续耐心等待还是带他看医生呢?

过去我们常用"七坐八爬"这样的概念为指标来评估孩子的动作发育是否正常。但其实个体差异性很大,有些孩子坐得早,有些孩子爬得少,此时爸妈们不禁会对孩子的发育感到担心,也对是否需要带孩子就医感到疑惑。世界卫生组织针对不同文化及人种的婴幼儿做了跨国研究,统计出动作发育中的里程碑,主要描述了从 4 个月大到能够独立走路之前(约 1 岁到 1 岁半)的婴幼儿需要达到的动作发育水平。世界卫生组织提出的这六项婴幼儿动作发育指标不仅有科学依据,也适用于不同的文化和人种。

新父母们可利用表 I-1 中的指标来初步评估 1 岁半以前孩子的动作发育,如果孩子在一个或超过一个动作发育领域里有所落后,建议请专业医生为其做动作发育评估。

表 I-1 0～1 岁半婴幼儿的动作发育里程碑

不需扶持便可坐稳	孩子可以头挺直坐起,最少可以持续 10 秒钟。此时孩子不需使用手臂来帮助身体保持平衡
爬行	孩子可通过手与膝盖协调运动顺利爬行,不需腹部接触地面做支撑,且可以不间断地爬行
扶物站立	孩子可以用双手扶住其他物体(如家具)站立,可以保持平衡,用脚支撑身体的大部分重量,不会使身体倾斜,至少可以持续站立 10 秒钟
扶物行走	孩子可以通过扶住其他物体(如家具)向前移动数步,且并非只能踮着脚,当一只脚向前跨出时,另一只脚可以支撑身体的大部分重量,至少可以持续 5 步
放手站稳	孩子可以利用双脚完全支撑整个身体的重量,不需扶住其他物体,至少可独自站立 10 秒钟
走得稳	孩子可以挺直腰杆独立行走至少 5 步,在此过程中不需扶住其他物体

110

4～6岁儿童的大动作发育

4～6岁时，儿童大动作发育的基本能力都应已打好基础，例如，4岁时应该可以用脚尖对脚跟向前走直线，单脚原地跳动，并可以接住反弹过来的球；5岁时可以单脚连续跳5次或向前跳，并可以过肩丢球；到6岁时不用扶物就可以踮着脚站立10秒，并可并拢两脚跳跃，也可以随时用手接球等。

■ 通过运动促进大动作发育

在这个年龄阶段，最重要的是通过各种活动与运动培养孩子喜爱运动的习惯，让他们健康快乐地成长。体育运动不仅可以使身体健康，而且运动后孩子也会觉得心情愉快，胃口变好，睡眠质量更高也更安稳，对他们日后的阅读、数学演算及思考能力的发展都有很大的帮助，但运动与活动的安全性也很重要，必须避免或降低不必要的伤害。

家长要将体能训练有计划地融入儿童的日常生活中，这对孩子的大脑发育、智能、体能及社会性发展都有莫大的帮助。以下是一些建议：

亲子游戏

走路（适玩年龄：走得稳的孩子）

活动说明：
养成散步的习惯，鼓励孩子越走越快；让孩子可以用不扶栏杆的方式上下楼梯，也可以在陪孩子散步时聊天，介绍沿途各种事物，甚至停下来帮忙捡落叶、纸屑等。也可以让孩子手拿物品步行，如自己背背包、提袋子。

跑步（适玩年龄：走跑皆稳的孩子）

活动说明：
渐渐从短距离增加到长距离。在安全的地方可以光着脚跑，感觉脚底不同的刺激，也可以穿不同的鞋跑，更可以跑不同的路（如地板、地毯、水泥地、沙地、柏油路及人工跑道等），看不同的风景，跟不同的人跑，比赛谁跑得快，甚至可以上下来回跑。

各项体育运动（适玩年龄：3岁以上）

活动说明：

如走平衡木、荡秋千、滑滑梯、攀爬（如公园中的吊单杠）、骑三轮车上下坡、游泳、打球、投球、踢球、律动、舞蹈等各种活动，越做越复杂化，不仅可增进体能，也能整合与协调各种感觉运动能力，更能活跃人际竞争与合作水平，养成全力以赴把事情做到最好的习惯。

0～3 岁幼儿的精细动作发育

精细动作指用手来完成的、需要精确控制的各种活动。正如大动作的发育有一定顺序，精细动作的发育也有一定的进行模式。新生儿对外界刺激做出反应时通常都是四肢一起动，且由近端开始反应，渐渐长大后会有较远程、局部的反应，从只有手臂自己动，到能手腕动，然后到手指可以各自独立运动。精细动作的发育需要视力与动作间的良好协调，也常需要专注力配合。

■ 手掌和手指的发育

握持反射在婴儿出生时就存在，新生儿碰到东西时，会不由自主地用手抓住，抓握的力量甚至可以承受其全部体重，要在不注意时才会松手放开，到 3 个月大时才会自主放手。

婴儿渐渐长大后，握持反射会被一种有自主性的握持动作取代。婴儿 4 个月大时，可自觉用整个手掌和 4 根手指夹住东西；7 个月大时，开始使用大拇指和其他手指抓握；9 个月大时，5 根手指都可独立操作，也可用大拇指和食指捡取小东西。发育的速度会受基本肢体的动作能力、练习机会、视觉能力和专注力影响。

■ 用手来认识世界

婴儿一但学会灵活运用手掌和手指，便会开启对探索环境应有的认知以及融入社会的旅程。拿到手的东西他们都会先把玩一阵，或是敲敲打打，或是放进嘴里咬一咬。9 个月大的婴儿甚至会跟着物品移动，先调整好自己手的位置，再伸手去拿。1 岁大的婴儿已经学会用手指出想要的东西，试着和别人沟通。由于在此时期婴儿会将物品放进嘴里，建议选择安全、无毒、可水洗的玩具供宝宝玩耍。

1～2 岁的宝宝最喜欢投掷、捡拾、敲打等行为，因此选用的玩具必须经得起敲打和破坏，不可有易碎裂或尖锐的物品，以免伤害宝宝。2～3 岁的宝宝会开始搭积木、玩有三四片的拼图、模仿画线、一页一页翻书、用小剪刀剪直线等。此时他们特别喜欢探索不同材质、重量和大小的东西，因此对小东西，尤其是会动的零件很有兴趣；但也会有故意推倒、捏挤、推拉、乱塞等破坏行为，必须注意安全。

亲子游戏

自己吃东西（适玩年龄：6个月以上）

活动说明：

孩子开始吃辅食后，就可以学习自己吃东西。刚开始可能只是吃小饼干，渐渐长大后就可以开始自己用汤匙、筷子喝汤吃饭，懂得去夹自己喜欢的菜吃，包括滑溜的鱼片、肉片甚至豆腐等，也可以用汤匙去捞小肉丸、小汤圆等。孩子渐渐学会把果酱、黄油涂在吐司面包上吃，也会剥开香蕉皮吃香蕉，用刀去切开橙子等，4岁时会打开和盖上小罐子，更大后会开瓶盖喝果汁。

撕纸（适玩年龄：1岁以上）

活动说明：

撕纸游戏是最天然且成本低廉的游戏，通过撕开不同材质的纸张，孩子不仅能训练小肌肉，更能通过控制纸张撕开的方向学习手眼协调的专注力。当孩子年纪还小，不知道如何两手并用、一前一后地撕开纸张时，家长可以握住孩子的手教他如何撕，相信孩子在学会后就会发现撕纸乐趣无穷。

玩豆子、弹珠和小配件（适玩年龄：2岁以上）

活动说明：

红豆、绿豆、弹珠、小零件……这些颜色鲜艳、样式不一、材质不同的小玩意儿往往是幼儿的最爱，孩子总会不亦乐乎地用手抓取这些物件。这个简单的活动不仅能训练手部精细动作，更能刺激触觉与视觉。但在玩游戏时请家长一定在一旁看护，避免孩子误食小零件或将其塞入耳鼻。

112

4～6岁儿童的精细动作发育

孩子渐渐长大，许多的精细动作的发育都是在日常生活中学会的。父母总是殷切期盼孩子能尽早培养出生活自理能力，经常因为一再重复示范但孩子仍没学会而感到心急；而孩子在练习过程中也常因为达不到要求而感到挫败，可能会有无理取闹、寻求依赖的行为表现。此时父母切勿操之过急，要多付出些耐心，鼓励和陪伴孩子按部就班地学习。如何促进4～6岁孩子的精细动作发育？可以从小开始练习，以下是一些建议：

亲子游戏

学习使用笔（适玩年龄：1岁以上）

活动说明：

孩子是天生的画家。等孩子手部操作能力成熟些，就可以让孩子拿着笔随意涂鸦，铅笔、圆珠笔还是蜡笔都好，只要让孩子感觉好画就可以。一般而言，3岁以上的孩子会用于指握住笔模仿画圆，4岁则会模仿画十字，5岁会画三角形。通常5岁以上的孩子的手部肌肉力量和协调性已完全建立，才适合开始学写字，到6岁时应该会写简单的数字，也能画出身体的6个部分。

自己照顾自己（适玩年龄：2岁以上）

活动说明：

对日常生活自理能力的训练其实就能促进孩子精细动作的发育，例如会穿脱衣物，包括拉拉链、扣小扣子、绑鞋带，会自己定时大小便、进行上厕所的各个步骤，会自己洗澡、挤牙膏、用正确动作刷牙。这些生活事件经过每日的训练，就会越做越熟练。

衣夹游戏（适玩年龄：3岁以上）

活动说明：

家里晒衣服常用的衣夹也可以用来做游戏，例如先让孩子学习将夹在衣架上的夹子拿下来，等孩子有兴趣后，可以让孩子学习运用手指的力量把夹子夹在衣服上。家长也可以自己制作模型纸板（例如时钟模型），以增强孩子玩游戏的动机与功能性。

第 7 章

儿童的语言、情绪与社会行为发育

113

0～3 岁幼儿的语言发育

谈到宝宝学说话的趣事或是开口说出的第一句话，相信每位父母都有满满的经验可分享，但对于宝宝究竟是如何学会说话的却不一定十分了解。许多家长特别在意孩子何时开始说话，看到邻居的孩子1岁时已经会叫爸爸妈妈，自己的孩子已经1岁零3个月了却还不会说话，不由得怀疑这样是否正常。做父母的总会有类似的疑惑和担忧。

幼儿在语言发育中需要配合多个领域内的学习以及与环境和他人的互动。语言发育中确实存在阶段性事件，但其实每位孩子的语言发育进程都不一样，怎样的发育才是正常的？表7-1、表7-2和表7-3表现了孩子的语言发育特征。

表 7-1　0～1 岁宝宝的语言特征

0～6个月	・孩子会对照顾者微笑或发出声音，会开始试着模仿大人发出声音 ・会对人发出声音，好像在和你说话 ・偶尔也会用哭声呼唤父母，或以手抓东西、拨弄物品来表达意思
6～12个月	・孩子会开始牙牙学语，发出好像单字的一串话 ・会对一件玩具发出哼叫声，表示想要 ・会学着对别人用"声音"讲话，也会自己喃喃自语

表 7-2　1～2 岁幼儿的语言特征

1岁	・刚过完岁生日的孩子已经能听懂大人说的简单口语，如坐下来、不可以、挥手拜拜等 ・孩子1岁半时可以理解日常生活中经常听到的物品、人物和身体部位的名称，如杯子、桌子、妈妈、爸爸、眼睛、鼻子、嘴巴等
1～2岁	・开始在图片中找出自己熟悉的物品并指给父母看，也开始能说出这些物品的名称，如鞋、狗狗、杯子等 ・会使用简单的短句，如"给我""车车"等 ・此时孩子已经可以听懂200～300个词，但只能说出50个左右的词

表 7-3　2～3 岁幼儿的语言特征

2 岁	·会开始重复大人说的话，喜欢模仿或重复大人的话或语调，像鹦鹉一样 ·此种模仿常常出现在 2 岁至 2 岁半的幼儿中，之后就会逐渐减少
2 岁半	·开始能使用代词，如"我要吃""我要玩""我要这个"
2 岁半～3 岁	·此阶段出于好奇、好问的特性，孩子会喜欢问"这是什么""为什么要洗澡""你在做什么"
3 岁	·语言能力迅速发育，能使用完整句子表达，也能根据不同的情绪与沟通情境改变说话语调 ·此时期的孩子说话时偶尔会出现结结巴巴、断断续续，类似口吃的现象，但这是发育过程中的自然现象，父母不用过度紧张，也不必刻意矫正

■ 如何促进 0～3 岁孩子的语言发育？

1. 注意孩子的个体差异：有些孩子的语言发育又快又好，有些则起步比较慢，父母可仔细观察孩子的发育，但不宜给孩子过度压力。

2. 常常制造轻松愉快的说话情境：诱发孩子主动沟通的意愿，鼓励孩子以口语表达需求。

3. 不要过度要求发音或矫正发音：此阶段的孩子因为语言器官还没发育成熟，多少都有口齿不清的现象，父母不必过度焦虑。

4. 鼓励孩子玩口腔动作和发声游戏：增进口腔肌肉力量及灵活协调能力。

亲子游戏

1. 口腔动作技巧

必须在轻松自然的日常生活情境中指导幼儿的口腔动作，如利用吃点心、进餐的时间，或在与幼儿做游戏时随机和幼儿一起练习。

啵一下（适玩年龄：1岁半～2岁）

活动步骤：

平时照顾者如看到幼儿双唇张开，则适时用手指轻点幼儿的上唇并向下按，使幼儿能将双唇闭合，照顾者同时发出"啵"的声音。

好好吃的果酱（适玩年龄：1岁半～2岁）

活动步骤：

1. 把果酱或果泥抹在饼干上，诱使幼儿把舌头伸出来舔到。
2. 蘸取果酱或果泥抹在孩子上下唇，诱使孩子伸出舌头，将果酱舔进口腔内吃掉。

学小鸟嘴（适玩年龄：1岁半～2岁）

活动步骤：

和幼儿一起在镜子面前，示范各种嘴形（如张大嘴巴、小鸟嘴等嘴形），要幼儿跟着模仿。如果幼儿不会，妈妈可以用手帮忙，例如把幼儿的嘴唇挤成像小鸟一样噘起，或把幼儿的嘴向左右轻轻拉成一直线，之后再让幼儿自己练习。

好吃的棒棒糖（适玩年龄：2～3岁）

活动步骤：

在幼儿含住棒棒糖时，故意轻轻施力把棒棒糖往外抽一下，幼儿为了吃糖，必须用力把它含住，此时双唇必须用力闭合，这是一项很好的双唇闭合运动。

刷牙（适玩年龄：2～3岁）

活动步骤：

每次刷牙时，要幼儿把嘴形摆成"一"字，露出牙齿，再帮孩子刷牙。

2. 发声游戏

挠痒痒游戏（适玩年龄：5个月～1岁）

活动步骤：

先和孩子做挠痒痒的游戏，示范时将食指放在唇边，发出"噗、噗、噗"的声音，挠别人时，再发出"吱、吱、吱"的声音，吸引孩子模仿。

我也会（适玩年龄：1～2岁）

活动步骤：

可利用平日生活情境中的各种声音（例如狗汪汪叫和汽车引擎声），让幼儿模仿。如果幼儿无法模仿，就让幼儿从模仿无意义的声音开始练习，例如和幼儿一起坐在地毯上，逗弄幼儿并吸引其注意，然后随意发出笑声，或是用手掌盖住嘴巴，轻拍并发出声音。

114

4～6岁儿童的语言发育

一般来说，4～6岁的孩子已经可以使用正确、完整的句型，应用日常生活中的常用对话，更可以流利地表达自己的想法和意愿。一般社交行为中常用的语言能力已发育完成，尤其在6岁以后，孩子语言能力的成熟度已经趋近成人了，见表7-4。

表7-4　4～6岁儿童的语言特征

4～5岁	• 大多数4岁以上的儿童的发音已较为正确，口齿比3岁的儿童更清晰 • 这个阶段的儿童已能使用"上面""下面""旁边""左边""右边"等表示方位的词，能表达过去、现在和未来的时态，如"昨天我去动物园看大象了" • 喜欢玩过家家，喜欢玩需要合作性和想象力的游戏。他们会一边玩一边彼此滔滔不绝地说话，已能将语言能力发挥得淋漓尽致 • 此外，这个阶段的孩子也喜欢吹牛、说故事和编故事
6岁	• 发音正确、口齿清晰、能言善道，但常常缺乏逻辑思考能力；语言表达能力好，但沟通效果不佳 • 这个阶段偶尔还会出现口吃现象，如果情况越来越严重，则需带孩子到医院寻求语言治疗师的协助，早日改善

■ 如何促进4～6岁儿童的语言发育？

1. 此阶段的孩子喜欢玩语言堆叠游戏，偶尔会说出一些不合逻辑的句子，不要急着打断他们，可先让他们自由发挥。

2. 如果孩子的语言发育年龄落后于同年龄孩子6个月至1岁，或者父母发现孩子有语言发育迟缓的问题，例如2岁半时能说的字词仍少于50个，3岁时仍不会使用句子来表达需求或是说话常让人听不懂，5岁以后句子结构仍有明显错误或者口吃现象变严重等，都必须到医院进行评估，尽量早发现问题，早治疗。

115

0～6岁儿童的社会行为发育

人是群居动物。在与他人互动的历程中，我们能够认识自己，同时也学会了观察别人，在一次又一次正确或错误的练习中，逐渐展现更为丰富的社会互动行为，而复杂的社会行为正是人类与其他动物最明显的差异。

许多因素都可能影响社会行为的发育，包括自我天生的气质、情绪以及在认知发育历程、环境中与父母的依附关系、成长过程中观察到的模仿对象（例如妈妈都是怎样跟爸爸互动的）、行为的增强与削弱（例如抢别人的玩具会被打、分享好吃的食物会被人喜欢）、文化的冲击（例如男孩哭的时候被嘲笑软弱）等。

虽然社会行为发育受到先天个别差异以及后天环境因素的影响，但一般来说，正常的社会行为发育可被归纳如表7-5：

表7-5　孩子的社会行为发育

5～6个月	・展现出社会性微笑以及丰富的眼神互动 ・有表示喜好的行为反应（例如看到牛奶时露出兴奋的表情或转头不喝） ・会伸手期待照顾者抱
1岁	・对照顾者和陌生人有截然不同的反应 ・对其他人呼唤自己的名字有明确反应 ・开始展现出许多模仿行为 ・展现出分享式的注意力，可以用手势表达需求（例如妈妈指向旁边的玩具时，孩子会转头去看；大一点后可以用食指指向高处的玩具，转头看妈妈，期待妈妈帮忙拿） ・可以理解躲猫猫的乐趣
2岁	・与主要照顾者分开时有较强的分离焦虑 ・不仅情绪会受到他人的影响，也可以稍稍理解他人的情绪 ・可以服从简单的要求；会开始注意其他小朋友的游戏并展现兴趣，但较多属于平行互动，或是短暂地追来追去 ・遇到挫折时会向主要照顾者撒娇或请求帮忙
3岁	・可以通过语言和手势来与他人沟通，表示明确的要求或拒绝 ・会尝试加入其他小朋友的游戏，有较多一来一往的互动，可以学习轮流做事和分享 ・分离焦虑以及对陌生人的焦虑感逐渐下降 ・对于父母有较多的献宝和取悦行为

表 7-5　孩子的社会行为发育（续）

3～6岁	・随着认知以及情绪的同步发育，开始了解自己的行为带来的后果，控制自己行为的能力逐渐提升 ・跟同伴玩的游戏种类较为丰富，包括过家家和角色扮演 ・玩游戏时会尝试与同伴进行协调与妥协，但也可能因为不满而吵架

■ 如何促进孩子的社会行为发育？

有很多方式可以促进孩子社会行为健康、全面地发育，包括增加与孩子互动的时间，对孩子展现出来的行为进行适当响应，创造孩子与他人互动的机会与环境，避免让孩子长期单独使用电子产品等，以促进孩子后续的人际互动发育。

0～6岁儿童的情绪发育

情绪是环境的变化导致的主观感受,受认知发展历程的影响,伴随着生理反应,影响着我们与他人的行为。对自我情绪的体会与表现和对他人情绪的理解与判断,不仅关系着人际互动的发展,更对未来的身心健康有着非常深远的影响。

■ 孩子的情绪发育

情绪的发育受到很多因素的影响,包括先天气质的差异、发展中与他人互动的经验(例如微笑时周围的照顾者很开心,经常得到别人友善的对待或享受好吃的食物)和认知发育历程(例如2个月大时还无法记住陌生人的脸,因此谁抱都可以,1岁后开始了解亲近者与陌生人的差异,陌生人一抱就会哭)。

虽然情绪发育受到先天个体差异以及后天环境因素的影响,但一般来说,正常的情绪发育可以归纳如表7-6:

表7-6 正常的情绪发育

1个月	·用哭来表达身体不舒服
2个月	·开始表现出喜悦,可能会被玩具逗笑,开始出现社会性微笑
3个月	·出现兴奋、无聊等情绪反应
4个月	·对特定的声音或者情境开心 ·开始表现出愤怒情绪 ·开始注意陌生人,会轮流看向照顾者和陌生人
5个月	·开始表现出喜好,排斥不喜欢的东西(例如扭头)
6个月	·开始出现害怕陌生人的反应
7个月	·害怕、生气、反抗、害羞等情绪反应较为稳定出现
10个月	·积极和消极情绪更加明显,强度增加
1岁	·情绪开始受到他人影响,例如当别人哭时自己也会跟着哭 ·开始出现嫉妒的情绪反应
1岁半	·陌生人焦虑和分离焦虑更加明显

表 7-6　正常的情绪发育（续）

2 岁	· 开始尝试控制自己的消极情绪 · 开始了解照顾者的价值观（例如"妈妈喜欢的我也喜欢，妈妈讨厌的我也讨厌"）
3 岁	· 表现出更为复杂的情绪（例如骄傲、羞愧、罪恶感、尴尬等）
6 岁	· 开始理解两种情绪可以同时存在（例如"我表现好的时候，会觉得开心和骄傲"）
10 岁	· 开始可以理解两种相反的情绪可以同时存在（例如"虽然语文不及格让我很难过，但是数学得 100 分让我很开心"）

■ 如何促进孩子的情绪发育？

虽然无法改变孩子的先天气质，但后天环境是我们可以努力改变的。父母提供孩子稳定安全的环境、足够的亲子互动时间，敏感地观察孩子展现出的情绪反应并给予适当的反馈，自身有好的情绪控制力作为孩子的学习榜样等，都有助于孩子情绪的健康发育。

117

0～6岁儿童的游戏能力发育

游戏是幼儿生活中最重要的活动之一。随着年龄的增长，孩子在每个阶段都有其发育特点，因此，了解孩子不同年龄段内的游戏能力有助于家长计划并提升孩子在身体动作与健康、语言、认知、社会、情绪和审美这六大领域内的发育。

■ **0～2岁的游戏模式：以感觉动作游戏、探索行为和独立游戏为主**

1. 喜欢看可动的或色彩缤纷的玩具，听玩具发出的各种声音，因此会自己想办法用动作引发玩具的这些反应，例如摇摇铃、推小球让它滚动；对自己新学会的动作觉得有趣而新奇，例如翻身、爬行、扶物站起，进而重复新学会的动作。

2. 通过与简单的玩具与环境互动建立基本的概念，例如多次重复丢玩具后可总结出物体一定会落向地面的物理定律，重复玩躲猫猫后可总结出位置关系和部分空间概念。

3. 可自己独立做游戏，同一个空间里的其他人对自己而言只是背景或观众。

■ **2～4岁的游戏模式：以象征性游戏、简单架构和平行游戏为主**

1. 会把一个物品当成另一个物品，对它进行操作，例如把一个小球当成苹果假装咬一口，拿一支梳子假装是话筒对着打电话。

2. 会根据玩具的特性进行组合或堆砌，例如将积木的平面相叠、拼图的凸面与凹面相嵌，并在重复游戏的过程中提升能力，例如从搭2块积木到能搭10块。

3. 基本上仍然是自己玩自己的，但已经能和同伴在同一空间中共享同一组玩具（前提是玩具足够两人共享，例如一箱乐高积木）。

■ **4～6岁的游戏模式：以角色扮演游戏、复杂架构和互动游戏为主**

1. 将一连串象征性游戏串连成角色扮演游戏，例如假装自己是妈妈、其他玩伴是小孩、积木是食物，进而发展出妈妈喂小孩吃饭的情节。

2. 架构和堆叠游戏变得更接近真实生活也更复杂，例如利用乐高积木搭出悬空的高架桥，或是利用不同的零件搭出一个动物园。

3. 能够和玩伴共同遵守一个既定规则，进行规则性游戏或比赛，例如"一二三木头人"或叠叠乐。

■ 如何促进孩子的游戏能力？

1. 不要认为孩子玩游戏只是在浪费时间，其实游戏能够让孩子具体地展现出感觉、动作、认知能力，和外界人、事、物互动的能力以及个性，游戏也是获得这些能力的主要学习过程。

2. 孩子在 4 岁以前尚未完全发展出规则概念，因此不要勉强孩子参与规则性的游戏。

118
0～6岁儿童的自理能力发育

生活自理能力指自己独立完成生活中各项事务的能力。在孩子一天天长大的过程中，父母在日常生活中协助孩子循序渐进地发展自理能力，就可以帮助孩子养成良好的生活习惯，学到更多照顾自己的方式，迈上独立的成长道路。

■ 不同年龄儿童的生活自理能力

0～1岁儿童：

在母亲的细心照顾下，4个月大的孩子会对妈妈露出微笑。9个月大的孩子会时常用手探索环境，将手伸向自己感兴趣的东西，抓起东西往自己嘴里塞，可以自己拿着饼干吃，或用拇指和并拢的四指夹起葡萄干，也会把小东西放到瓶子里。父母喂孩子吃饭的时候，孩子会用张口或其他动作表示想吃。孩子也会试着自己脱帽子。

1～2岁儿童：

孩子此时的进步越来越大，已经会用双手捧着自己的杯子喝水了。1岁半时，父母为孩子穿衣服时，孩子会自动伸出自己的双手或腿来配合完成动作。这时的孩子会尝试自己打开瓶盖，拿到自己想要的东西。约2岁时，孩子可以自己脱掉身上的衣服，或在得到一种新的糖果时自己将糖纸剥开，喜悦地尝试新滋味。

2～3岁的儿童：

孩子的活动性越来越好，每天早晨睁开眼睛后，总是等不及发现新世界。他们也更有自主性，已经开始学会自己用汤匙吃饭，两只手的协调性也更加灵活，知道怎样把杯子里的水倒进另一个杯子。到2岁半左右时，孩子已经知道怎么洗手并擦干了。在父母的训练下，孩子已经开始能表达自己想去厕所的需求，不过大小便尚不能自理，仍需要一些协助。他们准备出门的时候，也渐渐能自己穿好没有鞋带的鞋子了。

3～4岁的儿童：

此时孩子们能自己穿上衣物，从最基本的T恤开始，包括鞋子、袜子、外套等等，也会开始试着拆开或是扣上较大的纽扣。在卫生部分，他们已经开始学习刷牙的步骤，也可以吐出漱口水了。孩子渐渐能自己去厕所了，但在擦屁股时还需要帮忙。

4～5岁的儿童：

在吃饭时，他们对工具的使用更加成熟，可以用勺子切蛋糕、布丁等较软的食物；在穿脱衣服时，他们现在已经可以处理较小的纽扣，也不会把衣服前后穿反，也学会了自己梳头。现在他们可以自己完成刷牙的所有步骤，在上完厕所后也开始学习自己擦屁股了。

5～6岁的儿童：

这个时期的孩子在各方面都已经具备了基本的生活自理能力。在适当的生活训练之后，他们已经可以用筷子夹起食物，在穿鞋时也能穿对左右。此时他们更为独立，可以自己完成洗手、刷牙、洗脸、洗澡、擦干身体、自己穿上衣服等活动，照顾自己的能力也更好。上厕所后，现在他们已经可以自己把屁股擦干净了。

■ 如何促进孩子生活自理能力的发育？

1. 不只在家里，孩子在幼儿园里也需要发展自理能力。生活中的自理其实每一天都在发生，这表示家长可把握每天训练孩子的机会，通过自理能力的培养强化孩子的自我管理能力，也会让孩子获得独立的体验。切勿因过度保护而帮孩子做太多，这恐怕会剥夺孩子学习的机会。

2. 值得注意的是，每个孩子自理能力的发育速度不同，此外，孩子必须先达到相应的动作发育水平（包含大动作与精细动作），才能顺利发展自理能力。因此，若孩子尚未达到应有水平，父母不宜过于焦虑，只要抱着鼓励的态度提供适时的帮助和足够的练习机会，让孩子多尝试，便可以协助孩子发展应具备的自理能力。

第 8 章

发育迟缓与早期干预

119

孩子需要做智力评估吗？

在东方社会里，考试是决定人生道路的重要因素，家长们担心自己的孩子输在起跑线上，于是不少人从孩子上小学时开始就带孩子去做智商测试，希望能了解孩子的智商有多高，够不够聪明，能不能进入尖子班。

■ 什么是智商测试？

然而，许多家长可能不知道，"智商"其实只是一个统计数字，为孩子做智商测试并不是算命，完全无法通过这种手段预知孩子未来的成就。在现代生活中，智商高不意味将来一定能成为科学家、医生、律师，即使真成为专业人士，人生也未必就此一帆风顺；相反，智商低的人虽然学习较慢，花费时间较多，但将来未必一事无成。

所谓智商测试，只是一种为了教育、科学研究或操作定义上的方便而把"智力"数字化、具体化的工具，所以现在一般人所谓的"智商"指的就是智商测试测出的数字。教育界、心理学界和医学界至今没有一个能将"智商"定义得非常精准的真正理想化的工具，许多学者各有不同见解和测量工具。

■ 勿以数字定终生

实际上，大多数人的智商都在中等水平（100左右），高智商及低智商的其实都是少数人，至于这些数字代表的意义，也只有参考作用，到目前为止，没有一个测智力的工具可以同时衡量一个儿童智力活动、行为发展和社会经验等领域的水平。每个孩子都是独一无二的，父母要相信每一个儿童都有其个体的独特性，珍视并帮助孩子发展天赋，千万不要用智商测试或一个僵化的分数定义孩子的一生。

> **小贴士**
>
> 要综合多个领域来评定孩子的智力，尤其是解决生活中实际问题的能力，不能只注重智力和特长发展，孩子的身心健全与责任感的建立更是未来成功的关键。

120

孩子的发育滞后了吗？浅谈发育迟缓的预警信号

何谓"发育迟缓"？"发育迟缓"指各种原因（包括中枢神经、神经肌肉系统、先天性或后天性疾病、心理社会环境及其他因素）导致的儿童在一或多项发育领域，如认知、语言、动作、社会情绪、感官或生活自理能力等方面出现的较同龄儿童落后或异常的现象。一般而言，如果孩子的各项能力无法达到同龄儿童的90%，则可被称为发育迟缓。

■ 发育的特性

儿童的发育是一系列动态过程，是成长期间因年龄增长、身体系统（包含神经、肌肉骨骼、器官、内分泌系统等）成熟，并与环境如家庭、同伴、文化氛围等进行互动而产生的身心变化过程；不但包括质与量的改变，也是学习和生理、心理成熟的结果。

孩子的发育具有个体差异，但通常模式是相似的，遵循一定的、可预知的规律，而且是渐进的、阶段的、连续的。举例来说，儿童的发育必定是：（1）从头到脚，先学会头部控制，然后是上肢、下肢的发育；（2）从中心到边缘，先拥有良好的躯干控制水平，然后是四肢动作的发育；（3）从整体到特定，先发育全身大肌肉的活动，再发育控制精细动作的局部特定小肌肉；（4）从简单到复杂，先学会具体概念，然后才拥有抽象思考的能力。

■ 什么是发育里程碑？

"发育里程碑"为每个年龄层75%～90%儿童具备的能力，是观察孩子是否有发育迟缓现象的常用依据。一个孩子如果有一个（含）以上的发育领域较一般儿童落后20%，便可能是发育迟缓儿童，而落后的标准也包括该指标的执行完整性，如速度、质量、操作情境等。然而孩子的发育也可能因个体差异而产生提前或跳跃的情况，且可能发生在单一或多个领域，因此如果要确认孩子是否为发育迟缓儿童，宜进一步做专业的评估。

■ 0～6岁儿童发育迟缓的预警信号

孩子的发育通常可分为动作（大/精细动作）、认知、语言、社会性及非特定性发育几个领域，只要照顾者对发育里程碑有正确的认识，早期发现并接受治疗并不是件难事。提前接受早期治疗可减轻孩子遇到的发育障碍，协助孩子提升融入班级并跟上同伴的能力。此外，孩子也可因接受治疗而获得更多资源及服务，为未来赢得多一分机会。表8-1

是一些易观察到的预警信号，详细的发育里程碑可参考 212 页表 8-2。

表 8-1　发育迟缓的预警信号

大动作发育中的预警信号	· 翻身：超过 9 个月大时仍不会 · 独立坐：超过 12 个月大时仍不会 · 独立站：超过 1 岁半大时仍不会 · 走路：超过 2 岁大时仍不会 · 上楼梯：超过 3 岁大时仍不会
精细动作发育中的预警信号	· 拍手：超过 1 岁大时仍不会 · 用笔乱画：超过 2 岁半大时仍不会 · 仿画直线：超过 3 岁半大时仍不会 · 剪圆形：超过 5 岁大时仍不会
语言理解及沟通方面的预警信号	· 发出笑声：超过 6 个月大时仍不会 · 发出 "ba" "ma" "da" 的音节：超过 1 岁大时仍不会 · 会说 3 个单字（除了 "爸" "妈"）：超过 2 岁大时仍不会 · 可以正确指出身体的一部分：超过 2 岁半大时仍不会 · 发音不清楚、含糊：超过 4 岁大时仍有此问题
身边事务处理及社会性发展方面的预警信号	· 对人微笑：超过 9 个月大时仍不会 · 用杯子喝水：超过 2 岁大时仍不会 · 脱衣服：超过 3 岁大时仍不会 · 扣纽扣：超过 5 岁大时仍不会
其他值得注意的儿童行为	· 肌肉张力过高或过低，如弯曲肢体时有阻力（高张）、膝盖过度伸直（低张） · 多动 / 注意力缺陷：无法等待、过度好动、难控制脾气、无法专心 · 泛自闭症障碍：很少与人眼神对视或互动、语言或非语言沟通能力极差、无意义地自我刺激行为（如拍头、抠手）、人际关系建立困难、缺乏同理心 · 感觉统合障碍：走路常跌倒、连连看有困难、讨厌排队或梳头、特别喜欢需要旋转的游戏、只喜欢穿某种衣物、害怕移动或荡秋千、身体协调性差

（参考资料：丹佛发育筛查测验）

表 8-2　儿童发育里程碑（0～6 岁）

年龄	大动作	精细动作	认知语言	生活自理与社交
4 个月	·俯卧时骨盆平贴在床面上，头、胸部可抬离床面 ·拉扶坐起时，只有轻微的头部落后现象 ·父母扶持下可维持坐姿，头部几乎能一直抬起	·手会自动张开 ·常举手做凝视手部的动作 ·当摇铃被放到手中时，会握住约 1 分钟	·可以向声源转头 ·有人对其说话时会咿呀作声	·双眼可凝视人物并追寻移动的物体 ·会对妈妈露出微笑
6 个月	·抱直时，脖子竖直，颈部保持在中央 ·会自己翻身（由俯卧翻成仰卧） ·可以自己坐在有靠背的椅子上	·双手能交握 ·手能伸向物体 ·会自己拉开脸上的手帕	·哭闹时会因妈妈的安抚而停止哭泣 ·接收到他人目光时会回看对方眼睛	·被逗时会微笑 ·喂食时会张口或用其他动作表示要吃
9 个月	·不需扶持便可坐稳 ·可以独立爬行（腹部贴地匍匐前进） ·坐时会移动身体，挪向所要的物体	·将东西从一手换到另一手 ·用两手拿小杯子 ·会抓住东西往嘴里送	·会转向声源 ·会发出单音，如"ma" "ba"	·能自己拿饼干 ·会怕陌生人
12 个月	·双手扶着家具能走几步 ·双手被拉着能移动几步 ·扶着物体会自己站起来	·会拍手 ·会把小东西放入杯子 ·会撕纸	·用挥手表示再见 ·会模仿简单的声音	·受到呼唤时会来 ·会脱帽子
1 岁半	·可以走得很快 ·可以走得很稳 ·被大人牵着或扶着栏杆可以走上楼梯	·会用笔乱涂 ·会把瓶盖打开 ·已开始较常用特定一侧的手	·有意义地叫出"爸爸" "妈妈" ·会跟着大人或主动说出一个单字	·会双手捧着杯子喝水 ·大人帮忙穿衣服时会自动伸出手臂或腿

表 8-2　儿童发育里程碑（0～6 岁）（续）

2 岁	·会自己上下楼梯 ·会自己从椅子上爬下 ·会踢球（一脚站立另一脚踢）	·会搭起两块积木 ·会一页一页地翻图画书 ·会将杯子里的水倒进另一个杯子	·能指出身体的一部分 ·至少会讲 10 个单字	·会自己脱衣服 ·会撕开糖纸
2～3 岁	·会手心向下丢球或东西 ·不扶东西时能双脚同时跳离地面	·会照着样式画出垂直线 ·能模仿别人做折纸的动作	·能正确地说出身体 6 个部位的名称 ·说的话有一半以上能让人听懂 ·会主动告知想上厕所 ·会问"这是什么"	·会穿脱没有鞋带的鞋子 ·能用汤匙吃喝东西 ·会自己洗手并擦干
3～4 岁	·不用大人牵或扶栏杆便可自己上下楼梯 ·不扶东西能单脚跳一下	·会照样式画圆圈 ·会用 3 根手指握住笔	·能说出自己的姓和名 ·能正确说出两种常见物品的用途 ·能正确表达"你的""我的"	·能自己穿衣服 ·能和同伴们一起玩游戏 ·白天不会尿裤子
4～5 岁	·能以脚趾和脚跟相接向前走两三步 ·不扶东西能单脚连续跳 5 次以上	·会照着样式画十字 ·能让大拇指与其他四根手指相碰	·能正确说出性别 ·会辨认红、黄、绿 3 种颜色 ·能按照指示正确拿取物品（3 个以内）	·能自己穿袜子 ·会用牙刷刷牙
5～6 岁	·不扶东西能单脚平稳站立 10 秒钟 ·能并拢双脚跳远 45 厘米以上	·会照着样式画正三角形 ·能画出人（至少有具辨识度的 6 个部位）	·能正确排列出 1 至 10 的数字卡 ·能记住并重复 5 个阿拉伯数字 ·能说出各身体部位的功能	·能自己拉上和解开拉链 ·会玩有简单规则的游戏

注：发育里程碑表现的是大致发育过程，如果孩子的能力发育仅存在一两个月的差距，可能是受到了语言、社会文化、环境等因素的影响，在提供资源和环境方面的支持后，可能很快便可跟上正常发育速度

121

孩子为什么会发育迟缓？如何帮助发育迟缓的孩子？

■ 探讨发育迟缓的病理原因的重要性

发现孩子存在发育迟缓的现象时，家长首先必须留意几件事：（1）可能的潜在病因是什么？（2）功能性的迟缓是否已到必须接受治疗的地步？（3）家庭、学校或社区是否有治疗资源？

事实上，导致婴幼儿发育迟缓的原因有很多，治疗方法也很多元。有些儿童发育迟缓的原因表明孩子并不必接受特殊医疗服务，只要父母给予关心和注意，发育迟缓的状况就可以得到改善，例如有些婴幼儿的发育迟缓是正常的生理性迟缓，如生理性的说话迟缓、构音异常，不必提早进行治疗，仅需保持观察，到4岁后再做简单的矫正即可。

然而，有些迟缓却不是单纯康复治疗就可以改善的，必须辅以恰当的药物治疗，例如庞贝氏病和甲状腺功能低下等；有些治疗方式则要视需要研究家族遗传史，例如各式肌营养不良症和神经性肌肉萎缩症。因此，了解医疗机构的治疗目的与方法，结合社区和学校的帮助以及父母和家庭本身的参与，才是帮助发育迟缓儿童的最重要的手段。

■ 儿童发育迟缓的原因

发育迟缓的原因可能包括产前、周产期或产后的任何因素造成的器官或功能损伤：

1. 产前：染色体异常、先天性畸形综合征、遗传性疾病和子宫内胎儿的各种脑伤等。

2. 周产期：早产儿、生产外伤、高黄疸、窒息、代谢性障碍、感染、颅内出血、新生儿痉挛等。

3. 产后：感染、头部外伤、中毒、大脑病变、环境因素影响（如遭受虐待、忽视或感情剥夺）等。

■ 如何找出发育迟缓的可能原因？

拜科技进步之赐，目前针对许多疾病可以发现基因方面的异常情况。影像学检查对临床的帮助也很大，随着核磁共振成像技术的发展，经常可以在发育迟缓的患儿身上发现大脑发育不良的证据。

至于代谢功能检查，在临床评估之后，可以检查父母近亲结婚、兄弟姐妹有类似病史、明显喂食困难、影响多重器官、有进行性退化现象、脑部影像检查中发现脑白质病变等现象的儿童是否有代谢异常的现象。如果存在异常，可进一步检查特殊酵素的缺乏情况。此外，脑波、脑干诱发电位、肌电图、神经传导电位和肌肉组织活检均可为诊断提供帮助，应在详细的问诊和理学检查后对高危险人群进行选择性的检查。

■ 谁能帮你的孩子做发育评估？

1. 通常，第一线的小儿神经内科、新生儿科医护人员和幼教人员都有能力评估及筛检儿童是否有发育迟缓的现象。在医生进行详细问诊和理学检查后对高危险人群做选择性检查，即可发现可能的病理性原因。

2. 对患儿的功能性迟缓进行评估治疗的团队包括康复科医生、骨科医生、儿童心理科医生、耳鼻喉科医生、遗传代谢科医生、心理治疗师、物理治疗师、职能治疗师及语言治疗师等。

小贴士

可针对某些导致儿童发育迟缓的可治疗的病因，进行适当的治疗。虽然某些病因目前可能没有治愈的方式，但可根据病因修正治疗方向和预后长期状况。应该在医疗团队、家庭和政策的三方配合下建立完整的病因诊断、通报转介与追踪系统，让所有孩子都得到充分的关心与照顾。

为什么定期接受发育检查很重要？

0～6岁是孩子成长的黄金时期，在此阶段儿童能力的变化发展都相当快，倘若有迟缓征兆，应尽早在此时进行合适的治疗，累积练习经验，可帮助儿童发展良好的接续能力。家长除了应细心观察儿童日常表现外，也可带儿童定期到医疗卫生机构进行各项筛检评估，或由专业人员做更完整的临床观察和标准化检测。

■ 发育检查的程序

发育检查包括的方面相当广，儿童在初步就诊或卫生所筛检发现异常时，为了更完整地确诊儿童的诊断，需由儿童康复科和其他专科医生与治疗师进行判断与分析，进一步检视儿童发育迟缓的原因。一般就诊流程如下：

1. 发育筛检

家长自行发现、其他卫生或医疗机构发现问题，将患儿转至儿童康复科或其他专科进行发育筛检。至于发育筛检使用的工具，不同医院可能有所不同，发育筛检的目的主要是确定儿童是否有疑似发育障碍。

2. 发育评估

若筛检结果异常，即需安排由治疗师负责的专业发育评估，再由医生下排除、疑似或确诊的判断。发育评估与治疗大致可分为以下几项：

·物理治疗：如大动作发育、神经肌肉系统、骨骼肌肉系统、运动与心肺功能评估、姿势步态分析等。

·职能治疗：如精细动作发育、知觉动作、感觉统合、认知功能、生活自理能力、职能角色与环境评估，辅助器具评估等。

·语言治疗：如语言理解能力、语言表达能力、构音正确性、语言流畅性、语调、口腔动作、吞咽功能评估等。

·心理治疗：如认知功能、社会情绪、行为、气质评估，智商测试等。

其他自费治疗：如艺术治疗、音乐治疗、特殊教育、认知启蒙、舞蹈治疗等。

■ 定期接受发育检查的重要性

专业团队使用标准化评估工具或进行临床观察，可更准确地提供儿童完整的发育状况，并进一步分析其背后的可能原因，让医疗人员能深入地为儿童规划最合适的治疗课程。

儿童的发育过程是延续的，单一时间点的筛检评估只能反映发育过程中的一个方面，因此定期回诊并接受健康检查才能获得更多信息，以在早期发现孩子的发育或健康问题，尽早接受相关治疗。

第 9 章

认识感觉统合

123

什么是感觉统合？它有怎样的重要性？

功能正常的儿童大脑可以接收并整合环境中的感觉信息，并通过整合做出适当的反应。大脑执行整合的能力就是"感觉统合"，环境中丰富的感觉信息则包含前庭觉、本体觉、触觉、视觉、听觉、嗅觉与味觉等感觉能接收到的信号。在统合过程中，大脑必须接收丰富多彩的感觉经验，进行反应与修正，通过一次又一次的统合，使功能进一步提升与完善。

■ 感觉统合的重要性

从胎儿时期、出生到学龄前，大脑是处理感觉输入的中心，在正常状况下是个组织良好的系统。从出生到学龄前这段急速学习发展的时期，儿童通过各种感觉输入来认识与学习对自己身体的动作控制，和自己在动作中与周围环境的对应与互动关系，例如学习在活动空间中适当对抗地心引力，在一处空间中进行相应幅度的肢体控制与活动，也要学习不同的大小、轻重、快慢、材质的感觉输入代表的不同意义。

最后，以大脑为中心，把这些感觉输入与动作学习通过大脑进行感觉与动作的统合，学习如何合适且有效地控制或适应环境，以应对环境中对活动的需求与要求，并在环境活动以及与他人的互动中扮演好适当的角色，例如在与同伴的游戏互动中做一个好玩伴，在学习中成为一个称职的学生，在日常生活中与他人相处融洽。儿童在这些过程中与环境互动，学习到某些能力后，可以继续在好奇与冒险心的驱策下进一步提升自己的能力。

■ 什么是感觉统合治疗？

其理论基础是二十世纪五十年代初期由职能治疗师艾尔斯博士首创，根据神经心理与发育理论发展而成的。艾尔斯博士利用此理论治疗有学习障碍的儿童，并察觉有些智力正常的儿童有动作笨拙或学习成绩不佳的情况，之后她也观察了有包括自闭症、学习障碍、多动、情绪困扰、行为异常等神经行为发育问题的儿童，发展出职能治疗师借以进行临床治疗的"感觉统合参考架构"。

■ 现代东方社会中儿童感觉统合失调的原因

1. 先天因素：

例如疾病、遗传、母亲在怀孕期间服用药物、吸烟、喝酒、生病、经常吃油炸食物、胎位不正导致固有平衡异常、安胎卧床而活动变少、剖腹产等。

2. 环境因素：

现代化的结果造成居住在城市里的儿童的日常活动空间较过去过于狭小和受限，且局限于室内活动的情况也较多，因此儿童缺乏各种大动作感觉刺激，大动作的练习与经验也少了。

3. 教养因素：

由于文化背景与西方不同，家长会对儿童进行更多限制。此外，由于现代社会提倡少生，照顾者比过去更容易过度保护孩子，在日常生活中事事代劳，甚至请保姆或用人，或请爷爷奶奶照顾孩子，让孩子饭来张口衣来伸手，甚至到已经可以自己吃饭的年龄时仍由大人喂食。溺爱反而剥夺了儿童进行动作练习的机会，使孩子缺乏活动经验。

另一种过度保护的原因是，父母因过度担心孩子在活动中受伤或弄脏衣服而限制孩子的活动。此外，部分作为城市新移民的父母社会地位相对弱势，在教养儿童方面的能力与技巧较为欠缺，也不容易获得外界帮助。

■ 感觉统合失调与注意力缺陷多动症的关系

有些感觉统合失调的孩子会因坐不住（一直动来动去）、冲动、严重分心或学习困难等问题而衍生出类似注意力不足、多动的症状，因此被诊断为注意力缺陷多动症。而另一方面，注意力缺陷多动症也常合并出现感觉统合失调的症状。因吃过多高热量食物和甜食对注意力缺陷多动症有影响，这类饮食也不利于健康，建议家长尽量少让发育中的儿童吃甜食。

124

改善感觉统合失调的方法有哪些？

■ 医生可以为孩子做什么？

一般来说，家长常常不清楚究竟该去看儿童康复科还是儿童心理科。两者确实有差别。为了避免错失早期诊断与治疗的机会，如果家长有足够时间又不确定真正的问题在哪里，建议最好在发现问题时两科都去看一下，毕竟两科医生各有所长，可以通过不同视角提出更完善的解决方案与建议。

一般而言，对多动、不专心、自闭、有行为问题的儿童，建议看儿童心理科；至于这些问题与发育迟缓、笨手笨脚、过分敏感、发音和学习跟不上同龄人等问题共存的儿童，或疑似存在感觉统合失调问题的儿童，则建议去看儿童康复科。

许多家长接受亲朋或是老师的建议，到门诊直接要求做感觉统合评估与治疗，以为这是一剂万灵丹，会为孩子带来巨大的改变，可以解决他们所有的问题与困扰。在此，我们给家长的建议是，感觉统合不是一种独立的治疗方式，而是职能治疗师进行治疗时的架构之一，在评估后，这个架构可以提供某些治疗上的帮助，但仍需家长与儿童、治疗师及医生间进行密切配合。

此外，有些家长在门诊结束时会问"不用吃药吗"，在此提醒家长，感觉统合失调问题是不需吃药的，而注意力缺陷多动症也只有症状较严重的孩子才需要吃药。

■ 家长可以为孩子做什么？

总的来说，需要根据儿童不同年龄与个体能力来安排与选择活动：（1）大动作活动：跑跳、钻爬、滑滑梯、荡秋千、球类运动、跳绳、骑自行车等；（2）精细动作活动：搭积木、涂鸦、玩黏土、串珠等。让儿童学习各种基本能力并获得充分发育是学龄前的重要目标，以下根据孩子不同的发育阶段，给家长一些活动建议。

亲子游戏

（0～6个月）

可多给予各种不同的感官刺激，例如：

1. **发展视力刺激**：常陪婴儿玩，对宝宝说话、看着他/她，并可准备简单图案的安全图卡，色彩要黑白分明或对比鲜艳，来刺激视觉发育。
2. **发展听力刺激**：若环境许可，建议在出生后做听力筛检。在日常互动中多与婴儿说话，多注意幼儿的听力反应行为，若有疑问应及早就医检查与评估。
3. **发展触觉刺激**：多拥抱婴儿，可以抚摸、拥抱或轻拉婴儿的手或脚，或让婴儿的双手、双脚互相接近，轻轻摩擦，也可给予婴儿一些安全的抓握玩具来刺激抓握动作的发育。

（6个月～1岁）

可以多提供爬行的机会，接近1岁时多练习蹲下、站起与移动的能力。

（1～3岁）

1. 此时儿童已会稳稳地走路，属于探索期。这时要多注意儿童居家活动范围内环境的清洁与安全，玩具体积不可太小，以免误吞。有时也可以到户外活动或去公园散步，户外土地或草地的高低起伏有助于提升儿童的平衡能力。
2. **建议活动**：如击掌、记花色翻卡片、踩脚边气球、打地鼠、荡秋千、鸭子走路、学小狗往前爬、抱着转圈圈、用棉被包起来叠三明治等。

（3～6岁）

1. 此时孩子已开始有自主意志，可以玩过家家。如果孩子对日常生活与家务活动感兴趣，在安全原则下可以提供机会，让孩子自己动手做。
2. 这时有些孩子已经到幼儿园上学了，可以多安排孩子参与幼儿园与体育相关的课程。游泳也是一种很好的运动，可以提升肌耐力与肢体协调能力。
3. 放假时安排合理的户外与体育活动，以游戏的方式给予孩子更优质、丰富的感觉刺激，活动中也要实时给予积极反馈，以加强儿童的成就感与自信心，增进其学习能力和将来入学时的适应能力。
4. **建议活动**：如击掌、记花色翻卡片、踩脚边气球、打地鼠、荡秋千、"一二三木头人"、"大风吹"、丢接球、平衡木等。

亲子游戏

（学龄期后）

1. 此阶段孩子从事的游戏与运动的难度与复杂度会更上一层楼。
2. **建议活动**：如棋类、迷宫、积木、七巧板、拼图、"大家来找碴"或扑克牌，都是可以进行的游戏。
3. 各式球类、游泳、慢跑、旱冰、独轮车、广播体操和丢沙包也是很好的运动与户外活动。

PART 4

喂养方式的选择与建议

母乳是最天然也最符合婴儿营养需求的理想食物。成功哺喂母乳有哪些秘诀？猪蹄、鱼汤、酒酿汤圆是最好的下奶食物？哺乳期妈妈要怎么吃才能兼顾母乳的质与量？服用感冒药后还可以喂母乳吗？如果决定给宝宝吃配方奶，该如何挑选？哪些情况下要选用低敏或无乳糖配方奶？婴儿羊奶粉该不该买？成长奶粉的配方有什么差异？

医生、营养师、护理师将在本部分完整地解答父母最常见的疑惑。

第 10 章　母乳喂养

第 11 章　配方奶喂养

第 12 章　治疗性配方奶喂养

第 13 章　辅食添加

第 14 章　断奶后的饮食

第10章

母乳喂养

125

我能成功哺喂母乳吗？

一般而言，宝宝需接受完全的母乳喂养，且至少持续4～6个月，才能获得良好的免疫力、降低疾病的感染率，只持续1～2个月或哺喂量过少是无法达到效果的。绝大多数希望母乳喂养但又添加了配方奶的妈妈会因母乳日渐减少而放弃，有时母乳喂养有时又用奶瓶喂养的也大部分难以成功，仅在白天喂母乳、夜间改喂配方奶的妈妈更不容易成功地长期母乳喂养6个月以上。

■ 正确认识母乳喂养的重要性

海外研究报告指出，怀孕前即已决定母乳喂养者比怀孕晚期或分娩后决定母乳喂养者持续母乳喂养的概率高得多。决定喂宝宝母乳这件事可以说是除了产检以外最重要的产前准备工作，因为它将对孩子未来的健康产生重大影响。

因此，建议每位准备怀孕以及怀孕中的准妈妈向您的妇产科医生请教母乳喂养的重要性，并开始搜集母乳喂养的相关信息，再向有半年以上母乳喂养经验的妈妈们请教成功经验，并了解母乳喂养对母亲和孩子的积极意义，如此便可以坚定哺喂母乳的决心。

■ 学习如何哺喂母乳

哺喂母乳原本是件很自然的事，其实只要耳濡目染，再加上几次实地教导，很容易就能自然学会。但在如今的社会中，妈妈们身边真正有母乳喂养经验的友人并不多，这使哺喂母乳反而变成了一项需要刻意学习的事。妈妈们决定好婴儿的喂食方式后，就应尽可能学习哺喂母乳的正确知识，包括切实了解母乳与配方奶的差异及优缺点，明白认真且频繁哺喂是使奶水充足的不二法门，还要了解一些常见的喂食技巧等。

■ 家人的支持是助力

准父母可以在怀孕前就找机会先与家人讨论给婴儿喂食的方式，许多过来人的哺喂经验大多是配方奶或以奶瓶喂食，即使亲自哺喂过母乳，也大多忘记了哺喂时的常见问题；无孔不入的奶粉营销也大力夸张甚至虚构配方奶的优点（例如吃配方奶的婴儿比较胖、母亲能较为轻松、家人可代劳等），而在不知不觉中渗透了不正确的观念，都会为日后哺乳造成麻烦。因此，专家建议孕妇在怀孕前或至少在产前和配偶及家人沟通好，让家人都了解并支持母乳喂养，才能为母亲营造最合适的哺乳环境。

最后，建议您在怀孕前做些比较分析，选择一个最能配合并支持父母进行母乳喂养的妇产医院，并事先和医护人员沟通讨论，相信在孩子出生后将能更为得心应手地哺喂母乳，并可以减少日后的麻烦。

126

为什么说母乳是最符合婴儿需求的食物？

母乳是最天然也最符合婴儿营养需求的理想食物。母乳除了含有充足的各种营养素之外，还包含丰富的抗体，可增加抵抗力，降低婴儿的敏感症状，减少日后过敏性疾病的产生。然而，目前市面上许多婴儿配方奶都宣称其能完美地复制母乳的营养成分。配方奶的成分究竟有哪些？它们真能模仿母乳给予宝宝充足的营养吗？母乳喂养又有哪些好处呢？

■ 母乳喂养好处多多

根据许多海外研究资料，母乳喂养的好处可分为两方面：

1. 对妈妈的好处：

可以促进产后子宫收缩，减少产后大出血；更快恢复产前体重；降低停经前患乳腺癌的概率；降低某些卵巢癌的发生率；降低65岁以上骨质疏松和髋部骨折的发生率；方便环保又经济，且随时可喂；抑制排卵，避免短期内再度怀孕。

2. 对孩子的好处：

①促进孩子的发育：直接用乳房哺乳时，婴儿吸吮乳房的动作可促进其口腔及面颊肌肉发育，帮助调节耳咽管的开闭；可减少龋齿和齿列不正的发生率；有增进语言发展的可能；能提供良好的早期口腔经验，对日后的食欲控制以及减少肥胖风险具有积极作用。

②提供孩子充分的营养：母乳营养均衡且充足，能充分满足新生儿需求；母乳容易消化，吸收率和生物利用率也很高，婴儿耗费在消化吸收上的能量少，体内产生的废物也较少；母乳中富含生长因子和生长激素，对新生儿大脑、中枢神经系统以及视力发育有重要影响，同时有助于新生儿肠道以及呼吸道的发育与成熟。

③降低孩子患病率：母乳也能降低婴儿患呼吸道感染和流行性感冒的概率；减少中耳炎的发生率；减少患1型和2型糖尿病的概率；降低儿童及青少年肥胖的概率；降低胃肠道感染发生率，避免腹泻、呕吐等不适症状；减少泌尿道感染发生率；降低过敏性疾病发生率，包括湿疹、哮喘、过敏性鼻炎等；减少早产儿患坏死性肠炎的概率；减少患某些儿童期癌症，如淋巴癌、白血病和霍奇金氏淋

巴瘤的概率；降低婴儿猝死症的发生率；婴儿长大成人后较少出现高血压，血胆固醇含量较低。

■ 母乳与婴儿配方奶大不同

婴幼儿营养专家认为，健康母亲分泌的乳汁成分虽可为婴儿配方奶成分提供参考，但婴儿配方奶的成分不能只是模仿母乳，同样的营养素，在母乳和婴儿配方奶中的生物活性与代谢效应不尽相同。由于医学研究的进步，人们发现母乳中的各种营养以及免疫保护成分也越来越多，这些都是配方奶无法模仿的。表9-1是对母乳与配方奶的成分做的比较。

表9-1 母乳与配方奶成分比较表

成分项目	母乳	配方奶
活细胞（如白细胞）	有，种类多	无
抗体	有，种类多	无
补体	有，种类多	无
酶	有，种类多	无
激素	有，种类多	无
抗感染因子	有，种类多	无
发育因子	有，种类多	无
糖类	100%乳糖	葡萄糖聚合物/蔗糖等
蛋白质	含量适当且易于消化	通常含量太高且不易消化
氨基酸分布	符合婴儿需求	不符合婴儿需求
脂肪	足够的必需脂肪酸，含消化脂肪酶	缺乏必需脂肪酸，不含消化脂肪酶
铁	含量少但吸收完全	含量多但吸收不佳
维生素	充足	超过需求且吸收不佳
矿物质与微量元素	种类完整，含量适当	种类不完整，含量高低不一
水分	充足	不足，需要外加

127

应该从生产后多久开始哺喂母乳？

目前世界卫生组织明确建议，一般情况下，在新生儿诞生后的最初几个月，纯母乳喂养是最佳的喂养方式。在婴儿出生后 30 分钟内，应给予新生儿与母亲直接肌肤接触和开始吸吮乳房的机会；除非有医疗上的目的，在开始哺喂母乳之前，不能提供新生儿任何食物或水分。

■ 母婴在产台上的第一次亲密接触

一般而言，宝宝出生后，医生和护理人员会把宝宝放在妈妈胸前，这个母婴肌肤接触的动作有着重要意义，给了宝宝立即接触乳房的机会，并不是说一定要在产台上开始哺乳。妈妈在此过程中也能知道，自己的孩子有意愿、有能力接近妈妈的乳房，这更能增加母亲哺乳的信心。再者，喂食母乳可以给宝宝带来满足和安全感，也会助其形成延续终生的深刻记忆，是母婴之间情感联系的重要印记。

■ 母婴肌肤接触的诸多好处

根据经验，在喂养初期可让婴儿先适应乳头，学习如何吸吮，婴儿的吸吮也能促进乳腺管通畅和乳汁分泌。需要强调的是，母乳喂食对婴儿来说也是第一次尝试，需要反复练习与适应，例如刚开始时，宝宝可能只是舔一舔或含住乳房，几次之后，宝宝才会慢慢摸索出正确的吸吮技巧。

许多研究指出，新生儿应该立刻与母亲共处并做肌肤接触，应该全裸而不是被毯子包裹；亲子肌肤接触应持续至少1小时，并在接下来的几个星期里无论日夜，尽可能继续进行，这可以为宝宝带来许多好处，包括使其更容易含住乳房，有较稳定的体温、血糖值、心跳与血压，较不易哭闹，也能延长纯母乳喂养的时间。

一般而言，含乳正确的宝宝更容易吸到奶水，妈妈也较少感到乳头疼痛，较不易乳腺阻塞或得乳腺炎。提醒新妈妈们，出生后进行的母婴肌肤接触可以通过交换感觉信息刺激、诱导婴儿的几项重要行为表现，例如寻乳反应、觅食反应、安静接受母亲抚抱，更好地保持体温。

医生在线

**终于在产台上跟宝宝见面了,护士把宝宝放在我胸前,此时我可以做什么?想顺利哺乳还应注意哪些事项?**

这个时候妈妈可以用双手轻抚宝宝,并轻声对宝宝说说话,这段共处时间让妈妈和宝宝开始学习适应彼此。通常产后就应给宝宝自己含住乳房的机会,这可以减少日后许多亲喂问题,而妈妈也可通过这一过程仔细观察宝宝的含乳与吸吮动作。

此外,哺乳时要把握几个简单而重要的原则:
1. 出生后每隔2～3小时就让宝宝吸吮一次。
2. 仔细观察宝宝的寻乳表现,在宝宝开始哭前就让其吸吮。
3. 母婴同室,以便随时了解宝宝的生理需要。
4. 哺乳时宝宝要保持清醒,才能有效吸吮。
5. 夜间一定要尽可能亲喂。

128 成功哺乳有哪些秘诀?

■ 产前要具备哺乳的知识

首先要了解母乳分泌的机制,了解供需平衡的原理,即只要让婴儿多吸吮,乳汁自然就会多分泌,千万不要因初期奶水不足就轻易放弃哺乳,更不用因为担心宝宝吃不饱而添加配方奶。

■ 持续坚定的信念是成功哺乳的基础

哺乳成功的关键,主要在于妈妈相信自己的身体能产生充足的乳汁来喂饱宝宝,并提供宝宝所需的全部营养。

■ 以最自然的方式进行哺喂

尽可能不用奶瓶奶嘴,以免乳头混淆。如果要戒断奶瓶,让宝宝重新接触乳房,可用滴管或哺乳辅助器,让宝宝一边学习含乳房一边吸滴出来的乳汁,尽可能在每次亲喂时都这么做,才会有成功的机会。

■ 舒服正确的喂奶姿势

妈妈可采用躺或坐等各种姿势,完成新生儿每天10～12次哺喂。另外,抱婴儿的姿势也要正确,婴儿的头和身体成一直线,肚子贴向妈妈肚子。经过多次练习,就会得心应手,享受哺乳的乐趣(关于哺乳的技巧,可见68页)。

■ 家人要给予妈妈鼓励与支持

宝宝出生后1～2周的时间决定了母乳喂养的成败,在这期间,妈妈的意志力是决定性因素。产妇在产前即使已建立母乳喂养的信心,但往往会因为宝宝啼哭、体重下降,家属对母乳喂养的意见分歧等反应而放弃,这段时间里,妈妈特别需要家人与专业人员的鼓励与支持来继续坚持哺乳的信念。

医生在线

产后我将重回职场，如果想继续母乳哺喂，有哪些建议？

"上班挤奶"与"母乳储存"是两个关键，但会对哺乳的职业妇女的身心带来挑战。有时，工作造成的心情紧张或压力会影响奶量，建议妈妈尽量放松心情，持续哺喂母乳。

如果妈妈的奶水足够，千万别随意添加配方奶，因为这么做奶水可能会越来越少，不知不觉就没有了。如果奶水不足，建议妈妈在坐月子期间充分哺乳以丰富乳汁的供应，回职场前可以练习挤乳或随身携带一个吸乳器，这样可以刺激乳腺分泌更多乳汁。

另外，为了顺利达成持续哺乳的目标，妈妈们还需注意：
1. 工作期间的2次挤奶时间尽量相隔不超过4小时为佳，以保持稳定的奶量。
2. 每次挤奶后宜补充水分。
3. 挤完奶后可用热水浸泡挤奶器，或准备2套挤奶器，可减少在公司内清洗的时间。
4. 将挤出的母乳倒入奶袋或奶瓶后，应写上日期及时间，并储存在冰箱中。
5. 回到家中尽量亲自哺喂母乳，以维持奶量。

129

哺乳时如何知道宝宝已经吃饱了？

哺乳时，妈妈的奶量够不够？宝宝是不是吃饱了？可以从妈妈和宝宝两方面来观察。

■ 妈妈方面

如果妈妈乳房胀满，表面静脉明显，用手按压时易将乳汁挤出，宝宝吃奶时有连续的吸奶声，则表示奶量充足；反之，如果乳房瘪软，挤不出奶汁，宝宝吸奶时要花很大力气或吃完后还含着奶头不放，则表示母乳不足。喂食后妈妈的乳房会变得较软，看起来也较小。

实际上，每个妈妈的泌乳量都不同，即使是同一位妈妈，每天的泌乳量也有一定的波动。一般来说，从分娩后1周到3个月内，妈妈每天的乳量有660～900毫升，基本应可满足婴儿出生前3个月的营养需求。

■ 宝宝方面

可从以下种种迹象来判断宝宝是否吃饱了：

1. 宝宝的进食次数：由于母乳较配方奶更容易消化与吸收，通常每2～3小时喂1次（每天喂8～12次），哺乳时可以听到宝宝吞咽的声音。

2. 喂食后宝宝表现：宝宝饱足后通常能安详、舒服地入睡2～4个小时；如果吃完奶后仍哭闹不安，或睡不到2小时又醒来哭闹，表示没有吃饱，应再予哺喂。

3. 宝宝的排泄情况：宝宝一天排尿6～8次，且大便为黄色软便。

4. 宝宝的长期体重发展：一般来说，3个月以内健康婴儿的体重平均每周增加150～200克，3～6个月则平均每月增加500～600克。如果宝宝的体重变化达到上述标准，表示进食量足够。

> **小贴士**
>
> 如果婴儿在喂食后无法达到上述饱足指标，或体重的增加落后上述标准较多，在排除疾病的可能后，就应该怀疑是不是奶量不足使得婴儿吃不饱，此时需要咨询专业人员。

130

宝宝一天吃多少属于过度喂食？

吸吮行为不仅能表达饥饿，也是获得舒适与安全感的手段，因此当宝宝进食达到建议量（婴儿每日奶量建议，见260页）时，部分家长会怀疑继续喂食是否会造成"过度喂食"。

■ 观察宝宝反应，判断是否已摄取足够食物

过度喂食一般并不常见，我们能通过平日观察宝宝的反应来判断其是否已摄取了足够多的食物。宝宝接受亲喂母乳时，约90%的奶量摄取集中于单一乳房，哺喂10分钟、感到饱足后，宝宝多半会自行移开或睡着，不易造成过度喂食的结果。瓶喂的婴儿在感到饱足时会有躁动难安的情况，在手脚较协调后能出现敲打、移动奶瓶等动作。

■ 留意下列几项可能表示过度喂食的迹象

1. **尿布消耗较快**：摄取足够奶量的婴儿每天需要更换6片以上的尿布，要观察尿布消耗量是否有变化。

2. **大便次数增加及形态改变**：宝宝每日排便2～4次，要观察排便次数是否增加、大便形态是否改变。

3. **脾气暴躁**：过度喂食可能造成胀气或便秘，导致脾气暴躁不适。

4. **出现吐奶情况**：婴幼儿胃肠道尚未发育成熟，易出现溢奶、呕吐的情况，因此在进食后吐奶仅能做为评估的参考，而不是判断的唯一依据。

婴儿哭闹时，应先确认不适原因是否为需要拥抱、换尿布、抚摸等其他需求，避免一哭闹立刻用食物安抚。如果判断存在过度喂食情况，且影响到婴儿情绪并造成胃肠不适，建议可渐渐减少奶量。

> **小贴士**
>
> 每个婴幼儿的发育状况与食欲不尽相同，进食行为也时常变化，家长如果担心过度喂食，可先检查宝宝是否已摄取足够热量与营养，并维持着良好的发育情况。

131

哺乳期妈妈在饮食方面应注意哪些事项？

哺喂母乳的妈妈需要摄取充足的营养，才能供应自己和宝宝的需求。虽然并不用特别要求妈妈一定要吃或一定不能吃某些食物，但是由于哺乳期对营养的需求量较高，建议哺乳期一天要额外补充500大卡、15克蛋白质以及500毫克钙。因此，建议在产后1个月内不要降低热量的摄取。

■ 哺乳期进补策略

产后哺乳期虽然要补充营养，但并不是一味进补就好，适量进补才能避免产后体重暴增。从营养角度看，因为哺乳的营养结构比较固定，不管妈妈吃得怎样，母乳的成分都没有太大的差异；然而如果妈妈吃得不好，营养从母体的库存转化而来，妈妈的健康状况就会受到影响。所以哺乳期妈妈的饮食对宝宝成长的影响相对较小，反而对妈妈的健康影响较大，也就是说，妈妈如果不注意营养摄取，会消耗自己的健康本钱。

■ 哺乳期妈妈要如何选择适当的营养？

兼顾母乳的质与量，是哺乳期妈妈摄取营养时应有的目标。哺乳时期摄取营养的原则是均衡摄入五大类食物：糖类、蛋白质、脂肪、维生素和矿物质。哺乳期妈妈所需的饮食量和一般成年女性差不多，只需稍微加强营养，如要增加热量、蛋白质、维生素和矿物质的摄取，此外充足的水分也很重要。

虽然母乳的营养结构基本恒定，但如果妈妈的营养状况不好，母乳中蛋白质的质量就会变差。构成蛋白质的成分主要是氨基酸，如果妈妈营养不良，母乳中可能就会缺乏某些氨基酸（如甲硫氨酸等）。此外，一些维生素与矿物质的含量也会受到较大程度的影响。

■ 能够同时提高母乳质与量的食物有哪些？

多数营养师可能会推荐的食物包括鱼汤（富含蛋白质、水分、DHA和ARA）、鸡汤（富含蛋白质和水分）、花生炖猪蹄（富含蛋白质、水分和脂肪，如果对花生过敏则可以不加）、酒酿汤圆（含有发酵过的糯米，能提供水分和热量，也可以再加个蛋，补充蛋白质）、牡蛎（含有丰富的蛋白质和矿物质）等。这些食物都是营养价值高、蛋白质和水分含量高的食物,多半有促进母乳分泌的作用。哺乳期妈妈如果能有均衡的饮食,加上充足的睡眠与休息,通常都能顺利哺乳。

医生在线

妈妈需要额外补充营养以提升母乳质量吗?

良好、均衡的饮食对哺乳期妈妈来说相当重要,因为这样才能满足母婴的全部营养需求、提升母乳质量。哺乳期间的营养建议如下:

1. 哺乳期妈妈需要更多热量,前6个月每天摄入的热量应比非哺乳期妇女多500大卡,也就是约 2 700 大卡才够。热量的补充宜采取少量多餐的方式,并可选择多摄取富含不饱和脂肪的食物。

2. 哺乳期间可以补充蛋白质丰富的食物(例如鸡蛋、奶酪或牛奶),蛋白质中要含有足够的酪蛋白,以提供宝宝足够的钙离子和磷酸盐。

3. 部分营养(如维生素 C、A、B1、B2、B6、B12,碘、硒等)的摄取情况会在母乳的成分中有所反应,哺乳期妈妈应适量补充。

4. 哺乳期妈妈较易缺乏钙,锌,维生素 B6、D、E 和叶酸,应在饮食中予以适度补充。每天应摄取 1 000 毫克含钙的食物(如酸奶、低脂奶酪和橙子)。每天应摄取 500 微克叶酸,很多绿色蔬菜都含有叶酸。

哺乳期药物使用禁忌

妈妈在哺乳过程中偶尔会遇到需要服药的情况。许多妈妈担心，到底服药后能不能哺乳？有哪些药物在哺乳时绝对不能吃？

■ 哺乳期妈妈可以吃药吗？

哺乳期妈妈们最想知道的问题包括：服用的药物成分会不会进入母乳？宝宝喝了母乳后会不会有问题？有没有可以替代的药物？哪些药物是安全的呢？

在了解这些问题之前，我们先看看关于药物的概念。一般而言，妈妈服用的药物经过吸收，会先散布在血液中，然后才会进入母乳。大部分药物在血液中会和蛋白质结合，如果未与血液中的蛋白质结合，才更可能进入母乳。因此，虽然妈妈服用的药物或多或少都会进入母乳，但纵使没有与蛋白质结合，经过重重关卡进入母乳后其浓度也会很低；而且，经过宝宝的胃肠道吸收，宝宝能接触到的药物的浓度就更低了。所以妈妈们可以放心，大多数口服药物都不会成为哺乳的禁忌。

■ 哺乳期用药等级

根据世界卫生组织的建议，哺乳期的用药可以分为表 9-2 中的五个等级。建议用药前先上网查询或征询医生药物等级，来判断是否适合使用。

表 9-2　哺乳期用药等级

L1：最安全	经过研究证实对母乳喂养的婴儿无害
L2：较安全	经过部分研究证实对母乳喂养的婴儿无害
L3：中等安全	未经有效研究证实对母乳喂养的婴儿无害，或有研究证实对婴儿有轻微副作用
L4：可能有害	被证实对母乳喂养的婴儿有副作用，但需考虑药物对母亲的治疗效果
L5：绝对禁忌	药物被证实对母乳喂养的婴儿有严重的副作用

■ 哪些药物不容易影响母乳？

如果妈妈服用的药物是婴儿也可以服用的（如扑热息痛、一般的口服感冒药或肠胃药），或是不会被胃肠道吸收的注射性药物（如接种疫苗或肝素），或是分子较大而不会进入母乳的药物（如胰岛素），或是用于皮肤、眼睛、口鼻的局部外用药物（如皮肤药膏），或是吸入性药物（如气喘或过敏性鼻炎的药物），一般来说都可以继续哺乳。

■ 哪些药物是禁止在哺乳时使用的？

根据美国儿科医学会的建议，有几种药物是禁止在哺乳时使用的，包括：毒品、抗癌药物、放射治疗药物、免疫抑制药物（如环孢菌素）、抗癫痫药物（如脱氧苯巴比妥）、退乳药（如甲磺酸溴隐亭）、偏头痛药（如麦角胺）、抗忧郁剂（如锂盐类）以及抗心律不齐药（如胺碘酮）等。

最后，要提醒妈妈们的是，由于药物的种类繁多，建议向医生咨询或上网查询药物分类，但请记得，不要轻易停止哺乳。

133

哺喂特殊婴儿时要注意哪些事项？

一些宝宝的特殊情况可能会让哺喂母乳的妈妈感觉到疑惑与焦虑，在此我们提出几种较常见的特殊情况和父母们分享。

1. 早产儿： 凡是出生时母亲怀孕周数少于 37 周的宝宝都属于早产儿。早产儿有大有小，不过只要能够进食，母乳对早产儿而言永远是最好的热量与营养来源，因为母乳容易消化吸收，能够提供较稳定的血糖，也可以预防早产儿的坏死性肠炎。为了满足早产儿对某些微量元素、矿物质和热量的需求，我们会在体重较轻的早产儿食用的母乳中添加母乳添加物，但依旧是以母乳为基础。因此如果您的宝宝是早产儿，在其能进食以前，请先将母乳挤出来保存，等宝宝可以进食的时候再喂。

2. 患黄疸的宝宝： 新生儿的黄疸可能是生理性的，也可能是因为母乳哺喂不够而脱水造成的，或是母乳被酶分解所产生的。不论黄疸的原因为何，多半不需要停止哺乳，反而要更积极地哺喂，以改善脱水与黄疸现象。除了照常哺乳以外，也要记得带宝宝去医院，让医生诊视及追踪黄疸的变化，以适时进行必要治疗。

3. 肠胃不适的宝宝： 肠胃不适的宝宝的表现可能有胀气、溢奶或容易哭闹不安。这些症状产生的原因可能是宝宝在喂食时吸入较多空气，或是消化不好、肠道蠕动较快。宝宝吸食到的母乳如果含有较多前奶，由于其脂肪含量较低，会加速胃的排空，乳糖很快进入大肠后造成胀气和肠绞痛。出现这些症状后要先确定原因，再针对原因来改善，并不需要停止哺喂母乳。如果宝宝食量减少、精神不佳、呕吐腹泻、发热甚至出现血便，请先带宝宝到儿科门诊，让医生在诊断后再做进一步治疗与处理。

4. 有过敏体质的宝宝： 对疑似过敏体质或是有家族过敏史的宝宝，我们建议尽量以母乳为主食，不过母亲应该少吃可能造成过敏的食物，以免这些食物的蛋白质进入母乳，引发宝宝的过敏反应。如果宝宝出现明显的皮肤、呼吸道或胃肠道过敏的症状，请先带宝宝到儿科门诊就医。

5. 代谢异常的宝宝： 代谢异常的宝宝一定要由儿科医生进行确认和诊断，虽然国外文献中有代谢异常的宝宝接受母乳喂养的记录，但由于代谢异常疾病有很多种，我们依旧建议妈妈遵照儿科医生的指示来哺喂母乳或特殊配方奶。

第 11 章

配方奶喂养

134

你落入选购配方奶的误区了吗？

现代工商业社会中的许多妈妈不仅肩负着养儿育女的职责，还身为职业女性，放完产假返回工作岗位后，有些人确实会面临很难亲自哺乳的情况，因此，配方奶成了亲喂母乳之外的一个不得已的选择。

目前市售婴儿配方奶品牌众多，新父母往往只能根据身边朋友的经验或广告宣传来做选择，也就容易出现下面两种误区：

1. 关于成分的误区：

各品牌奶粉标榜的成分都有所不同，到底哪种对宝宝比较好呢？其实，世界卫生组织对婴儿配方奶的成分有严格的规范，需要经过严格的实验及理论论证才能确保奶粉添加物的安全性，因此，如果从临床角度来看，符合规范的配方奶的成分其实大同小异，添加物中的许多也并不必要，广告中的宣传多是夸大之词。

2. 关于产地的误区：

奶粉的产地是营销中的重点。即使奶粉来自环境最纯净的产地，工厂设备是否完善、质量把控是否严谨、制造与包装的过程中是否容易受到污染，才是真正值得消费者关心的重点。

我们都曾在报章杂志上看到奸商在原料中混入伪劣成分或是产品在包装、运输过程中受到污染而危害了儿童健康的报道。所以，您为宝宝选择配方奶时应当审慎小心，可请教儿科医生，并选择有信誉的专业奶粉制造商。千万不要轻信广告或推销员的一面之词，赔上了孩子的健康。

> **小贴士**
>
> 职业妇女想哺乳确实不太容易，但还是要建议妈妈在上班时每隔2～3小时挤出母乳，储存并带回家（母乳储存方式，见67页）；下班回家后则尽量亲自哺乳。除非真的迫不得已，否则不要考虑搭配配方奶。

135

婴儿配方奶是怎样配制的？

婴儿配方奶即俗称的婴儿奶粉，是指根据研究资料研发出适当的成分配方，调配后成品所含营养足以供给婴儿每天发育所需的一种乳制品。

■ 配方奶的配制方式

配方奶以奶牛或其他的动物的乳汁（或其他植物提炼成分）为奶水的基本组成部分，经过杀菌、添加营养素并经喷雾干燥处理与包装制成。首先，在奶水经过各种处理变成干燥粉末的过程中，部分营养成分会流失，口感也会改变。其次，为了让配方奶在营养成分上能够与母乳相比，制造商必须添加营养素来进行成分调整，并做许多加工处理（母乳与配方奶在成分上的差异，见230页）。

配方奶无论是在营养组成还是在口味上都比不上母乳或新鲜牛奶，在商业的广告宣传之下却彷佛变成了最棒的婴幼儿营养补给品。而专家学者表示，配方奶是在无法进行母乳喂养时不得已而采用的替代方案，绝非最佳选择。

■ 了解配方奶的营养构成

市面上配方奶中添加的营养素大致可分为以下几种：

1. **蛋白质**：细胞质的基本成分，可以提供身体必需的氨基酸来组合成为新细胞，是宝宝肌肉增长所需的重要成分。对婴幼儿而言，年龄越小，发育越快，对蛋白质的需求越高，这种需求和成人为了保持体形恒定的需求完全不同。

2. **脂肪**：可以提供人类必需的脂肪酸，也是重要的热量来源。脂肪酸分为饱和脂肪酸与不饱和脂肪酸（又分为亚麻油酸和次亚麻油酸），这些不饱和脂肪酸可协助改善体内的炎症，并协助构建脑神经细胞膜，促进婴儿时期大脑的快速发育，例如DHA被认为能促进宝宝大脑、视力和中枢神经系统的良好发育，母乳中已含有丰富且易被婴儿吸收的DHA，而配方奶则需要额外添加。

3. **糖类**：就是我们一般通称的碳水化合物，主要提供身体活动所需的热量来源。糖类足够，蛋白质才不会损耗，可以专供成长或修复组织细胞之需。而乳糖只存在于奶类中，它可以提供中枢神经正常成长所需的养分，对脑部正处于发育阶段的儿童尤其重要。配方奶中常加入蔗糖、葡萄糖聚合物等糖类，是无法与母乳相比的。

4. **维生素和矿物质**：维生素和矿物质是幼儿成长必需的营养素，在宝宝体内扮演着协助新陈代谢的重要作用，例如钙是宝宝骨骼的主要成分，铁有助于宝宝的脑神经发育、促进红细胞合成等。如今市售的配方奶中很多已添加各种维生素和矿物质，但绝对不是添加量越高越好。就像钙很重要，磷也很重要，但是钙高磷高反而可能造成结石。所以为什么叫"配方奶"？就是一定要把各种营养素调整到最合适的比例，才适合宝宝食用。

5. **特别添加物**：这也是目前奶粉广告的重点，如乳铁蛋白、牛磺酸、比菲德氏菌、低聚果糖等。目前学界的建议是：对正常的婴儿而言，许多添加物不是必要的，而且其效果仍需进一步的医学实证。很多添加物只被少数研究证实可能有效，但对小宝宝不见得有利。建议请教儿科医生，再决定是否需要选用含有特别添加物成分的配方奶。

如何为宝宝挑选合适的配方奶？

如何为宝宝挑选合适的配方奶？首先要请教你的儿科医生，然后根据宝宝的特性来挑选，尤其是有特殊状况的宝宝（如早产儿、低体重儿或体重增加缓慢的宝宝），切勿听信奶粉销售人员的推荐而选择不合适的配方奶。

■ 挑选配方奶的六大原则

1. **注意适用对象和年龄**：应根据宝宝年龄选择合适的配方奶。目前各大配方奶品牌都会根据宝宝年龄将配方奶分成"0～6个月""6～12个月"和"1岁以上"几个阶段，但也有些品牌直接以"0～12个月"与"12个月以上"来进行区分。

2. **了解正确的冲泡方式**：应了解水和奶粉的比例，每一种品牌的配方奶的冲泡比例可能都不同。此外，也要注意不同的奶粉会附送不同的勺子，千万不要弄混。

3. **看清生产和保质期**：注意产品上标示的日期，以及是否有被厂商重新贴标或涂改的痕迹，如果发现，请勿购买。

4. **注意成分标示**：配方奶的成分应该标示得完整清楚，但家长不要迷信特殊配方中的某些成分。

5. **厂商名称、电话、地址**：应一一标示清楚。

137

婴儿羊奶粉适合给宝宝吃吗？

2010年，美国儿科医学会杂志曾提出一起饮用羊奶致死的案例，死因是多处脑梗塞、严重的电解质不平衡、酸中毒与严重贫血。文中也表示，网上提供的错误信息会严重误导民众，影响下一代的健康。

美国儿科医学会的建议是，1岁以下的幼儿切勿以羊奶为主食。这主要是因为羊奶中的营养成分并不符合婴儿的营养需求，例如羊奶矿物质含量太高，对宝宝的肾脏不好；羊奶中含钠也过高，可能导致脱水与脑梗塞；羊奶缺乏叶酸、维生素C和D，则可能会导致巨幼细胞性贫血。此外，欧洲的儿童营养专家们也有同样的建议。

■ 宝宝可以喝羊奶吗？

目前市面上的婴儿羊奶粉中多已添加了叶酸，并做了降低过多电解质的调整；然而至于是否可以安心饮用，还需进一步审慎评估，在确定羊奶的安全性以前，医生仍建议不要让羊奶作为1岁以下宝宝的主食。

如果因为宗教或文化上的原因想给宝宝喝市面上的瓶装羊奶，则可以考虑等宝宝满1岁时再喝，这是因为1岁以上的宝宝已经可以吃其他食物以补充叶酸不足的问题，但仍建议不要以羊奶为主要的营养源，可以搭配母乳或婴儿奶粉食用。

■ 羊奶是否可以保护气管？

广告中宣称的羊奶可以保护气管、较牛奶更易吸收、不易引起宝宝过敏以及含有与人类母乳类似的上皮细胞生长因子等功效都还未得到证实，而且经过奶粉制造过程中的喷雾干燥之后，这些活性物质可能都早已消失殆尽，因此，婴儿羊奶粉是否真有广告中宣称的功能，还有待医学界进一步研究证实。

小贴士

母乳仍是给婴儿的最好的食物，其次可考虑婴儿配方奶，因为世界卫生组织为管理婴儿配方奶质量制定了一套严格的营养与卫生标准。如果一定要选择羊奶粉给宝宝吃，建议选择有质量认证和清楚的成分列表的品牌。至于市售的瓶装羊奶，则需要经过消毒之后再给1岁以上的儿童饮用。

138

1岁以上的宝宝需要吃成长奶粉吗？

当宝宝越来越大，辅食在食谱中所占比重也逐渐从配角转为主角；与此相对，也需要对原先从婴儿奶粉中获得主要营养的方式做出一些调整。

■ 1岁以上宝宝应该持续饮用乳制品

美国儿科医学会和世界卫生组织建议，1岁以上的儿童应该持续饮用乳制品（如母乳、鲜奶或配方奶），以获取每日所需的钙与其他营养，饮用奶量须在500毫升左右。同时，也建议把瓶喂改成使用杯子来喂食，并应注意饮用后的口腔卫生，养成定时刷牙的好习惯。

然而，许多家长会发现，1岁左右的宝宝喂起饭来非常困难，不仅开始厌奶，也很快开始厌烦辅食，家长会觉得非常沮丧。其实这个时期宝宝的食量不需像过去那么多，有时分量少一些也不会影响成长发育，因此家长无须太过焦虑。

■ 成长奶粉与婴儿奶粉大不同

在回答这个问题之前，我们先把几个容易混淆的名词解释清楚。所谓"婴儿奶粉"，是指在无法哺喂母乳的情况下，可作为替代品并符合婴儿一般营养需要的粉状或液态的配方食品，通常可分为适用于0～6个月大婴儿的"婴儿奶粉"和适用于6～12个月大婴儿的"较大婴儿奶粉"。而"成长奶粉"主要适用的对象为1岁以上的幼儿。1岁后的宝宝已经会爬会走了，活动量也较大，跟1岁之前宝宝需要的能量和营养结构也都不可同日而语，因此成长奶粉在内容配方上自然会有所不同。

■ 1岁以上的宝宝一定要吃成长奶粉吗？

1岁以上的宝宝，是否一定要更换配方奶为成长奶粉呢？其实并不必然，例如，很多医学研究怀疑吃成长奶粉过多可能是如今社会中常见的儿童肥胖问题的原因之一。如果家长担心原来食用的母乳或配方奶无法给宝宝足够的营养，可先与儿科医生讨论后再决定。如果已给宝宝添加了足够的辅食，我们会建议先继续维持母乳喂养或饮用鲜奶。

139

吃辅食后是否还需要持续吃奶？

随着宝宝日渐长大，有些家长会开始思考，宝宝要吃奶吃到多大呢？尤其是在孩子开始吃辅食之后，家长更会对于是否还需要持续吃奶感到迷惘。

■ 何时该断奶？

目前医学界的建议是：先用纯母乳或配方奶哺育至4～6个月大；从4～6个月大开始添加辅食，并建议持续哺喂母乳或配方奶至1岁再断奶，1岁后也可以鲜奶或乳制品来为营养做补充。此外，美国儿科医学会建议持续哺喂母乳至少一年，并可视母亲与婴儿的需求延长时间。

这主要是因为母乳或配方奶是热量、优质脂肪和蛋白质的充足来源，且其含有的钙较容易被吸收与消化。宝宝不易从一般的辅食中吸收到足够钙质，就算熬排骨粥、排骨汤和鱼干粥，宝宝从中吸收的钙质仍未必能满足每日所需。所以，即使孩子已将辅食作为主食，还是建议给予每天两杯牛奶（约一天500毫升），以提供儿童每日所需的钙与维生素D。

■ 全脂或低脂奶的选择

要提醒家长的是，大多数儿童仍然需要脂肪来进行身体细胞的修补，促进大脑成长，所以建议3岁以下的幼儿饮用全脂奶或奶制品。但是如果孩子已经过重或肥胖，建议可以考虑低脂奶，但还请先咨询儿科专家。此外，建议不要给孩子喝完全脱脂的奶。

■ 奶瓶和奶嘴要尽早戒掉

此外，很容易被忽略的一个重点就是奶瓶和奶嘴的戒除，尤其是奶嘴（含奶瓶奶嘴和安抚奶嘴），建议在2岁前戒掉，否则容易影响将来的嘴形和牙床的发育。还有，要注意宝宝睡前不可含着奶瓶睡觉，要先做过口腔清洁后再睡觉，不然奶瓶性龋齿是相当难处理的问题，家长应多加注意。

第12章

治疗性配方奶喂养

140

什么是水解蛋白配方奶（低敏配方）？

近年来，儿童过敏的案例迅速增加，除了遗传原因外，这一情况与空气污染等环境方面的改变、居住空间密闭而狭小、母乳喂养率偏低、社会竞争与工作压力增加等因素都有相当密切的关系。此外，现代人饮食习惯上的改变，如高热量、高蛋白及高油脂食物的摄取增加等，也会提高过敏的发生率。因此，不少父母来到医院寻求帮助，希望减轻孩子过敏的不适症状，降低未来过敏的发生率。

■ 所谓"水解蛋白配方奶"是什么？

水解蛋白配方奶俗称"低敏奶粉"，是专供对蛋白质（如牛奶蛋白）过敏的宝宝食用的奶粉。这种奶粉的原理是在生产中对蛋白质进行了水解处理，将蛋白分子变小，以减少过敏反应。

■ 水解蛋白配方奶可以改善宝宝目前的过敏症状吗？

科学研究已经证实，水解蛋白配方奶在降低对宝宝的肠道刺激、减少牛奶蛋白过敏症状方面有部分效果。如果是为了缓解新生儿暂时性的湿疹与疑似过敏症状，建议家长和儿科医生讨论后再决定是否选用水解蛋白配方奶。

■ 水解蛋白配方奶可以改善宝宝未来的过敏情况吗？

市面上很多号称低敏配方的产品宣称可以减少宝宝在未来出现过敏或哮喘的可能性，学术界对此持质疑与保留态度，这一点还需要更多研究证据的支持。医学研究表明，目前只有母乳喂养是唯一被证实可预防过敏体质的方法。

医生在线

我的宝宝对牛奶蛋白过敏,那么该如何选择配方奶呢?

目前市面上应对牛奶蛋白过敏问题的配方奶包括几大类:
1. 以大豆为基底的奶粉配方。
2. 部分水解蛋白配方(大部分肽链小于 5 000 道尔顿)。
3. 高度水解蛋白配方(只含小于 3 000 道尔顿的肽链)。
4. 完全水解 / 氨基酸配方。

首先,大豆基底配方的奶粉看似是牛奶蛋白过敏的宝宝的福音,可惜的是,大部分对牛奶蛋白过敏的孩子也会对大豆蛋白过敏,所以效果有限。其次,部分水解蛋白配方对少数宝宝有帮助,但如果牛奶蛋白过敏症状较严重,目前还是建议使用高度水解蛋白配方或氨基酸配方的奶粉才比较安全。

因此,如果您的宝宝牛奶蛋白过敏,建议与专业的儿科医生讨论后,根据宝宝的情况挑选合适的配方奶。

141

什么是无乳糖配方奶？

由于婴幼儿的消化和免疫系统尚未发育成熟，腹泻的发生率比儿童高。腹泻发生时，病毒与细菌感染会破坏肠道黏膜，造成肠壁绒毛细胞剥落、消化吸收功能明显降低，绒毛细胞剥落会造成绒毛顶端的乳糖酶减少。无乳糖配方奶的确可以减少宝宝吸收与消化不良的情况，进而减少腹泻，因此当婴幼儿发生急性肠胃炎时，医生常会建议家长改用无乳糖配方奶，以缓解宝宝的腹泻症状。

■ 所谓"无乳糖配方奶"是什么？

无乳糖配方奶指对普通奶粉做过处理，使其营养与一般配方奶相似的奶粉，但因为采用了大豆蛋白或部分水解蛋白，乳糖则改由麦芽糊精代替，因为较不刺激肠道黏膜，可减少肠道黏膜受刺激引起的腹泻与消化不良。

■ 何时该使用无乳糖配方奶？

无乳糖配方奶主要应该在宝宝出现由急性肠胃炎或消化不良引起的腹泻时选用；另外，如果已知宝宝有乳糖不耐受的症状，或急慢性肠炎引起了某些肠道病变，造成了消化不良、胀气或腹泻的情况，也可以选用这种奶粉。

■ 如何使用无乳糖配方奶？

婴幼儿腹泻时，可将原来喝的奶粉冲淡（一般稀释一倍），少食多餐；如果宝宝持续腹泻，则可暂停原来的奶粉，换为无乳糖配方奶，之后如果宝宝腹泻的情况得到改善，则可于2～6周内逐渐换回原来的奶粉。

什么是稠化配方奶（止溢配方）？

在婴儿期，溢奶和吐奶是常见情况，溢奶或吐奶时，酸性物质会回流至食道，造成婴儿不适，出现哭闹、咳嗽、呛奶、呼吸不顺、睡眠障碍等情况，长此以往会导致厌奶、发育滞后或营养不良等情况。

- **宝宝习惯性溢奶或吐奶时该怎么办？**

面对宝宝溢奶或吐奶的情况，部分家长会带宝宝去咨询医生，有些家长会把牛奶冲得浓些，还有些家长则更努力地帮宝宝拍背以改善宝宝的溢奶、吐奶状况。其实临床医学研究已证实，稠化配方奶有助于改善宝宝容易溢奶或吐奶的情况，同时也能降低对食道的伤害。

- **所谓"稠化配方奶"是什么？**

稠化配方奶的调配大致有下列两种方式：

1. 在原本的配方奶中加入经过加工的米精或麦精来提高牛奶的浓度。医学研究证实，加入米精或麦精能减少吐奶次数并降低食道中的酸性制激。

2. 更为方便与有效的方法则是直接改用稠化配方奶。其原理是用易消化吸收的糊化支链淀粉取代配方奶中的部分乳糖，这种配方可与胃酸混和产生稠化现象，以达到降低吐奶与减少酸性物质回流的目标。医学研究证实，使用精制糊化淀粉的稠化配方可以有效降低吐奶次数与酸性物质回流的频率与时间。

- **如何从配方奶换为稠化配方奶？**

常常有许多家长询问医生，如何将原先的配方奶换为稠化配方奶？医学研究与实际临床经验证实，如果宝宝对该止溢配方奶的接受度极高，通常可直接更换；但仍建议先估算宝宝喂食一般配方奶时可忍受（不溢奶、吐奶）的大致平均奶量，先行喂食1~2周，等吐奶与溢奶现象明显减少后，再渐渐增加止溢配方奶的每次喂食量。

143

宝宝胀气时，要不要喂食配方奶？

宝宝在婴幼儿阶段因为易哭闹且消化功能尚未成熟，常出现胀气的情况。宝宝在胀气时到底要不要喂配方奶？有哪些方法能缓解胀气导致的不适？

■ 宝宝胀气的原因

首先要了解宝宝胀气的原因，有下列几种情况：

1. 哭闹不安时会吞进空气，易造成胀气。
2. 奶瓶口或奶嘴的形状太大，易吸入过多空气。
3. 宝宝是过敏体质（如呼吸道或胃肠道过敏症），易产生胀气。
4. 宝宝有乳糖不耐受症、胃食道反流或患肠胃炎时，也易产生胀气。

■ 宝宝胀气时的处理原则

如果宝宝没有肠胃消化与功能障碍，则可尝试进食，并通过适度的腹部按摩帮宝宝肠道蠕动以助排气，也可在腹部涂抹适量薄荷油或消胀膏，其中的薄荷成分可帮宝宝消解胀气。此外，少量多餐的喂食方式也可减少胀气的情况。当宝宝在喂奶时出现呕吐、呛奶或明显哭闹不安的情况，则不宜再进食，需由儿科医生检查并确定无明显胃肠道疾病后再尝试进食较安全。

如果宝宝有乳糖不耐受的症状（如喂奶后胀气、易放屁接着水泻、粪便闻起来偏酸等），则应该先主要喂食低乳糖或无乳糖配方奶。

如果宝宝在喂奶后身上易出现红疹，哭闹不安，甚至大便中有血丝，可能是因为对牛奶蛋白过敏，需带您的宝宝请教儿科医生，医生会根据宝宝过敏症状的表现来决定是否应该接受进一步检查，并根据临床症状对水解蛋白配方奶的选择提出建议。

原则上，宝宝若有乳糖不耐受症、肠道过敏症、肠胃炎等问题，需遵从儿科医生建议，更换合适的配方奶与食物。

第13章

辅食添加

144

为何要给宝宝吃辅食？

就其生理特性而言，婴儿到了4～6个月大以后，吸吮、吞咽、呼吸等几项生理功能渐趋成熟，各项功能也能互相协调发育，此时便到了加入辅食的合适时机。同时，宝宝已能看清眼前的景物与人物，对外在世界充满了好奇心，对母乳或配方奶的摄食量明显减少，因此出现了"厌奶期"这个名词，此时便到了补充辅食的时候。

■ 能否不添加辅食，一直喂母乳或配方奶？

当宝宝在成长中变得越来越有活力，热量消耗增加，自身营养储存量减少，只哺喂母乳或配方奶已无法满足婴儿的营养需求，因此需要摄入辅食来填补母乳（或配方奶）与婴儿一天所需营养之间的差距。如果10个月以上的宝宝仍以母乳或配方奶为主要营养来源，除了会造成营养不良问题，宝宝的咀嚼能力（如咀嚼力）也会出现问题，甚至会进一步影响日后语言能力的发育。

■ 帮助宝宝接受辅食的原则

1. 喂食辅食的时机应在给宝宝喂完奶制品2～3小时后，此时胃已排空到一定程度，食欲较佳，对辅食的抗拒与排斥就会减少。

2. 当宝宝渐渐不再抗拒时，可试着将白天的一顿饭换成辅食，等确定消化情况稳定且身体没有产生症状时，可尝试增加辅食的比例，在此过程中要随时观察评估。

3. 一般先从米制品开始，如米糊、米汤、米果、米线、米粿等，再一点点加入果泥、蔬菜泥、猪肝泥、肉泥等食物。当然，每个孩子的接受度不同，这种做法无法适用于每一个孩子，因此，当孩子还不会用言语表达时，父母需要以足够的耐心与毅力去探寻孩子喜欢的食物。

4. 此时，宝宝的双手已能握住安全餐具，可让他们尝试自己使用餐具来吃辅食。别担心他们会搞得一团糟，对他们而言，这是个有趣的游戏，有助于减少其对辅食的抗拒。

145

宝宝可以吃哪些辅食？

为宝宝准备辅食时需注意，好的辅食应具有以下特点：

1. **富含热量、蛋白质和微量营养素**：特别是含有铁、锌、钙、维生素A、维生素C和叶酸的食物。

2. **宝宝容易吃且喜欢吃的**：婴儿先从用舌头开始发展咀嚼和吞咽功能，接下来用牙龈碾碎食物，继而逐渐进步，因此，能否配合婴儿的发育，把食材烹调成容易吞咽的形状，是顺利喂食辅食的一大重点。

3. **干净卫生**：婴儿对病原体或有毒物质的抵抗力弱，在卫生管理方面需要特别注意，烹调时必须彻底煮熟食材，或用微波炉加热达75℃，烹调前须洗手、清洗烹调器具，烹调器具要时常煮沸，杀灭细菌或病毒。

4. **选用当地、当季食材**：多选择当地的当季食材制作辅食，在经济实惠的同时能让宝宝享受到高营养、风味十足的餐点。

5. **安全**：不含可能使婴儿噎到的骨头或难咬的硬物，因为宝宝的咀嚼技巧差，尚未学会有意识咳嗽与清理喉咙的技巧，而且未充分咀嚼的食物会堵住婴儿的气管，因此某些食物有噎到的危险。

6. **不过度调味**：过多刺激性的香辛料或盐分会给婴儿未成熟的肠胃与肾脏带来很大的负担。多让宝宝品尝食物的原味，如要调味，应把调味料控制在食材的0.25%以内（或一日用盐分量在1.5克以内），尽量避免选择加工食品；帮宝宝选择市面上出售的点心时，也请注意其钠含量，100克食物中的钠含量不应超过200毫克。

小贴士

发育并非一蹴可就，必须循序渐进。让宝宝从喝奶到能接受辅食并不是一件轻松的工作，需要父母共同把握并探索孩子发育的重要时机，用耐心、信心、恒心陪他们顺利度过这个关键时刻。当然，从照顾者的角度而言，让宝宝只喝母乳或配方奶是较轻松方便的，但请别忘了，幼儿只有一次发育机会，用积极的态度帮孩子迎接下一个发育里程碑，家长责无旁贷。

医生在线

Q 应尽量避免喂宝宝吃哪些辅食，以降低宝宝噎到的风险？

A 在确认宝宝年龄够大且咀嚼能力足够前，请避免让宝宝吃以下食物：
1. 有果核的水果干（例如葡萄干）、较硬的生水果或蔬菜（例如苹果或胡萝卜块）、未切且筋很多的肉、较硬的糖果、花生等坚果类、爆米花等。
2. 宝宝可能无法清理口腔上方有黏性的食物（例如粘在上颚的花生酱、口香糖），这时食物可能掉到口腔后部，有噎到的风险。
3. 不容易聚集在一起的食物（例如薯片），容易在嘴里散开并保持碎片状态，在宝宝能运用舌头将小碎片移到旁边开始咀嚼前，小碎片可能会移动到口腔后部，有噎到的风险。

宝宝吃辅食后，应如何调整奶量？

随着宝宝的年龄增长，辅食摄取量增加，哺喂母乳或配方奶的频率与分量该是多少，照顾者们经常对此产生疑问，既担心宝宝奶喝得太少会营养不良，又担心喝太多会影响辅食的摄取量。

■ 添加辅食后，宝宝该吃多少奶才够？

宝宝日渐长大，一日所需营养中来自辅食部分的比重会渐增，自然喂奶量也会减少。表 13-1 是各阶段母乳（或配方奶）与辅食所占每日营养的百分比以及建议的奶类摄取量与次数。如果您家的宝宝没有吃够建议量，也不用过于担心，因为婴儿的发育速率和健康状态是比奶类摄取量更理想的衡量婴儿是否摄取足够食物的指标。

表 13-1　不同月龄的婴儿每天营养比例建议表

月龄	每日营养比例 母乳（配方奶）：辅食	每日奶量（毫升）	每次喂奶量（毫升）	喂奶频率（次／日）
1 个月	100％：0％	600～800	90～140	6～8
2～3 个月	100％：0％	600～800	110～160	5～6
4～6 个月	90％～80％：10％～20％	800～900	170～200	4～6
7～9 个月	70％～60％：30％～40％	750～900	200～250	3～5
10～12 个月	50％～35％：50％～65％	700～900	200～250	2～4
>12 个月	25％：75％	250～350	180～250	1～2

■ 亲喂母乳的妈妈如何知道宝宝吃得够不够？

如果您是亲喂母乳而无法得知摄取量，参考各阶段的喂奶频率即可。当发现喂奶间隔时间不足 3 个小时，或宝宝吃奶 30 分钟以上仍然不饱，可能是母乳不足的征兆，可考虑使用配方奶及辅食（4～6 个月以上宝宝）搭配喂食，或咨询儿科医生的意见。

147

制作与食用辅食需要哪些器具？

帮宝宝准备辅食，除了厨房原有的锅碗瓢盆、菜刀、砧板、电饭锅与微波炉外，如果能善用以下辅助配备，必定能事半功倍。

■ 调理器具

1. 榨汁器：可以用来制作果汁，初期需要的固体食物的分量很少，使用榨汁器榨果汁，方便又容易清洗。

2. 磨泥板：也是一种很方便的工具，可以将食物磨成泥糊状，用来制作果泥或菜泥等。

3. 研钵与木棒：用来磨碎食物、制作泥糊状食物或将食物压成细碎状。

4. 滤网：可将锅中的食物捞起、过滤汤汁，或搭配碗或研钵使用，制作泥糊状食物。

5. 果汁机或食物处理机：当宝宝每顿吃的辅食分量比较多，或一次要制作多天的量时，用果汁机或食物处理机来打碎食物会比以上工具轻松许多。

6. 电动搅拌器：这是许多妈妈在喂宝宝辅食时极力推荐的工具，它的优点是可将食物打得很细致，一次可制作很多，使用方便，易清洗。

7. 分装盒或保鲜袋：辅食可以一次多煮一点，放入制冰盒或分装盒冷冻，要吃时拿几块冰砖，用锅或微波炉解冻，基于卫生考虑，最好挑选有盖的分装盒。

8. 保温罐：外出时，可将加热过的辅食放在保温罐里保温，而不用担心食物会变凉。

9. 食物剪刀：长了牙的宝宝已可以吃小块状的食物了，大人把食物煮得软一点，用食物剪刀剪成小块或一段一段，就可以给宝宝吃了。

■ 餐具与辅助用具

1. 汤匙：应根据宝宝一口的饭量来选择合适的汤匙，最好采用较软、平滑的材质，避免宝宝咬伤。

2. 儿童餐碗：可选用防滑、防摔的餐碗，宝宝在练习自己吃饭时较容易上手。

3. 餐椅：让宝宝从小习惯在餐椅上吃饭可以养成良好的饮食习惯，选择有安全带的餐椅比较安全（关于选购婴儿餐椅，见34页）。

4. 围嘴：围嘴样式和材质多种多样，选择防水材质不容易弄脏衣服。

148

如何为不同年龄的宝宝选择合适的辅食？

不同年龄的宝宝的吞咽、咀嚼能力与消化道成熟度不同，挑选辅食时应根据个体的需求渐进式增加。就食物的浓稠度而言，顺序可为流质（汤汁）→半流质（泥糊状）→固体；就添加食物的种类来说，则要从蔬菜水果过渡到五谷根茎类。豆鱼肉蛋类容易引发过敏，最好等宝宝7个月大后再提供。

1. **4～6个月大的宝宝**：此阶段宝宝的咀嚼与吞咽能力尚未发育完善，辅食应以流质为主。宝宝可以开始吃含有糖类的食物，如蔬菜汤、果汁、用稀饭磨成的米汤、米糊或麦糊等（关于宝宝适合吃哪些辅食，见110页）。

2. **7～9个月大的宝宝**：此阶段宝宝开始长牙了，对食物的咀嚼与吞咽能力越来越好，食物的质地可由流质渐渐增稠成泥糊状，或煮成可用舌头压碎的半固体状，并开始练习吃蛋白质含量丰富的豆制品、鱼、肉类及蛋黄。记得一次只能添加一种新食物，如果没有腹泻或起皮疹等症状，才可以喂另一种新食物。宝宝可以选择的食物有蔬菜泥、果泥、稀饭、面条、面包、馒头、蛋黄泥、豆腐、肉泥、肝泥等。

3. **10～12个月大的宝宝**：此阶段的宝宝已会用牙龈咬食物，所以只要将食物切薄、切碎或煮软烂些，或用食物剪刀剪成小块状即可给宝宝食用。宝宝可以尝试多样化的食物，切碎的蔬菜与水果、蒸软的饭、蒸蛋、煮熟后压成小块的鱼、煮烂的猪鸡牛羊肉或肉丸子，都可以用来训练宝宝的咀嚼能力。

4. **1岁以上的宝宝**：此阶段的宝宝可以与大人吃一样的食物了，但是宝宝的臼齿尚未长好，无法把食物咬得很碎，所以食物还是要煮软一些。此外，因为宝宝的消化与吸收功能尚未发育成熟，食物的味道要尽量清淡，不要太咸或太油，也不要喂食辛辣刺激的食物，以免加重肠胃与肾脏的负担。

> **小贴士**
>
> 随着年龄增长，光吃母乳或配方奶已经不能满足宝宝的营养需求。在适当的时间给宝宝合适且多样化的辅食，不仅能提供充足的营养，还能训练宝宝的吞咽与咀嚼能力，并避免宝宝养成日后偏食或挑食的习惯。

149

如何在家自制辅食？

蔬菜类

1. **蔬菜汤**：蔬菜洗净切段，放入锅中加水煮约3分钟后，取出菜汤即可。
2. **蔬菜泥**：选择嫩叶部分或根茎类洗净，去皮切片，加少许水煮熟后捞起，以汤匙或研钵捣碎成泥状。
3. **碎蔬菜**：蔬菜洗净切碎，加水煮熟，以滤网捞起备用，或煮成蔬菜汤。

水果类

1. **果汁**：以下果汁需加一倍水稀释。
   - 橙或橘子汁：洗净切块，用榨汁器榨汁。
   - 西瓜或香瓜汁：果肉用汤匙挖出，放到滤网上，用汤匙压出果汁。
   - 西红柿或葡萄汁：洗净，用热开水烫2分钟后去皮，放在纱布中挤出果汁。
   - 苹果或梨汁：洗净，去皮，用磨泥板磨成泥状，然后用滤网滤出汤汁。
2. **果泥**：选择纤维少、果肉较软的水果，例如香瓜、木瓜、香蕉、苹果、梨等，用汤匙刮取果泥，或用磨泥板磨成泥状。
3. **水果丁**：水果洗净，去皮，切成小丁。

五谷根茎类

1. **米汤**：将米或饭加适量水熬煮成稀饭，初期可煮10倍稀饭(米：水=1：10)，取出汤汁食用。
2. **米糊**：稀饭用研钵或果汁机磨成糊状。
3. **麦糊**：取适量面粉，加入奶或温开水调成糊状。
4. **薯泥**：马铃薯、南瓜或红薯等洗净去皮切片，放入锅中加水蒸熟，用汤匙或研钵捣碎成泥状。
5. **烤吐司**：吐司去边，用烤箱烤成金黄色，切成小丁后泡入牛奶中备用；对较大的宝宝，可以将吐司切成条状，直接拿着吃。
6. **什锦稀饭或什锦面**：选择宝宝已适应的蔬菜及肉类，磨泥或切成小块加入饭或面中煮熟，用少许盐调味。

豆鱼肉蛋类

1. **肉泥**：选择筋较少的瘦肉，加少许水煮熟后用搅拌器打成泥。
2. **肉饼**：鸡肉或牛肉、胡萝卜、豆腐分别打碎后加少许淀粉和盐，用平底锅煎熟。
3. **鱼**：选择刺少的鱼，蒸或煎熟后，取出鱼肉捣碎。
4. **豆腐**：豆腐煮熟后即可喂食，或切小丁与其他食物与蔬菜煮成汤。
5. **蛋黄泥**：鸡蛋煮熟后取出蛋黄用汤匙压碎，加少许开水或肉汤调匀。
6. **蒸蛋**：鸡蛋放入碗内打散，加入高汤或水至八分满，以小火蒸熟。

小贴士

自制辅食时要注意挑选无农药污染的新鲜食材，器具也要清洗干净，烹调时一定要煮熟，需要打碎的食物可以一次多做一点，利用制冰盒冷冻成冰砖备用，省时又方便。

第14章

断奶后的饮食

150

如何选择断奶后的食物？何谓断奶？

从婴儿 4～6 个月大开始，不论是哺喂母乳还是配方奶，都应开始考虑添加辅食。婴儿的主要营养来源由乳汁逐渐转变为半流质、半固体，最终变为以固体食物为主食的整个过程称为"断奶期"或"离乳期"。因此，所谓的"断奶"指的并不是不再喝奶，而是孩子不再以母乳或配方奶为主食。

一般婴儿在 1 岁左右完成断奶，此时婴儿能咀嚼固体食物，身体所需的营养大部分源自乳汁以外的食物。

■ 断奶后的饮食原则

断奶后应维持定时定量、少量多餐的习惯，一般建议每日供应 4～6 次食物，于早、中、晚三正餐之外再增加 2～3 次点心。在食物的选择上，需掌握"质量先于数量"的概念，基本原则如下：

1. 均衡摄取各类新鲜食物，避免过度加工的食品。
2. 摄取足够热量，进行适当的体能活动，维持健康体格。
3. 三餐都以米饭或根茎类为主食，适度摄取未精制的全谷类，以补充膳食纤维、矿物质与维生素。
4. 每天摄取深色蔬菜与新鲜水果。应注意不宜用果汁取代水果，每天果汁摄取量勿超过 240 毫升。
5. 乳制品是钙质与蛋白质的良好来源，建议断奶后每天持续摄取 2 杯乳制品，但不建议 2 岁以下宝宝食用低脂或脱脂乳制品。
6. 用黄豆及其制品取代部分肉类。
7. 减少甜食与高油脂食物的摄入，以避免热量过多造成肥胖。
8. 减少调味料和蘸料的使用，清淡的口味可减少孩子日后患慢性疾病的风险。
9. 喝白开水，避免含糖和咖啡因的饮料，以免摄入糖分过量，增加孩子身体代谢的负担。
10. 注意饮食卫生，应避免吃生食，并注意产品标识，如产地、保质期等。

151

母乳喂养的宝宝如何断奶?

关于母乳喂养的宝宝难断奶的传言,经常动摇很多新妈妈哺喂母乳的决心。其实只要方法正确,断奶的过程可以是轻松愉快的。

■ 妈妈的心理准备

首先妈妈要清楚自己对断奶的态度,这关系着断奶该如何进行。如果您的感觉是充满焦虑与罪恶感的,可能会让孩子感到不安,从而更想频繁吃奶;如果您让宝宝断奶的决定是果断而自信的,能通过事先想好的其他方法满足孩子的需求,孩子的断奶过程会更顺利。

■ 根据离乳的迹象决定断奶时机

有些妈妈让宝宝断奶的原因是宝宝长牙了、妈妈得了乳腺炎、妈妈必须回到工作岗位、妈妈在服药、妈妈或宝宝生病了以及妈妈再度怀孕等,然而这些情况其实未必代表着断奶的时机已经成熟。

妈妈不妨先观察并了解可能意味着孩子已经准备好离乳的迹象,如果宝宝已出现下列情况,就表示可以放心准备断奶了:

孩子已满1岁。

孩子已开始吃多种食物,逐渐显得对吃奶失去了兴趣。

孩子和妈妈的关系稳定,可以接受哺乳之外的其他安抚方式。

孩子有时候不吃奶就能睡着。

孩子可以接受在某些时间或地点不吃奶。

鼓励孩子不吃奶时,孩子可能会有一点不安,但不会大哭大闹。

让孩子选择时,孩子宁可和你玩、看书或做别的事,也不选择吃奶。

■ 顺利度过断奶期的原则

1. 训练宝宝适应奶瓶:

要想做到顺利断母乳,妈妈可提早做准备。最好在准备断奶的前1个月就开始训练宝宝适应奶瓶。1岁以上或更大的孩子应该已经添加了辅食甚至开始吃固体食物,此时可以让孩子学习用杯子、吸管和汤匙来吃饭。

母乳多时直接喂母乳，但千万不要把妈妈的乳头当安抚奶嘴使用。母乳充足时，最好每天有1～2次把母乳挤到奶瓶里喂宝宝，逐渐训练宝宝对奶瓶的适应能力。

2. 采取逐步断奶的方式：

妈妈需要家人的帮助才能顺利断奶，比如宝宝哭闹的时候，最好由其他人来喂食，因为宝宝闻到妈妈身上的奶味，可能就更无法接受其他食物了。准备断奶的事最好也要告诉宝宝，别认为宝宝还小，什么都不懂，其实他们的理解力超乎我们的想象。想让妈妈和宝宝都不感到痛苦，逐步断奶是最好的办法。放慢节奏，能让宝宝渐渐减少对母乳的依赖，也能让妈妈的乳腺慢慢减少乳汁的分泌。

3. 断奶期的哺喂要点：

①不主动喂，但也不拒绝：不要主动提供乳房给孩子喂奶，等孩子要求时才给。

②用健康的食物和饮料代替母乳：先吃辅食，孩子有要求时再喂母乳。吃辅食的时候，父亲的角色非常重要，可鼓励爸爸和孩子一起吃，避免孩子吃母乳的欲望。

③分散孩子想吃母乳的注意力：可以读故事书、准备好玩的活动来分散注意力，也可以改变每天的常规活动，如带孩子去拜访朋友，邀请其他小朋友来玩，去公园散步等。

④延迟哺乳的时间，缩短每次哺乳的时间，限制哺乳的时间和地点。

152

成长中的孩子，怎样吃才健康？

儿童期是奠定孩子饮食喜好的关键时期，在这个阶段，家长在准备食物与喂食时需花更多心力，以帮助孩子均衡摄取六大类食物并养成良好的饮食习惯。健全的身心发展水平与均衡的饮食喜好，将是孩子未来最珍贵的财产。

■ 认识六大类食物

我们可将食物可分为全谷根茎、豆鱼肉蛋、低脂乳制品、蔬菜、水果、坚果油脂这六大类。孩子每日身体所需营养均来自以上各类食物，而各类食物提供的营养不尽相同，无法互相替代。在为孩子选择食物时，应以未经加工的天然食物为先，在此基础上均衡摄取各类食物。

1. 全谷根茎类：胚芽、全谷物、糙米饭等复合性糖类食物除了提供热量外，也含有丰富的纤维素与维生素。但考虑到儿童胃肠道对高纤维饮食的耐受性，建议未精制全谷根茎类占每日总量的三分之一即可。

2. 豆鱼肉蛋类：豆鱼肉蛋类可提供丰富且高质量的蛋白质，提供组织的发育所需，建议各类制品交替摄入。

3. 乳制品：乳制品能提供丰富的蛋白质与钙，所含乳糖也能促进钙质的吸收，建议作为间餐的饮品来源。2岁以下儿童不宜饮用低脂或脱脂乳品。

4. 蔬菜类：蔬菜类可提供丰富的维生素与纤维素，摄取足量可避免便秘，如果家中有挑食的儿童，建议用切碎入菜、变化烹调方式等手段，一开始选用有甜味的蔬菜。

5. 水果类：水果能提供水溶性与非水溶性纤维，并含丰富的植物生化素，具有味甜、水分足、易入口等特性，建议作为间餐食用。

6. 坚果油脂类：脂肪为儿童期重要的热量来源，有修复细胞、保护皮肤等作用，建议提供植物性油脂。由于幼儿摄取坚果类易噎到或呛伤，建议提供坚果粉末，或烹调时使用植物油即可。

■ 如何提供孩子均衡的饮食？

可参考表14-1，根据孩子的年龄和活动强度确定其对热量的需求，均衡摄取六大类食物。各类食物分量的精细换算，可参考"六大类食物代换分量表"。一般而言，家长只需把握均衡饮食的原则，让孩子每日摄取足量食物，并提供多样化的食物以避免挑食，就能让孩子养成良好的饮食习惯，为健康奠定基础。

表 14-1　幼儿一日饮食建议量[①]

年龄	1～3岁		4～6岁			
＊日常活动所需热量（千焦） 食物种类	稍低 1 150	适度 1 350	男孩稍低 1 550	女孩稍低 1 400	男孩适度 1 800	女孩适度 1 650
全谷根茎类（碗）	1.5	2	2.5	2	3	3
豆鱼肉蛋类（份）	2	3	3	3	4	3
低脂乳品类（杯）	2	2	2	2	2	2
蔬菜类（份）	2	2	3	3	3	3
水果类（份）	2	2	2	2	2	2
坚果油脂类（份）	4	4	4	4	5	4

＊日常活动量

稍低：生活中常做轻度活动，如坐着画画、听故事、看电视，一天做 1 小时左右不太激烈的动态活动，如走路、慢速骑自行车、荡秋千等。

适度：生活中常做中度活动，如游戏，一天做 1 小时左右较激烈的活动，如跳舞、玩球、爬上爬下、跑来跑去。

[①] 根据台湾通行的"六大类食物代换分量表"，豆鱼肉蛋类一份约为 50 克，蔬菜类一份约为 100 克（生），水果类一份约为一拳大小，坚果油脂类一份约为 5 克。——编者注

如何安排孩子的用餐时间？

儿童在逐渐建立选择与分辨食物的知识的过程中，其喜好多受照顾者影响，在进入学校前，家人、同伴、保姆等人是儿童的主要学习对象。在此阶段，如能帮孩子妥善安排用餐时间、打造良好的用餐环境与愉快的用餐气氛，不但能增进亲子互动与家庭关系，而且能让孩子从小养成良好的用餐习惯，摄取充足的营养。

■ **儿童用餐时间的安排**

1. **不要让孩子随便吃点心**：儿童的胃容积小，无法只通过三餐摄取足够营养，因此在每餐之间容易感到饥饿。此时许多父母会准备点心，让儿童想吃就吃，结果孩子往往容易龋齿，而且会导致吃不下正餐。建议此阶段仍采用少食多餐的办法，并妥善安排吃点心的时间与内容。

2. **应按时、规律用餐**：用餐时间方面并没有特定的标准，只要按时、规律即可。三次正餐可配合家中时间，并在每餐间各提供一次点心，每日 5～6 餐皆可，时间安排举例如下：

早餐：早上 7 点
间餐：早上 10 点
午餐：中午 12 点
间餐：下午 3 点
晚餐：晚上 6 点

■ **营造让孩子爱上吃饭的融洽用餐气氛**

1. **规律的用餐时间**：儿童不同于成人，还不太能自己控制饮食时间，规律用餐能让儿童有良好的作息，也可避免过度饥饿或过饱。

2. **家人齐聚用餐**：共同用餐使家人间的关系更紧密，此时在餐桌上一同分享生活趣事、一起欢笑，让孩子感到被关怀和喜爱，会让他们觉得吃饭是件快乐的事。

3. **避免外在环境干扰**：许多人会在电视机

前用餐，此举不但会让儿童无法专心吃饭，也会减少家人间的对话和互动。建议关上电视、放些轻柔的音乐，让家人共享用餐时间。

4. **培养用餐习惯**：在成长过程中，儿童不断从生活经验中学习技能，家人一起吃饭时，儿童能学到餐具的使用方法和餐桌礼仪。

5. **家人以身作则**：身为儿童模仿的对象，您的进食喜好也会影响孩子，想让孩子喜欢吃蔬菜水果，家人必须自己经常吃，还要真心赞美蔬菜水果的美味。

6. **避免强迫进食、大声喝斥**：儿童拒绝吃饭的原因有很多，可能为前餐尚未消化、生病、外在环境导致分心、食物味道不佳、餐点重复等不同因素。建议先找出原因，暂缓进食或更换烹调方式。大声喝斥或强迫进食反而容易让孩子对食物与用餐留下不好的印象，产生逆反心理。

PART 5

满足孩子全方位的营养需求

宝宝满6个月后，不论是以母乳还是婴儿配方奶哺喂，都必须开始循序渐进添加辅食，辅食除了能让宝宝的肠胃接纳不同种类的食物、摄取充足的营养，还能训练其吞咽及咀嚼能力，建立良好饮食习惯。周岁以后的幼儿差不多可以和大人一起吃饭了，但要控制食物的种类、质地和分量，才能满足孩子成长发育的需求。然而，当孩子挑食、厌食时，父母该怎么办呢？家长常问儿科医生孩子需不需要补充钙片、DHA、益生菌……听听专业医生怎么说。

第 15 章　营养对健康的影响

第 16 章　益生菌的选择

第 17 章　儿童的喂养困难问题

第 18 章　儿童的肥胖问题

第 19 章　儿童的运动与成长

第 15 章

营养对健康的影响

矿物质对儿童健康的重要性

矿物质有多种基本功能。在一些发展中国家，由于营养供应不足，矿物质缺乏较为常见；在发达国家，除了缺铁性贫血以外，矿物质缺乏已经十分少见了。矿物质对健康的影响可见表15-1。

表 15-1　常见矿物质对健康的影响

矿物质	缺乏时对健康的影响	食物来源
钙	发育迟缓、骨骼发育不全、佝偻症、骨质疏松症等	乳制品、小鱼干、黑芝麻、豆制品、深色蔬菜
磷	佝偻症、骨质疏松症	牛奶、蛋黄、奶酪、肉类、坚果类
镁	心律不齐、肌肉疼痛和痉挛、沮丧、缺乏食欲	坚果、豆类、蔬菜、谷物
铁	智力发育迟缓、贫血、吸收不良、躁动、厌食、嗜睡	红肉、肝脏、谷物、母乳、配方奶、婴儿麦片
锌	躁动、嗜睡、忧郁、认知障碍、性成熟延迟、夜盲症	海产品、肉类、谷物、坚果类
碘	婴幼儿发育迟缓、甲状腺肿大。孕妇严重缺乏时可能影响胎儿脑部发育，造成新生儿生长迟滞和神经发育不全	鱼、海带、花生、黄豆、卷心菜

维生素对儿童健康的重要性

维生素是一种重要的营养素,是生物体生存、保持健康、发育、生殖过程中不可或缺的元素。

■ 维生素的功能

我们体内活动的能源来自蛋白质、脂肪、糖类这三大营养素,而维生素能促进这些营养素在身体内的代谢,使其能够很顺畅地在体内转换成能源,支持我们每天工作和思考。维生素能辅助、调节、促成身体的新陈代谢,具有传递能量与抗凝血作用等功能。

■ 维生素的摄取是不是越多越好?

多数维生素无法由身体自行合成,因此必须通过饮食来补充。维生素的需求量因人而异,但基本上很少就够了,过量反而有害。在生长、发育、怀孕、哺乳、压力、出于治疗目的等情况下才需要更多维生素。

维生素可分为脂溶性或水溶性,这两类维生素在身体处理程序上有所不同:

1. 脂溶性维生素(A、D、E、K):储存在体内的时间较长,容易堆积,产生过量的问题。

2. 水溶性维生素(B族、C):储存在体内不同的组织中,储存时间较短,最多数星期,水溶性维生素过量时会随尿液排出。

关于维生素的各项信息,请见表14-2。

表 14-2　维生素的功能、来源及过量时产生的毒性与危害

维生素	一般功能	食物来源	过量的毒性与危害
A	使眼睛适应光线的变化，保护表皮、黏膜不易受细菌侵害，促进牙齿和骨骼的正常发育	肝脏、蛋黄、牛奶、牛油、人造奶油、黄绿色蔬菜与水果	急性中毒时会感到恶心、呕吐、头痛、晕眩、视力模糊及肌肉不协调。慢性中毒会导致畸胎、肝异常、骨质密度改变
D	促进钙、磷的吸收与作用，帮助骨骼和牙齿正常发育，是神经和肌肉保持正常生理状态的必需营养	鱼肝油、蛋黄、牛油、鱼类、肝脏等	过量会引发高血钙症，产生多尿、烦渴及高尿钙现象，并可能造成中枢神经系统方面的症状
E	减少多元不饱和脂肪酸的氧化，维持细胞膜的完整性，维持皮肤及血细胞的健康	谷物、小麦胚芽油、绿叶菜、蛋黄、坚果类	极高剂量的维生素E会使凝血机制产生异常而造成出血现象
K	维持血液正常凝固的功能	绿叶菜、蛋黄、肝脏等	无（仍应适量摄取）
B1	维持能量的正常代谢，维持心脏和神经系统的功能，维持正常的食欲	胚芽米、麦芽、米糠、肝脏、瘦肉、酵母、豆类、蛋黄、鱼子、蔬菜等	可能会引起焦虑、瘙痒症、呼吸困难、恶心、腹痛及休克，严重时还可能导致死亡
B2	维持能量的正常代谢，维持皮肤健康	酵母、内脏类、牛奶、蛋类、花生、豆类、绿叶菜、瘦肉等	无（仍应适量摄取）
B6	帮助氨基酸合成与分解，帮助色氨酸转变成烟碱素，维持红细胞的正常大小，维持神经系统的健康	豆鱼肉蛋类、蔬菜类、酵母、麦芽、肝脏、肾脏、糙米、花生等	可能引起严重的末梢感觉神经病变
B12	参与红细胞的形成，维持红细胞及神经系统的健康	肝脏、肾脏、瘦肉、牛奶、奶酪、蛋等	无（仍应适量摄取）
C	细胞间质的主要构成物质，维持体内结缔组织、骨骼及牙齿的发育，促进铁的吸收	深绿、黄、红色蔬菜和水果	胃肠道不适，如恶心、呕吐、腹部痉挛、腹泻

> **小贴士**
>
> 适量补充维生素有助于身体机能的维持，但如果补充过度，仍会为身体造成负担，甚至可能危害健康。

纤维素对儿童健康的重要性

纤维素在人体内扮演着物理性的角色，其本身不具热量，但会影响人体健康。纤维素主要存在于植物内，食物中的蔬菜水果与未加工的五谷杂粮都含有丰富的纤维素。

■ 纤维素对儿童健康的影响

纤维素的影响包括：（1）加强肠道蠕动率，促进粪便排出；（2）延长食物在胃部停留的时间，因而会延迟饥饿感的产生；（3）延长糖类食物被分解成葡萄糖的时间，降低血液中胰岛素浓度的波动。

■ 需要留意补充纤维素的族群

1. 肥胖：肥胖族群是最应该补充纤维素的，每餐饭前补充纤维素及足量的水分，可以占据胃部的空间，降低食量，同时纤维素可延长胃排空时间。

2. 便秘：纤维素又被称为清肠剂，不过用纤维素来改善便秘问题，一定要在补充纤维素的同时饮用足量的水分，以免造成粪石，阻碍肠道的通畅。

■ 如何摄取足够的纤维素？

根据孩子的年龄区间及日常活动量，可得到适合孩子情况的各类食物建议摄入量（关于幼儿一日饮食建议量，见269页）。如果能参考上述建议让孩子摄取足量的全谷根茎类、蔬菜类、水果类食物，自然能从中获得足够的纤维素。

157

孕妇或哺乳期妈妈可以吃鱼油吗？

鱼油是一种健康食品，具有高蛋白质、饱和脂肪酸浓度低等优点，然而更重要的是，鱼油含有DHA和EPA（二十碳五烯酸）这两种人体可能无法充分自行合成的长链多不饱和脂肪酸，所以摄取足量的鱼油可以促进健康。但鱼油仍有可能受到环境污染物，特别是甲基汞影响，所以哺乳期妈妈在食用鱼油时仍要慎重。

■ 食用鱼油的好处

DHA是构成大脑与眼部组织的必要成分。在产前和产后初期增加鱼油摄入量，可能对婴幼儿的认知与神经系统的发育有帮助。除了促进大脑发育以外，有些研究也证实鱼油能提高婴幼儿的手眼协调度。

有些研究认为鱼油不但对婴儿有帮助，也可能为母体提供以下帮助：

1. 可能帮助孕妇降低早产的概率。
2. 可能减少孕妇产前与产后发生抑郁症的概率。
3. 可能减低孕产妇发生子痫前症的概率。

■ 食用鱼油的风险

虽然鱼油对健康有诸多好处，但在食用鱼油时仍需注意环境污染物质的影响。例如，鱼油中如果残留有环境毒素甲基汞，服用后甲基汞容易在体内积聚，可能引起神经系统方面的问题。鱼油中可能存在的其他环境毒素如多氯联苯等也有可能对身体造成伤害。

> **小贴士**
>
> 因为食物链顶端的鱼（如金枪鱼、旗鱼、鲑鱼等）体内的环境物质较多，一般不建议过多食用大型鱼类提炼的鱼油。

宝宝需要额外补充 DHA 吗？

DHA 属于 Omega-3 多元不饱和脂肪酸，分布在各组织间，大部分位于神经系统、视网膜与心血管组织中。大脑中高达 97％的 omega-3 多元不饱和脂肪酸是 DHA，DHA 同时也占大脑脂肪总含量的 35％～45％，是组成大脑细胞膜的重要结构，能帮助神经元和突触发育，影响神经传导物质的运作，是大脑发育过程中重要的营养物质。

■ 宝宝饮食中 DHA 的来源

近年来的研究均证实，DHA 可促进婴幼儿的智力与认知发展、视觉敏锐度发育，还可以增强免疫力。因此，世界卫生组织建议婴幼儿在各成长阶段中要摄取充足的 DHA。

1. 母乳喂养的宝宝：由于母乳提供的 DHA 是婴儿最佳的 DHA 来源，因此建议妈妈尽量以母乳哺喂宝宝。而母亲本身在哺乳期也应摄取适量的 DHA。

2. 配方奶喂养的宝宝：如无法哺喂母乳，因为宝宝自身的代谢系统和转化功能还未发育成熟，自行合成足量 DHA 较为困难，可通过辅食或是市场上含有充足 DHA 的配方奶来补足。

■ DHA 摄取中的注意事项

1. 鲭鱼、秋刀鱼、金枪鱼、鲑鱼、沙丁鱼、鲱鱼等鱼类的脂肪中含有丰富的 DHA，多吃鱼可增加 DHA 的摄取。

2. 鱼油也是油脂的一种，热量很高，吃多了很容易发胖。服用鱼油时要减少动物性油脂的摄取，增加高纤维食物，才能使其发挥最大作用。

159

补充钙片真的有助儿童成长吗？

钙是人体骨骼与牙齿的重要组成部分，成长阶段的儿童对钙的需求量较大。体内钙质的稳定与钙、维生素D的摄入量和甲状旁腺激素有关。

■ 是否需要给幼儿补钙？

牛奶为钙质的补充来源，较易消化和吸收，然而有许多孩子不喝牛奶或只喝调味奶，则可能要注意钙质的补充。

在如今的社会，只要没有严重偏食，日常饮食内的钙已足够供应幼儿身体发育所需。因此，如果幼儿能均衡饮食，则无须刻意补钙，补充过量反而有害。关于钙质的摄取量，可见表15-2。

表 15-2　钙质建议摄取量

年龄	每日所需钙质
0～6个月	300毫克
7～12个月	400毫克
1～3岁	500毫克
4～6岁	600毫克
7～9岁	800毫克

■ 过量补钙可能造成哪些危害？

过量补钙会导致钙质沉积在骨骼，使幼儿骨骼提早钙化而定型；也会导致钙质沉积在肾脏内，产生肾结石；甚至可能让幼儿食欲不振，造成发育迟缓。

■ 如何通过食物补钙？

1. 牛奶、乳制品中含有丰富的蛋白质和钙质。肉类、牛奶、奶酪等动物性食物中的钙质较易被小肠吸收，植物性食物中的钙质则较难被吸收。

2. 汽水中含有磷酸盐，会阻碍钙质的吸收。

3. 维生素D有助于钙质的吸收与储存。适度晒晒太阳，做做运动，有助于身体中活性维生素D的合成，能够促进钙质储存。

第 16 章

益生菌的选择

160

什么是益生菌？

根据历史记载，人类最早食用的益生菌来自酸奶。大约在公元前 3000 年前，居住在安纳托利亚高原上的古代游牧民族就已经会制作和饮用酸奶了。在 20 世纪初，俄罗斯科学家梅契尼科夫在研究保加利亚人为何较为长寿时，发现这些长寿者都有喝酸奶的习惯，他在研究后终于得知，乳类发酵后产生的乳酸菌对人体健康有益。

■ 认识益生菌

益生菌指应用在人类或动物身上，有助于改善宿主肠道菌群平衡、有益宿主健康的微生物。关于益生菌的研究成果可广泛应用于生物工程、工农业、食品安全、医药和生命健康领域，其功用则包括产生对抗致病原的物质、调节免疫功能、改善肠道的微生物生态、促进宿主健康等，可说是我们肠道健康的好朋友。

■ 益生菌与肠道健康

肠道中的细菌可能与人体内一些代谢和营养吸收方面功能有关，例如食物的消化、吸收、发酵，维生素的合成和能量的产生。因为现代社会物质丰富，饮食也越来越精致、考究，日常作息的紧张与繁忙使得肠道内的细菌与生态系统产生了极大的变化。肠道内的有益菌（益生菌）逐渐减少，而有害菌却逐渐增加，会影响肠道正常的吸收、代谢功能而让人容易生病。益生菌的观念提醒我们应正视肠道内菌群的健康与肠道生态环境的平衡，经常通过饮食补充并善待肠道内的益生菌，进而促进身体的健康。

161

益生菌可以缓解腹泻吗？

益生菌在临床疾病中的应用极为广泛，有辅助治疗和预防的作用，目前已经医学证实的功能包括：

1. 缩短儿童急性病毒性腹泻病程：

总共进行了63次临床试验，参与者有8 000多名。整体分析结果显示，使用益生菌有助于缩短腹泻病程（平均减少约25小时）、减轻严重度（使用了益生菌的病患中腹泻超过4天的比例较少，且在介入治疗后每天腹泻次数也较少）。此外，林口长庚儿童医院的研究也发现，对200多名因急性腹泻住院的患儿，在给予了一周的益生菌锭之后，腹泻时间缩短了25～26个小时，住院天数平均可缩短一天。急性腹泻根据成因可分为病毒性感染和细菌性感染，目前认为益生菌对病毒性感染导致的腹泻效果较好，对细菌性感染则尚未有定论。

2. 预防使用抗生素导致的腹泻：

共有10个符合条件的临床试验，整体分析结果显示，使用益生菌可降低病患在服用抗生素时发生腹泻的可能性。

3. 预防新生儿坏死性肠炎：

共有16个符合条件的临床试验，追踪了2 800多名婴儿。整体分析结果显示，事先给予益生菌，可以明显降低严重型坏死性肠炎（第二级以上）的发生风险，并可降低此疾病致死的风险。

从临床医学的观点来看，益生菌的使用似乎有辅助治疗的效果，有助于改善儿童病毒性腹泻的症状，并对抗生素所致腹泻与新生儿坏死性肠炎有预防效果。但应注意，并不是所有的益生菌株都有效，建议选用已经临床试验证实的菌株或产品。

医生在线

Q: 益生菌可以改善孩子的过敏症状吗?

A: 益生菌可改善过敏的原理可能是通过增加有益的肠道微生物来调节肠道免疫,进一步抑制不适当的免疫或发炎反应。过去有科学研究发现,服用益生菌可以改善过敏疾病患者的免疫系统,因此近年来"益生菌抗过敏"的观念相当盛行。

然而,关于益生菌是否可以改善过敏症状这个问题,目前的医学证据并不充足。孩子有过敏症状时,建议请专科医生诊治;如果想让孩子吃益生菌,仍需注意相关产品的疗效是否经过临床试验证实,或在咨询医生后服用。

162

如何选择合适的益生菌？

市面上益生菌的种类有很多，有些的疗效可能被过度夸大，如何选购合适的产品，常是一个让父母们伤脑筋的问题。

■ 乳酸菌和益生菌是一样的吗？

我们常会听到"乳酸菌"这个词，乳酸菌是指能利用碳水化合物进行发酵生产大量乳酸的细菌的总称，是个相当庞杂的菌群，近年来，在科技与分子生物学的不断发展下，目前的普遍观点认为，乳酸菌已由早期的4个属细分及扩充为17个属273个种。由于"益生菌"的定义是"对人体健康有益的活性微生物"，因此并非所有的乳酸菌种都是益生菌，必须是经过研究证实对人体有益处的乳酸菌种，才能被纳入益生菌的范围。

■ 益生菌的种类

益生菌的主要种类包括：

1. **乳杆菌属**：常见的有嗜酸乳杆菌、干酪乳杆菌、副干酪乳杆菌、植物乳杆菌、鼠李糖乳杆菌、保加利亚乳杆菌、唾液乳杆菌等。

2. **双歧杆菌属**：常见的有短双歧杆菌、两歧双歧杆菌、动物双歧杆菌、长双歧杆菌、婴儿双歧杆菌等。

3. **其他种类的益生菌**：如嗜热链球菌、乳酸乳球菌、酪酸梭菌、酿酒酵母等。

■ 该选择哪一种益生菌服用？

建议选择安全、有活性、功效获得临床验证的益生菌。然而，益生菌的功效具有高度的细菌特定性，不同的菌种、菌株、供货商甚至不同的菌株配比都可能会有完全不同的功效，因此，建议选择益生菌时要考虑该菌株的功效是否已经过临床验证，并注意其针对性；必要时也可以求助儿科医生，听取医生建议或服用医生处方的药品级益生菌制剂，更能确保质量与疗效。

163

可以长期吃益生菌吗？

宝宝出生后的成长期，是建立肠道菌群的重要时期，益生菌对婴幼儿健康的整体影响是积极的，然而，益生菌并不是永远停留在肠道里的细菌，因此最好能持续使用，有助肠道菌群的稳定，保持肠道健康。

■ 偶尔吃益生菌会不会对身体不好？

能稳定地吃益生菌当然比较好，但也不必担心吃了又停、停了又吃会没有效果，因为益生菌在一段时间后就会被排出体外。研究发现，人们服用益生菌产品时，能在粪便中检测到该种益生菌，一旦停止服用，一段时间后就检测不到了。

■ 长期吃益生菌会不会影响肝肾功能？

益生菌主要在肠道中发挥其调节免疫系统的功效，并不需要进入血液，也不会像一般药物那样经过肝肾代谢，所以并不会伤肝肾。

■ 长期吃益生菌应注意的几点

1. 益生菌可以长期吃，但摄取剂量应适当，不要过量服用。一般来说，有效的治疗剂量为每日摄取约 10 亿只益生菌（即 109CFU）。

2. 除了补充益生菌外，建议维持健康的作息习惯和平衡的饮食结构，这样才能为身体和肠道健康奠定基础。

3. 益生菌的使用大致上是安全的，但在极少数的情况下可能会出现合并症（如感染菌血症、心内膜炎等），因此较不建议某些特定人群使用，如有免疫缺陷、免疫低下的患者或置放中心静脉导管者。此外，早产儿或老年患者使用益生菌时，降低剂量较为安全。

第17章

儿童的喂养困难问题

164

什么是儿童喂养困难？

儿童喂养困难问题，是指儿童在饮食上出现偏食、挑食行为。常见的偏食、挑食行为包括食量少、只吃少数几种食物、水果或蔬菜，不愿意尝试新食物，用餐时容易发脾气或中断进食，用餐不专心或需要花很长时间，对特定食物有强烈的偏好，比较喜欢喝而不喜欢咀嚼，有些宝宝甚至对特定食物有强烈的恐惧感。

■ 儿童喂养困难的六大类型

1. 潜在疾病问题：

孩子有潜在疾病时通常会出现一些信号，例如吞咽困难、发育迟缓、腹泻等症状，必须通过适当的器质性疾病治疗手段，才可解决由身体不适产生的喂食困难。

2. 父母过度担心：

这类型的孩子本身没有偏食、挑食的问题，成长状况也大多不错，但父母过度期望孩子能长得更好或吃得更多，往往会产生过度的担心，并采用强制喂食行为，长此以往，反而会导致亲子间冲突的增加。父母在衡量孩子偏食、挑食倾向时，也应咨询医生意见，避免错误认知与过度期许导致亲子关系恶化。

3. 胃口有限：

好奇、固执、易受吸引、不够专注是这类型孩子的特征，他们对"吃"缺乏兴趣，导致吃饭时容易边吃边玩，需耗费长时间喂食。为解决这类型的偏食、挑食行为，爸妈首先必须帮孩子体验饥饿感和吃东西后的饱足感，来促进孩子的食欲与意愿。

4. 感官性挑食：

主要来自孩子本身极度敏感的知觉，例如儿童会因为食物的特定口味、温度、颜色、外观等特点而失去尝试的兴趣。这类孩子往往可能有其他感官敏感的情况，如对噪音、手上的脏污或强光非常敏感等。父母可从孩子能接受的食物开始，以诱导但非强迫的方式逐步增强孩子尝试新食物的意愿。

5. 畏惧进食：

部分儿童会因为过去不愉快的进食经验，例如吞食时噎到或曾经因生病而需要插管进食，心理上对食物的主观印象大打折扣，对某种食物的恐惧及排斥增加。

父母可通过技巧性的教养方式减轻孩子的排斥，例如在孩子放松或困倦的时候喂食，可以减少孩子对进食的敏感度。

6. 被忽视：

这类孩子在互动中通常显得冷漠或疏离，主要原因是照顾者对孩子的忽视与漠视，因此，这类问题更常发生在经济状况不佳或照顾者本身也有发展问题的家庭里。要改善这类孩子的状况，最有效的方式就是寻求其他有经验且热情的教养者来照顾孩子；如果有虐待儿童的情况，则应寻求福利机构帮助。

■ 如何寻求专业帮助？

可通过既有诊断工具，由儿科医生或专业的儿科营养师进行评估，客观有效地分辨偏食、挑食儿童属于以上哪种类型。医生或营养师可依据困难类型向家长提供有效的改善方案，协助解决儿童的偏食、挑食问题。

165

孩子偏食、挑食合并营养不良怎么办？

父母常担心儿童会营养不良。如果儿童有偏食、挑食的行为，同时体重在一段时间内没有增加、生长曲线下滑，父母就可带儿童找专科医生诊治。

■ 偏食、挑食对儿童可能产生什么影响？

过去的医学研究和林口长庚团队的研究结果显示：

1. 长期偏食、挑食儿童的身高与体重落后于同年龄无偏食、挑食现象的儿童。
2. 长期偏食、挑食的儿童比无此现象的儿童更容易出现营养不良问题。偏食、挑食儿童容易缺乏的营养素有蛋白质、脂肪、维生素C、维生素E、锌、铁、叶酸与钙等。

■ 饮食困难的儿童何时应接受医生诊治？

根据儿童的身体条件（身高、体重百分位）绘制的生长曲线图、饮食内容与临床表征等可帮助父母判断何时该对儿童进行营养评估与检查。当您的孩子有下列情况时，应寻求儿科医生（最好是新生儿科、胃肠科、内分泌科与遗传科等营养相关科室）帮助：

1. 出现生长迟滞现象，如持续身高或体重低于3～5个百分位。
2. 生长曲线图下滑两条线以上。
3. 严重饮食偏差行为（比如不爱吃很多主食）。
4. 外观有易掉发、伤口愈合慢、常生病（如感染）、口角炎、脸色苍白、四肢浮肿与精神或动力降低时。

■ 医生会如何处理儿童饮食困难的问题？

医生会对儿童需要做的项目进行检查，一旦查出营养素缺乏时，医生与营养师除了提供偏食、挑食或饮食困难的评估与处置方案外，还可通过助消化剂（特定益生菌或酶）、营养补充剂（如维生素、锌、铁等）与营养强化食品来协助改善儿童营养不良的情况。

166

如何预防与改善孩子的偏食和挑食行为？

几乎每个孩子从近1岁起就会开始出现一些偏食与挑食行为，对食物产生好恶，2岁以后会更明显。父母该如何预防与改善孩子的偏食和挑食行为呢？

■ 了解孩子为什么偏食、挑食

1. **咀嚼训练尚未发展完成**：有些宝宝可能处在添加辅食阶段，尚未做好牙齿与嘴部肌肉的咀嚼训练，因此只吃白饭、白面等质地较软的淀粉类食物，没有顺利进入吃蔬菜或肉类等较难咀嚼、质地较粗的食物的阶段。此时，家长要尽量挑些质地与淀粉类同样松软的食物让宝宝食用，如豆腐、鸡蛋、肉泥、菜泥等，也可以让宝宝喝菜汁或果汁来补充缺乏的营养。父母可以将蔬菜、肉类藏在淀粉类食物中，以训练孩子的咀嚼能力，再根据孩子的接受程度慢慢地增量。

2. **孩子也在探索自己的饮食偏好**：孩子的饮食习惯是会不断改变的，因此，在孩子坚决不肯尝试某种食物时，家长不要太过坚持，可以过几天或几个星期再让孩子尝试，不要用逼迫的方式，否则只会加深孩子对这种食物的反感。

3. **观察孩子在喂食后有没有不适感**：有些孩子胃肠道功能异常，这也可能影响其偏食行为，比如胃肠道发育不完全的孩子在吃了某些食物后可能会肚子疼，因此就会害怕并避免吃这些食物。

4. **偏食行为和先天性格也有关系**：有些孩子比较不爱尝试新食物，所以进食经验越早、越愉快，孩子就越容易接受某种食物。因此，如果家长忽略孩子接触辅食的阶段，孩子可能就需要较长时间来适应这些没吃过的食物。

5. **家长要有正确的饮食观念**：如果家长本身有偏食的习惯，给孩子吃的食物自然也会有营养不均衡的倾向。

6. **避免负面饮食体验**：有些孩子处在长牙的阶段，如果家长给他们吃切得不够碎或纤维很粗的青菜，造成咀嚼时不舒服或咬很久都咬不断的情况，就会形成不愉快的饮食体验；有些情况，如孩子在吃某样食物时曾经卡住过或父母无意间把菜做得太辣了，都会让孩子对此类食物及其他外观类似的食物（如同为绿色）产生恐惧感，可能就会不敢吃了。针对这种情况，照顾者应从提供少量食物开始，慢慢鼓励孩子尝试，并吃给孩子看，使其对这种食物渐渐放心，之后才有可能接受。

7. **避免养成爱吃零食、甜食与重口味食物的习惯**：有些父母因忙碌而无法经常陪伴孩子，基于补偿的心态，就会用"吃"来满足和安抚孩子，例如为了让孩子高兴就买很多孩子爱吃的零食、甜食，纵容孩子想吃多少就吃多少，这样的情况也很容易造成孩子的偏食和挑食行为。如果让孩子太早接触重甜、重咸的食物，味觉被刺激久了，就会习惯这种强烈的味道,因此会觉得清淡的食物没味道而选择不吃。

■ 有助改善偏食、挑食行为的小改变

1. **花点心思准备食物，突破孩子心房**：家长可以利用孩子喜欢色彩的本性在做饭时多花点心思，利用青菜和肉类的颜色来装点白饭、白面等淀粉类食物，运用创意在食物中创造出许多可爱的图案。

2. **适度接纳暂时性的挑食**：在某段时间内特别不想吃某些东西的这种暂时性挑食只要不太严重，家长就不必烦恼，可以隔一段时间再让孩子尝试不敢吃的食物。

3. **用鼓励代替过度奖赏、责骂或强迫进食**：孩子坚决不肯尝试某种食物时，家长不要太过坚持，可以过几天再让孩子尝试，不要用强迫手段，否则会加深孩子对该食物的反感。

4. **让儿童多尝试新食物，改变烹调方式**：让儿童多尝试新食物，带领孩子认识与欣赏食物，适度参与烹调过程，不要因为孩子不爱吃就再也不做某种食物，试着改变食物的烹调方式，可让孩子渐渐接受原先不爱吃的食物。

5. **不要让孩子边吃边玩**：边吃边玩的孩子容易养成偏食和挑食的习惯。

6. **营造轻松愉快的用餐气氛**：提供孩子一个轻松愉快的用餐环境，可减少孩子的偏食行为。

孩子厌食怎么办？

所谓"厌食"，一般指长时间食欲减退甚至消失。长时间厌食不但会导致营养不良，阻碍成长发育，还可能进而影响身心发展，是令父母深感头痛的问题之一。

■ 为何孩子会厌食？

1. 婴儿期厌食的可能原因：

婴儿期最常见的厌食原因，是对外界好奇而造成吃奶时易分心，也可能是贲门太松，产生胃食道反流、婴儿腹绞痛而形成胀气等因素的影响。

2. 幼儿期厌食的可能原因：

①心理性偏食：幼儿期最常见的厌食原因，来自不良的饮食习惯（如摄取过量高糖分饮料）与偏食等。

②胃肠道疾病：如胃食道反流、消化性溃疡、慢性肠炎、急慢性肝炎等。

③胃肠道以外之器质性疾病：如先天性心脏病、脑神经系统疾病、慢性肾衰竭、慢性贫血或内分泌系统疾病（如甲状腺功能低下）等。

④排斥过敏性食物：会拒食与致敏食物的味道、形状、色泽相似的其他非过敏性食物。

⑤缺乏微量元素（如铁、锌、镁），食欲受到影响。

⑥环境影响：如温度太高。

■ 如何改善厌食的问题？

调查数据显示，现代生活中儿童厌食、偏食、拒食的现象中近一半是餐前情绪不良引起的。因此，调动良好的餐前情绪并在用餐过程中让孩子从小养成良好的饮食习惯，有助于改善厌食问题。

1. 不要因孩子不想吃饭而大声斥责： 到了吃饭时间，如果孩子因为正在专心看书、玩游戏而一时不想吃饭，这并不是故意克制食欲，而是精神作用暂时切断了空腹与食欲间的生理联系。父母可通过请孩子帮忙端碗、拿东西的方式，或用较为夸张的言语宣告今天会有什么样的饭菜、其营养和味道如何，充分激起孩子食欲。千万不可在餐前大声呵斥、责骂孩子，这种做法对孩子的情绪影响非常大，会进一步加重偏食或厌食的情况。

2. 别让孩子单独进餐： 很多家长没有意识到陪孩子进餐的重要性。让孩子单独进餐有两个明显的弊端：一方面，孩子长期单独进餐，会产生强烈的孤独感和被遗弃感，会认为父母对自己的生活漠不关心，这种感受会逐渐从餐桌一直延伸到生活中，而最终影响性格和亲子关系。另一方面，孩子单独进餐时多会根据自己的喜好进食，爱吃的多吃点，不爱吃的就少吃或干脆不吃，长此以往会逐渐养成不良的饮食与生活习惯。

3. 培养孩子从小养成良好的饮食习惯：家长要教育孩子少吃甚至不吃零食，培养其有规律、定时定量进食的好习惯；要为儿童进食创造良好的心理环境，不强迫进食，避免儿童产生拒绝进食的逆反心理。

4. 积极看待孩子的偏食：因为人类食物的选择范围非常广，只要不会导致体内营养失衡，就不要过分担心孩子偏食。

如果上述方法仍无法改善厌食问题，则需寻求儿科医生的帮助，儿科医生可以对孩子的发育进行评估，及时发现发育迟缓现象，治疗病理性厌食（如贫血、生长迟滞、活力不足）的孩子，还能提供正确的育儿知识与营养咨询。

应该如何给孩子吃零食？

几乎每个孩子都喜欢吃零食，但零食往往含有过多糖分、脂肪、碳水化合物等，过量摄取会对孩子身体造成危害。零食并非完全不可吃，但如何让孩子吃得适量、适时、适当，则需要父母与照顾者的细心安排。

■ 常吃零食会对孩子的身体健康造成什么影响？

零食会扰乱孩子胃肠的规律活动，影响消化功能和吃正餐；加上零食口感一般都比较浓厚，如果孩子从小就养成了重口味，不仅会使味觉敏感度下降，也会影响日后饮食习惯的形成。甜食易导致龋齿，特别在10岁以前，牙齿正处于发育阶段，如果常吃糖分较高的零食，且不注意口腔卫生和牙齿保健，就会导致龋齿。此外，甜食与零食的热量非常高，容易导致肥胖；另有研究显示，过量甜食可能使孩子注意力不容易集中，甚至产生多动倾向，智力发育也会受到消极影响。

■ 提供适当的点心，让孩子吃得健康

1. **限制零食供应量**：父母不要常买零食给孩子，同时避免将零食放在孩子容易拿到的地方（如客厅桌上），这样才能限制孩子吃零食的量。

2. **固定时间吃点心**：点心时间最好安排在两餐之间，不要在正餐前半小时到一小时吃，而且分量不要太多，以免影响正餐时的食欲。

3. **选择营养又好吃的点心**：选择健康营养又好吃的点心，定时定量地提供，有助于孩子的发育。市面上的零食几乎都含有大量脂肪、糖、盐和各种添加剂，对健康无益，所以家长可帮孩子选择一些较有营养的食物来做点心，例如乳制品（如牛奶、酸奶、干酪等）含有优质的蛋白质、脂肪、钙等营养素，可在上下午吃。水果含有丰富的纤维和维生素，多吃水果可促进食欲，帮助消化。也可以让孩子在下午吃适量的吐司面包。

医生在线

Q 我的宝宝吃正餐时总是这个不吃那个不吃，怎么说都没用，每天吃饭就像打仗一样，该怎么办？

A 宝宝出现偏食和挑食问题时，往往需要父母耐心找到喂养困难的症结，引导宝宝改善饮食问题；如果宝宝偏食和挑食问题严重到可能影响发育，建议父母尽早寻求营养相关专科医生与营养师的帮助。以下提供几个有助于攻克宝宝常见偏食和挑食问题的小方法，供父母们参考。

1. 对付不吃蔬菜的宝宝：建议家长调整烹煮方式，或通过与其他食材搭配，把宝宝不喜欢的蔬菜气味盖过去。此外，蔬菜比较难咀嚼，这也是导致宝宝不爱吃的原因之一，建议可从改善口感入手，将蔬菜煮得更软烂，并可鼓励宝宝从较能接受的蔬菜开始尝试，让宝宝渐渐愿意吃更多不同的种类。

2. 对付不吃肉类的宝宝：这类宝宝可能是在添加辅食阶段没有做好牙齿和嘴部肌肉的咀嚼训练。可以先将青菜和肉类剁碎，加入宝宝喜爱的淀粉食物，再根据宝宝的接受程度慢慢增量，质地也从比较细的碎泥慢慢调至块状或条状。

3. 对付不爱喝水的宝宝：可以在开水里添加少量果汁、运动饮料等增加甜味，并逐次减少添加量，直到宝宝可以适应白开水为止。

4. 对付嗜吃甜食、零食的宝宝：在吃点心的时间，可先给宝宝少量水果、小面包、小饼干等食物来取代布丁、蛋糕、果汁、饮料等含糖量较高的零食，以避免影响宝宝吃正餐时的食欲。

第 18 章

儿童的肥胖问题

169

什么是儿童肥胖？

如果孩子在儿童期超重，在成年后有一半概率将继续超重，因此儿童肥胖的问题已成为现代父母必须思考的重要议题，不要盲目相信"能吃是福"。

■ 导致儿童肥胖的原因

肥胖是一种慢性问题，目前成因仍不是十分明确，家族遗传和生活环境（如饮食、运动及生活作息）等因素可能是主要原因。根据原因的不同，儿童肥胖大致可分为单纯性肥胖和病态性肥胖两类。

1. **单纯性肥胖**：儿童肥胖和成年人肥胖一样，大多属于单纯性肥胖，是长期吃过多高热量食物（如含糖饮料、薯片、薯条、香肠、热狗、甜甜圈、蛋糕等点心）及静态活动太多（如长时间看电视、上网聊天或打游戏等），造成热量摄入超过消耗，热量以脂肪的形态异常储存于体内的结果。单纯性肥胖儿童的身材常较同年龄人早熟，长得较为高壮。

2. **病态性肥胖**：一般是疾病或染色体、基因、内分泌、中枢神经系统等方面出现异常而导致的（如甲状腺功能低下、库欣综合征、生长激素缺乏症等），在所有肥胖案例中仅占不到1%。其治疗原则与单纯性肥胖完全不同，必须针对其潜在病因做处理。如果孩子有生长迟滞、脸形或体态特殊、骨骼发育迟缓、性征发育不正常等现象，应请小儿内分泌或遗传科医生做进一步评估。

■ 儿童肥胖的定义

1. 什么是 BMI：每个人的健康体重都根据年龄、性别、身高不同而有所不同。世界卫生组织建议以 BMI（身体质量指数）来衡量肥胖程度，其计算公式是以体重（公斤）除以身高（米）的平方。研究显示，BMI 过高者患肥胖相关疾病的风险也更高。

2. 儿童 BMI 值多少才算肥胖：各年龄段儿童体重正常、超重和肥胖对应的 BMI 值范围可见表 18-1。

表 18-1　儿童 BMI 建议值

年龄	男孩			女孩		
	正常范围	超重	肥胖	正常范围	超重	肥胖
2	14.2～17.4	≥17.4	≥18.3	13.7～17.2	≥17.2	≥18.1
3	13.7～17.0	≥17.0	≥17.8	13.5～16.9	≥16.9	≥17.8
4	13.4～16.7	≥16.7	≥17.6	13.2～16.8	≥16.8	≥17.9
5	13.3～16.7	≥16.7	≥17.7	13.1～17.0	≥17.0	≥18.1
6	13.5～16.9	≥16.9	≥18.5	13.1～17.2	≥17.2	≥18.8
7	13.8～17.9	≥17.9	≥20.3	13.4～17.7	≥17.7	≥19.6
8	14.1～19.0	≥19.0	≥21.6	13.8～18.4	≥18.4	≥20.7
9	14.3～19.5	≥19.5	≥22.3	14.0～19.1	≥19.1	≥21.3
10	14.5～20.0	≥20.0	≥22.7	14.3～19.7	≥19.7	≥22.0
11	14.8～20.7	≥20.7	≥23.2	14.7～20.5	≥20.5	≥22.7
12	15.2～21.3	≥21.3	≥23.9	15.2～21.3	≥21.3	≥23.5

■ 肥胖儿童的健康问题

"小时候的胖不是胖"这句话是否正确呢？研究显示，肥胖儿童在成年后有42%～63%的概率会肥胖，而肥胖青少年在成年后肥胖的概率更是高达70%～80%。肥胖可能直接或间接增加成年后慢性病（如心脏血管疾病、糖尿病等）的发病率和死亡率，是健康的重大威胁之一。肥胖儿童常见的健康问题包括：

1. **代谢综合征**：包括腹部肥胖、血压偏高、空腹血糖值偏高、三酸甘油酯偏高、高密度脂蛋白胆固醇偏低等，如果上述五项中有三项异常，即属于代谢综合征，可能增加未来患糖尿病、心脏病、脑中风等疾病的概率。

2. **肠胃及肝胆系统方面**：因为胆道胆固醇分泌增加容易造成胆结石，加上脂肪分裂速率提高和胰岛素抵抗效应，容易导致脂肪变性肝炎，甚至会伴有肝功能异常、肝纤维化及肝硬化等慢性肝病现象。

3. **呼吸系统方面**：过度肥胖会引起呼吸功能改变，尤其是肺活量减少，加上长期活动量减少，呼吸肌力量弱，造成体内积存大量二氧化碳，导致肥胖通气不良综合征。此外，也会造成睡眠时血氧饱和度差与睡眠呼吸中止，导致睡眠异常，进而影响学习水平和记忆力。

4. **骨骼肌肉系统方面**：肥胖会造成股骨头坏死及骨头变形，除非减肥，否则骨科医生也很难处理。此外，肥胖也增加了足踝扭伤与骨折的风险。

5. **神经系统方面**：如假性颅内压增高引起的头痛。

6. **心理社交方面**：肥胖儿童容易受到同龄人歧视，被看作懒惰、肮脏、反应迟钝、笨拙、行动迟缓的象征，造成焦虑、沮丧、自卑等负面情绪。

170

如何预防儿童肥胖？

肥胖儿童的减肥工作和成人一样，往往并不简单，需要长期奋斗才能完成。如果能让孩子从小学会健康饮食、规律运动和进行自我体重管理，便能促进培养终身健康的生活状态，避免肥胖造成的危害。

■ 从宝宝在妈妈肚子里开始做起

1. 怀孕前 BMI 应该正常化，怀孕期间要控制体重，不要增重太多。
2. 怀孕期间不抽烟。
3. 怀孕期间维持中度、适当运动。如果出现妊娠糖尿病，应严格控制血糖。
4. 产后母乳喂养至少 6 个月，至少等到宝宝 4～6 个月大后再喂辅食和含糖饮料。

■ 全家共同养成良好的生活和饮食习惯

1. 全家只在固定地点与时间用餐，不要漏掉正餐，尤其是早餐。
2. 使用小碟子进食，如果有大份主菜，应放在离餐桌较远处，以避免取食过量。
3. 尽量避免过甜、过油的食物或含糖饮料。
4. 撤掉儿童房间的电视或电脑，限制看电视和打游戏的时间（每天最多 2 小时）。
5. 鼓励全家每周 5～6 次在家共餐，限制外出用餐次数（尤其是快餐店）。
6. 每天做中强度运动 60 分钟。
7. 每天吃 5～9 份新鲜水果和蔬菜。
8. 外出时鼓励走路。

小贴士

儿童肥胖一般是可以预防的，身为家长，您一定要以身作则，教育孩子养成健康的饮食习惯，并尽可能协助孩子排除外在的食物诱惑。如果孩子达到预定的目标，可给予口头称赞、实物奖赏或多拨一点时间陪伴，但切忌用食物做奖励。

171

如何治疗儿童肥胖？

目前针对儿童肥胖的治疗方法以饮食控制、运动治疗和行为治疗为主。如果是严重肥胖，也可考虑以药物治疗或减肥手术介入，但目前医学界并不主张在肥胖儿童身上用药或开刀，因为药物和手术对儿童而言多少都有副作用。无论采取哪种治疗方法，都必须以不影响健康为前提。

■ 饮食控制

1. 学习正确进食技巧：吃饭时先喝开水或汤，再吃青菜，接着吃饭，最后才吃肉；每口食物都需在咀嚼20下之后再吞下，以免过度摄取热量。

2. 对轻度肥胖儿童的饮食治疗：不需实施摄取热量限制，而是要改变饮食内容。应尽量禁止摄入汽水、可乐等高糖饮料和炸鸡、薯条等高油脂食物，只要有效控制饮食，约20%的儿童能达到体重减轻的效果。

3. 对中重度肥胖儿童的饮食治疗：必须实施限制热量摄入的饮食疗法。家长应给儿童低热量且均衡的饮食，最好能与营养师、医生配合，找到最适合儿童的搭配，必要时可以补充营养素，避免营养不良。

4. 建立营养教育的认知：具备营养知识很重要，必须让孩子了解如何科学饮食，增加食物的选择，以保证长期减肥的成效。

■ 运动治疗

1. 运动治疗的功能：体育运动除了可达到增加能量消耗的目的，还具有使肥胖儿童产生积极性与自信的效果，但运动治疗还是要与饮食控制同时进行才能发挥效果。

2. 选择合适的运动项目：家长应该让儿童养成每周运动3～5天的习惯，且每次运动时间最少为30分钟，运动项目应选择使用大肌肉的有氧运动，如慢跑、散步、游泳、骑自行车、溜冰等，最好能够运动到出汗为止。所选运动应尽量符合儿童体能状况和兴趣，持之以恒才是减肥的关键。

3. 在日常生活中养成活动的习惯：在日常生活中减少静态活动（如少看电视、玩电脑）、多活动身体（如走路上学、做家务）也有减肥效果。

■ 行为治疗

人一生中的许多行为习惯在儿童与青少年时期就已养成，儿童的态度和行为比起成人都更有可塑性，如果能趁早改变行为，可产生较大幅度的改变和较持久的效益。

行为治疗中最重要的是"饮食日记"，家长应帮儿童记录每天体重、进食项目、食物分量和进行的活动等，这样才能让儿童知道自己吃了什么、做了多少运动，并看到自己进步的具体过程。

儿童为自己努力改变所获得的成果感到开心时，就能产生自我强化的效果，有助于建立自信心、增加持续下去的动力。此时父母也可以给予适度奖励，通过外在强化使科学饮食、规律运动逐渐成为孩子生活习惯的一部分。

■ 药物治疗

药物的使用在对肥胖儿童的治疗中具有高度争议性，仅能用于特定对象，而且要在安全、适当的前提下使用。

■ 减肥手术

14岁以上、有严重肥胖问题的青少年可采用手术治疗，具体适用范围为处于青春期晚期、BMI超过40、患有严重合并症、接受过生活形态矫正的正式课程与药物治疗但都未成功、极度肥胖的青少年。考虑到术后反弹和副作用发生率，比起胃绕道手术，青少年更适合接受胃束带手术。

> **小贴士**
>
> 儿童肥胖治疗应以家庭为背景，需要至少一位父母的参与，最终目标是整个家庭生活形态的改变。治疗目标在于降低饮食热量摄入、增加身体活动量以及减少用于静态生活的时间，从而达到减肥效果。一般而言，2岁以下儿童不宜减肥，尽量避免让孩子体重持续攀升即可；肥胖儿童到3岁以后则是越早治疗效果越好。

172

肥胖儿童在运动中要留意哪些事项？

■ 针对肥胖儿童的活动设计

肥胖儿童体能比一般同龄者差，沉重的身躯导致行动不便或动作不流畅，也是不利其参与体育活动的因素。建议采用以下原则来协助肥胖儿童改善运动能力：

1. 主要选择趣味性与重复性高、复杂度与技巧性低的活动：以增强运动动机、锻炼毅力为主，可根据对象的个别差异采用渐进的方式增加运动量。

2. 对肥胖儿童多鼓励、少批评：家长应强调超越自我，避免与他人比较，如果能全家人一同参与，则可增加活动的持续性。

3. 定期实施健康检查：最好每3~6个月实施一次健康检查（含血脂、血糖与血压检验）与体能评估，其结果除供专业人员用来评估饮食与运动控制的成效外，还可作为修正活动设计的依据。成果的展现也有助于鼓励儿童继续努力。

■ 从事体育运动时的注意事项

1. 选择合适的运动：根据个人体能状况、兴趣与前述原则，选择以使用大肌肉群为主的运动，如快走、慢跑、骑自行车等重复性较高的律动活动。

2. 适当的中低运动强度：在活动过程中，如果仍可与他人以平顺或稍带喘息的状况进行口语交谈，即为适当的中低强度运动状态；运动强度过高的运动方式不但容易产生不适感，也无助于改善身体和血液内脂肪情况。

3. 维持固定的运动量：每周至少需运动3次，能每日运动更好，如果每次选择不同的活动项目，则应采取强度相当的活动。每活动10~20分钟便休息2~3分钟，每次运动的总时间不少于20分钟，并以30~40分钟为宜。

4. 运动前后的饮食：活动前40~60分钟应进食完毕，饮食内容以低油脂的淀粉类食物为主。运动前即应摄取水分，运动中则每30分钟至少应补充200~300毫升水分，不应等到感觉口渴才喝。应避免选用运动饮料或碳酸饮料。

5. 运动前后的热身与运动后的整理运动：主要活动开始前，应进行热身运动约5分钟，包括原地踏步甩手、慢步走与伸展运动。运动后不宜立即坐下休息，应继续从事一些和缓的动态恢复运动，其内容类似之前的热身运动。

6. 适当的衣着：衣着以轻便、宽松、易排汗为主，并视体温与流汗状况适时增减。

第 19 章

儿童的运动与成长

173

为什么儿童需要运动？

0～6岁是儿童身体动作发育的重要时期，如果能让此阶段的儿童适度运动，将有助其奠定身心发育的良好基础。

■ 儿童运动的重要性

1. **刺激大脑发育与整合**：运动是能提供大量神经信号刺激的活动，能促进孩子大脑皮层的活化与神经元之间的连接，有助于未来大脑潜能的开发。

2. **促进神经系统发育**：孩子正值神经系统发育最显著的时期，此时如果能通过身体各部位的运动奠定初步动作与基础动作能力，提高身体的控制协调能力，将为日后各种学习活动奠定重要基础。

3. **增强身体机能与免疫力**：经常运动除了能够促进肌肉骨骼发育、增进肢体动作协调性、增强心肺功能，还能让孩子有较强的抵抗力。

4. **提升情绪与社交能力**：运动不但能帮孩子纾解情绪、增强注意力、提高抗压性，还能在孩子与同伴游戏互动的过程中提升孩子的信任、合作、同情、互助、尊重等社交技巧。

5. **增进亲子关系**：父母带着孩子一起运动不仅能增进亲子间的情感与默契，还能让父母更清楚地掌握孩子的发育状况。

6. **改善特殊儿童发育问题**：研究结果显示，一些多动和注意力不集中的问题其实是运动量不足、获得的刺激过少导致的，在适度运动后常能得到改善。

■ 儿童的动作发育

从动作发育的观点来看，儿童的身体动作大致可分为走、跑、跳、投掷、接、踢、打击等类型。动作发育是阶段性的，也就是说孩子要在适度发育后才能做出特定动作，在多次重复后才能渐渐变得更熟练、更稳定、更协调。

儿童动作发育虽然存在个别差异，但基本上仍有普遍规律。父母不要刻意期待或要求孩子达到超出平均水平很多的表现；相反，如果孩子的表现低于平均水平过多，则应注意其某些动作的发育是否需要加强，或者是否有发育上的问题。儿童的运动能力发育顺序可见表19-1。

表 19-1　儿童期运动能力发育顺序

类型	年龄	能力
走	3 岁前	具备了基本的起步移动能力，例如横着走、倒着走、上下楼梯、斜向前进甚至交叉步走
跑	2～3 岁	第一次会跑
	4～5 岁	跑得有效、优美
	5 岁	跑步动作成熟
单脚跳	3 岁	以惯用脚跳 3 次
	4 岁	以同一脚连续跳 4～6 次
	5 岁	以同一脚连续跳 8～10 次
	6 岁	跳跃动作成熟
投掷	3 岁左右	面向目标，脚不动，仅用前臂投球
	4～5 岁	能同手同脚地踏前投球
	6 岁	能用各种方式熟练地投球
接	3 岁左右	追球，以迟钝的手臂动作进行空中接球
	3～4 岁	接球时有畏惧感
	4 岁	利用身体做篮状抱接球
	5 岁	接小球也需要用双手
	6 岁	接球动作成熟
踢	3 岁左右	能将脚伸直踢球
	3～4 岁	能弯曲脚并将脚后抬再向前踢球
	4～5 岁	能明确大幅向后抬脚，向前踢球
	5～6 岁	动作精熟地踢球
打击	3 岁左右	面向目标，以垂直摆动方式打击
	4～5 岁	能站在目标的一侧，以水平的方式打击
	5 岁	能旋转腰部和身体，改变重心向前打击
	6 岁左右	能熟练地以水平方式打击固定的球

174

什么是体适能？
适合儿童的运动项目有哪些？

■ 儿童的体适能

体适能俗称"体能"，是身体适应外界环境的能力，包括生活、工作与应付环境的综合能力，可分成健康体适能与运动体适能两大方面。

1. 健康体适能：是指能促进健康、预防疾病、满足日常生活活动或学习所需的体能。包括：

·心肺适能：也称"心肺耐力"，是人体在某一特定运动强度下持续活动的能力。心肺耐力好的人较能应付长时间的身体活动，较不易患心血管疾病。

·柔软度：指关节的活动范围以及关节周围的韧带和肌肉的延展能力。柔软度好的人，在活动时肌肉与韧带较不易被拉伤。

·肌力：指肌肉对抗某种阻力时发出的力量，一般是指肌肉在一次收缩时所能产生的最大力量。

·肌耐力：指肌肉发出某种肌力时，能持续用力的时间或重复的次数。

2. 运动体适能：是指与运动技巧有关的体能。包括：

·速度：指身体移动的快慢，是运动员必备的基本条件之一。

·爆发力：指身体在最短的时间内产生力量的能力。它包含"速度"和"力量"两个因素，是跳高、跳远等运动必备的能力。

·敏捷度：指身体瞬间做出反应、快速在不同方向之间移动的能力，对需要急停、闪避的运动（如篮球、足球等）极其重要。

·协调性：指身体统合神经肌肉系统产生正确、和谐、优雅的活动的能力，对田径、体操、篮球、排球和足球等运动都非常重要。

·平衡感：指身体维持平衡的能力，对体操、滑冰等运动的表现极为重要。

■ 儿童适合哪些运动项目？

要选择儿童适合的运动项目，可依据身体动作发育阶段与体适能内容来规划。以下是一些建议：

亲子游戏

适合 0～3 岁孩子的运动项目

孩子 3 岁以前，各种知觉以及大小肌肉尚在逐渐发育，可根据年龄选择能够促进肌肉、平衡感等方面发育的运动。例如：

- 滑滑梯（促进手臂、躯体、腿部肌肉发育）。
- 荡秋千（通过坐姿下的摇晃，练习头、颈及背部肌肉力量的控制能力；摇晃时，也会给孩子带来平衡感的刺激）。
- 独木桥（促进协调性及平衡感）。
- 拍接球或投掷球（促进敏捷性、协调性等）。

适合 3～6 岁孩子的运动项目

孩子身体逐渐成熟，开始有了关于规则的概念，此阶段可让孩子做一些进阶性、团体性的运动。例如：

- 飞盘或足球传球（帮助控制肌肉、增进与同伴相互配合的精神）。
- 毽子（促进身体平衡性与协调性，加强身体的控制能力）。
- 游泳（是运动伤害较低的全身性运动，能增进心肺功能）。
- 自行车或旱冰（促进心肺功能、腿部肌力与平衡感）。

小贴士

带孩子运动时，应根据年龄和动作能力的发育水平，根据渐进、安全、有趣的原则来选择适当活动。此外，由于孩子的动作能力尚在发育，大人应耐心陪伴，不要太早要求孩子做出精确、标准、专业的动作，否则过度的挫折感反而会扼杀孩子对运动的兴趣。

175

如何帮孩子预防运动伤害？

■ 儿童运动原则

1. 定时定量的运动习惯：一周固定几天做轻度运动，比很久才进行一次激烈运动更有意义。

2. 兼顾趣味与运动效果：活动的设计要考虑到趣味性与持续性，鼓励进行多样性的活动。

3. 运动量合理渐进：儿童的个体差异很大，因此运动量应该渐进式增加，避免突然增加负荷。运动方式与运动量的安排也应符合儿童当时身体的实际状况。

4. 重视运动过程而非结果：可选择多元化的身体活动，强调趣味与变化，不拘泥于运动规则与训练，强化身体的全面发育。

5. 家长的陪伴是促进运动习惯养成的关键：家长可与孩子一起养成运动的习惯，能够促进亲子关系，营造身心健康的家庭环境。

■ 儿童运动伤害的预防

预防永远胜于治疗，父母在陪伴孩子运动时，应重视运动伤害预防。为了让孩子安全有效地从事运动，必须特别留意下列事项：

1. 运动前一定要热身，运动后一定要做整理运动，热身和整理时间都至少要做足5分钟，如果能认真做好热身和整理运动，可以降低运动伤害发生的可能性。

2. 孩子比较容易在运动时嬉闹，也比较缺乏安全意识，父母应随时注意避免意外事故，同时也要注意场地与设备的安全。如果可以，平时父母应接受小儿急救训练，包括小儿心肺复苏术、海姆立克法（见479页）、止血、固定、包扎等技能，以备不时之需。

3. 选择适合孩子运动的鞋，衣着以透气、舒适为重，并可利用护具来预防运动伤害。

4. 孩子散热能力较差，要随时注意气温变化，做好各式防晒措施，预防中暑。也要注意空气质量，在空气质量不良的环境中运动，容易对呼吸器官造成伤害。如果天气太冷，热身时间应比平时长，并注意保护呼吸器官。运动中要随时补充水分与电解质，运动后要充分摄取营养，平常维持充足的休息和睡眠。

5. 孩子在运动过程中若有不适，应立即停止运动；如有受伤，应视情况在家中照顾或送到医院。

PART 6

搞定教养，亲密加分

孩子渐渐长大了，父母的育儿重点不再只放在日常生活与营养照顾上，更要帮助孩子顺利通过种种成长的挑战，发展出受用一生的基础能力。第六部分将探讨常见的教养困扰与问题：孩子不听话怎么办？独生子女的教养中有哪些重点？孩子打人、在公共场所尖叫哭闹，该如何是好？如何选择一所合适的幼儿园？如何处理小朋友间的冲突与挫折？……建议父母先认识幼儿的身心发展规律，学习从孩子的角度看世界，进一步分辨爱与管教的界线，写好自家的教养经。

- **第 20 章**　教养观念一点通
- **第 21 章**　幼儿学习，齐步走

第20章

教养观念一点通

176 如何从婴儿期起为宝宝打下良好的发育基础？

许多新手父母可能以为，从出生到1岁之间，孩子需要的只是基本照顾，谈教养要等孩子大一点再说。事实上，教养应从0岁开始，在生命的头一年，父母如果能与孩子进行优质的互动，对婴儿发育有很大的帮助，以下提供一些适合0～1岁宝宝进行的活动。

1. 身体发育方面：孩子满3个月后，父母就可以开始为宝宝进行婴儿按摩了，身体上的抚触可以促进孩子本体觉和知觉的统合，也有助于孩子稳定情绪、睡眠和排便。一开始可以先从腿部按摩做起，等宝宝比较习惯后，再逐渐进行到腹部、胸部、手脚、背部和脸部。等孩子再大一点，可以翻滚爬行了，父母就可以铺设柔软安全的地面，让孩子多爬多运动。宝宝爬行时，父母可在前方放置小小的斜坡或圆筒等简单的障碍物或诱人的玩具，让孩子有目标地操控身体来进行活动。此外，也可以参考一些婴儿体能游戏，在互动中促进孩子大小肌肉的活动和控制能力。

2. 认知发育方面：丰富的感官刺激最有好处，多跟宝宝说话、进行眼神接触，在保证安全的情况下，让宝宝看、听、闻、摸、尝各种事物，尤其是多跟人互动，这对孩子的智力发育有很大的帮助。在互动时，父母要留意孩子的反应，不要只是一味给予刺激，能够形成一来一回的互动模式是最理想的，例如跟宝宝说话时，要等他以一些声音回应后再接着说，如果宝宝累了，眼神会飘开，这时就不要再刺激他了，避免过度刺激。

3. 语言发育方面：除了多跟宝宝说话以外，在宝宝大约6个月以后，父母就可以和宝宝进行亲子共读了。准备一些适合宝宝的书，用较夸张的语调指着书上的物品说出其名称或讲故事。亲子共读对孩子的语言发育和亲子关系的益处已得到许多研究的支持，父母不用担心宝宝听不懂或不专心，每天一小会儿也好，要用书跟宝宝说话。此外，宝宝8个月到1岁多能开口说话以前，其实已经能听懂父母不少话，只是还不会表达，因此在沟通上有点处于弱势，这段时间，父母可以教宝宝一些"婴儿手语"来进行沟通，比如想要就点点头，不想要就摇摇头，要人帮忙就拍拍大腿，要人抱就张开双手。手势可以自创，但要留意是孩子易做且表意固定的动作；教的时候可边用口语说边加上手势，让孩子仿做，当孩子可以用手势表达意思时，要立刻做出回应。婴儿手语已被证实可以大幅减少宝宝因为表达受挫所出现的哭泣或生气反应，并有助于孩子智力和语言的发育。

积极的亲子互动有助于形成安全的亲子依恋关系，对孩子日后的发展至关重要，所以父母要好好把握孩子0～1岁的这段时光，为孩子的发展及亲子关系打下良好的基础。

177

父亲参与育儿对宝宝的身心发育有何影响？

在传统华人家庭中，父亲参与育儿的情况不多，因此，年轻一代的爸爸们在面对教养孩子的任务时，常常是没有模板可循的，但这并不表示延续让母亲负责大部分育儿工作的传统是合理的。事实上，研究指出，父亲参与育儿无论对夫妻关系、孩子的身心发育还是父亲自己都有好处。

■ 父亲在育儿过程中的重要性

研究指出，父亲在孩子成长过程的不同阶段扮演着不同的角色，发挥的功能是母亲无法取代的。当孩子年幼时，母亲是照顾者，但父亲却是主要玩伴，父亲跟孩子玩的内容和方式都和母亲不同；研究发现，幼儿时期父亲陪伴玩耍的经验较多的孩子，长大后的自尊发展、人际关系和婚姻质量都较好。等到了儿童期，父亲的主要角色是规范和引导者，在管教孩子时，父亲说一句，往往比母亲唠叨一百句都有用。到了青少年期，父亲的影响力更大，父亲不仅是帮助男孩变得成熟懂事的指引者，更是女孩身心的保护者，等孩子再大一点，一个合格的父亲可成为孩子人生的精神导师。父亲如果在孩子的成长过程中缺席，实在非常可惜，不仅孩子会失去很多，对父亲自己来说也是一种遗憾。

■ 从孕期就邀请父亲参与育儿

要邀请父亲共同育儿，可从母亲怀孕时就开始，让父亲多看一些相关书籍，夫妻充分讨论对孩子未来照顾和教养的想法。很多夫妻到了开始教养孩子时，才发现两人的教养观念不同，引发了许多冲突与不满。其实从怀孕时期起，夫妻就应该认识到育儿是两人共同的责任，在教养方面应有共同的目标。

此外，夫妻双方也应有不同的分工，分工的好处是妻子要学习放手，不要总是看丈夫照顾孩子的方式不顺眼。至于分工的内容，就看夫妻的意愿和专长了，如丈夫负责每天陪孩子玩和讲故事，让妻子有点时间做家务和休息，或者丈夫负责早上接送孩子，晚上负责帮孩子洗澡。只要夫妻达成共识，对分工感到满意即可。

育儿的过程难免辛苦，在夫妻都很忙很累的情况下，彼此支持与体谅更为重要。切记，妻子的肯定和感谢是丈夫持续参与育儿的动力来源，而丈夫对妻子的温柔和爱意是妻子在艰辛的育儿过程中最好的安慰。

178

如何建立美好的亲子关系？

亲子关系与很多复杂因素有关，孩子出生到成长的不同时期里，亲子关系也会经历变化。研究指出，当亲子之间存在温暖的情感关系时，父母与孩子的沟通和教养都更容易成功，而拥有亲密亲子关系的孩子的情绪发育和人格发展较为稳定，学业成就也更高。

要建立美好的亲子关系并不困难，以下是一些被证实最能让孩子感受到爱的好方法，父母可以从孩子小时候就开始这样做，对亲子感情的稳固有很强的促进作用。

1. **生活照顾**：提供孩子生活所需的照顾，关心孩子吃饱穿暖。得到父母用心的照顾后，孩子会知道他是被爱而重要的。

2. **身体接触**：哺喂母乳是最好的开始，婴儿不仅能从母亲身上吸取乳汁，也能在母亲怀中得到温暖和安全感；婴幼儿时期和父母同睡也有助于亲密感的建立；而经常的深度拥抱则适用于所有年龄段的孩子。

3. **肯定赞美**：鼓励、肯定、赞美孩子，是使孩子肯定自己、确认父母的爱以及愿意持续努力的重要动力来源。经常告诉孩子父母有多爱他，多么高兴有他这个孩子，多么欣赏他的种种特质和各种努力，对孩子而言就是爱的保证。

4. **美好时光**：调查研究指出，孩子觉得最快乐的亲子时光，是父母陪伴他们玩耍、阅读和聊天的时候。所以，父母千万不要企图用物质或游戏打发孩子，无论如何，都要把陪伴孩子的时间安排到生活作息中，亲子感情是日积月累培养出来的，唯有付出陪伴，没有捷径。

5. **创造回忆**：在重要的日子或关键时刻，送孩子他想要的礼物或给孩子惊喜，这些特别举动对孩子而言意义非凡；此外，可为孩子建立成长记录簿，用文字、照片、视频等记录并分享孩子的成长过程，孩子很乐于知道自己的成长是如何为家里带来欢乐和希望的。

此外，亲子关系是双向的，不只父母要表达对孩子的爱，孩子也要学习表达对父母的爱，亲子关系在彼此的努力和互动下才会越来越好。所以，父母也可以教导孩子用上述方法表达对父母的爱，教导孩子主动分担家务、主动拥抱父母或帮父母按摩捶背、用言语或卡片表达对父母的感谢和爱意、为父母精心创造一些甜蜜时刻等，被孩子深爱着的父母就会有动力更爱孩子。

最后还要再次提醒父母，美好的夫妻关系是亲密的亲子关系最重要的基础，看见父母彼此珍惜和相爱时，孩子才能真正学会爱。

179

如何与祖父母一起快乐育儿？

和祖父母一起育儿不难，但要一起"快乐"育儿，就需要一点智慧和努力了。原则上祖父母参与育儿是一件美事，既可分担父母育儿的重担，也能让祖孙有机会共享天伦。但祖父母参与育儿的质量，与祖父母协助照顾孙辈的初衷，祖父母的受教育程度、脾气个性和生活习惯等都有密切的关系。

■ 仔细考虑由谁来担任孩子的照顾者

决定要不要和祖父母一起照顾孩子，需要最先考虑的是意愿问题。如果祖父母很明理也乐意帮忙，沟通上就不会有太大的问题，但如果只是因为父母要上班，祖父母在并无积极意愿的情况下"被迫"照顾孙辈，那么父母最好考虑把孩子送给保姆或托儿所照顾，否则会让祖父母身心备受折磨，也可能破坏家人关系。如果祖父母有意愿协助，最好再考虑一下祖父母可能提供的照顾的质量是不是自己能接受的，如果教养理念及照顾方式和父母期望之间冲突过大，沟通上又有困难，父母最好先想清楚自己能否承担和祖父母共同育儿可能造成的后果。

如果经过考虑后认为和祖父母共同育儿是不错的选择，父母一定要懂得感恩，经常把祖父母的感受和需要放在心上，不要一心只在乎孩子。祖父母毕竟年纪大了，体力和心力都有一定的限制，愿意帮忙照顾孙辈是出于体谅子女和疼爱孙辈的心，所以要多对祖父母表达感谢、欣赏与赞美，必要时也应该给予祖父母一些经济上的回馈。

■ 珍视祖孙间一生难忘的美好时光

祖父母可能当年对自己的子女很严格，但面对孙辈时却慈爱无限，生活和管教的底线可能远比父母低，只要不是太过度，建议父母不要太过坚持。孩子和祖父母在一起的经历可能是他们一辈子最受宠爱的美好时光，如果父母真觉得有必要请祖父母调整，也要委婉沟通，不要伤了老人的心；其实孩子聪明得很，只要父母原则明确，给孩子充足的陪伴、关爱和管教，孩子很快就会知道父母的要求是什么，父母不用太过担心孩子被祖父母宠坏。切忌在孩子面前数落祖父母的不是，反而要教导孩子常怀感恩之心，并以行动示范如何孝敬祖父母，让和祖父母共同育儿这件事成为家庭快乐的源泉，并成为孩子学习孝敬长辈的最佳机会。

180

上班忙的父母如何带好孩子？

究竟是选择上班还是全职带孩子，常给许多妈妈带来挣扎与煎熬。尤其是在孩子生病、闹情绪，父母与长辈之间的教养观念发生冲突时，工作和家庭的双重压力常让在职父母心力交瘁。但如果经过仔细考虑还是决定要一边上班一边带孩子，那不妨放下愧疚面对现实，尽可能在做得到的范围内照顾好孩子，也照顾好自己。

■ 相处时间有限，更需重视相处质量

孩子在0～6岁有很强烈的依恋需求，如果选择整托，只在周末把孩子带回来，很可能让孩子把全部情感认同倾注在保姆或祖父母身上，不仅周末不好相处，日后要带回身边照顾时，对孩子和之前的主要照顾者来说在情感上都很难接受。因此，比较理想的做法是尽可能选择日托，晚上亲自照顾孩子、哄孩子睡觉，让亲子每天都有一段相处的时间。

因为和孩子相处的时间有限，相处质量就变得非常重要。在职父母一定要认识到，既然有了孩子又想维护亲子关系，一定会有几年时间在工作上无法全力冲刺，家庭生活质量无法维持高标准。因此，夫妻双方要协调好每天陪伴孩子的时间和共同的期望，彼此支持帮助，不要让教养重担全落在一个人身上。

■ 不同阶段的教养智慧

至于陪伴和教养孩子的方法，就要随着孩子的年龄做调整。当孩子还是婴儿时，要考虑父母下了班后还有多少精力，跟保姆或祖父母协调好白天婴儿的作息，确定是不是接回来前先帮孩子洗好澡，尽可能让宝宝在晚上回家后能有一段清醒的时间做一些亲子互动。

父母可以学一些给婴儿按摩的技巧，成为每天和宝宝互动的固定模式，在这段时间，父母边帮宝宝按摩边和宝宝说话唱歌，保持肢体与眼神的接触，并让宝宝熟悉父母的声音和气味，等培养起固定模式后，每天一到这个时候，宝宝就会期待父母的抚触和互动，为美好的亲子关系打下基础。

等孩子到了幼儿期，建议每天晚上尽可能抽出时间陪孩子玩游戏、聊天，并在睡前共读绘本，父母可以分工或轮流做这件事，让孩子晚上和父母相处的时间

成为有质量的美好时光。等孩子上了幼儿园，每天晚上父母可以问问白天上课的情况，并让孩子有机会帮忙做一点家务，不要因为陪伴孩子的时间少就过度代劳，或对孩子有求必应。要让孩子知道自己是这个家的一分子，每个人白天都有要做的事，但回到家中，还是要打点好自己的生活，并和家人齐心合力营造好生活，这样孩子才会懂事、好教。

此外，父母和保姆及祖父母的管教方式可能不同，能沟通最好，但有时老人会比较溺爱孩子，这时不必强行说服老人，只要清楚界线，让孩子知道跟父母在一起时要守父母制定的规矩就够了。

虽然在职父母会有一段相当辛苦的时间，但孩子总会长大，所以父母不只要疼爱孩子，也要善于管教，孩子才会健康地成长，亲子关系才会和睦温馨。

181

当爱变成溺爱——如何理智地爱孩子？

■ 为什么爱会变成溺爱？

有时父母会担心自己是不是把爱变成了溺爱，判断这点的依据是父母如何认识自己的角色。有两种父母可能在不知不觉中走到了溺爱的方向：第一种是把父母的角色误当成了"服务人员"，竭尽全力想给孩子最好的，不仅把孩子的笑容和满意当成最高指导原则，还认为别的父母给的我也不能少给，生怕自己的服务做得不周到；另一类父母则是听了太多咨询专家的意见，把自己当成了"心理治疗师"，孩子不听话时不去纠正，却认为孩子一定有什么心理问题，需要温情、细心的辅导，或是担心自己说错或做错了什么就会在孩子的心理上造成巨大创伤，因此不敢管教孩子。

上述这两类极端的爱孩子的方式很容易让父母在无意间落入溺爱的陷阱，被过度讨好的孩子常变得自私又不知感恩，而被过度保护的孩子则容易变得脆弱无能，缺乏挫折忍耐力和解决问题的能力。父母如果发现自己有这样的情况，就要及时纠正。

■ 四种不同的教养类型

父母的教养方式可大致分成四类：民主型、溺爱型、权威型和放任型。多数研究发现，民主型的教养方式能带来较理想的结果，子女自爱、自重，成就也较高；溺爱型的父母往往会造成孩子自私懒惰或过度脆弱的结果；权威型的教养方式易导致子女退缩、忧郁；而放任型会导致孩子缺乏自我概念、不负责任、没有上进心。这些研究结果存在一些文化差异，例如跨文化研究发现，权威型教养在华人社会中很普遍，但会导致的后果似乎并不像发生在西方世界里时一样严重，这显示了不同文化对教养方式的不同解读。

即便如此，民主型教养仍被视为较佳的教养方式。此类型父母的特征是"关怀孩子"和"对孩子提出要求"并重，也就是关爱与管教并行。此类型的父母一方面愿意花时间陪伴孩子，经常充满同理心地倾听孩子的想法、关心孩子的需要，并给孩子情感上的支持和肯定；另一方面，他们也对孩子有一定程度的期待和要求，会为孩子设立合理的目标，并提供必要的资源和指导。

民主型的教养方式，不但满足了孩子成长过程中所需的关怀和安全感，也能让孩子在品行、生活和学习表现上达到一定要求。因此，这类型父母教养出来的孩子往往在性情上较为稳定、自律，也会有所成就。

182

体罚孩子有效吗？

当孩子犯错或不听话时，父母常以管教为名打骂孩子，但事实上，打骂孩子只是在泄愤，完全没有起到教育的效果。

打骂通常只会让孩子陷入极度的恐惧，无法使其理解自己错在哪里并进行反省；更糟的是，打骂孩子除了让孩子感到疼痛、害怕以外，并不能让孩子掌握正确的行为，他只知道这样做父母会生气，却不知道怎么做才合适。父母管教孩子的目的应该是让孩子学会正确的行为，而不只是发泄怒气。

长期来看，打骂教育会造成亲子关系紧张，让孩子恐惧或愤恨父母，或产生忧郁或自卑的倾向；甚至有研究指出，经常被打骂的孩子智力水平较低。不仅如此，经常性的打骂更可能使孩子变得麻木，造成孩子不听话或不怕打；而父母的打骂更是在示范"解决问题的方法就是使用暴力"这一错误观点。许多有关校园暴力的研究指出，那些会对别人施暴的孩子，往往有着对孩子施暴的父母。所以，父母要清楚自己管教的目的是教会孩子正确的行为，而打骂无法达到这个效果。

■ 分清犯错原因，给孩子成长的机会

孩子犯错时，父母首先要分辨的是孩子在这之前是否受到过适当的教导。如果孩子根本没有被教导过，一犯错就要接受责罚，对孩子而言并不公平，这时父母要做的是告诉孩子这个行为错在哪里，以后怎么做才是对的。如果孩子已经接受了教导，却还会犯错，父母则要了解是孩子明知故犯，还是虽然知道了却不知如何正确执行。如果是明知故犯，父母可以在讲完道理后给予处罚，更重要的是要求孩子改正，并在孩子试图改正的过程中给予支持；如果是缺乏方法，则要再次进行教育。孩子毕竟还在学习和成长，成长过程中难免会犯错，父母要教孩子方法、给孩子机会，让孩子能够一点一滴地进步。

教育孩子时，切忌羞辱孩子，也不要跟孩子一般见识，要保持宽厚的爱心来面对孩子的错误，把重点放在教育上：先表达感受，对孩子犯错表示难过（而不是生气），然后描述孩子的行为，说明错误的理由，最后教导孩子正确的行为是什么，必要时让孩子多练习几次，并让孩子自己面对犯错的后果、收拾残局。下次再出现类似的状况，只要孩子有所改善，即使没有达到标准，也要肯定其努力，然后再次教育，直到孩子改正并出现新的行为模式为止。

183

如何陪孩子度过人生中第一个叛逆期？

在孩子2岁半到3岁，很多父母会发现孩子越来越难教，原本天使般可爱的孩子突然变得一天到晚跟父母唱反调，动不动就把"不要"挂在嘴边。这时孩子的重点是不要别人帮忙，不想听别人的意见，而想自己来。这段孩子什么都要自己来的时期，就是心理学所说人生的第一个叛逆期。

父母这时千万要沉住气，不要生气，反而要好好把握这段时间，因为这正是培养孩子自主性的黄金时期。这段时期的特征是孩子的自我意识抬头，在心理上开始有想要独立自主的欲望，而在生理上，孩子此时的自主行动能力也进步了很多，因此，内在的发展动力促使孩子试着切断和父母的联系，主动尝试与身边事物互动，以确认自己的存在与能力。

当父母发现幼儿开始进入叛逆期时，可以通过以下方式帮助孩子：

1. 降低难度，帮助孩子获得成功经验：如果孩子要自己吃饭，就给孩子不易打破的碗和容易握的幼儿汤勺，把食物切成小丁或小段后让其尝试。吃得到处都是也没关系，大不了就多洗几条围嘴或清理一下桌面和地板，只要孩子能顺利把食物送进嘴，父母就应该给予鼓励，让孩子因为获得成就感而愿意继续尝试是此时的重点。

2. 不着痕迹地提供必要的示范：孩子在尝试的过程中很可能会遭遇挫折，如果父母此时帮孩子做或主动教孩子，孩子一定会反抗，所以父母可以用一起做或轮流的方式不着痕迹地提供示范，例如对孩子说："好啊，我们一起来穿鞋，我先穿，你再穿。"然后自己边穿边说出穿法，一次做完一两个步骤后就换孩子做，孩子做的时候再重复一次："呀，宝宝真棒！都会……（再说一次方法）了。"直到孩子可以依样完成。此外，也可以在孩子在意的其他人面前夸他："宝宝好厉害，已经会自己吃饭了！你看，他会端好碗，一口一口吃光光，还不会掉出来呢。"像这样给予鼓励并再度提示重点。

3. 循序渐进，给予孩子适度的挑战：孩子越来越熟练后，可以稍微提升难度，例如吃东西，从吃固体小丁到练习喝汤，之后可以再进行到吃布丁类食物，每次换食物时都可以对孩子说："来，看看你是不是变得更厉害啦？"只要吃得不错，就大加鼓励。适度的挑战可以帮孩子保持新鲜感，提高孩子的自信与能力。

孩子想要自己做，这是多好的事！父母要善用这种心理动力，帮助孩子顺利完成迈向独立自主的第一步。

184

如何从孩子的角度看世界？

孩子理解世界和思考事情的方式和成人不同，他们看公园里闪闪发亮的小石子如同宝石，看雨水落下如魔术变幻，看万事万物都新鲜神奇。站在孩子的高度，从孩子的角度看世界，可能是孩子带给父母的最美妙的礼物。

此外，许多可爱的童言童语也是成人和孩子在认知上的差异造成的，例如妈妈在小明淘气时半生气半开玩笑地说："你是不是想挨打？"小明却正经八百地回答："我不是，我是小明！"这个可爱的例子提醒父母，在教育孩子时，"从孩子的角度看世界"代表的意义除了试着从孩子的认知角度理解事物以外，还包括体会孩子的心情和感受。

分享一个真实的例子：有一个大约3岁的小女孩来儿科就诊，孩子进门后就注意到饮水机旁有人在喝水，她兴致盎然地看着别的小朋友用纸杯接水，于是也拉着妈妈的手要喝水。妈妈回答她："一会儿看医生的时候你不哭的话，出来就让你喝。"

过了一会儿，轮到她进诊室了，和一进诊室就大哭的一般孩子不同，整个诊疗过程中她都非常安静。我心想，这个孩子为了喝水，可是尽了很大的努力在忍耐呢！不久后，妈妈带着孩子走出诊室，孩子立刻走到饮水机旁要拿纸杯，但妈妈过去把她拉走了，说："我们回家再喝，那个很多人喝，会有细菌的。"这时孩子挣开妈妈的手跑向饮水机，妈妈过去将她一把抱起，孩子便开始放声大哭、捶打妈妈，妈妈生气地大吼着："你想干什么？跟你说了回家喝，你是故意的吧？这个孩子怎么这么讨厌！"

对孩子来说，她是那么努力地遵守约定，但妈妈却骗了她；对妈妈来说，她忘了随口答应孩子的事，现在只为孩子的不懂事感到极度愤怒。

除了不考虑孩子的立场导致的亲子冲突外，著名的儿童心理学家爱丽丝·米勒也提醒我们，有些父母喜欢逗弄孩子、开孩子玩笑，看孩子气急败坏或尴尬无措的反应很有趣，却不知已经严重伤害到了孩子的心。一些青少年研究发现，许多青少年认为自己成长过程中最大的阴影，竟是父母在其年幼时开玩笑说的"你是捡来的"或"你是我不小心多生的"。而一些亲子互动研究也发现，很多父母不太留意孩子当下的思想状态，因此往往会浇熄孩子在游戏、阅读或互动中萌发的求知之火。

父母要时刻提醒自己，孩子不是缩小版的成人，而是在语言、认知、情绪和社会发展方面都还在成长中的个体，因此要试着多设身处地地思考孩子正在想什么、经历什么以及为什么孩子会这样回应。如此一来，不仅能避免很多不必要的亲子冲突，还可以让自己重新通过孩子的眼光来欣赏这个多彩的世界。

185

如何教养独生子女？

独生子女独占父母的资源和关爱，在成长过程中具有一定优势，但因为没有与兄弟姐妹互动的机会，在"独处"和"人际关系"方面需要多学习一些。教养独生子女有什么重点？建议父母可从以下几个方面着手：

1. 让孩子学习自得其乐：首先，很多独生子女的父母会觉得带一个孩子比带两三个孩子还累，因为孩子没有玩伴，不能让孩子自己去玩，于是孩子什么事都要父母陪，父母既要照顾孩子又要充当全职玩伴，非常辛苦。如果这种情况经常出现，父母可以试着渐进式地让孩子自己完成一些工作，或是将全身心的陪伴调整成在同一个空间里各做各的事。由于独生子女的情况无法迅速改变，孩子在成长过程中必须习惯独处，因此父母不必觉得愧疚或心疼，该陪的时候要陪，但父母有事时要向孩子说明，让孩子练习自己玩或独自做事。只要让孩子锻炼专注于事物的能力，例如阅读、做手工、玩玩具等，那么在成长过程即使不总是有人陪伴，他们也能学会自得其乐。

2. 让孩子拥有分享的体验：独生子女的常见问题是不会分享，他们不是自私，只是没有分享的体验。因此，父母平时在家里不要把独生子女视为全家最重要的人，什么都以孩子为先，反而要让孩子知道自己是家里的一分子，让孩子习惯和家人分享东西、承担一点家务，并学习尊重他人的需求，能够适时退让。

3. 让孩子学会与他人协商：此外，父母可以多制造孩子与他人相处的机会，让孩子有机会和邻居或亲友的孩子一起玩。当孩子们出现纷争时不要太快介入，孩子通常会先来告状，但如果父母可以忍耐一下，不立刻出手干涉，孩子通常会为了继续玩下去而不得不与同伴展开协商，这时，孩子就有机会经历团体生活中可能存在的冲突和挫折，并开始学习如何妥协。父母可以适时提醒孩子，建议孩子采用轮流或分享的方式让游戏得以顺利进行，通过这个过程，孩子有机会学到人际相处中的重要技能。上了幼儿园后，父母也要鼓励孩子多与其他孩子互动，并请老师多协助及指导孩子的人际互动，如此一来，虽然独生子女没有和兄弟姐妹互动的机会，但仍可以学会与人相处的技巧。

最后，父母要注意自己的态度，不要对独生子女溺爱或过度要求，以免造成独生子女个性上的偏差。好好爱，好好教，独生子女可以健康快乐地成长。

186

如何让兄弟姐妹和睦相处？

家里的老大原本集众人的宠爱于一身，新生弟妹的到来会让孩子感到自己在家中地位骤降。等弟妹长大些，兄弟姐妹间又爱玩又爱吵，抢玩具、打架、告状的戏码天天上演，弄得父母为了摆平手足纷争而疲于奔命。其实，当孩子大喊"爸妈偏心"、争宠、抢夺资源时，心里有不少纠结，父母如果能理解孩子的感受，就不会再执着于小心翼翼地想尽办法保持公平、把家里的玩具分成公物和私物、制定一些根本无法做到的规定或在孩子争执时绞尽脑汁地思考怎么判断对错了，因为问题根本不在这里。

1. 父母要先辨明立场：面对手足间的竞争或冲突，父母的眼光反而要放远一点，至少要把目标放在孩子青少年时，那时，孩子能渐渐体会到手足的珍贵，甚至能相伴、相助。要达成这个目标，父母首先要记得，夫妻关系才是家庭的核心，只要孩子觉得父母更爱自己的兄弟姐妹，那么手足纷争也许表面上能平息，但心结永远也不会解开。所以一开始就要明确态度：爸爸最爱妈妈，妈妈最爱爸爸，你们两个争宠是没用的，不如说是在一条战线上，不好好相处就没得玩。

2. 分清楚小事与大事：处理孩子的纷争时，小事要冷处理，例如孩子来告状，只要说"我知道了"，不必每次都介入；如果情况较严重，则要把重点放在解决问题而不是解释公不公平或判断谁对谁错上，更不必要求大的谦让小的。问清楚状况后，稍微表示一下理解双方的感受，然后给出解决问题的方法，看是要轮流、猜拳、分享或是干脆都不要玩，让孩子自己去决定。

3. 让孩子自行协商：经过教育后，如果孩子相处状况改善，要赶快表扬一番或给些奖励，如果下次再发生争吵，孩子又来告状，则让他们自己想想可以怎么解决，把问题丢回去。这些点点滴滴的争执、折中、妥协的协调过程，让孩子有机会了解兄弟姐妹，摸索可行的互动模式，这些都是无可取代的珍贵经验。有了这些经验，孩子可以在社交方面获得很大进步。所以，只要没有安全的顾虑，父母要站在同一边，要懂得适时放手，长远看来，手足纷争反而会促进孩子真正成长。

4. 留意给孩子的关爱够不够：孩子只要相信父母爱自己，对兄弟姐妹的敌意就会大幅下降。父母可以安排与孩子独处的特殊时光，在这段时间，父母可以全心与其一个人互动，按照孩子希望的方式表现爱。其他时间则要让孩子清楚他们是家里的一分子，父母不会看他们的脸色行事，孩子很快就会知道：想要开心地在家里生活，手足才是他最好的依靠。这时，兄弟姐妹和睦相处的情景就会很神奇地出现了！

187

孩子为什么不听话？

有时候，叫孩子收玩具他当耳边风，叫孩子吃饭他边吃边玩，叫孩子睡觉他拖拖拉拉，父母不禁要大呼"孩子不听话时到底该怎么办"。在问"怎么办"之前，其实父母要先弄清楚的是"为什么孩子不听话"。

1. 孩子听不懂或不清楚标准：父母在要求孩子时，要先检查一下自己的用语是否能被孩子理解，是否有具体的指示，例如要求一个3岁的孩子"有礼貌"，孩子可能不知道你要他做什么，如果改成具体的"要说早上好"，孩子就容易照着做，或者要求孩子"赶快把房间收拾干净"，孩子可能会把玩具收到架上，却没有收蜡笔，所以父母一定要把话说清楚。

2. 孩子不会做或做不到：有时孩子能听懂父母的要求，但不知道怎么做，或是能力上做不到。所以父母在对孩子提出要求时，最好先确认自己的要求是不是孩子在这个年龄做得到的，例如要求4岁的孩子集中注意力一个小时就超出了孩子的极限。此外，即使是年龄上力所能及的事，也要确认孩子是否接受过教导，如果没有，就要先通过示范和练习确认孩子有能力做到后才提出要求。

3. 孩子不想做或偏要做：当孩子有能力做却不愿意去做，或叫他不要做他偏去做时，就是比较严重的状况了。这时父母要了解一下背后的原因，最常见的情况是父母平时态度不坚定，例如对孩子说"你再不去睡觉妈妈要生气了"，之后不断重复唠叨却没有给予任何处罚。如果妈妈清楚地表达"请你现在去睡觉"，孩子如果继续玩，就把全家的灯都关掉，孩子下次就知道妈妈是认真的。另外的状况是，孩子基于心理上的好奇或需求真的很想做某件事（例如玩水龙头的水），这时父母与其一味禁止，不妨换个方式让他做，例如提两桶水让他在阳台玩个够。

4. 孩子想要引起关注：还有一种情况是，孩子为了引起父母的注意，故意唱反调、出状况，因为对孩子来说，即使是负面的关注也比没有关注来得好。对于这种情况父母就要有所警觉，一定要抽出时间陪伴孩子，才不会让冲突愈演愈烈，在孩子心中留下伤痕。

下次再觉得孩子不听话时，父母不妨先静下心来思考一下背后的原因，因为这往往是孩子在通过行为提醒父母，教养方面出了一点问题。父母若能因此发现自己教养上的盲点并及时纠正，也许孩子的不听话正是转变亲子关系的良好契机。

188

如何教出有礼貌的孩子？

孩子看到人不打招呼，问话爱理不理，说他两句就翻白眼，对长辈直接喊"喂"，甚至动不动就爆出令人傻眼的粗话……很多人都在感叹现在的孩子到底怎么了，一点基本的礼貌都没有，完全不懂得尊重别人。

对于孩子的礼貌问题，父母责无旁贷，这必须从孩子年幼时教起。一个没礼貌的孩子很容易惹人嫌或得罪人而不自知，如果希望孩子有良好的人际关系，得到众人的尊重与喜爱，教孩子学习礼节是绝对必要的。

■ 列出具体的"礼貌行为清单"

礼貌是抽象的概念，项目林林总总，范围又很笼统，所以，父母教孩子礼貌时，第一步就是先想清楚，要教给孩子的礼貌行为是怎样的，孩子做了什么会让别人觉得他有礼貌？

举例来说，父母可以列一个清单，第一项是"应答的礼貌"，然后写下来和人应答时怎样才算有礼貌，例如说话时眼睛要看着对方，别人问话一定要回答，回答时口气要好，要说"请""谢谢""对不起"，等等；第二项是"吃饭的礼貌"，例如要等大家到齐才开动，不能在公用饭菜中翻搅，吃饭时手要扶着碗而不是只用一只手扒饭，等等。

■ 实际演练，逐步培养礼貌习惯

想得越清楚，父母就越会知道要教给孩子的具体行为是什么，然后通过给情境、做示范并要求孩子练习，一步步建立起孩子的生活习惯。练习时可以采用游戏的方式，例如"我们来假装在电梯里遇到隔壁的爷爷，你先当爷爷，我来当你，然后我们再交换角色（让孩子练习）"。角色扮演时，父母除了示范合宜的行为外，有时也可故意做一些没礼貌的行为，通过让孩子纠正来使其了解没礼貌的言行举止有多令人讨厌。

等到孩子学会后，就可以在真实生活中行动了。其实现在很多孩子并没有这样的学习机会，所以，只要孩子试着礼貌待人，很快就能体会到这样做的好处，并获得很多夸奖，这些回馈正好可以激励孩子的行为。最后要提醒父母的是，榜样很重要，父母如果自己平常以礼待人，孩子就会凭借本能去模仿父母，从而学到合宜的举止。教育之道无他，唯爱与榜样而已。

189

孩子为什么会"人来疯"?

有些孩子在客人来访或进入一个新环境时,会突然间活动量大增,兴奋地大吵大叫,四处乱跑,甚至做出许多有异于平常的举动,令父母尴尬不已。有些父母会当场发怒,有些则会忍到事后再告诫,但下次类似的场景出现,孩子的"人来疯"往往又会再度上演。

关于这种情况,对年幼的孩子来说,父母的生气、责骂或讲道理可能不太有效,因为讲完道理、责骂完以后,孩子还是没有学到应对新事物或新环境的技巧。所以,当孩子出现"人来疯"现象时,父母可以先判断一下原因,再教孩子一些调整行为的方法,才能比较有效地改善这种状况。

举例来说,孩子"人来疯"可能有以下原因:

1. 孩子本身的气质使然:孩子可能天生就活动量大,情绪又容易躁动,客人来访或环境变动激起了孩子强烈的反应。如果是这种状况,父母在事前就可以先跟孩子约法三章,说明等一下可能会有什么人来,或是会到什么样的地方,然后清楚表达对他的要求,例如"你跟小朋友在玩具间玩,不许跑到客厅里,要大方一些,把玩具跟其他小朋友分享",并说明只要孩子做到了就有奖励。过程中让孩子知道你在关注他,孩子太兴奋时可以让他休息一下。

2. 比较缺乏与他人互动的机会:孩子平时和人互动的机会太少,因此遇到有人来家里或小朋友一起玩时就会完全失控。父母如果发现孩子较缺乏互动机会,平常可以邀请一些邻居或亲友的孩子来家里玩,或带孩子参加一些有同伴的团体活动,弥补孩子与人互动的需求。此外,如果孩子在与人互动时动作粗鲁、没有礼貌或不知底线在哪,事后一定要检讨,但不只要说明其行为为何不当,更重要的是要教孩子怎么做才是正确的,并让孩子多练习几次。如果家里有合适的绘本,也可以多加利用,通过故事情节跟孩子讨论,怎样与人相处才会受欢迎。

3. 情绪障碍的影响:如果孩子有多动症或有情绪障碍,则要带孩子就医,配合行为矫正和药物治疗,一味告诫责骂只会让孩子失去自信,更不知道该如何面对自己的困难。

成长中的孩子有一些不当行为也是很平常的事,正因为孩子不懂,所以才需要父母的教导。只要父母给予孩子足够的关爱,细心找出孩子行为的原因,并提供必要的教导,孩子一定都会进步。

190

孩子怕黑、怕鬼时该怎么办？

年幼的孩子常常会在某段时期突然对一些事物感到异常害怕，例如原本睡得好好的，突然变得很怕黑、怕一个人睡觉；或是前一天还高高兴兴参加学校的万圣节活动，回家后就变得很怕鬼。面对孩子的恐惧情绪，该怎么办？以下是一些建议：

1. 正面看待孩子的恐惧情绪：父母跟孩子说"要勇敢一点"或"没什么好怕的"，并不能消除孩子心中的恐惧。父母要理解，孩子心中的恐惧是非常真实的，有很多孩子甚至年纪很大时都还怀有对黑暗和鬼怪的恐惧。因此，当年幼的孩子出现这种情况时，父母不要责备或试图用讲道理的方式处理，孩子在恐惧时最需要的就是父母的陪伴与依靠，如果父母用责骂或忽视的方式带过，孩子很难自己调整害怕情绪。

2. 善用不同途径探索孩子心理：父母可以先跟孩子聊一聊，了解是不是有什么事吓到他了，如果孩子说不出来，也可以用一些相关的绘本故事做引导。如果在过程中发现孩子真被什么事困扰着，父母要展现接纳态度，表示确实很可怕，然后可以用说故事的方式聊聊书中人物是怎么面对恐惧的，也可以跟孩子分享自己小时候害怕的事，并和孩子说说自己是怎么从害怕变得不怕的，先让孩子慢慢解开或减轻心结。

3. 用爱与陪伴建立安全感：之后如果孩子仍怕黑不敢睡，父母并不需要马上让孩子跟父母一起睡，因为这样做后大概就很难再训练孩子独立睡觉了。建议父母可以买一个孩子喜爱的大布偶让孩子抱着，开盏小灯，睡前陪孩子说个温馨可爱的睡前故事，并陪孩子躺一会儿，让孩子闭上眼睛，但握着孩子的手，等孩子睡着后再离开，孩子有了安全感，心结也就解开了，通常在一段时间后状况就会改善。

4. 用其他事物转移注意力：至于"怕鬼"的情况，通常是因为听了鬼故事或看了一些恐怖片，其实父母如果够细心，应该在孩子年幼时尽量避免使其接触这类故事、电影或活动，不让孩子陷入不必要的恐惧。如果孩子已经因为一些原因接触到了，父母一定要细心地引导和陪伴，先不再让类似事物出现在生活中，如果孩子想到那些画面，父母可以用一些有趣的事物转移孩子的注意力，或是用天使和精灵的童话转变孩子对鬼怪的印象，一步一步逐渐淡化孩子对这些恐怖体验的记忆，直到孩子不再想起或不再害怕为止。

第 21 章

幼儿学习，齐步走

191

上幼儿园前需做哪些准备？

幼儿园一般可以接收 2～6 岁的幼儿，但年龄太小的孩子很需要单独照顾，刚上幼儿园时也会有一段时间很容易生病，父母最好在考虑过孩子的身体状况和身心成熟度后再决定是否让孩子上幼儿园。

一旦决定要让孩子去上幼儿园，父母要先帮助孩子在自理能力、人际互动以及对学校的认同方面做好准备，孩子才会顺利适应幼儿园生活。

1. 自理能力： 上幼儿园后，孩子首先面临的问题就是自己吃饭、上厕所，所以最好在孩子上幼儿园前几周，家人就要开始鼓励孩子不用大人喂，练习用汤勺自己吃，并开始进行如厕训练，有基本自理能力的孩子，上幼儿园后适应困难的情况会少很多。

2. 人际互动： 进入幼儿园后，不像在家里要做什么都有大人陪着，孩子必须学习遵守规范并和别的小朋友相处，所以父母平时可以多鼓励孩子和别的孩子一起玩，练习简单的互动与分享，让孩子开始体会到和别人一起玩很有趣，但有时也必须学习妥协和让步，才能继续玩下去。

3. 学校认同： 在选好幼儿园后，记得带孩子去参观学校的环境，了解学校有哪些好玩的地方，让孩子看到很多小朋友一起玩得很开心的样子，并为孩子进行心理建设，告诉孩子他长大了，上幼儿园是一件了不起的成就。

刚上幼儿园的头几天或前几周，孩子可能会因为分离焦虑而哭得很厉害，请父母绝对不要采取断然离开的方法，但也不必表现得难分难舍。比较理想的做法是，开始几天先让孩子跟着一位固定的老师，请老师细心地安抚孩子，并在孩子初入园的几天多安排一些轻松好玩的活动，时常给予奖励，甚至给孩子一点任务，例如负责喂园里的小松鼠，或每天早上负责为某几盆花浇水，等等。

父母在孩子入园后，可以在一旁陪伴一段时间再离开，离开前和孩子约定好来接的时间，并一定要守信用，一定要在约定的时间出现。等孩子开始觉得上幼儿园其实不那么糟甚至还有一点好玩以后，父母再渐渐放手。

孩子比较适应幼儿园之后，父母仍要记得每天问问孩子在幼儿园怎么样，做了什么好玩的事，有没有交到好朋友，也要多和老师保持联络，确认孩子的状况，适时提供孩子需要的帮助，这样做，孩子才能顺利适应幼儿园生活。

192

幼儿园有哪些不同的教学理念与教学法？

许多家长经常对幼儿园标榜的各种教学法感到困惑，不知当中到底有何差别。目前父母常常听到的幼儿园教学法主要包括单元教学、学习区教学、主题教学与方案教学、蒙氏教学和华德福教学，以下分别说明：

■ 单元教学

单元教学是传统教学法的代表，即将成人认为幼儿需要的知识依序编排后按部就班地教给孩子。在此教学法中知识是主角，幼儿处于被动学习状态，好处是可以有系统地呈现知识架构，缺点是较少考虑幼儿所处的文化环境或个体需要。此教学法常见于直接采用现成教材教学的幼儿园。

■ 学习区教学（或称角落教学）

学习区是开放教育理念下的产物，该理念相信孩子是学习的主体，通过主动操作和同伴间的互动来学习。在角落教学为主的教室中通常会有益智角、美术角、图书角、语文角、科学角、娃娃角等不同的学习角落，角落中有各种教具和玩具，孩子可根据自己的兴趣进入探索与操作，教师则在一旁观察孩子的互动并适时给予引导。在一个发展得较好的角落教学教室中，可以看到角落是有生命的，每个角落的内容和操作方式都会随着孩子兴趣和能力的发展渐渐演变与复杂化。

■ 主题教学与方案教学

主题教学是近年较受看重的教学法，此教学法强调贴近孩子的经验和兴趣，并强调孩子在学习过程中的主动探索和概念建构，例如同样是"交通工具"，如果是传统的单元教学法，则不管是住在哪里的幼儿，学的不外乎是汽车、火车、轮船等名称及相关的外形、功能等，但在主题教学法中，城市孩子发展出的主题内容可能是四通八达的地铁，老师会带孩子搜集关于地铁的资料，参观并搭乘地铁，甚至在教室里制作不同的地铁路线与车厢等，而住在港口城市的孩子发展出的主题内容则可能是探索轮船。

方案教学则与主题教学相近，但更强调课程的弹性，教学重点不是内容，而是探索与获得知识的方法，方案课程的内容会随着孩子的兴趣和学习历程而有所变更，并更重视对特定主题的深度探究。

■ **蒙氏教学**

蒙氏教学是根据意大利儿童教育家玛利亚·蒙特梭利的教育理念发展而来的，强调孩子在学习中的主动、专注和概念的获取，蒙氏教室中有包括日常生活、感官、文化、语文和数学等领域完整而丰富的教具，幼儿可通过教具本身的反馈和纠正功能习得重要概念，并在专注、自控的学习中获得真正的自由。除了对教具和操作的个体化使用外，蒙氏也强调混龄教育、互相学习的效果，进入一间有效运转的蒙氏教室，可以充分感受到孩子的全神贯注、秩序及和谐感。

■ **华德福教学**

华德福教学是根据德国"人智学"的理念发展而来，强调保护和发展孩子的灵性。此教学法中不重视智性教学，更不教拼音与数学，而是让幼儿慢学慢活，通过身体感官来领悟自然运行的脉动和艺术的美好，在自然环境中玩耍，在关爱中学习、生活，并在艺术的陶冶中领略美的感动。此教学法很受认同返璞归真理念的家长们的欢迎，近年颇为流行。

193

如何帮孩子交朋友？

儿童人际关系方面的研究发现，孩子在成长过程中是否能交到好朋友，深切地影响着孩子的发展。好朋友可以提供支持、陪伴和激励，不仅能帮助孩子更好地认识自己，更能使其习得重要的人际交往能力。根据研究，2岁左右的幼儿就已经会选择喜欢的玩伴进行互动了，在3～7岁，孩子进入"玩伴"阶段，今天和谁一起玩，谁就是自己的好朋友。刚开始，孩子的玩伴较不稳定，但随着互动经验和年龄的增加，通常到了幼儿园中或大班，就会发展出较固定的友伴关系。如果父母发现孩子没有朋友，不必过于焦虑，也不用到学校发糖果讨好同学，可以通过以下方式帮助孩子改善人际关系：

1. 留意孩子的外观和特质：这是很容易改善但常被忽略的方面。如果一个孩子又脏又臭，或是衣着邋遢，到了学校就很容易被同学排挤，更不要说交朋友了，所以父母早上要记得帮孩子梳洗，穿上整齐干净的衣服，并提醒孩子要有良好的卫生习惯。此外，在学校表现好的孩子也较容易受到玩伴的青睐，如果孩子因为能力不够而受到同学冷落，可以请老师帮忙，适时给他一些较容易完成的工作并进行表扬，这样一方面可以增加孩子的自信心，另一方面也会改善同学对孩子的观感。

2. 制造相处的机会和资源：年幼的孩子要交到朋友，有没有机会一起玩是关键，父母可以邀请邻居或亲友的孩子一起来家里玩，让孩子有和其他孩子互动的机会；也可以请学校老师帮忙，把不擅交友的孩子和人缘较好的孩子配对或分在同一组，让孩子有机会和不同的小朋友一起玩，孩子互动的机会多了，自然就会发展出友谊。

3. 教导人际互动技巧：如果孩子还是不太清楚怎么跟其他孩子玩，父母或老师可以教孩子一些简单的技巧，例如孩子想跟别的孩子玩医生护士的游戏，在加入团体前要先有礼貌地询问"我可以一起玩吗"，如果孩子还是受到了拒绝，这时就要教更进一步的技巧，可以先让孩子在一旁观看游戏的进行，并问问孩子知不知道别人在玩什么，谁扮演什么角色，然后协助孩子找到可以进入的时间点，如在前一个病人看完病后，接着说"下一个病人来了"，把孩子顺势送进游戏。要留意的是，孩子加入游戏时不能抢了别人的角色，如果一加入就当医生，一定会引起原本扮演医生的孩子的排斥，要等玩一会儿后再练习协商新的角色。

最后，孩子是不是受人喜爱，跟个性也有很大的关系。虽然个性不容易改，年幼的孩子也很难通过讲道理学会同理心和关怀，但如果父母经常教导孩子主动帮助别人，用微笑和善待人，孩子的人际关系也会大有进展。

如何处理孩子与玩伴间的冲突？

孩子们前一分钟还好好地在一起玩，后一分钟就打起来了，双方父母紧张地赶过去，在一番安抚和质问后，孩子心不甘情不愿地互相道歉。然而事情表面上处理完了，孩子其实什么都没学到，类似的事情仍将不断重演。

上述问题的症结在于父母该做的是"教孩子处理"，而不是"帮孩子处理"。要教会孩子处理冲突，父母平时就要下功夫，以下是一些建议：

1. 练习动口不动手：许多父母总等到孩子遇到冲突时才开始让孩子不要哭，不能打人，要动口不动手，这时孩子根本听不进去也做不到。所以父母平常在孩子遇到一些小挫折时就要开始进行机会教育，每次都要求孩子"要说清楚我才知道怎么帮你"，只要孩子用语言表达而不是哭泣或者动手，就要给予充分的鼓励，并立刻协助解决。孩子很快就会发现，动口轻松又有效，只要用语言表达，父母不只会表扬他，还会帮忙；但如果哭或动手打人，生气半天也得不到想要的回应。

2. 示范语言策略：机会教育的方法不是去跟孩子讲道理，而是要示范语言策略，步骤如下：第一步是先描述情境，帮助孩子辨认感受，例如"某某把你的积木推倒了，你很生气"。第二步是提出解决的要求，例如"我们去叫他帮你重新搭好，来，我们一起去跟他说"。完成示范后，带着孩子去说一遍"你把我的积木推倒了，我很生气，请你帮我搭好"。如果刚开始孩子没办法完整表述，父母可以边说边让孩子跟着说。

3. 善用多媒体：要多多利用绘本或电影等媒介，每当看到冲突场景，就问问孩子"如果是你会怎么做"，甚至和孩子玩角色扮演游戏，父母不妨多给几个可能的版本，例如孩子提出要求后对方不答应，那么接下来要怎么办？如果对方继续耍赖，你怎么办？孩子如果想出了办法，要多多表扬，如果想不出来，就给孩子明确的建议，然后再演一次，尽量在游戏中强化孩子处理冲突时思考和解决问题的能力。

经过平时的练习，等孩子与玩伴发生冲突时，父母就不用急着介入。如果孩子已经能采用上述策略，事后一定要表扬、鼓励；如果孩子还不熟练，可以当场提示他"动口不动手，想办法"，让孩子试着自己解决。在这个过程中，孩子不仅要学习控制怒气，学会描述情境和表达感受，而且会自己思考：我希望的解决方法是怎样的？

父母不要害怕孩子之间发生冲突，反而要将其当作孩子成长的绝佳机会。孩子学会自己寻找解决办法后，在未来的成长过程中将会受用无穷。

195

当孩子羡慕或嫉妒别人时怎么办？

嫉妒是因为自信心不足或过度比较而担心不能拥有重要的资源或情感时所产生的负面情绪。当孩子开始有较多与人互动的经验，同时发现别人拥有自己没有的情感或资源，感到受威胁时，嫉妒就自然会出现，例如原本受宠的孩子在弟弟妹妹出生时很容易产生嫉妒情绪，当别的孩子炫耀新玩具时，孩子也可能会嫉妒。

1. 用积极态度看待孩子的负面情绪：父母首先要了解，嫉妒虽然是负面的情绪，却是很本能的自然反应，因此，父母发现孩子经常出现嫉妒情绪时，要做的不是斥责或否定孩子的感受，而是要引导孩子把眼光从对别人的嫉妒转到对自己价值的肯定和对自己拥有的事物的珍惜上。一个能肯定自己的价值并能意识到自己幸福的孩子不容易产生嫉妒情绪，也更能欣赏他人。

2. 父母也要自我反省：想让孩子肯定自己、不过度比较，父母要先调整自己，反省一下自己平常是否很爱比较，是否动不动就在跟亲朋好友聊天时从外表到能力到玩具对孩子们进行一番比较，例如谁家的小孩会背几首唐诗了，谁家的孩子已经在学英语了，父母太爱比较，孩子们就会在乎这些事，担心自己是不是没有达标，是不是低人一等。如果遇到别人当着孩子的面做比较时，例如在弟弟面前称赞哥哥，父母可以感谢对方的肯定，同时也要提出弟弟的优点，例如："是啊！我真的很幸运有这两个好孩子，哥哥很懂事，弟弟也很棒，他……"

3. 时常练习珍视自己拥有的事物：平时就要经常带着孩子审视自己拥有的事物，不关注自己没有的。孩子的自我概念一开始都来自重要的他人，父母应该常常具体地告诉孩子他有什么优秀的性格、特质和行为，把重点放在孩子本身而不是资源或成就上，例如当孩子考得好时，要告诉孩子"你真是个聪明又努力的好孩子"，而不是把重点放在"你考100分真棒"上，让孩子以积极的心态认识自己的人格和特质，孩子得到的信息便是"我的本质是聪明的，而我的成就是努力得来的"，下次不管考几分，孩子都不会否定自己，或因为几分之差而对别人产生嫉妒。

最后，从孩子小时候开始，父母就可以在每天的闲聊中问问孩子今天有没有做什么很棒的事，例如"我今天做了一件很漂亮的手工""我今天安慰了一个哭了的小朋友"，让孩子自己来告诉父母自己哪里值得肯定，甚至父母也可以问问孩子，别的小朋友有没有做什么很棒的事，进一步带着孩子去留意和欣赏别人的优点。养成习惯后，孩子对人对己都会有更积极的态度，嫉妒也就没有生存空间了。

196

怎样教孩子保护自己？

孩子上学或与其他孩子互动中，有时会遇到被别的小朋友欺负的情况，常见的包括抢东西、辱骂甚至动手推打等。比较单纯或缺乏经验的孩子遇到这种情况，常常不知如何应对或只会哭泣或告状，但如果应对方法不恰当，孩子很容易成为被欺负的对象。建议可从以下方式着手：

1. 父母要先冷静，问清楚前因后果：碰到这种状况，父母不要一下子就跑到学校去兴师问罪，应该先问问孩子当时的经过，并了解孩子是如何应对的，之前是否发生过类似的事，到了学校之后，要先询问老师当时的状况及处理情况，可以的话，最好把欺负人的小朋友找来，问问事情经过。之所以要这么做，并不是因为不信任孩子，而是要了解如何帮助孩子学习重要的人际交往技能。孩子之所以被欺负，当然可能完全是对方的错，但有可能是因为自己的孩子有需要调整的言行态度。研究指出，除了外表因素以外，过度退缩软弱、不会审时度势或爱搞小动作的孩子，也常成为被欺负的对象。

2. 先请老师了解并进行处理：清楚整个状况后，如果只是偶发事件或误会造成的，请有经验的老师处理即可；但如果已不是第一次发生，则除了请老师介入教导外，父母也要让欺负人的小朋友知道，他不能欺负自己心爱的孩子。然后，最重要的是，父母要仔细审视一下，自己的孩子在外表或言行态度上是不是有需要重新教导的地方，确认导致孩子受欺负的原因不在孩子身上，做好自我保护的第一步。

3. 教导孩子自我保护的技巧与方法：父母不可能一直陪在孩子身边，也要教孩子一些自我保护的应对技巧。父母可以在家里和孩子练习，如果被人辱骂或欺负，不要只是哭，也不要动手打回去，而是要立刻大声地说"请你不要这样说，你这样说我很难过"或"你不可以打人，你再这样我马上告诉老师"，让孩子多练习几次，直到态度和语气都合适为止。受到欺负时能够立刻这样应对的孩子，通常可以起到威吓对方的效果，并让对方不再以他为欺负对象。

除了同学间的欺凌以外，父母更要告诉孩子，身上穿游泳衣的部分除了爸爸妈妈帮自己洗澡以外，任何人都不能碰，就算是认识的大人也不行。如果有人要碰自己的这些部位，他就是坏人，一定要告诉老师和父母，老师和父母一定会帮助你、保护你。此外，如果孩子正在遭受欺负，一定会有一些反常的举止，父母平时要多留意孩子的状况，才能把遗憾降到最低。

197

如何帮孩子顺利从幼儿园进入小学？

　　幼儿园的生活和教育方式通常会对孩子的需要体贴入微，老师会去留意孩子的状况，随时给予孩子帮助，上课形式也自由得多，孩子可以随时上厕所，但上了小学，情况就大为不同了，孩子要学习去适应学校的课程作息和纪律，上课要专心、安静，不可随意说话走动，上厕所和吃饭都有一定的时间，生活自理方面更不能事事依赖老师。所以，孩子要上小学时，在心理和能力上都需要一些事前准备。以下是一些建议：

■ 心理建设方面

　　让孩子知道自己长大了、变棒了，所以可以很神气地去上学了。有不少绘本和电影都可以帮助孩子了解小学生活，可以在幼儿园大班下学期就让孩子阅读和观看。有些幼儿园还会带着孩子到小学部去体验上学的感觉，对幼儿了解小学环境有很大的帮助；如果幼儿园没有这样的安排，父母也可以带孩子到准备入学的小学去参观，顺便玩一玩低年级的游乐设施，有助于幼儿对新学校产生向往。

■ 为学校生活做准备

　　1. 作息的调整： 父母最好在入学前的1～2个月就开始帮孩子调整生活作息，小学有固定的上学时间，不能迟到，上学前还要吃完早餐，所以要开始练习早睡早起，并在规定时间内做好出门前的各项准备。等小学开学后，在前一晚要先把第二天的书包和要带的东西准备好再去睡觉，这样早上才不会手忙脚乱。

　　2. 如厕习惯的调整： 上小学后，孩子在上厕所前要记着带卫生纸，很多一年级新生不习惯上厕所带卫生纸，结果在厕所大哭或是没有擦拭就很尴尬地出来，另外有些小学只有蹲式厕所，父母最好在孩子上学前就让孩子练习使用方法。

　　3. 遵守上课规范： 父母可以在孩子上学前多和孩子玩玩"上学游戏"，父母扮演老师，孩子扮演一年级新生，让孩子练习和老师打招呼，上课专心听讲，发言举手，上课不能走动或吃东西，听铃声上下课等，这种练习对孩子适应上学后的生活很有帮助。

■ 陪伴孩子度过适应期

　　如果上述功夫做得足，孩子上小学后通常不会有太大的适应问题。开学后，父母可以把精力放在帮助孩子学习和适应人际关系上。一开始，父母最好每天陪孩子完成每天的作业，多鼓励并给予必要的协助，此外，也可以多问问孩子有没有认识新朋友、新朋友叫什么名字，让孩子下课后和新朋友一起玩，等等。也要了解孩子上学后有没有遇到什么问题，然后教孩子用一些方法来解决自己可处理的问题，不要事事都只会找老师告状或帮忙。

■ 与老师保持沟通

　　小学老师一个人要应对几十个小朋友，难免有照顾不过来的情况，家长应利用电话或当面询问等方式主动关心孩子在学校的状况，并多和老师合作，让老师知道家长很关心孩子也很明理，借此掌握孩子的适应状况。只要家长积极帮助孩子迎接小学生活，孩子通常可以很顺利地从幼儿园过渡到小学。

如何培养孩子的阅读兴趣？

阅读能力是一切学习的基础，关乎孩子心智的启蒙与终身学习的能力。而阅读能力的培养应从听故事开始，以培养孩子具备独立阅读的能力为目标。

■ 阅读兴趣要及早启蒙

当孩子还是小宝宝时，就可以开始亲子共读了。或许爸爸妈妈会好奇，孩子还这么小，真能读懂书吗？事实上，当父母和宝宝共读时，"书本"就对宝宝产生了特殊的意义，宝宝很快会发现，当书本出现时，爸爸妈妈就会把自己抱在怀里，会用不同以往的语调说很多的话。书本不是拿来玩或吃的，书本上有色彩鲜明的图画，有些好像还在生活中看到过，这就是书本概念的萌芽。

在共读的过程中，宝宝有机会从父母处得到大量而丰富的口语输入，对孩子的语言发育非常有利，也使宝宝在生命早期就建立起了对书本感到熟悉和亲近的习惯。

■ 把握共读要点

亲子共读时，父母必须把握的两个重点，分别是"口语输入的质量"和"文字概念的引导"。完整地读完故事后，爸爸妈妈可以和孩子展开讨论，从而启发孩子的思考，例如："故事主角为什么要这么做？"或"你看阿力去上学的故事多好玩！如果你去上学，你最想做什么？"也可以多鼓励孩子化被动为主动，主动讲故事给爸妈听，孩子可以从中锻炼回忆故事情节、选择恰当词句的能力，并以合乎逻辑的方式呈现故事。

此外，为了帮助孩子发展对文字的概念和汉字识读能力，父母也可以在共读时特意引导孩子去注意文字，指着汉字逐字读给孩子听，并引导孩子发现汉字一字一音的对应关系、文字的排列顺序和结构。

汉字中形声字的比例非常高，部首表意、偏旁表音，例如"蜻"就是由"虫"这个表意的部件和"青"这个表音的部件组成的。你可以对孩子说："看，这个字和那个字都有一样的地方，是什么？对了！你真聪明！都有'虫'字旁，所以这两个字指的都是昆虫。"认识文字是阅读的基础，越早有文字概念，就能越早有效地认字，越快进入独立阅读。

■ 保持动机与乐趣

想让阅读成为孩子生活的一部分,动机和乐趣是关键。当孩子还是小宝宝时,翻翻书、摸摸书或使用洗澡游戏书是很好的选择;孩子长大一点后,贴近孩子生活经验的小百科和简单的生活小故事最能引发孩子的兴趣;等到孩子进一步投入书本的世界时,就可以把各种有趣的绘本故事加进来了,孩子可以先看图,让父母讲故事,再慢慢练习自己看字读故事。

值得留意的是,并不是所有绘本都适合孩子阅读,父母最好留意一下内容并让孩子试读看看,孩子读后能意会、喜欢并引发共鸣的绘本才是好的童书。幼儿时期的阅读体验对日后的阅读能力发展影响深远,希望阅读成为父母给孩子最好的资产,也成为亲子间最美好的回忆。

199

孩子不专心、没耐性，该怎么办？

很多父母抱怨孩子不专心、没耐性，事实上幼儿额叶发育还不成熟，能够集中精神15～20分钟已经很不错了，只要孩子每次做事情都可以投入20分钟左右，休息一下后再继续，则父母并不用太过担心。如果孩子的状况是整天动个不停或经常走神，做什么事都三分钟热度，则父母可以检查一下是否有下列原因，并进行一些调整：

1. 生活方面：（1）首先检查孩子吃的食物，孩子大脑还在发育，需要足量且均衡的养分来维持身体正常工作和成长，糖和食品添加物已被证实会对发育中的大脑造成不良影响并导致多动，所以要少让孩子吃加工食品，并注意三餐中是否有足量的蛋白质、钙、蔬果和鱼油等；（2）其次是睡眠，睡眠时大脑在进行信息的深化处理，睡眠不足容易导致记忆力不佳、精神涣散和情绪暴躁；（3）接着是运动量，运动可以让大脑分泌多巴胺和血清素，帮助孩子保持清醒专注、情绪稳定。一般而言，幼儿每天至少要进行30分钟出汗的大肢体活动才能达到最基本活动量的要求。

2. 心智习惯：（1）孩子不专心可能是环境或习惯造成的，幼儿很容易受到干扰而分心，所以在孩子做需要精力集中的事情时，尽量提供安静的空间和干净的桌面，一次只给一个任务；如果要完成的作业量较大，可以让孩子分段完成，每做15～20分钟就休息一下，再继续下一段的工作。如果孩子有较明显的生理节奏，例如放学回到家时特别清醒，或洗完澡后特别平静专心，则父母可以协助孩子调整作息，把需要用脑的工作安排在孩子精神较好的时段进行；（2）至于孩子没耐性，如果只是无法专心的后果，经过调整后应该就会改善。但如果孩子没耐性是因为延迟满足的能力较差，或挫折容忍度较低造成的，父母就要适时介入，父母可以利用"事前约定"和"事后奖励"的手段双管齐下，培养孩子学习等待和坚持到底的习惯，先间隔较短时间，孩子一做到就给予鼓励，然后逐步拉长间隔。研究显示，孩子延迟满足及控制冲动的能力与长大后的成就有很明确的关联，父母如果发现孩子在这方面能力不足，最好尽早开始训练。

3. 生理状况：进行上述调整后仍无法改善孩子不专心的情况时，父母就要观察孩子是不是有多动的倾向，并可做成文字记录。当孩子符合多动症的描述（见448页），且持续6个月以上时，建议带孩子到儿童心理科就诊，并提供记录，让医生做判断。一般而言，多动症的治疗包括行为矫正、药物介入和生活习惯调整，一旦确诊，父母也不必太过焦虑，只要遵照医嘱进行治疗，孩子通常能得到大幅改善。

200

数码产品对幼儿发育有哪些影响？

1. 数码产品对幼儿发育的影响：

以前的父母担心看太多电视会对幼儿产生不良影响，现在则转变为对电脑和手机有害身心的疑虑。一般而言，医生和教育研究专家都不建议让幼儿太早或长时间接触数码产品，理由主要来自三方面：（1）影响视力。太小的孩子因为视神经还在发育，长时间注视闪烁的画面会对眼睛造成伤害；（2）影响注意力的发展。越来越多的研究发现，婴幼儿时期长时间看电视的经历，是孩子日后被诊断为注意力缺陷多动症的有效预测因素。不仅如此，由于视觉和听觉是比较能影响注意力的感官，数码产品在视觉和听觉方面的吸引力会让幼儿被动而无法自拔地沉溺其中，这使得幼儿无法好好发展"主动专注"的能力，会在很大程度上影响日后的学习；（3）减少运动和社交的机会。婴幼儿的学习发展非常依赖感官的探索经验，但长时间使用数码产品不仅会使幼儿接收的来自其他感官的刺激变少，更容易因占用大部分时间而使幼儿成长所需的运动、探索和社交机会大幅减少。

2. 教学游戏与软件能引起幼儿兴趣，但未必真的有助于学习：

有些"教育性"的在线游戏或教学软件号称经过仔细的研发，可以促进孩子的学习。事实上，不管是早期对儿童电视节目还是近年对在线游戏和教学软件的研究都发现，通过这些方式呈现的教学的确很容易引起孩子的兴趣，但可惜的是，学习效果却不如预期。可能的原因除了很难做到真正互动以外，还有虚拟而非实物操作的经验也不符合幼儿学习的原理。也有实验分别通过视频、文字和音频等三种方式将相同的信息呈现给幼儿，然后要求幼儿回忆并重述内容，结果回忆与重述效果最好的是阅读文字，最差的则是看视频。所以与其花大钱买教育视频、教学软件给孩子观看、使用，还不如好好陪孩子玩耍和阅读，既可培养亲子感情，也更能保护眼睛。

3. 适当使用数码产品，要从父母做起：

生活在现代世界，不接触数码产品几乎是不可能的事，偶尔做娱乐或教育性质的接触并无伤大雅，但应尽量维持在30分钟以内。事实上，要求幼儿还不如要求父母，如果父母自己每天视线都离不开手机、电脑，或干脆把数码产品当保姆来用，当孩子吵闹或无聊时就用电脑或手机游戏来让孩子安静，则很难让孩子不上瘾。

幼儿需要学英语、发展特长吗？

我们可以用一个比喻来回答这个问题，这就好比家长问医生"孩子需不需要补充营养品"，医生通常会告诉家长，如果家长相信这对孩子有益处，那么适时补充无妨，但营养品不可以反客为主，取代正餐。一样的道理，当父母想让孩子学英语或才艺时，通常不是基于孩子的需要，而是父母想要。所以，没有不行或不好的问题，但前提是，孩子要先有能够支持其成长发展所需的学习环境，有余力后再去学英语或才艺，同时，此类课程要适度、适量，不应给孩子过多的压力与期望。

■ **不学或晚学会输人一等？**

事实上，现在的幼儿园如果不教英语或才艺，大概都很难招生。但父母在选择幼儿园时，最先考虑的一定是"正餐"，也就是幼儿园的学习环境和课程，因为这才是孩子身心成长的关键。其实孩子没有学或晚学英语和才艺，并不见得会输在起跑线上，有大型研究发现，早学英语的孩子长大后英语成绩并不一定比别人出众，但没有好的环境和课程，则会直接对孩子的身体、认知、语言和社交能力造成消极影响。

■ **培养兴趣，让孩子自然而然爱上学习**

确保孩子有合理的学习环境后，如果要让孩子学英语，原则上幼儿的英语学习应该以听和说为主，把目标放在启发并培养对英语的兴趣上，唱歌、背口诀、读绘本等融入式教学效果最好。值得一提的是，幼儿时期母语的使用和学习对认知和语言发育的影响非常大，父母绝不要为了让孩子学英语而剥夺了孩子用母语进行讨论、沟通和互动的机会，否则得不偿失。另外，有些幼儿园把英语当成一个科目来教学，找一些素质参差不齐的外教照着课本和学习纲要来教，并配合一些游戏或奖品来减轻孩子的不耐烦，这并不是适合孩子的语言学习方式，建议父母三思。

在发展特长方面，一样要以培养兴趣为起点，不要用强迫的方式。以乐器的学习为例，通过小团体活动或渐进式教学，让孩子体会学习音乐的乐趣和成就感，会比一开始就一对一强调技巧训练的教学更适合幼儿。最好先让孩子接触学习对象，并确认孩子真的有兴趣，再慢慢提升到较为专业的学习。

202

如何培养孩子的审美?

或许父母会问,幼儿如何培养审美,又要怎么学?是要把孩子送去学画画吗?

其实,美感是一种发自内心的对美好事物的感动,当美感在孩子心中萌芽,孩子会有更敏锐的感觉和更丰富的思想来欣赏万事万物,能够体验各种美的情感,将来也会有更美好的生活。

美学教育并非技艺式的才艺教育,美学教育的第一步是"探索与察觉",引导孩子在生活中通过视觉、听觉、嗅觉、味觉和触觉等感官来探索生活周遭的人事物,进而辨别其中的差异和细微的变化。一旦孩子能通过丰富的感官感知到周围的环境,则可以引导孩子去"表达与创作",运用各种媒体,将所知、所感、所见、所闻以及内在的感动通过音乐、美术、戏剧、舞蹈等各种形式真诚而自由地展现出来;最后还可以引导孩子对各种美的作品进行回应与赏析,不带批评心态地去理解他人的表现内容和形式,并将情感的共鸣和内心的感动传达出来,与他人分享。

在孩子的日常生活中,父母可以通过以下方式培养孩子对美的感悟力:

1. 走进大自然: 大自然是最好的美学教室,父母不妨经常带孩子走进大自然,观看树叶的色泽和变化,聆听鸟儿鸣唱的声音,闻闻花朵和青草的香气,感觉各种动植物的质感,领略日出和日落时的感动。在大自然中,孩子的身心都会放松和获得抚慰,这些无与伦比的美感体验将在孩子的一生中滋养其心灵。

2. 和孩子一起做菜: 从食材的采购开始,孩子可以接触各种食材的色泽、气味和口感,例如孩子会发现不同的水果在色泽上有很多差异,同一种水果的外皮可能就有好几种颜色,而切开又会带来不同的惊奇,食材在烹煮前后在外观和味道上都会有所改变。等到菜上桌,孩子更可以亲自品尝、体验和表达对食物的感受。这点点滴滴的色香味体验就是生活中最好的美学教育。

3. 带孩子欣赏艺术: 音乐、画作和绘本都是日常生活中随手可得的美学材料,例如父母可以带着孩子一同欣赏名曲《动物狂欢节》,一起猜猜现在是什么动物出场了,也可以一起看绘本,享受文学和艺术在纸上的交会。此外,有心的父母也可以带孩子去听音乐会、看儿童剧团的演出,或到美术馆进行体验活动。美学教育并非一蹴可就,却会渐渐成为一个人的文化底蕴,慢慢发酵成为推动社会进步的力量。

PART 7

认识儿童常见疾病

孩子生病了,父母寝食难安,全家生活大乱,怎么做才能让孩子可以快点恢复健康?本部分汇集了儿科专业医生、营养师、护理师,介绍了最常见的婴幼儿疾病,由最常见的发热、感冒、肠道病毒、过敏到多动症、阿斯伯格综合征,针对每个疾病详细说明原因、症状、就医时机以及实用的居家照料技巧,帮助家长打破误区,找对医生,让孩子得到妥善照顾,尽快痊愈,避免小病演变成重大疾病。

- 第 22 章　常见感染病
- 第 23 章　内科类疾病
- 第 24 章　外科类疾病
- 第 25 章　儿童心理问题
- 第 26 章　儿童意外伤害处理

孩子生病了该看哪科医生？

经常听到许多家长问："小朋友生病了该看哪科医生？"这个问题的回答可以很简单，也可以很复杂。

■ 该看儿科还是耳鼻喉科？

有人会问"为什么要有儿科医生这个专科呢"，那就要从头细说了。大家都知道，最常见的儿童疾病是俗称感冒的上呼吸道感染（发热、喉咙痛、流鼻涕、咳嗽等症状）或肠胃炎（呕吐、腹泻等症状），尤其是对感冒，许多家长常有误解，认为感冒了应该去看耳鼻喉科，做些例如洗喉咙、抽鼻涕等局部处理，感冒会好得比较快，因为洗完喉咙、抽完鼻涕，再在鼻孔里上点药，小朋友的症状会暂时缓解，好像感冒就会好了。

但是洗喉咙、抽鼻涕只是症状治疗的一种，并没有根治疾病；此外，这些局部处理对婴幼儿而言可能会造成不愉快的体验，使孩子对医生心生恐惧；更何况，如果局部治疗的器具没有做好无菌处理，反而会交叉感染。

另外，儿童的发热和呼吸道症状不一定都是感冒引起的，可能源于如肺炎、败血症或脑膜炎这样严重的病，也有可能是尿路感染或川崎病等需特殊诊疗的疾病。又如儿童的呕吐、腹泻或腹痛可能源于单纯的肠胃炎，却也有可能是盲肠炎或脑膜炎这类复杂的病，甚至也有可能是一种少见但非常严重的疾病——心肌炎，这种病刚开始时只有轻微发热、呕吐、肚子不舒服的症状，如不妥善处理，短时间内就会昏倒甚至死亡。

因此，处理任何一位儿童的疾病时都要非常小心，看诊时医生一定要详细问诊，了解病史，并做详细的理学检查，不能只看看喉咙、摸摸头，换言之，看诊是要对孩子的全身做整体性的评估。这个本领需要接受过儿科专科医生训练后才能具备。

■ 除了专业判断，"视病犹亲"更重要

儿童并不是大人的缩小版，儿童乃至青少年的很多器官尚在发育中，用药必须要用体重或体表面积来计算，而非粗略地以大人剂量的三分之一或一半来给药。儿科医生虽用药相对较轻，好像效果不强，但比较精准，并能避免内脏受到药物伤害，产生副作用与合并症。医生在儿童门诊看诊时，还要向家长解说疫苗、营养方面的注意事项以及与发育相关的健康知识，这些都是儿科医生的强项。此外，儿科医生经常拥有善良、有耐心、喜欢儿童、乐于和孩子互动沟通、擅长安抚儿童情绪等特性，会让孩子不厌恶、畏惧医

疗行为。

最后，比上面提到的专业问题更重要的，是医生能否"视病犹亲"。"视病犹亲"绝非口号，而是一位有良心的医生面对儿童病患时必须采取的态度。分辨医生是否有这种态度的最佳时刻就是儿童接受重大侵入性治疗之前（例如为了诊断是否为脑膜炎而考虑是否要做腰椎穿刺时），医生会不会把小朋友当成自己的孩子，反复多方思考，详细剖析得失，为孩子的利益着想。

总之，看哪一科医生不重要，重要的是医生有没有足够的专业素养，有没有细心地做全身性评估，有没有注意孩子的发育，有没有耐心解释，是否能"视病犹亲"。如果孩子发热，医生不看耳朵、不听胸部，草草开个药就结束看诊，那就赶快换个医生吧！

第22章

常见感染病

204 发热

发热是育儿过程中父母最常遇到的状况之一，据估计，台湾有 7 成左右的儿科急诊是因为发热。对孩子来说，正常体温并非固定在一个数值上，而是会随着年纪、身体活动以及一天中不同的时间而有所变化。1 岁以下幼儿的体温比年龄大一些的儿童高，傍晚是一天中最高的时段，而清晨则是一天中最低的。一般来说，儿童的正常体温在 36～37.5℃，高于 38℃才算发热。

原因

最常见的原因是身体发炎，而发炎的疾病又以感染最为常见。另外，身体无法散热（如婴儿包得太紧或中暑等）也会引起发热。发热并不是一种病，而是一种症状，是身体在发出警告，告诉我们生病了。发热本身并不完全是坏事，它会刺激我们的免疫细胞对抗外来的微生物。

发热后该怎么办

首先要观察孩子的精神、活动力、食欲以及有无其他并发症。如果活动力和食欲都和平常一样，便可稍微放心，可能只是轻微的病毒感染，可用日常的方式照顾孩子，再带孩子就医，找出发热原因。如果出现嗜睡、呼吸急促、嘴唇发黑、心跳太快或太慢、持续呕吐等症状，就要尽快就医。此外，发热时会增加氧气消耗量与心脏输出量，可能使心肺功能不佳、代谢异常的孩子病情恶化，应特别注意。

6 个月到 5 岁的孩子发热时，可能会诱发热性惊厥（见 409 页）。热性惊厥常在发热后数小时内发生，孩子一开始可能眼神呆滞，接下来全身抽搐，失去意识，没有反应，抽搐通常会在数分钟内停止。热性惊厥一般不会对脑部和肢体造成伤害，也不会发展为癫痫，但抽搐时间大于 15 分钟后可能对脑部有影响，仍应该尽快就医。

需不需要退热？

幼儿发热通常是由感染发炎引起的，此时体温如果没有过高就不需要积极退热，除非发生一些特殊状况（如有热性惊厥、癫痫或心脏病等）才需要积极退热。如果发热原因是身体无法散热（如中暑、衣服穿太多），就应该积极退热。

如何退热？

退热的方法可以分为物理退热法（包括冰枕、退热贴、温水拭浴）和药物退热法（包括口服药、肛门栓剂、注射退烧药）。物理退热法一般是用在衣服穿太多、中暑等体热无法排出的情况中，而药物退热法则用在发炎性疾病的情况中。

一般幼儿发热是感染发炎引起的，并不需要使用冰枕、退热贴等物理退热法。退烧药建议以口服为先，除非有严重呕吐、拒绝吃药等情况才可使用肛门栓剂。少数口服或注射型退烧药（如阿司匹林）含有水杨酸成分，对流感及水痘感染的儿童，此类药物可能会引发致命的瑞氏综合征，所以不应用于儿童。

> ❗ **打破发热的误区**
>
> **发热会把脑子烧坏？**
> 感染性疾病很少烧到超过41℃，发热41℃以下不会对脑神经或其他器官造成永久性的伤害。一般所谓"烧坏脑袋"，其实都是中枢神经感染（如脑炎、脑膜炎）造成脑部受损，而非发热造成的。
>
> **吃退烧药后又烧起来，表示医生开的药没有效果？**
> 事实上发热是一种症状，退烧药只是症状治疗的药物，最重要的是要找出发热的原因并对症治疗。病毒感染是儿童发热常见的原因，病毒感染有一定的病程，如幼儿急疹的病程一般为反复发热3～4天，退热后会出皮疹，然后痊愈。在发热的这段期间，多吃退烧药并不会缩短发热的时间，过量吃退烧药反而有害。
>
> **睡冰枕会退热？**
> 发热时用冰枕就好像一边烧开水一边在水壶中加冰块，只是徒增身体的能量消耗。局部温度降低并不会从源头上退热，反而会加重寒冷不适的感觉。
>
> **打点滴会退热？**
> 单纯输盐水并不能退热，只要孩子能喝水，就不需要打点滴补充水分。

205 伤风感冒

伤风感冒是儿童最常见的感染性疾病，是一种急性、传染性、病毒性疾病，严重程度往往视其并发症而定。伤风感冒通常是自限性的（会自然痊愈），不过少数会引发中耳炎（见377页）、鼻窦炎（见379页）与肺炎（见381页）等并发症。

原因

有100种以上病毒可引起伤风感冒。常见的致病病毒包括鼻病毒（约40%）、冠状病毒（约10%）、副流感病毒及呼吸道融合病毒，较少见的致病病毒则包括腺病毒、肠道病毒（见366页）、流感病毒等。另外，少数病情可由支原体、披衣菌等引起。

5岁以下的幼儿是主要的感染人群，一年平均感染6～10次，尤其是托儿所里的幼儿，感染次数可能更多。随着年龄增长，感染次数会逐渐降低，成人感染的次数通常只是儿童的一半或更少。

症状

临床症状分为儿童型和婴儿型两种。儿童型的表现类似成人，主要包括流鼻涕、鼻塞、咽喉疼痛，不少儿童会有没精神、头痛、鼻涕倒流、咳嗽等症状，少数会有发热及畏寒的感觉。小于1岁的婴儿型临床表现比较多变，常有发热、哭闹不安、易怒等现象，鼻部症状与儿童型相似，有时流鼻涕是唯一的症状。呕吐与腹泻的症状年龄越小越明显。小于3个月的婴儿通常不会发热，而会有呼吸窘迫等症状。

临床方面，流鼻涕、鼻塞几天后，鼻涕会变浓稠，甚至呈脓状，但鼻分泌物的量会减少，之后慢慢改善，一般7～10天会自然痊愈，少数达14天才完全痊愈。如果持续流鼻涕（不管向前还是往后倒流）超过10天，应考虑合并鼻窦炎的可能性。如果有持续发热或退烧后再度发热的情况，应就医检查是否合并中耳炎。如果呼吸窘迫（急促或困难），也应就医检查是否有支气管炎、肺炎等并发症。

治疗与家庭护理

治疗上以症状治疗为主，如果有发热、头痛症状，可给予解热镇痛药；如果有流鼻涕、鼻塞症状，可给予抗组胺药物。如果幼儿的鼻塞很厉害，可使用橡皮球吸出鼻涕或滴入生理盐水，以减轻不适（关于幼儿鼻塞的处理，见77页）。如无并发症，不需使用抗生素，就算先给予抗生素治疗，也无法预防后续的细菌性感染。

在感冒的预防方面，40多年的研究显示，对一般人而言，服用维生素C无法预防伤风感冒，感染后服用也无法缓解病情。由于感冒病毒通常是通过飞沫或直接接触来传播的，所以养成个人良好卫生习惯、注意咳嗽及喷嚏礼仪、洗手等都是能有效避免传染的方法。

206 水痘

水痘是由水痘—带状疱疹病毒引起的传染性疾病。

症状

水痘的典型症状是先出现皮疹，之后皮疹变成会发痒的水泡，最终水泡会结痂。皮疹先出现在面部、胸部、背部及腹部，然后再扩散到身体的其他部位（如口腔内、眼睑或生殖器上等）。感染水痘的孩子也会出现发热、头痛、倦怠等症状，大多数会在1周内完全恢复。

原因

水痘通过咳嗽或打喷嚏在空气中传播，也可以通过触摸或吸入来自水痘水泡的病毒颗粒而传播。从接触水痘患者到水痘发病，有10～21天的潜伏期。水痘患者自出皮疹前1～2天就开始具备传染性，直到所有的水泡都结痂为止，传染性才消失。

应该何时就医？

1. 感染水痘的孩子如果出现下列症状之一，应尽快就医：（1）发热超过4天，皮疹或身体的任何部分都变得很红很热，一碰就痛或开始渗出脓液（可能有细菌感染）；（2）很难叫醒，意识不清，行走困难，颈部僵硬，频繁呕吐（可能合并脑炎）；（3）呼吸困难，剧烈咳嗽（可能合并肺炎）。

2. 水痘并发症的高危人群（包括婴幼儿、孕妇、12岁以上才感染水痘者、疾病或药物导致免疫系统减弱者）症状通常会较严重，且易出现并发症，一旦感染应尽快就医。

治疗

对感染症状严重及可能导致并发症的高危人群，建议使用抗病毒药物。

预防

由于水痘很容易传染给从未得过水痘或未接种水痘疫苗的人，因此感染水痘的儿童通常必须在家休息几天，以免将病毒传染给别人。对大多数人来说，得一次水痘便可拥有终身免疫力。

预防水痘最好的办法就是接种水痘疫苗。水痘疫苗非常安全，可以避免严重水痘的发生。大多数人接种疫苗后不会得水痘，即使仍有少数人可能被感染，但症状通常较轻微，水泡比较少，仅轻微发热甚至不发热（关于水痘疫苗，见493页）。

家庭护理

孩子得水痘后，父母可帮孩子擦凉性止痒药水来缓解症状，并将孩子指甲剪短，以免抓破水泡，引起皮肤感染。

小贴士

感染水痘的儿童不能使用阿司匹林来退热，服用阿司匹林可能会引起瑞氏综合征，这是一种严重的疾病，会影响肝脏和大脑，甚至可能导致死亡。

207

麻疹

麻疹是一种由麻疹病毒引起的呼吸系统疾病。

症状

典型的麻疹一开始会发热、咳嗽、流鼻涕、眼睛发红和喉咙痛。2～3天后，口腔内可能会出现微小的白点（称为"科氏斑"）。症状出现3～5天后，开始出现红色或红褐色的皮疹，通常从头部开始，向下蔓延到颈部、躯干、手臂、腿和脚。皮疹可持续1周，咳嗽则可以持续10天。当皮疹出现时，发热可能会超过40℃。

传播方式

麻疹通常是通过空气、飞沫或接触患者口鼻分泌物传播的，具有高度传染性，患者从出皮疹前4天到后4天都有传染力。

并发症

麻疹并发症在5岁以下的儿童和20岁以上的成人中较常见，严重可致死。麻疹的并发症包括腹泻、肺炎（是最常导致儿童死亡的并发症）、耳部感染（可能导致永久性听力丧失）、脑炎（可能会引起抽搐，导致耳聋或智力受损）。

治疗

一般以支持性治疗（如适时补充液体、减轻患者不适等）为主。

预防

1. 麻疹、腮腺炎和风疹混合疫苗（MMR）可有效预防麻疹（关于MMR疫苗的接种，见492页）。

2. 除按时完成疫苗接种外，应尽量少出入通风不良或人潮拥挤的公共场所，并养成良好个人卫生习惯，以降低病毒感染的概率。

3. 麻疹在世界许多地区仍是常见疾病，近年在印度尼西亚、泰国、菲律宾等地皆出现过疫情，因此应避免带1岁以下婴儿前往流行地区，1～6岁的学龄前幼儿应在接种MMR疫苗2周后再前往。

风疹

风疹是一种急性病毒感染疾病，会引起发热和皮疹。

症状

风疹通常会引起低热（38.3℃以下）和皮疹2～3天，皮疹自头部开始，向下蔓延到身体其他部位。年龄较大的孩子和成人在皮疹出现之前可能会有淋巴结肿大和感冒的症状。许多人会关节疼痛，尤其是年轻女性。

传播方式

风疹通常是通过空气、飞沫或接触患者口鼻分泌物传播的，具有高度传染性。病毒在患者皮疹存在期间传染力最强，且在出现皮疹7天以前就具传染力。大约有一半的患者患风疹时没有症状，但仍可传播风疹病毒。

并发症

在儿童和年轻人中疾病较轻，然而，在极少数情况下可能会导致并发症，包括脑部感染和出血。风疹对胎儿最危险，孕妇如果感染风疹，可能会导致流产或严重的胎儿先天性缺陷（如耳聋、白内障、心脏畸形、智力低下、肝脾损伤等）。

治疗

一般以支持性治疗（如适时补充液体、减轻患者不适等）为主。

预防

1. MMR疫苗可有效预防风疹。
2. 由于怀孕期间无法接种MMR疫苗，建议育龄女性参加婚前健康检查，如果抗体为阴性，建议接种MMR疫苗，以防在怀孕期间感染风疹而产下具先天性缺陷的孩子。
3. 世界很多地区时有风疹疫情传播，因此应避免带1岁以下婴儿前往流行地区，1～6岁的学龄前幼儿应在接种MMR疫苗2周后前往。

209

流行性腮腺炎

流行性腮腺炎是由腮腺炎病毒引起的一种传染性疾病，常通过咳嗽和打喷嚏传播。

症状

通常一开始会先出现发热、头痛、肌肉酸痛、疲倦和食欲不振的症状，之后单侧或双侧耳下腮腺会肿大。这些症状会持续 7～10 天。然而，有高达一半的患者的症状很轻微，甚至没有症状，有的人只是感到身体不舒服，但腮腺没有肿大。患者从感染流行性腮腺炎到出现症状一般需要 16～18 天。

原因

流行性腮腺炎通常是通过飞沫或接触病人的唾液传播的。大多数流行性腮腺炎患者在腮腺肿大前就有传染力，传染力会持续到腮腺肿大后 5 天。

并发症

大多数患者在感染后能完全恢复。流行性腮腺炎偶尔会引起并发症，较常见的是青春期男孩会出现睾丸炎、青春期女孩会出现卵巢炎或乳腺炎，此外还可能引起脑炎、脑膜炎、暂时或永久性耳聋等。

治疗

一般以支持性治疗（如适时补充液体、减轻患者不适等）为主。

预防

1. MMR 疫苗是预防流行性腮腺炎最有效的方法。一剂 MMR 疫苗对流行性腮腺炎的抵抗力可达 80%；按时接种两剂 MMR 疫苗后，保护力约可提升至 90%。

2. 感染流行性腮腺炎的儿童通常必须在家休息至少 5 天，以免将病毒传染给他人。

3. 世界很多地区时有流行性腮腺炎疫情传播，因此应避免带 1 岁以下婴儿前往流行地区，1～6 岁的学龄前幼儿应在接种 MMR 疫苗 2 周后前往。

幼儿急疹

许多家长发现自己不到2岁的孩子突然反复发热3～5天，除了喉咙有点发炎、耳后摸到几颗小小的淋巴结外，其他都大致正常。退热后，脖子和身上出现些许粉红色皮疹，隔天皮疹更多，但没有再发热，又过了2～3天皮疹才完全消散。这种情况几乎大部分的新手爸妈都经历过，这就是典型的幼儿急疹病程。

原因

幼儿急疹属于急性病毒性感染，潜伏期1～2周，目前认为人类疱疹病毒第六型是主要致病原，而飞沫传染很可能是主要的传播途径。幼儿急疹多发于6个月至2岁间的幼儿中，这个年龄层的患者在病例中占了约九成。

症状

幼儿急疹的症状主要是发热，体温可以高达39～40℃，患者反复发热持续3～5天，发热期平均为3天。还摸得到囟门的患儿中，有的会因脑压上升而出现前囟门膨出的表现，而被误以为是脑膜炎。此外有少数患儿可能出现发热性抽搐，但绝大多数属于良性的热性惊厥（见409页）。

儿童出幼儿急疹时，大多会在脸部或躯干处出现大小不一的粉红或淡红色皮疹，少数会出现在四肢上，平均3天左右皮疹会逐渐消散，绝大多数不会留下色素沉积，也不会出现脱皮的现象。

诊断

幼儿急疹的特点是：发热期结束后才会出皮疹，出皮疹后往往就不再发热。如果是发热和皮疹同时发生，那就可能不是幼儿急疹，需要考虑是否为其他疾病。

治疗与预防

临床上并没有针对幼儿急疹的抗病毒药物或疫苗，但普遍而言，幼儿急疹是种良性且自愈性的病毒性感染病，因此症状治疗加上防病教育是主要的处理方法。因为病毒肉眼不可见，因此要预防幼儿急疹并不容易，但加强手部卫生、少涉足公共场所以及避免与其他患儿的接触，可以降低儿童被感染的风险。

211 金黄色葡萄球菌感染

金黄色葡萄球菌是相当常见的细菌，台湾5岁以下儿童中约有25%身上带有这种细菌，目前尚无疫苗可有效预防此细菌感染。

症状与并发症

常见的皮肤感染，如脓疱疮、痈、疖、蜂窝性组织炎等，绝大部分是由金黄色葡萄球菌感染造成的。此外，这种细菌也有能力造成侵袭性感染，例如感染深层肌肉造成化脓性肌炎、快速致命的坏死性筋膜炎、治疗困难且疗程长的骨髓炎、化脓性关节炎和心内膜炎等。另外，肺炎与脑膜炎虽然较少见，一旦发生则可能造成死亡。除细菌本身以外，细菌产生的毒素也会造成严重症状，如中毒性休克综合征、葡萄球菌性猩红热、食物中毒等。

耐药性金黄色葡萄球菌（MRSA）的影响

金黄色葡萄球菌有能力产生耐药性，过去耐药性菌株只出现在医院里，近10年来，被称为"MRSA"的耐药性金黄色葡萄球菌在普通人群中逐渐增多，长庚儿童医院的调查显示，台湾儿童中MRSA带菌者的比例约有8%，造成感染的比例则已经超过50%，为治疗带来了一定的困难，特别是对于上述侵袭性感染，除外科手术外，常需使用万古霉素等后线抗生素，即使如此，仍无法避免发生会留下严重后遗症或致死的案例。

预防

身上带菌的儿童比较容易发生后续感染，特别是带有MRSA的孩子续发感染的比例更高。照顾者如果能注意以下原则，能帮助降低孩子的带菌率：

1. 抱婴儿前先洗手：调查显示，2～6个月大的婴儿带菌率显著高于较大儿童，此时期孩子身上所带细菌多来自父母或照顾者之手，因此成人在抱婴儿之前一定要洗手。

2. 避免拥挤的环境：调查显示家中儿童成员较多，或家中有其他孩子上托儿所、幼儿园者，带菌率会显著提高，因此拥挤的环境也会增加带菌的危险。

3. 母乳喂养：母乳喂养是一个重要的保护因子，母乳喂养的孩子带菌率明显比喝配方奶的孩子低。

> **家庭护理**

有些感染金黄色葡萄球菌的孩子，在上一次疗程完成后疾病被治愈了，但无法清除带菌状态，因此特别容易重复感染，这种情况在本来就有特应性皮炎的孩子中特别常见。对于这些复发的孩子，建议可用市面上含有消毒杀菌成分葡萄糖酸氯己定的沐浴乳帮孩子洗澡，尝试去除其带菌状态。

> **小贴士**
>
> 多数金黄色葡萄球菌感染病灶都位于表层皮肤，经口服药物与适当的引流清创都能很快痊愈，但一旦病灶持续扩大或是有全身症状如发热等，必须尽快就诊。平常避免去拥挤的地方，并坚持哺喂母乳，都能减少 MRSA 带菌情况并避免后续感染发生。已经重复感染的孩子，可以尝试使用含消毒杀菌成分的沐浴乳洗澡，避免复发。

212

沙门氏菌感染

沙门氏菌感染症为人畜共患感染性疾病，主要由食用遭受污染的食物导致，是许多国家食物中毒的重要病源。

症状

典型症状包括发热、恶心、呕吐、腹泻及腹部绞痛等症状，通常在发热后72小时内会好转。婴儿、老年人、免疫功能低下的患者则可能因沙门氏菌进入血液而出现严重且危及生命的菌血症，少数还会合并脑膜炎或骨髓炎。

治疗

一般沙门氏菌造成的肠胃炎不需要给予抗生素治疗，而以补充水分与电解质为主；但对于新生儿、免疫功能低下患者及特殊伤员，则需要视情况给予抗生素治疗。

预防

1. 餐前、便后、接触食物前、接触动物或生蛋后应仔细洗净双手。
2. 处理生食和熟食的砧板要分开。
3. 食物要熟透再吃（尤其是鸡蛋与家禽类）。
4. 非现做现吃的食物应以保鲜膜包覆后放进冰箱保存，再次食用前应加热或煮熟。
5. 扑灭并阻隔苍蝇等病媒。被苍蝇沾染、过期或腐败的不洁食物均应丢弃，切勿食用。
6. 水塔应经常清洗、消毒。
7. 旅行或野营时的饮用水应煮沸并消毒。
8. 如有呕吐、腹泻或发热等症状，应尽快就医。

213 肠道病毒感染

肠道病毒是活跃于夏天的一类病毒，共有60多种类型，其中以肠道病毒71型感染最为严重。感染对象以儿童为主，特别是3岁以下幼儿，不但感染率高，也是最常发生严重并发症的人群。有幼儿的家长必须特别注意。

症状

典型的肠道病毒症状包括手足口病（手、足、膝盖、臀部和口腔等部位出现红斑疹或小水泡）与疱疹性咽峡炎，但不同的肠道病毒引起的症状不尽相同，有些可能只会造成轻微发热或类似感冒的症状，有些则会引起如胸膜炎、出血性结膜炎、无菌性脑膜炎、心肌炎、脑炎等疾病。

在所有肠道病毒类型中，71型感染出现神经系统感染并发症的比例特别高，据统计，感染者可能出现如脑炎、脑膜炎等并发症，近几年的肠道病毒防治也主要针对这一型病毒。肠道病毒71型感染初期通常以手足口病为主，少部分以疱疹性咽峡炎的形式表现，患儿如有手足口病并高热不退，患肠道病毒71型的概率就很高了。

应该何时就医？

肠道病毒71型的患儿常会高热（39℃以上）超过3天，也常因口腔疼痛而无法进食。家长必须特别注意，如果孩子出现下列重症的前驱症状，必须立刻就医：

1. 嗜睡：意识不清，手脚无力。
2. 肌跃型抽搐：患儿出现类似婴儿惊吓反射的动作，出现次数频繁，可能几分钟就出现一次。此外，患儿会对声响非常敏感，轻微响声就能引发肌跃性抽搐。
3. 持续呕吐：呕吐反复发生，即使没有进食仍有作呕的动作。
4. 呼吸急促或心跳加快。

要特别提醒家长的是，上述症状通常在发热开始后3～4天出现，不可因为疾病开始时没有这些症状就掉以轻心。如果没有出现上述这些症状，患儿通常会在发病后7～10天自行痊愈。

肠道病毒重症的前驱症状

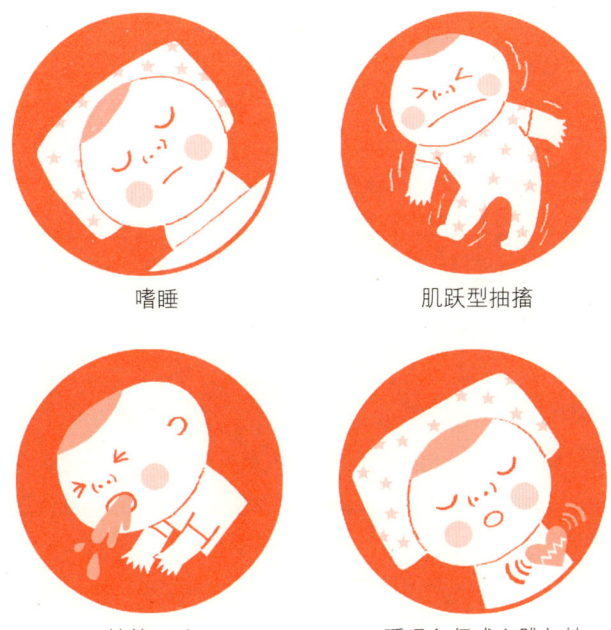

嗜睡　　　　　肌跃型抽搐

持续呕吐　　　呼吸急促或心跳加快

传染途径与预防

肠道病毒以粪口传播与飞沫传播为主，潜伏期2～10天，71型肠道病毒在患者痊愈后2周内仍然能在口腔内培养出来，在粪便中则可持续达6～8周之久，患儿在发病后1周内病毒量最大，传染力最强，所以建议停课1周，在家中隔离。

痊愈后，由于病毒仍在体内，儿童在返校上课后应勤洗手，养成良好的卫生习惯，以免传染给同学。在家庭或幼儿园环境中，建议用500ppm的漂白水消毒擦拭，可以有效杀死肠道病毒。

到目前为止，市面上仍然没有有效的肠道病毒疫苗可以预防感染。

> ❗ **500ppm 漂白水的配制方法**
>
> 可取市场上的家庭用漂白水（浓度5%～6%）80～100毫升（约5汤勺），加入10升的自来水中，搅拌均匀，且于24小时内使用。

医生在线

Q 为什么孩子待在家里也会感染肠道病毒?

A 由于成人也会感染肠道病毒,但只有约一半的人会出现症状,而且是以感冒症状为主,即使没有症状也可能将病毒传染给家中成员,这也是家中幼儿感染肠道病毒但查不出接触史的原因之一。因此,在肠道病毒流行季节,有感冒症状的成人应避免接触家中的婴幼儿,即使没有症状,也应养成在接触婴幼儿前勤洗手的习惯。

此外,哺乳期妇女可能传染肠道病毒给宝宝,一旦妈妈有感冒或感染肠道病毒的症状,建议不要直接哺喂母乳,可以将母乳装在奶瓶里,请健康的家人协助喂奶。

Q 家有肠道病毒患儿,同时有孕妇,是否必须隔离两人,以免孕妇受到感染影响胎儿?

A 由于目前没有胎儿受感染后导致先天畸形或其他不良影响的报告,我们认为只要孕妇不是处于周产期(即将临盆或刚刚生产),就不需要特别隔离。但周产期的妇女与新生儿一定要与肠道病毒患儿彻底隔离,因为新生儿一旦感染肠道病毒(埃可病毒与柯萨奇B组病毒),便是重症的极高危人群,临床表现与肠道病毒71型引起的脑炎不同,患儿常出现败血症、肝脏坏死与凝血功能失常等症状,过去台湾就曾发生数起新生儿在产科婴儿室受到肠道病毒感染而死亡的事件。

214

脑炎

病毒性脑炎是儿童中枢神经系统感染中常见的一种。

原因

一般来说,病毒性脑炎可根据致病原因分为急性脑炎及感染后脑脊髓炎两大类。

1. 急性脑炎:病毒通过血液(如流行性乙型脑炎病毒)或神经(如疱疹病毒)到达中枢神经,进而引起大脑灰质或灰白质交界处微血管及内皮细胞发炎反应,血管周边淋巴球浸润。

2. 感染后脑脊髓炎(或称急性散播性脑脊髓炎):是病毒感染引发的一种自体免疫现象,进而导致白质的髓鞘脱失而致病。

症状

大多数急性脑炎最初都表现为全身性病变的早期症状,例如发热、头痛、倦怠、身体不适、恶心、呕吐或肌肉酸痛等。随后才会出现典型的广泛性脑炎症状,最明显的就是意识的变化,包括精神混乱、谵妄、昏睡、嗜睡甚至昏迷不醒,偶尔还会表现出定向障碍、行为或言语障碍、抽搐等。少数患者可能表现出局部性症状,尤其是疱疹性脑炎好发于颞叶,从而会导致失语症、嗅觉缺失与局部性抽搐。感染后脑脊髓炎的病例大部分在感染后数天至数周内产生症状,其临床表现随大脑病变部位的不同而有所差异。

治疗和预后

病毒性脑炎中除疱疹性脑炎以外并无抗病毒药物,所以治疗以症状和支持性治疗为主,并要避免并发症的发生。大部分轻度急性脑炎患者在积极采取支持性治疗后预后良好,少部分严重者会产生神经系统后遗症甚至死亡。

脑膜炎

脑膜炎是一种儿童重症，常发生在新生儿、婴幼儿和儿童身上。许多家长经常把脑膜炎与小儿脑炎混淆，但两者间的确有许多不同。

类型

脑膜炎可分为病毒性脑膜炎和细菌性脑膜炎。

1. 病毒性脑膜炎： 大部分发生在夏天，主要由肠道病毒引起，经过适当治疗几乎不会有后遗症。

2. 细菌性脑膜炎： 在新生儿中主要由乙型溶血性链球菌与革兰氏阴性杆菌（大肠杆菌为主）引起；在2个月以上的婴幼儿与儿童中主要由b型流感嗜血杆菌、肺炎链球菌和脑膜炎球菌引起。

症状

细菌性脑膜炎的症状较严重，病程进展快速，主要为发热加上脑压增高等症状（如头痛、呕吐、意识障碍）。婴幼儿，尤其是新生儿的症状，往往主要体现为发热与非特异性症状，如呕吐、食欲下降、极度吵闹，但婴幼儿在普通发热时也会哭闹，所以可以先用退烧药降温，然后轻柔地让孩子躺在母亲的膝上来进行评估，此时如果孩子持续哭闹，就要立即请儿科医生诊断。另外，婴幼儿与儿童如有持续性剧烈呕吐，也要请儿科医生评估。

诊断

脑膜炎的诊断只有一个方法，就是进行腰椎穿刺抽取脑脊髓液的检查，由于脑膜炎越早治疗后遗症越少，所以儿科医生只要怀疑孩子患上了脑膜炎就要做腰椎穿刺。有些家长误认为腰椎穿刺会给大脑造成损伤，其实问题症结并不在于腰椎穿刺本身，而是脑膜炎或脑炎对大脑造成伤害的后遗症。

治疗

病毒性脑膜炎以对症治疗为主，细菌性脑膜炎的治疗中最重要的是选择合适的抗生素；治疗中要注意控制癫痫，以及纠正水与电解质的平衡；必要时要采取措施降颅压。

预后

如果患儿接受了适当的治疗，病毒性脑膜炎几乎不会留下后遗症，细菌性脑膜炎则可能留下肢体无力、智力低下、听力受损等后遗症，尤其是肺炎链球菌引起的脑膜炎后遗症最严重。

川崎病

川崎病是一种婴幼儿及幼儿中多发的发炎性疾病，90%发生在5岁以下（其中2/3在2岁以下），男女比例约为1.6∶1。此病是由日本医生川崎富作在1967年首先提出的，所以被称为川崎病（症）。

病因和症状

川崎病原名皮肤黏膜淋巴结综合征，顾名思义，此病有皮肤红疹、口唇与眼结膜泛红以及颈部淋巴结肿大等症状，少数会合并冠状动脉病变，是如今造成儿童后天性心脏病的主因。确切的致病因目前仍不清楚，研究显示，应该是某种（些）病原体感染后在基因特殊的患者体内引发细胞的一连串发炎反应造成的。

临床方面，病人会出现高热的症状并持续5天以上，另有以下五个主要症状：（1）双眼结膜充血（结膜炎）；（2）嘴唇干裂、泛红，草莓舌，咽部发红；（3）颈部淋巴结肿大超过1.5厘米；（4）皮肤出现红疹；（5）急性期时（发病5天内）手掌、脚掌会泛红、肿胀，恢复期时（发病10天后）则会有起自指（趾）端的膜状脱皮。

上述这些主要症状虽然可以同时出现，不过往往会陆续出现。

诊断

目前仍是根据临床症状来诊断的，也就是在排除其他症状相似的疾病（如麻疹、金黄色葡萄球菌皮肤感染、幼年型类风湿性关节炎、药物疹等）后，患儿持续发热5天以上，加上5项主要症状中出现4项；或是持续发热5天以上，心脏彩超发现心脏有冠状动脉病变，加上5项主要症状出现3项，便可诊断为患有川崎病。

治疗

一旦确诊为川崎病，应尽快给予高剂量静脉注射型免疫球蛋白，能有效治疗此症并降低冠状动脉病变的发生。患儿通常会在静脉注射型免疫球蛋白给药后24小时内迅速退热，如果2～3天内没有退热，或退热后3天内又发高热，在排除其他原因的情况下，可考虑再给予一次静脉注射型免疫球蛋白。此外，通常会给予阿司匹林一段时间，以预防血管栓塞的发生。

脐炎

脐炎可以分为先天性和后天性，对象可能为新生儿或非新生儿。

病因和症状

1. 先天性脐炎：

脐带在胎儿时期会与膀胱和肠道相连，和膀胱相连的结构被称为"脐尿管"，和肠道相连的结构被称为"脐肠系膜管"，正常来说，这两个通道都会在出生前后关闭。如果孩子的脐尿管或脐肠系膜管没有关闭，肚脐会有分泌物流出，前者的分泌物有尿味，后者的分泌物则有粪臭味。两个通道如果出现感染，除了分泌物外，肚脐周围的皮肤会有红肿热痛的发炎现象，可通过超声波或脐瘘管摄影确诊。先天性脐炎轻者会出现局部红肿或蜂窝性组织炎，重者可引发腹腔感染，导致腹膜炎或泌尿系统感染，细菌甚至会进入血管，引发菌血症或败血症，从而危及生命，不可不加以重视。

2. 后天性脐炎：

由于肚脐没有脂肪组织，清洁不当或破皮很容易造成感染。此外，新生儿脐带脱落以后，如果没有好好清洁，湿润的脐部容易沾染细菌，大量细菌迅速繁殖便会造成脐炎；新生儿的脐部经常盖得严严实实的，不利于干燥通风，也容易产生湿疹，滋生细菌，诱发感染。青少年或成人穿戴脐环引起的脐部感染也会导致脐炎。少数腹部或骨盆腔的肿瘤有时也会转移到肚脐，被误认为单纯的脐炎，但在新生儿中较少见。

治疗

至少需要进行7天完整的抗生素治疗，并辅以完善的脐部清洁护理。有蜂窝性组织炎时必须住院，合并脓肿时需进行引流，有瘘管时需进行外科手术处理。如果合并腹膜炎或败血症，治疗上更为繁复。

家庭护理

1. 进行脐带护理前要先洗手，避免细菌污染脐带。脐带护理次数可视分泌物多少和脏污情况酌情处理，但洗澡后一定要清洁干净并保持干燥（关于脐带护理，见 50 页）。

2. 不可用芝麻油、成分不明的药膏或药粉等涂抹脐部。

3. 尿布上缘应向下反折，固定衣物的带子不要紧箍住脐部，以免磨擦脐带根部。

4. 不要让脐部闷不透气。不需要成天用纱布或创可贴覆盖，以免加速细菌繁殖。

应该何时就医？

有下列情况之一应立即就医：

1. 脐带脱落 1 周后仍有分泌物。

2. 脐部有黄色分泌物甚至臭味。

3. 脐部周围红肿或有异味，同时有倦怠、食欲减退、发热等症状。

败血症

败血症是指人体的免疫系统为了抵抗外来感染而加速释放许多化学物质进入血液，导致全身性的炎性反应和细胞损害。这时，如果机体无法自我纠正，就会造成进一步伤害。

原因

感染源为来自血液、尿液、肺脏、皮肤或其他组织的微生物，包括细菌、病毒、真菌和寄生虫。在发达国家，儿童败血症最常见的病原为大肠杆菌、金黄色葡萄球菌、肺炎链球菌以及脑膜炎双球菌。

症状和诊断

美国重症医学会将败血症分为下列四种程度：

1. 全身性炎症反应综合征（简称 SIRS）：在此阶段，患者会出现以下四种症状，但还没有确定感染败血症：（1）低体温（体温低于 36℃）或发热（体温高于 38℃）；（2）心搏过速（每分钟心跳大于 100 次）；（3）呼吸过快（每分钟呼吸超过 20 次）或血液中二氧化碳的浓度过低（小于 4.26 千帕）；（4）血液中白细胞浓度过低或过高。

2. 败血症：被诊断有上述全身性发炎综合征，并通过血液培养确定受到感染。

3. 严重败血症：败血症已造成器官损伤、低血压、低血液灌流（器官接收到的血液灌流不足）。

4. 感染性休克：即使持续输液治疗，败血症依旧造成低血压和血液灌流不足的情况。

治疗与预后

败血症在儿童、老年人和免疫系统缺损的病患身上更为常见和危险，患者通常需要在加护病房接受积极治疗（包括静脉输液和抗生素治疗等）及生命体征监测。由于败血症容易合并多重器官衰竭，因此在必要时也需接受气管插管、血液透析甚至升压剂的治疗。

美国疾病控制与预防中心的统计资料显示，败血症的死亡率高达20%，而败血性休克的死亡率更高达60%，即使存活下来，也常造成永久性的器官伤害。虽然近年来败血症的治疗与诊断工具方面都取得了长足发展，但是败血症的死亡率依然很高，唯有尽早发现并积极治疗，才能增加存活的机会。

219

中耳炎

中耳炎是指中耳腔因细菌感染而造成的发炎，是一种上呼吸道感染症，常伴随感冒发生。儿童（特别是 2 岁以下幼儿）为中耳炎多发年龄层。

原因

中耳腔位于鼓膜内侧，更靠内有个耳咽管通往咽喉，引起中耳炎的细菌是从咽喉经耳咽管进入中耳腔而造成发炎的，因此中耳炎常伴随感冒发生。儿童的耳咽管较为水平且短宽，所以更容易发生感染。另一方面，由于外耳至中耳腔间有鼓膜的阻隔，所以中耳炎很少是耳朵进水或异物渗入造成的。

症状和诊断

儿童中耳炎的诊断并不容易，常需要家长的警觉和医生的临床经验来判断。最常见的症状为耳痛，有时会伴有发热，较小的幼儿则会有哭闹不安或反复抓耳朵的表现。医生会检查耳朵，判断是否有急性中耳炎的关键表现，包括中耳发炎症状（如鼓膜胀红或有渗出液）、急性疼痛和中耳积液等。

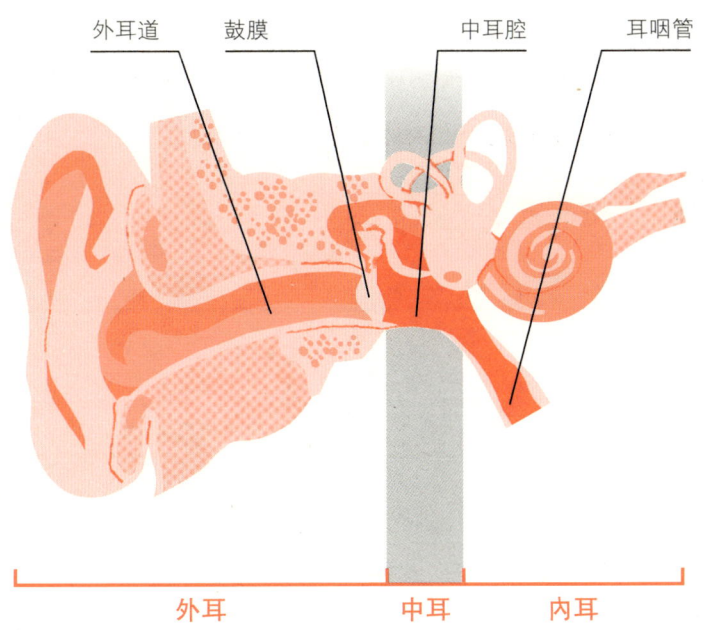

治疗

治疗方面主要是给予抗生素，疗程需 7～10 日，耳痛和发热等症状多数可于治疗后 2～3 日获得改善，但仍需服用医生开的剂量的药直到疗程结束，切勿因症状改善而自行缩短疗程。多数患儿在接受完整疗程的治疗后即可彻底痊愈。

少数患儿有持续性的中耳积水现象，如果积水持续 3 个月并影响听力，需要置放中耳导管，以平衡鼓膜内外压力。在少数案例中，治疗失败或本身免疫力低下等情况可能导致乳突炎、耳膜穿孔、耳流脓、胆脂瘤甚至颅内化脓性感染或脓肿等并发症，但十分罕见，父母只要配合医生治疗便无须过度担心。

家庭护理与预防

父母该如何预防孩子得中耳炎呢？一般原则为：

1. 避免让儿童暴露在二手烟的环境中，二手烟环境易造成中耳炎的反复发生。

2. 避免带儿童去拥挤的公共环境或托儿所，并养成勤洗手的卫生习惯，有助于降低感冒及后续中耳炎发生的可能。

3. 避免让宝宝躺着用奶瓶喝奶，这样容易造成中耳积水，进而感染中耳炎。喝奶时建议至少将宝宝头部垫高约 45 度。

4. 建议接种肺炎链球菌疫苗，每年接种流感疫苗。

5. 建议至少哺喂母乳 6 个月，以增强宝宝的免疫力。

小贴士

如果您的孩子有耳痛或不明原因哭闹并抓挠耳朵的情况（尤其在感冒过后），可请儿科医生诊断是否为中耳炎。如果确诊为中耳炎，应按照医生指示完成抗生素疗程，切勿贸然停药，以免治疗不彻底导致后遗症。

鼻窦炎

鼻窦炎指鼻窦部位发生炎症反应，为重要的上呼吸道感染症之一，常伴随感冒发生。

原因

人共有4对鼻窦，分布在鼻子周围。鼻窦为颅骨内的空腔，在正常情况下是无菌的，对吸入的空气有过滤、湿润和调温等功能。儿童感冒会导致鼻黏膜肿胀及鼻窦开口阻塞，此时进入鼻窦的细菌与分泌物无法排出，就易造成局部的鼻窦发炎。

症状

临床发现儿童有以下三个表现之一时即可诊断为鼻窦炎：（1）流鼻涕或白天咳嗽持续10天以上未见改善；（2）感冒症状稍有缓解后再度恶化，表现为浓鼻涕、咳嗽甚至发热；（3）高热与浓鼻涕持续3日，且有倦容。

治疗

鼻窦炎的治疗以内科疗法为主，由医生选择适当的抗生素给予患儿10～14天的治疗。如果患儿表现为持续咳嗽、流鼻涕但不严重，不妨先观察72小时看是否会好转，如果72小时后症状仍未改善，再考虑抗生素治疗。给予抗生素72小时后未见改善者，可调整药物，或考虑是否有合并颅内感染或眼窝处蜂窝性组织炎的可能性。

家庭护理与预防

鼻窦炎往往伴有过敏或其他病毒性上呼吸道感染，因此预防鼻窦炎的最好的方法就是避免这类上呼吸道感染，包括：（1）避免带儿童到拥挤的公共环境或托儿所，以降低感冒及后续鼻窦炎发生的可能性；（2）建议接种肺炎链球菌疫苗，每年接种流感疫苗；（3）适当的运动和规律的生活可增加自身抵抗力，同样有预防鼻窦炎的效果。

小贴士

如果您的孩子持续咳嗽、流鼻涕一段时间后未见好转，或是感冒缓解不久后又有浓鼻涕及咳嗽等症状，可请儿科医生诊断是否为鼻窦炎导致的。如果确诊为鼻窦炎，应按照医生指示完成抗生素疗程，切勿贸然停药，以免治疗不彻底导致后遗症。

急性喉炎

急性喉炎是病毒感染导致的中上呼吸道疾病，症状往往来势汹汹，常让家长不知所措。

原因与症状

急性喉炎经常发生在 3 个月到 3 岁大的婴幼儿身上，孩子原本是普通感冒和发热症状，几天后突然声音沙哑、咳嗽像犬吠，且吸气时出现尖锐的喘鸣声，甚至可能因为呼吸道肿胀得太厉害而出现呼吸困难的现象。副流感病毒是引起急性喉炎的最常见的病毒，其他如流感病毒、呼吸道融合病毒、肠道病毒和腺病毒也可能为病因，急性喉炎在秋冬寒冷的季节比较容易发生。

治疗

如果医生判断孩子得了急性喉炎，除了给予缓解症状的药物外，也会视情况肌肉注射类固醇和给予吸入性肾上腺素，来帮助孩子改善咽喉肿胀的情况。医生还会根据具体情况，决定是否需要安排胸部和颈部的 X 光片和抽血检查，以及是否需要住院治疗。急性喉炎的预后很好，只有 1%～2% 的患儿后续会合并肺炎或急性呼吸衰竭。

家庭护理

孩子得急性喉炎时，家长该如何照顾孩子呢？

1. 安抚孩子，不要让孩子过度哭闹，哭闹可能使呼吸更加困难。

2. 如果已出现呼吸困难症状，对于较大的孩子，可先令其采取坐姿，下颚向前伸出，以维持呼吸道通畅，然后尽快带孩子就医。

3. 饮食方面，建议准备容易吞咽的较软或流质食物，食物温度不要过热，少量多餐，并多摄取水分。

4. 有些疾病可能和急性喉炎表现类似，尤其当孩子出现呼吸困难、呼吸过快（3 岁以下患儿每分钟呼吸超过 40 次）且吞咽困难、嘴唇发紫、呼吸时必须仰着头等症状时，应考虑以下可能性：（1）误食异物。仔细回想并观察孩子是否可能吞食了异物并卡住了呼吸道（对异物进入气管的处理，见 478 页）；（2）过敏。观察身体是否出现其他过敏症状，回想孩子是否食用了可能造成过敏的食物或药物。

肺炎

肺炎指肺部发炎，患儿可能会出现发热、呼吸急促、腹痛等现象，严重可能会发绀、呼吸衰竭。细菌或病毒感染都可能造成肺炎。在细菌感染的情况中，最常见的是肺炎链球菌和肺炎支原体感染，偶尔可见金黄色葡萄球菌、结核分枝杆菌感染。

■ 肺炎链球菌感染

原因

肺炎链球菌只存在于人类的鼻咽部，平常可能潜伏在鼻腔中，呈现无症状的带菌状态；一旦患者因感冒或免疫力下降，就可能引起感染及其他并发症，并可通过呼吸道以飞沫的方式传给他人。

治疗

肺炎链球菌感染常见于5岁以下婴幼儿与65岁以上的老年人中，需使用抗生素治疗。近二十年来，肺炎链球菌的耐药性越来越强，这让肺炎链球菌感染在治疗上十分棘手。

预防

预防肺炎链球菌感染最好的方式是接种疫苗。目前的肺炎链球菌疫苗有两种，一种为多糖疫苗，目前仅有23价上市，只能用于2岁以上的儿童。另一种为结合疫苗，是将多糖体结合到一种蛋白载体上，从而有效刺激儿童产生良好抗体反应，常见的有10价、13价等。肺炎链球菌结合疫苗是专为儿童设计的疫苗，儿童接种时应优先选择结合疫苗。

到2014年为止，血清型19A仍为儿童肺炎链球菌感染中最常见的血清型，预防儿童肺炎链球菌疾病，最好接种包含血清型19A的结合疫苗（关于肺炎链球菌结合疫苗，见494页）。

■ 肺炎支原体感染

原因

　　肺炎支原体是自然界中能进行自我复制的最小的微生物，它没有细胞壁，需要附着在宿主的细胞上来获得必需的养分。大约10%的支原体感染病人在几天内会合并肺炎。在感染第一周内咳嗽会加剧，第二周会渐渐恢复。肺炎支原体感染常见于青壮年与学龄儿童中，常会诱发哮喘儿童出现哮鸣。

治疗

　　肺炎支原体感染通常比较温和，即使没有使用抗生素也会恢复，但对情况较为严重的患儿，医生会考虑使用大环内酯类抗生素治疗。

预防

　　目前还没有疫苗可以预防支原体感染，因此预防方面以防止飞沫传染为原则，可戴口罩来降低暴露于呼吸道病菌中而感染的可能。

■ 病毒性肺炎

原因

　　导致病毒性肺炎的常见病毒包括呼吸道合胞病毒、流感病毒、副流感病毒、腺病毒、鼻病毒等。

治疗

　　除了流感病毒以外，其他病毒均无特效药。

预防

　　6个月以上的宝宝可以接种流感疫苗，之后每年可视情况接种。

> **小贴士**
>
> 　　如果医生怀疑您的孩子有肺炎，会进行胸部X线检查与血液检查以确定病因。不同年龄层的儿童常见的肺炎病因各不相同，一般而言，细菌性肺炎较为严重，需要及时使用抗生素治疗，有可能会合并脓胸与肺脓肿。医生在确定患儿的接种史并考虑临床症状后，会给予最佳的治疗方法。

223 结核病

结核病是由结核杆菌引起的疾病，通过飞沫与空气传染，通常发生在与患者同住的家人或长时间接触者中，3岁以下的婴幼儿与14～19岁的青少年较易受到感染，通常男性患者比女性患者多。年龄越小，肺外结核的比例越高，5岁前的肺外结核以骨骼与关节结核最为常见，而较大儿童则多为淋巴结核，14～19岁的青少年则以开放性肺结核为主。

症状

一般而言，患有结核病的儿童的症状都不大明显，也不具有特异性。5岁以下的幼儿很少有呼吸道症状，有时会出现肢体或关节不明原因的肿大，这种患儿多是因家中有成员患有肺结核，在进行接触者检查时发现的。5～14岁的孩子则易出现淋巴结肿大（颈下或纵膈腔肿大）的症状，青少年患者则易出现咳嗽数周、发热、体重减轻甚至痰中带血的症状。

诊断

只要家中发现肺结核病人，所有成员都应接受检查。结核菌素试验是一种简单而有效的检查方法，只要在上肢注射少许药剂，经过48～72小时就会有初步结果，根据过去的经验，如果红肿反应超过1.5厘米，又有接触患者的病史，便应接受潜伏性治疗9个月。其他检查还包括痰液或胃液耐酸性染色与培养、胸部X线、胸部CT等。

治疗

儿童感染结核菌后容易发病，也易出现肺外结核与播散性感染。一般结核患儿体内的菌量较少，传染性比成人低。治疗结核病时经常先用3～4种有效药物强效治疗2个月，然后用两种有效的药物继续治疗4个月。早期的结核病并不可怕，如能尽早发现，进行6～9个月适当的药物治疗，病情多会完全康复。

预防

最迟应在1岁前完成卡介苗接种。如果家中有长辈或成员慢性咳嗽，家长应提高警觉，注意儿童身体骨骼、关节与颈部是否有不明原因的肿块，以及青少年是否有咳嗽、体重减轻、发热或痰中带血现象，若发现上述症状，应立刻就诊。

骨髓炎

骨髓炎是一种骨骼发炎类疾病，通常由急性细菌感染引起，以金黄色葡萄球菌感染最为常见，其他可能的细菌还包括肺炎链球菌、A群链球菌、肠杆菌等。影响的骨骼以上下肢长骨为主，如大腿骨（股骨）、小腿骨（胫骨）、上肢骨（肱骨）等，骨盆、锁骨、手部和足骨发生的骨髓炎偶尔可见，脊椎骨等其他部位发生的骨髓炎中成人病例常见，但儿童病例相当少见。

症状

大部分患儿在发病前有过轻微创伤，如在浴室跌倒、从秋千上摔下来等，通常不严重，在撞伤处没有伤口，患儿在数天后才出现局部疼痛、发热、跛行等症状，患处会肿胀、发热、发红等。因为骨头位置较深，在疾病初期，这些局部发炎症状可能不会很明显，但疼痛症状会较早出现，且程度十分剧烈，这与皮肤软组织感染发炎的症状较为不同。

骨髓炎可能与关节炎合并，特别是年龄较小的儿童，另外也可能影响周围的肌肉组织，造成化脓性肌炎。

诊断

除临床症状外，常用的诊断工具有影像学检查。一般平面X线在疾病早期无法看到明显的变化，2周后才可见到骨溶解或骨密度下降的现象。而核医学骨扫描和核磁共振检查能在早期发现骨骼变化，有助于早期诊断。

治疗

以抗生素治疗为主，通常在细菌培养还没有结果时，以经验性疗法针对最可能的细菌投药，目前社区型耐药性金黄色葡萄球菌的比例在台湾已经超过50%，在治疗时应选用对此耐药性细菌有效的抗生素。骨髓炎的疗程很长，一般建议至少4周。在针剂抗生素治疗后，如果病情稳定且实验室检查中发炎相关指数持续下降，可考虑改用口服剂。因为治疗骨髓炎的口服抗生素剂量通常很高，是治疗一般感染的2倍以上，在改成口服剂时，必须有合适的药物，且患儿能切实服用，以免治疗失败。

抗生素治疗有时必须与外科清创手术一起进行，特别是在患儿对药物反应不佳时，例如持续发热、局部的红肿热痛症状无法缓解、持续菌血症、出现骨膜下脓肿、出现瘘管和骨头坏死等。大部分患儿在治疗后都能痊愈，少数会因生长板受影响而留下长短脚的后遗症。

小贴士

骨骼发炎是严重的儿童感染，但患儿开始时的症状可能被当成扭伤，从而延误了有效治疗，出现长期后遗症。父母在孩子抱怨四肢疼痛，特别是影响到日常活动（如跛行）或有发热等症状时，应尽快带孩子就医。

化脓性关节炎

原因

儿童的化脓性关节炎通常是细菌通过血液传播进入关节腔造成的，通常只有单一关节受感染。年纪较小的幼儿因为骨周仍然有丰富的血管，细菌可能从骨头传播到附近的关节腔，同时造成骨髓炎与关节炎。金黄色葡萄球菌是各年龄层儿童中最常见的病原菌，此外在新生儿时期，可能的病原菌还包括肠杆菌和B群链球菌，对于较大的儿童，则可能由A群链球菌和肺炎链球菌感染引起，其他如沙门氏菌、脑膜炎球菌等偶尔可见。

症状

最常见的早期症状是疼痛，如果发生在下肢的关节（如髋或膝关节），患儿常有跛行甚至拒绝走路的情况，婴儿的下肢关节炎很难早期发现，父母如果在换尿布移动关节时察觉孩子哭闹得特别凶时就需要注意。至于上肢的关节炎，患儿除了不愿意移动受影响的关节，也可能以类似无力或麻痹的方式表现。化脓性关节炎也会肿胀或红肿发热，但因关节在比较深的位置（尤其是髋关节），周围有大肌肉包覆，早期并不明显。在感染持续发展后，除了局部症状变明显，患儿也会开始出现全身症状，如发热、畏寒等。

诊断

关节液抽取是诊断化脓性关节炎的常用方法，通过关节液的细菌培养与分析，医生能区分引起关节炎的原因，对后续治疗相当有帮助。X线检查在症状发生约2周后能区分是否同时有骨髓炎，但早期对关节炎或骨髓炎的诊断帮助不大。超声波、计算机断层扫描术与核磁共振检查有助于诊断较复杂的感染。

治疗

化脓性关节炎的药物治疗时间为3～4周，可能发生的后遗症包括骨头发育不良、关节活动受限制甚至容易脱臼等。在所有关节炎中，必须特别注意髋关节的感染，一旦感染化脓性髋关节炎，除进行抗生素治疗外，必须尽早进行减压清创手术，以免骨头坏死。膝和髋关节是儿童化脓性关节炎最易受影响的关节，早期介入治疗有助于减少后遗症的发生。当儿童有不明原因四肢移动困难或移动时疼痛的现象，应尽快寻求医疗帮助。

226 儿童泌尿系统感染

儿童泌尿系统感染是指细菌侵入泌尿系统而导致的发炎反应,为如今儿童常见的感染之一。一般而言,学龄前儿童感染的概率男孩约为1%,女孩则为3%~5%。此外,有研究发现,1岁以前的泌尿系统感染概率男孩大于女孩,主要是清洁问题所致;1岁以后就以女孩为主,是由于女孩先天尿道生理结构比男孩短。

症状

根据感染部位,可分为上泌尿道感染(包括肾盂肾炎、大叶性肾炎、肾脏化脓)和下泌尿道感染(包括膀胱炎、尿道发炎),具体可见表22-1。感染的严重程度、治疗时间和预后均不同,因此在检查时通常有必要定位感染部位及感染程度。

表22-1 两种泌尿系统感染

	上泌尿道感染	下泌尿道感染
感染部位	肾脏、肾盂等	膀胱、尿道等
症状	较严重	较轻微
治疗时间	10~14天	3~5天
抗生素使用方式	静脉注射或静脉注射加口服	口服

儿童泌尿系统感染不同于成人,其临床症状不具特异性且相当多变。一般而言,早产儿、新生儿和婴幼儿的尿路感染可能没有特殊症状,因此只要有原因不明的发热、发绀、体温过低、食欲下降、体重减轻或黄疸等现象,均需将尿路感染列入考虑。较大儿童的症状较为典型,尿频、尿灼热感或疼痛、滴尿、尿失禁、血尿等情况,通常意味着尿道发炎或膀胱炎(下泌尿道感染);而发冷、发热、腰痛或全身性症状通常意味着肾盂肾炎(上泌尿道感染)。上、下泌尿道感染可同时发生。

诊断

首先应进行尿液检查,测量尿中的白细胞是否呈阳性反应,只需1小时即可初步判断儿童是否患有泌尿系统感染。之后，可进一步可通过细菌培养来测知尿液中是否存在细菌以及是何种细菌的感染，并可以进行抗生素敏感性试验，以选出适当的抗生素来进行治疗。此外，还应评估儿童是否有先天性泌尿道异常（如膀胱输尿管逆流症）的现象。

治疗

许多家长会担心儿童年纪还小，过早使用抗生素会产生耐药性。事实上，只要遵照医生指示正确使用，在短期疗程（7～14天）中使用抗生素不会产生耐药性问题，按时服药也能避免因治疗不完全或延误治疗造成肾脏发炎、对肾造成实质伤害的危险。泌尿系统感染引起的发热症状通常会在服用抗生素后3天内退热，如果儿童持续发热，则可能是较严重的泌尿系统感染，应尽快就诊，做进一步检查。

家庭护理

泌尿系统感染是很容易复发的疾病，尤其是感染后的第一年，复发率高达20％，家长应协助儿童保持良好的生活习惯，才能降低儿童患泌尿系统感染的风险。

1. 勤换尿布： 婴儿的尿布应经常更换，才能彻底降低泌尿系统感染的可能。原则上尿布湿了、脏了就该立即更换，即便是干净的尿布也应每2小时更换一次。

2. 多喝水、鼓励排尿： 儿童多喝水能增加排尿的机会，可借此将细菌冲离泌尿系统。对还不能喝水的宝宝，家长给予足够的奶量，效果也等同于喝水。有人认为蔓越莓汁可以预防泌尿系统感染，截至目前，有研究显示蔓越莓汁可帮助成人预防泌尿系统感染，但针对儿童的研究不多。

3. 正确擦拭： 帮儿童擦屁股时，不论是大便还是小便都应该从前向后擦拭，且不可来回重复擦拭，以免将细菌由肛门口带往尿道造成感染。

4. 避免坐浴： 帮儿童洗澡时最好采用淋浴的方式，如果一定要用坐浴的方式，也应先清洁儿童的生殖器，再让其进入浴盆。

5. 避免便秘： 一旦粪便存留在肠道内的时间过长，粪便内的细菌增加，泌尿系统感染的可能性也会相对增加。如果粪便直接压迫膀胱出口，造成排尿不正常，尿液发生滞留，也容易造成感染。

6. 适度清洁： 帮男孩做清洁时，应注意阴茎及阴囊交界处、腹股沟、会阴部及阴囊下方等部位；婴幼儿时期包皮不见得容易推开，父母不需要强行推开，只要冲洗干净即可。帮女孩洗澡时，一定要将大阴唇翻开，露出整个尿道口及阴道出口，才可以彻底清洁干净。

7. 适时就医： 儿童如果出现泌尿系统感染的症状，要尽快就医，尤其是3岁以下的儿童泌尿系统尚处于发育阶段，如果因为感染而受伤，将可能影响今后肾脏功能的发育。

8. 切勿自行服用抗生素： 当儿童出现发热症状时，家长千万不要未经医生详细检查就自行让儿童服用抗生素，这样做将造成培养不出细菌的后果，从而影响医生的诊断。

皮肤感染

皮肤是保护我们免受各种微生物侵袭的第一线器官，表皮细胞有角质层保护，会分泌抗菌物质，且最上层的细胞定期脱落，即使有微生物存在，除非有伤口或其他原因（如湿疹等）造成的皮肤损伤，否则不容易发生感染。此外，皮肤上有一群常在菌群，无法通过消毒或洗手去除，它们不但对人体无害，而且还能抑制另一群致病菌（如金黄色葡萄球菌）的发育，具有保护人体不受致病菌威胁的效果。

原因

一旦原本无害的常在菌受到破坏，致病菌就可能趁虚而入，先让身体带菌，再伺机造成感染。破坏这些常在菌的可能因子包括高温、高湿环境和抗生素的使用。研究也发现，拥挤的环境（如家庭儿童成员较多）与儿童入学，都是造成携带耐药性细菌的危险因子。

分类与治疗

常见的皮肤感染位置在表皮、真皮与皮下组织，病因以细菌感染为主，特别是金黄色葡萄球菌与A群链球菌感染，常见的感染形式有以下几种：

1. **脓疱疮**：有水泡与非水泡两种形态，好发于卫生习惯差、处于拥挤环境、患皮炎或皮肤有伤口的儿童中，病灶可能单一，也可能有一群。局限性病灶可用抗菌药膏治疗，一旦产生大面积病灶、发热或更深层感染时，须口服或注射抗生素。

2. **毛囊炎**：毛囊及其周围皮脂腺发炎，病灶通常位于头部、臀部或四肢有毛发处，不容易产生全身症状，即使不治疗也会自愈。轻微感染后可使用抗菌药膏或药水涂抹，较严重的感染须口服抗生素治疗。另有一型绿脓杆菌感染引起的毛囊炎，通常是在消毒不彻底的泳池里游泳、泡热水澡等活动后发生的。

3. **疖和痈**：也是毛囊与皮脂腺发炎的疾病，与毛囊炎不同的是疖影响的部位较深，能达真皮组织，患处通常位于脸部、脖子、腋下、腹股沟与臀部，不会出现全身症状。同时影响一群相连毛囊与皮脂腺的称为痈，由于患处较大，容易出现发热等全身症状。大的疖和痈需要外科引流，严重者须使用抗生素治疗。

4. **蜂窝性组织炎和皮肤脓肿**：感染范围位于真皮与皮下组织，外观除了红肿痛外，可能会出现水泡和皮下出血，常合并发热、畏寒、倦怠等全身症状，大部分仍为金黄色葡萄球菌或A群链球菌感染，但感染部位如果在口腔附近（如龋齿或牙科治疗后的脸部感染）或肛门口，须考虑这些部位的常在菌，包括革兰氏阴性杆菌与厌氧菌，使用的抗微生物制剂略有不同，一旦形成脓肿须进行外科引流。

5. 丹毒：影响较浅的真皮组织与淋巴系统，常为 A 群链球菌感染引起，外观常是一大块疼痛的红肿，病灶边缘清楚、略有隆起，常发生在下肢或脸部，治疗以青霉素为主。

> **小贴士**
>
> 轻微的皮肤感染即使不用药也会自愈，但如果病灶太大、发展速度很快或出现发热、畏寒、倦怠等症状，必须立刻就医。平常养成良好的卫生习惯，避免让幼儿待在高温、高湿、拥挤的环境中，不随便服用抗生素，都能减少感染的发生。

228

关于抗生素，你一定要知道的事

抗生素是什么？

抗生素指在人体受微生物感染时用来杀灭微生物的药物，这些微生物主要是细菌。抗生素可谓人类历史上的重要发明之一，不仅让许多原本无法治疗的感染得以解决，也大大地延长了人类的寿命。然而抗生素的过度或不当使用不但无助于疾病的治疗，反而会导致耐药性细菌的产生，使感染症的治疗更加困难，甚至面临无药可医的困境。

抗生素的种类有哪些？

抗生素的种类多且复杂，临床上常使用的就有约 150 种，如大家常听到的青霉素或红霉素等，因此如何正确使用抗生素是一门大学问。医学界常将抗生素根据杀菌的广度大致分为一到三个等级，如果第一线抗生素对细菌有效，应尽量使用它们而不用后线抗生素，以保留第二、三线抗生素来治疗已对第一线产生耐药性的细菌。

不过，抗生素并不是越后线、越新或越贵就越有效，还要看针对的是哪种类型的细菌。以红霉素这种既便宜又经典的抗生素为例，它对支原体有相当好的疗效，而用途广泛且价格较高的第三代头孢菌素类抗生素对支原体的疗效就不如红霉素。

使用抗生素时应注意什么？

除了要注意使用的种类与时机外，也须注意遵照医生开具的剂量与时间服用，主要因为医生在开具抗生素时考虑到了其针对的细菌与感染部位，如果要达成杀灭细菌的目标，抗生素浓度与治疗时间必须足够，时间不足除无法控制感染外，也容易增加细菌产生耐药性的可能；反之，时间过长或剂量过高也容易引起如腹痛、腹泻和过敏等副作用。

因此，当您的医生开抗生素时，请仔细询问使用目的及可能的副作用，如果儿童在使用抗生素期间发生拒吃或不适的情况，请与医生讨论合适的处置方式，切勿自行减少剂量或缩短疗程，以免导致细菌产生耐药性。

抗生素的使用时机

抗生素适用于儿童中常见的细菌性感染，包括中耳炎、鼻窦炎、扁桃体炎、肺炎与泌尿系统感染等。至于是否属于细菌性感染，则需要医生通过知识、经验和检验手段来判断，切勿未经医生诊断自行使用抗生素。

比如，有些家长会误以为儿童流浓鼻涕就代表有鼻窦炎，需要抗生素治疗。事实上在病毒感染后身体运用自身的免疫力开始反击时，原本的清鼻涕就会在2～3天内转为黄白鼻涕，这种现象属于自然过程，不表示需要使用抗生素。同样，儿童有黄痰也可能是病毒感染的正常过程，不一定需要使用抗生素。

当儿童咳嗽超过1周且未见改善时，可请医生评估是否需要使用抗生素治疗。

抗生素能否治感冒？

感冒的成因可分为病毒感染与细菌感染两种，一般儿童发热感冒大多由病毒而非细菌感染所致，通常靠自身的免疫力约1周后即可逐渐痊愈（见355页）。抗生素唯一的功效是杀灭细菌，因此，使用抗生素无法减缓病毒感染造成的喉咙痛、发热、咳嗽、流鼻涕等症状。

抗生素是否有消炎和退热的效果？

许多家长以为消炎药就是抗生素，这其实是一种误解。真正的消炎药应指非类固醇类的消炎止痛药，使用该类药物才能真正达到镇痛、解热、消肿等减缓炎性反应的功效。

细菌感染常常伴有红、肿、热、痛等发炎反应及体温上升，而杀灭细菌的抗生素并不能直接用来消炎或退热，而是通过抑制细菌来间接改善发炎及发热情况的，因此抗生素不等同于消炎药或退烧药。

抗生素有副作用，所以症状改善后应尽早停药？

部分家长过度担心使用抗生素会导致耐药性及副作用的产生，甚至会错误地认为抗生素会影响身体免疫力。其实只要在医生的指示下适当且有节制地使用抗生素，是不容易产生耐药性的。针对不同的细菌感染，抗生素的疗程也不同（如中耳炎要服药7～10天，葡萄球菌感染则最少要治疗2周），如果没有完成疗程，就可能让体内未被杀死的细菌产生耐药性，因此配合医生指示正确使用抗生素才是避免耐药性的不二法门。

少数患儿在使用后可能会出现过敏或肠胃不适等副作用，此时请与您的医生讨论妥善的处置方式，切勿贸然自行停药或缩短疗程，使疗效大打折扣。

第23章

内科类疾病

229 肠炎

肠炎是肠道病毒或细菌感染导致腹泻的过程，有时伴有呕吐，呕吐可能会较快缓解，但腹泻可能持续长达10天。严重的肠炎可引起脱水，对婴幼儿健康造成威胁。

症状

1. **病毒性肠炎**：通常情况下，刚开始时呕吐，之后发展成频繁的水性腹泻，有时伴有腹痛、腹泻或发热。最常见的是流行于冬季的轮状病毒和诺如病毒。

2. **细菌性肠炎**：常导致高热、严重的腹部疼痛、血便或黏液便，其中以沙门氏菌感染较为常见。

应该何时就医？

如果发现以下征兆，应该立即带孩子就医，不要私自给药：（1）超过24小时持续发热、严重呕吐、水泻而未见缓解；（2）进行性的脱水表现，如口干舌燥、排尿减少、眼睛凹陷、手脚冰凉、精神萎靡；（3）多次呕吐，甚至开始吐胃液；（4）便中带血。

家庭护理

6个月以下婴儿呕吐或腹泻后需补充少量液体。如果是母乳喂养，应继续少量喂食；如果是奶瓶喂养，应在前12小时内少量而频繁喂食。

肠炎导致儿童轻微脱水时，可暂时补充电解质溶液，但建议口服电解质水而不要喝一般的运动饮料，因为运动饮料的渗透压和糖分过高，也不建议稀释饮用。

宝宝可能会拒绝进食，先补充电解质溶液即可。如果孩子饿了，也没必要完全限制饮食，可给孩子较清淡的普通食物，但这样做的时间不宜太久，要特别注意孩子的营养是否充足。

预防

用温水和肥皂洗手可降低感染概率。此外，可考虑让宝宝接种轮状病毒疫苗（见495页），预防轮状病毒造成的感染。

肝炎

肝炎指肝脏组织受到发炎细胞浸润，我们耳熟能详的肝炎种类包括甲、乙、丙型三种。这些肝炎大部分无症状（验血时才发现），少数会出现黄疸、倦怠、恶心、腹痛等症状。如果在儿童期感染乙型或丙型肝炎病毒，往往会导致慢性甚至终生感染。

■ 甲型肝炎

一般为急性肝炎。病毒主要通过口腔进入体内，例如与他人共享碗筷。防治之道包括保持良好的饮食卫生习惯和注射疫苗，2岁以上的幼儿就可以接种甲型肝炎疫苗（见494页）。

■ 乙型肝炎

乙型肝炎是台湾慢性肝炎的主因，在台湾，约有15%的成人有慢性乙型肝炎。主要传播途径为母婴垂直感染，其他途径则以血液暴露为主，如输血或使用非一次性针头。

防治之道包括疫苗（见492页）注射、血库筛检及使用一次性注射用具等措施。如果乙型肝炎带原母亲为e抗原阳性，宝宝还须在出生后12小时内注射乙型肝炎免疫球蛋白，但仍有10%的双阳母亲（s抗原与e抗原均为阳性）生育的婴儿被感染。

■ 丙型肝炎

丙型肝炎通过血液传播，目前仍无疫苗。预防措施首先为对献血者进行筛选，另外要避免血液暴露的情况。

> **小贴士**
>
> 肝脏慢性发炎往往没有征兆，因此要定期关注肝功能与发炎情况，才能及早发现肝硬化或肝癌，适时介入治疗。

231 胃食道反流

胃食道反流是一种食道疾病，是胃或小肠内容物逆流到食道引起的。

症状

婴幼儿时期的常见症状有溢奶、呕吐、呛奶、夜间啼哭、反复性咳嗽、反复性气管炎或肺炎等，严重时可合并消化道出血、生长迟滞、心跳推迟、窒息等。学龄期儿童的症状包括饭后上腹不适、吐胃酸、感觉胸口灼热或胸骨下方疼痛。慢性胃食道反流可能诱发儿童哮喘发作。

诊断

常用来诊断儿童胃食道反流的方式包括上消化道摄影检查、核医学检查和24小时食道pH监测检查。这些检查除了可诊断出胃食道反流，更可排除肠旋转不良、幽门狭窄或其他肠道梗阻性疾病。

治疗

婴幼儿胃食道反流的治疗分为四个阶段。第一阶段为姿势性治疗，喂食后保持头高脚低姿势（30～45度）或直立1～2小时。第二阶段为食物治疗，如改用止溢配方奶（见254页）、稠化食物或以少量多餐的方式进食。第三阶段为药物治疗，主要为蠕动剂与制酸剂，蠕动剂可增加下食道括约肌压力，促进食道蠕动并加速胃排空；制酸剂可抑制胃酸分泌，治疗反流性食道炎。第四阶段为抗反流手术治疗。

家庭护理

胃食道反流的婴幼儿中约有85%的患儿在2岁前症状会缓解，约95%的患儿在4岁内症状会缓解。青少年的胃食道反流常需长期药物治疗，但通过饮食的改变（如避免过度油腻的食物，减少巧克力、咖啡、茶、酒精等的摄入）可改善症状。

消化性溃疡

随着内视镜在儿科诊疗中的逐渐普及,我们发现消化性溃疡在儿童中并不罕见,可能发生在青少年、幼儿甚至新生儿中。许多成人的消化性溃疡始于青少年甚至儿童期。

原因

幽门螺旋杆菌已被证实是造成慢性胃炎、胃溃疡或十二指肠溃疡的主因,甚至可能导致胃腺癌或胃黏膜相关组织淋巴瘤。幽门螺旋杆菌感染的主要途径是胃肠道传播,有些大人会将食物咀嚼后再喂给孩子,因而造成传染。

症状

儿童消化性溃疡的症状随年龄的不同而不同。新生儿常出现吐血、解黑便甚至胃穿孔,即使发生穿孔,征兆通常也不明显,可能出现腹胀,同时有呕吐与呼吸困难的症状。婴儿期常表现为为恶心、呕吐、食欲不振和体重增加迟缓,幼儿期常表现为上腹痛或肚脐周围痛,有些表现为夜间腹痛,也有可能合并出血、穿孔以及幽门梗阻。6岁以后症状逐渐与成人相似,常出现上腹痛、夜间腹痛、饥饿时上腹痛,有时也有黑便或贫血的表现。

诊断

以内视镜检查为主,现已有专为幼儿检查设计的小口径内视镜,大多需在镇定麻醉后进行检查。对于某些高风险患儿(如有严重心肺疾病、感染合并高热、有出血性疾病、患严重障碍或畸形的),需要审慎评估检查的可行性。

治疗

儿童消化性溃疡的治疗以抑制胃酸分泌的药物为主,目标是症状缓解、溃疡愈合、合并症与复发情况减少。如果幽门螺旋杆菌检查呈阳性,需加上根除幽门螺旋杆菌的抗菌治疗。在治疗期间应注意规律饮食,摄取易消化的食物以及少食多餐,避免喝容易刺激胃酸分泌的茶、可乐等饮料。

233

慢性腹泻

腹泻是肠道无法正常吸收水分与电解质造成的，表现为大便次数较平常增加，性状稀溏。一般腹泻大多在1～2周内痊愈，属于急性腹泻；如果超过2周还未痊愈，则称为慢性腹泻。

可能导致慢性腹泻的情况有：肠道内容物吸收不良，造成渗透压增加，例如乳糖不耐受；霍乱或志贺菌痢疾等感染影响了肠上皮细胞钠离子与氯离子进出的机制；肠道蠕动异常，例如肠痉挛；肠道吸收面积不足，如短肠症。

原因

慢性腹泻的原因较为复杂，对健康的影响也更大。如果在新生儿期发病，要考虑肠上皮细胞先天异常（如微绒毛包涵体病）或免疫缺损、营养代谢障碍等。发生在6个月至2岁半的学步期常见的一种幼儿慢性腹泻，在排除病毒或细菌感染后类似肠躁症，饮食方面除了果汁外不需过度限制，在3～4岁前会自然痊愈。还需考虑乳糖不耐受和食物过敏反应的情况。

西方人中常发的乳糜泻（对麸质蛋白产生免疫反应），在东方人中较少见。近年来，慢性肠道发炎性疾病（如克罗恩氏症、溃疡性大肠炎）在儿童和青少年中有逐渐增加的趋势，可能与饮食习惯西化有关。

治疗

不论慢性腹泻的原因为何，治疗时除了补充流失的水分与电解质之外，更重要的是补充营养，以维持儿童期的正常发育，长期只喂清粥或稀释的配方奶，必然会导致营养不良。因此，应在医生与营养师的建议下尽可能找到肠道能吸收且营养均衡的饮食方式或特殊配方，必要时给予静脉营养，为慢性腹泻的孩子提供成长所需的热量。

234

过敏性鼻炎

过敏性鼻炎是环境中过敏原（如尘螨、花粉、宠物、蟑螂等）反复刺激鼻腔黏膜，导致鼻黏膜慢性发炎的一种过敏性疾病。过敏性鼻炎可以单独影响儿童，也可在哮喘时合并发生。

症状

过敏性鼻炎发病从 3～5 岁开始，10～12 岁为高峰期，症状像感冒，会有打喷嚏、流清鼻涕、鼻塞、鼻痒严重或频繁（常看到孩子揉鼻子）等症状，常发于早晨、温差变化大或接触冷空气时。与感冒不同的是极少有发热、喉咙痛或严重咳嗽的情况，病程常反复超过 2 周，不像感冒通常只要 7～10 天就能痊愈，有时也会合并眼睛瘙痒的症状，导致孩子揉眼睛。鼻炎症状严重时可导致儿童情绪不佳，可能使学习受到影响。如果孩子有过敏性鼻炎的症状，可请专科医生诊断，通过抽血判断是否为过敏体质，并找出过敏原。

治疗

1. 改善生活方式与环境，避免与过敏原及导致病情恶化的因素接触。
2. 使用口服抗组织胺或鼻腔类固醇喷剂一个疗程。
3. 以上方法均无效时，再考虑减敏疗法（打针或舌下）。
4. 如果出现浓鼻涕、咳嗽有痰一段时间，或听力下降、慢性头痛，应尽早就医，判断是否有鼻窦炎或中耳积水的合并症。

家庭护理

1. 客厅与儿童卧室要减少尘螨暴露，常清洁打扫，拿掉不必要的摆设，并避免让儿童接触毛绒玩具。隔 1～2 周可以用 55℃ 的温水清洗寝具 10 分钟。
2. 注意厨房卫生，避免蟑螂滋生，家中宠物宜养在室外，并经常洗澡。
3. 室内不宜栽种有花粉的植物，花粉季节应关闭门窗。
4. 减少与空气中刺激物（如干冷空气）的接触，冬天出门应戴口罩。避免吸入二手烟与空气中的污染物。
5. 家庭护理做得好，不但可缓解过敏性鼻炎的症状，改善儿童生活质量，提高学习效率，更可减少药物的使用。

235

哮喘

儿童哮喘是一种与遗传和环境刺激有关的慢性呼吸道炎性疾病，属于儿童下呼吸道过敏病，在城市里发病率较高。儿童哮喘如果控制得好，发病频率和生活质量可以得到明显改善，这需要家长配合医护人员一起努力。

原因与症状

哮喘是呼吸道慢性炎症合并气道平滑肌痉挛，造成不同程度的呼吸道管腔阻塞而引发的临床症状。这些儿童也常有呼吸道过度敏感的情况，会因为天气变化、生活中接触空气过敏原、刺激物或感冒而病情发作。

典型的哮喘症状包括反复咳嗽，呼气时有喘鸣声（类似吹笛子声），阻塞严重时则会有呼吸加快与困难的现象，此时儿童会说话中断，活动力下降，胸腹部常随呼吸出现凹陷起伏现象，尤其是夜间发作时情况更严重，经常咳到醒过来。严重的哮喘可能引起缺氧，造成生命危险，因此早期的诊断和控制相当重要。

少数哮喘儿童只有反复慢性夜咳、运动时才诱发咳嗽、喘鸣等不典型症状，此时就需要咨询医生做专业的诊断与处置。

诊断

6岁以上儿童及青少年可以进行肺功能检查，因此确诊较为简单，有反复发作的咳嗽、呼吸带喘鸣声及呼吸困难的病史，另外肺功能检查发现存在可逆性的呼吸道阻塞（吸入支气管扩张剂后会改善），在排除其他有类似症状的疾病后，就可诊断儿童哮喘。如果需排除肺部感染或其他疾病，医生会进行胸部X线检查，通常还会安排儿童抽血做过敏原检测，以判断过敏体质并寻找过敏原。

小于6岁的儿童较难确诊，因为无法进行肺功能检查，且其他疾病也会引起类似喘息的症状。诊断依据除了有反复发作的咳嗽和喘鸣音外，还要评估是否存在引发哮喘的危险因素（包括与感染无关的喘息发作、特应性皮炎、血液IgE检测过敏原阳性、嗜酸性粒细胞增多、父母有哮喘等），并排除其他疾病（如病毒引起的毛细支气管炎，婴幼儿慢性胃食道反流，呼吸道异物和气道异常等），才能确诊为哮喘。

喘鸣发作时年龄越小，越有可能是其他疾病导致的，尤其是2岁以前。在治疗过程中如果对药物反应不佳，除考虑疾病严重度外，更要时时注意是否有其他疾病的可能性。

治疗

哮喘确诊后的处理原则如下：

1. 加强家庭护理和环境控制：避免儿童接触空气过敏原和暴露在会令病情恶化的因子中，尘螨、蟑螂、猫狗皮毛、花粉和霉菌是最常见的空气过敏原。家长应做好居家环境清洁，寝具建议每周清洗1次，避免儿童吸入二手烟、空气污染物与干冷空气，也尽量不养宠物，在花粉多的季节应关闭门窗，避免花粉飘入室内引起过敏反应。

2. 使用预防控制型药物：如果儿童有持续性哮喘或哮喘控制不佳的情况，在症状改善后须使用预防控制型药物至少3个月来控制气管发炎。药物是依据年龄及严重度来选择的，吸入型类固醇是首选药物，3～6个月每天使用低剂量，一般来说比较安全；口服抗白三烯类药物是首选的替代药物，如果气喘较严重，吸入型类固醇可与吸入型长效支气管扩张剂或白三烯调节剂共同使用以加强效果。

3. 学会哮喘急性发作时的处理方式：一般哮喘急性发作前1小时，可根据需要每隔20～30分钟给予吸入型速效支气管扩张剂，如果发作严重或对药物反应不佳，应送医院治疗，并依医嘱口服类固醇药3～7天来控制急性发炎。如果初步治疗后有明显改善，在1～2天内至门诊追踪即可。

家庭护理

1. 一定要听从医护人员指导，认真进行家庭护理与环境控制，预防控制型药物要遵医嘱按时服用，家长要学会急性发作时的处理，家中应常备口服或吸入型速效支气管扩张剂，发作时可遵医嘱先进行处理，反应不好或严重发作时则要尽快就医。

2. 儿童哮喘如果能与医生配合追踪，调整药物使用，监测肺功能，大部分病例都能获得稳定的控制，药物使用可以降到最低甚至停药，儿童可以维持正常的肺功能，保持良好的生活质量与学习能力。

236 食物过敏

食物过敏是人体对食物中蛋白质成分产生不良免疫反应而引起的症状。在台湾的一份针对食物过敏的问卷中，有10%～25%的受访者表示自己有食物过敏的情况，但如果以标准化的食物过敏诱发试验来确诊，则真正食物过敏的发生率会降至5%左右。有些人自认为对某些食物过敏，有可能只是暂时对某些食物中的物质或添加物产生了类似食物过敏的症状，而不是本身体质对特定食物过敏。

原因

引起食物过敏的免疫反应，可由IgE抗体或非IgE抗体媒介导致。典型的食物过敏反应是由IgE反应引起的，这是因为致敏食物激发身体产生了IgE抗体，IgE抗体可与身体过敏细胞的表面抗原结合，下一次服用致敏食物后，致敏食物在体内会与在过敏细胞表面的IgE抗体结合，导致过敏细胞释放出各种引起过敏症状的化学分泌物。

最常引起过敏的食物包括牛奶、蛋类、花生等坚果类、海鲜类、大豆和小麦。牛奶过敏在婴幼儿中较常发生，对牛奶过敏的婴儿有一半对豆奶也过敏，吃牛肉时也要小心，因为一部分会产生交叉反应。对蛋类过敏的儿童也可能对各类奶制品过敏，蛋白比蛋黄更易导致过敏，都要避免食用，大部分儿童到5岁后状况会得到缓解。对花生过敏的情况严重时可导致休克，在西方国家较为流行。其他可能过敏的食物包括水果、蔬菜、玉米、芝麻、合成或天然色素及化学添加物等。

症状

过敏症状发作的时间从接触食物后几分钟到几小时均有可能，反应越早发生就越严重。可能引起的症状包括眼睛、嘴部水肿，皮肤症状（如荨麻疹），肠胃不适（如呕吐、恶心、腹痛）与呼吸道症状（如咳嗽、喘鸣、呼吸困难）等，严重时可引起血管扩张，导致头晕和过敏性休克，危及生命。

诊断与治疗

食物过敏的反应可通过病史、皮肤试验、血液检验及食物诱发试验来综合判断。治疗方面的措施主要是避免接触致敏食物一段时间。如果已经引起全身过敏性反应，可能要注射肾上腺素，必要时送急诊。还可以服用或注射抗组织胺、类固醇和支气管扩张剂。如果已发生休克，更要添加升压剂（以维持血压）和重症支持疗法。总之，食物过敏必须谨慎应对。

家庭护理与预防

预防方式是杜绝与一切过敏原的接触，不只要避免可能导致过敏的食物，也要注意避免皮肤口腔黏膜接触、吸入、亲吻与使用护肤品等途径。

在应对婴幼儿食物过敏时，需要特别注意过敏是否会影响孩子正常的发育。如果确认孩子对某些食物过敏，则需要寻找合适的替代食物，以提供均衡的营养，在限制饮食的同时让孩子可以健康地成长。

有些致敏食物会因为孩子在长大后身体产生了适应性而不再引起过敏；有些致敏食物仍会造成影响，此时应禁食该食物至少半年到一年。

小贴士

婴儿期如果母乳喂养4个月以上，便可以预防或延迟特应性皮炎、牛奶过敏与婴幼儿的喘鸣现象，因此母乳喂养值得大力提倡。

237 特应性皮炎

特应性皮炎是一种慢性、复发性、高度瘙痒的皮肤发炎疾病。全球有10%～20%的儿童有特应性皮炎，而成人中约有3%受此疾病所苦。虽然特应性皮炎可在任何年龄出现，但大约60%的患者是在1岁前出现症状的，85%的患者在5岁之前就会发病。

原因与症状

特应性皮炎有着非常复杂的免疫发炎反应，目前原因不明，根据研究分析，与基因和环境有很大的关系。一般而言，有特应性皮炎的儿童皮肤较干燥，易有瘙痒感，敏感且易受刺激。婴幼儿时期的特应性皮炎多出现在膝盖、手肘和脸颊附近的皮肤上；当儿童年龄渐长，湿疹则好发于手腕、手肘、膝盖或是脚踝的弯折处，脸部和颈部也常发生。

预防

1. **远离过敏原**：患重度特应性皮炎的幼儿中40%有食物过敏症状，容易引起过敏的食物包括牛奶、蛋类、小麦、坚果类、豆制品与海鲜类，患者对食物过敏原的皮肤点刺试验有阳性反应，或可测出食物特异性IgE抗体。另外，对哮喘或过敏性鼻炎影响很大的空气过敏原（例如尘螨、动物皮屑和霉菌）同样可以导致特应性皮炎恶化，所以防螨和食物控制也是重要的预防措施。

2. **做好保湿工作**：在特应性皮炎的护理中，人们常常忽视保湿工作，例如吹风后、环境过于干燥、使用了肥皂或某些护肤产品、清洗或沐浴后没有涂抹保湿乳等情况都会造成皮肤干燥，从而使症状加剧。要避免皮肤干燥，最重要的是补充失去的水分，建议每天使用温水（非热水）泡澡或淋浴15～20分钟，使皮肤吸收水分。沐浴时使用少量清洁用品，并避免搔抓。沐浴后轻拍掉过多水分，立刻抹上医生开的药物或保湿剂以保持皮肤湿度。一天中只要感觉皮肤干燥或瘙痒，便可以使用保湿剂。

治疗

一般包括口服抗组织胺药物来减少瘙痒感，及局部涂抹类固醇药膏。近年来新研制出的非类固醇用药如爱宁达（Elidel）和普特彼（Protopic）属于免疫抑制剂，目前已可安全地给2岁以上的患儿使用。

家庭护理

由于特应性皮炎患儿常感到瘙痒，但如果搔抓、摩擦，反而会增加瘙痒感，造成恶性循环。所以我们必须：（1）保持指甲光滑与清洁，以防抓痒时皮肤受伤；（2）感到瘙痒时使用保湿剂（如凡士林、乳液等）取代抓痒或摩擦；（3）穿棉质或混棉的衣服不容易刺激皮肤；移除会让皮肤不适的衣服标签；如果缝线会造成皮肤不适，在家中可将衣服反穿；（4）避免晒伤，使用SPF15或以上的防晒乳液。在每次游泳后，记得使用微量清洁剂清除身上残留的化学成分，并使用适量的保湿剂来保持皮肤的滋润。

小贴士

临床上常看到许多患者一味使用药物来治疗特应性皮炎，却没有做好皮肤的基础保湿工作，不仅浪费医疗成本，对患者的帮助也大打折扣。远离过敏原、做好保湿工作，才能有效缓解症状。

238 先天性免疫缺陷

先天性免疫缺陷是指免疫系统先天发育不全，专门对抗外来病菌的免疫细胞无法正常工作，引起不同或单一菌种反复感染，也可能伴有自体免疫或发炎反应，增加恶性肿瘤发生率，甚至危及生命。

原因

造成先天性免疫缺陷的原因通常是基因突变，可以表现为显性、隐性与性联遗传。目前已被发现可能造成先天性免疫缺陷的基因至少有 244 种，有 266 种不同的疾病表现。主要可分为 B 细胞缺陷、T 细胞缺陷、吞噬细胞功能缺陷和补体缺陷等。

症状

美国先天性免疫缺陷基金会于 2010 年提出了儿童患有先天性免疫缺陷的十大临床表征：

1. 一年内感染中耳炎 4 次或以上；
2. 一年内出现 2 次或以上严重鼻窦炎；
3. 连续使用抗生素 2 个月以上仍未见改善；
4. 一年内出现 2 次或以上肺炎；
5. 新生儿时期体重无法增加或无法正常生长发育；
6. 出现反复性的深层皮肤或器官脓肿；
7. 持续性发生口腔鹅口疮或皮肤霉菌感染；
8. 需静脉注射抗生素才可控制感染；
9. 曾发生过 2 次或以上深部脏器感染，包括脑炎、骨髓炎、蜂窝组织炎或败血症；
10. 有先天性（遗传）免疫缺陷家族史。

诊断

先天性免疫缺陷的发病时间并不限于儿童期，也可能在青春期或成年后才发病。因此如果孩子出现上述症状，父母应及时带孩子就诊，方能确诊并进行适当的治疗。

> **症状与治疗**

治疗原则是根据免疫细胞缺陷引起的临床表征，针对个别的免疫细胞进行功能分析，以确定个别免疫细胞的缺陷并予以补强，让患者有正常的生活质量。

1. **B 细胞缺陷**：母体通过胎盘给予胎儿的抗体会在婴儿 6 个月大时消失殆尽。B 细胞缺陷的患儿常在 6 个月大后发病，会出现反复性鼻窦炎、肺炎甚至败血症、慢性及反复性肠炎、脑炎、关节炎、不明原因的支气管扩张等。

2. **T 细胞缺陷**：T 细胞缺陷的患儿会出现卡氏肺囊虫肺炎、霉菌感染、慢性腹泻以及反复性、严重且不寻常的病毒感染。

3. **吞噬细胞功能缺陷**：出生后常会出现感染，造成脓肿或淋巴结炎、伤口愈合不佳、脐带脱落延迟、慢性齿龈肿胀与牙周病变、黏膜溃疡等。

4. **补体缺陷**：较为少见，早期发病时容易受肺炎链球菌和流感嗜血杆菌的感染。有些补体缺损会造成全身性红斑狼疮的临床症状；而在末端的补体缺乏时，患者较容易感染脑膜炎与败血症。

如果是 B 细胞缺陷，治疗手段为补充免疫球蛋白。对严重型 T 细胞和吞噬细胞功能缺陷，除了给予预防病毒、霉菌或细菌的抗生素外，如想根治，需考虑干细胞移植（从骨髓或脐带血而来）。基因治疗已进行了 20 多年，但至今还没能完全规避无法预期的癌变风险。

> **预防**

不幸带有致病基因的父母可进行产前基因检查，如果发现严重型的胎儿，可以选择终止妊娠，或在出生后未反复感染前即进行脐带血移植，成功率相当高。选择进行严重联合免疫缺陷病新生儿筛检，可在未反复感染前检查出相对严重的 T 细胞缺陷，提高移植成功率。

> **小贴士**
>
> 如果发现孩子或家人有先天性免疫缺陷的症状，建议到小儿过敏反应科就诊，进一步检查是否患有先天性免疫缺陷。如果想接种疫苗，建议在免疫专科医生评估后进行，切勿接种卡介苗、水痘疫苗等减毒活疫苗。

239 热性惊厥

热性惊厥是发热时合并的抽搐，通常发生在发热后的 24 小时以内，特别是在前几个小时。有时，孩子前几分钟还在玩耍，突然间就会发生抽搐，送到医院测体温后，父母才知道孩子原来正在发高热。

症状

热性惊厥一般发生在 6 个月到 5 岁的儿童时期，高峰期约 1 岁半，一般 20～30 个儿童之中就有一个经历过热性惊厥。在第一次发作后，约有三分之一的儿童会有第二次发作，而且大部分在一年以内复发。如果在 1 岁以前发生过热性惊厥，那么复发的可能性较高，约 50% 的儿童在一年内会有第二次发作。

孩子一开始可能眼神呆滞，接下来全身抽搐、失去意识、没有反应，多数会在数分钟内停止抽搐并恢复意识。除了抽搐时间大于 15 分钟可能会对脑部有影响外，热性惊厥一般不会对脑部和肢体造成伤害，也不会发展为癫痫，但仍应尽快就医。

诊断

热性惊厥的诊断中最重要的是必须排除脑膜炎或脑炎的可能性，还应排除药物中毒、电解质不平衡、头部外伤、代谢性疾病、瑞氏综合征、慢性脑部疾病等可能性。热性惊厥本身并不会造成癫痫，相反，是一部分癫痫患者在早期会有发热合并抽搐的表现。

> **小贴士**
>
> 1. 在出现第一次发热合并抽搐时，建议请有经验的儿科医生仔细诊断，必要时做脊髓液检查，以排除其他病变引起抽搐的可能性。
> 2. 热性惊厥发作时的处理中最重要的是维持呼吸道的通畅，不可把任何东西强行塞进患者口腔。

癫痫

癫痫是诸多先天和后天因素引起的慢性脑部病变,特征是脑细胞过度放电引起的反复性发作,临床症状包括意识丧失、连续性的肌肉痉挛或其他异常行为。

癫痫发作时需要观察的情况

了解病人的病史非常重要,年龄较大的儿童可以在医生的诱导下自行详细叙述,但年龄较小的儿童常无法表达,需要靠父母或保姆详细观察,而发作时的目击者更可以为诊断提供宝贵线索。家人在陪同孩子就诊前应仔细做好准备,如果能将发作情况录像,也可以为医生做诊断提供参考。

孩子癫痫发作时,可针对下列要点进行观察,并在就诊时告诉医生:

1. **发作前**:状态如何?是否有发呆、大哭、大叫、头晕、麻木感、蚁爬感、闪光、视听幻觉和闻到怪味等征兆?

2. **发作时**:发作形态如何?能持续多久?

3. **发作后**:有无头痛、疲倦、昏睡或单侧肢体无力的情况?

癫痫发作时的处理

1. 大人保持镇静,不要慌张。留心观察孩子发作时的情况,为以后的护理提供参考。

2. 在旁守护孩子,勿强行约束或打开牙关,勿将任何物品塞入孩子口中。

3. 清除现场危险物品,保护孩子不受伤害。

4. 让孩子侧身躺下或头侧向一边,以防吸入或呛到呕吐物,并解开一切束缚,让孩子保持呼吸通畅。

5. 在孩子意识没有完全清醒前请勿离开或喂食。必要时请人帮忙将孩子送到医院。

> **小贴士**
>
> 应采取积极态度帮助患儿认识癫痫,给予其正常独立的生活空间,不要过分保护和溺爱。大部分癫痫患儿在服用抗癫痫药物后,病情都能得到很好的控制。经过2~4年完整的治疗,大部分患儿皆可痊愈。

241 抽动秽语综合征

抽动秽语综合征的表现为患者在儿童期出现反复的半不自主动作及声语上的抽动症状，这些抽动症状通常突然、快速、反复、无特定目的。抽动秽语综合征是一种神经生理学方面的慢性病，而非心理疾病。

症状与诊断

根据《精神障碍诊断与统计手册》，抽动秽语综合征的诊断依据需包括：（1）同时或不同时出现多样动作及一种或多种声语上的抽动；（2）抽动始于18岁之前，几乎每天发生多次（通常是一阵一阵的），或在1年以上的时间内间歇发生；（3）排除了基底节疾病和毒性物质导致的可能性。

大约100名儿童中就至少有1人患有抽动秽语综合征，且男孩明显多于女孩，城市发病率高于乡村。

原因

抽动秽语综合征的原因至今不明。有学者提出，抽动可能是脑部多巴胺分泌不平衡导致的，但此假说在解剖或临床药物治疗方面都缺乏证据。近年来，在学界接受度比较广泛的解释是基底节到额叶皮质之间的神经回路出了问题，此回路除控制运动之外，也与控制行为或情绪的边缘系统相连，因此容易出现强迫症、分心、自残、拔毛、情绪控制和学习问题等合并现象。

治疗

30%～40%的抽动秽语综合征患儿成长至青年期时抽动症状会自动消失，另外的30%会显著减少，剩余的30%则多少仍保留一些症状并持续至成人阶段，随着年纪增长，多数人越来越懂得如何掩饰自己的症状。到目前为止，抽动秽语综合征尚未有根治的方法，可接受习惯逆转训练等行为治疗，而深部脑刺激还在人体试验阶段。

然而抽动秽语综合征的合并症（如强迫症、多动症、自我伤害、睡眠异常、姿势控制异常、学习异常、忧郁症、情绪障碍、反社会行为等）不但不会因年龄增加而减轻，反而往往日趋严重，应该积极地一并应对。

对抽动秽语综合征患儿的照顾

运动治疗的成果值得注意,因为抽动中隐藏着地震般的能量释放。这里所谓的运动,泛指有规律、有进步、有教练、有团队的长期活动,例如在家帮父母做家务,每天做就意味着有规律,越做越好就意味着在进步,父母就是教练,家就是一个团队。勤快的抽动秽语综合征患儿痊愈得比较快,但抽动刚出现后不久是个关键期,似乎错过了关键期,再怎么运动都不太管用了。

让患儿从事其有兴趣、可持续的运动是最佳治疗方案,例如,动作型的患儿可多从事消耗体能的活动(如运动、打鼓、跳舞等);声语型的患儿则可进行朗读、唱歌、演奏乐器等活动。于是许多孩子不只会勤奋做家务,还会成为滑旱冰、唱歌跳舞、打爵士鼓、吹萨克斯、舞龙舞狮或骑独轮车的高手。家长应该努力开发抽动秽语综合征患儿的多种天分。

心脏杂音

一般父母听到医生说明孩子有心脏杂音时,第一反应难免感到惊恐,其实大可不必如此,心脏功能正常的儿童也可能出现心脏杂音现象,当然杂音也可能代表存在某些程度不等的心脏问题。

原因

心脏杂音就是心脏在人体内跳动时发出的声音,有高低、大小与位置之分。心脏分为四腔(左右各有一心室和心房),左右两腔之间有"墙壁"分隔(室间隔、房间隔),心房和心室中间也有"门"(瓣膜),与外面的血管(动静脉)相通,心脏收缩时将血液从心脏里挤出,舒张时血液回流,血流通过这些肌肉、血管与瓣膜时便会产生心脏杂音。

如果心房或心室隔壁出现破洞(如常见的房间隔或室间隔缺损)、多出一些血管(如常见的动脉导管未闭和冠状动脉瘘)或是瓣膜血管狭窄(如常见的肺动脉狭窄、周边肺动脉狭窄),可能就会出现一些特殊的病理性心脏杂音。

诊断

心脏杂音也可以是正常的生理现象,所以父母得知孩子有心脏杂音时,可针对下列状况做进一步的观察,包括体重生长迟滞、呼吸时会粗喘、脸或手脚发紫、活动力差、运动耐力差或其他先天异常及心脏病家族史。如果孩子出现上述心脏疾病的可能征兆,应尽早到儿童心脏内科做检查。

243 先天性心脏病

症状

先天性心脏病可大致分为发绀型与非发绀型心脏病两大类，前者的临床表现主要为皮肤或黏膜外观出现发黑、发紫的现象，后者可能会有心脏衰竭的情况。孩子如出现厌食并有哭闹不停、呼吸用力、肤色苍白或发紫、盗汗、反复呕吐等情况，或是长时间发热或上吐下泻，可能意味着心脏功能有异常，也可能对心脏功能产生影响，应尽快就医。

治疗

先天性心脏病的种类很多，严重程度也有很大的差异，有些可能会自行痊愈，有些却需要进一步治疗，因此医生可能会建议患儿接受药物治疗、心导管术或手术，也可能仅要求定期追踪检查，家长应与医生沟通，讨论长期的诊疗计划。

家庭护理

1. 对有先天性心脏病的婴儿来说，摄取过多的奶量会引发心脏衰竭，但过度限制奶量也会影响发育。一般来说，每日奶量建议维持在体重的十分之一至六分之一之间。而较大的儿童应避免吃太咸的食物。

2. 发绀型心脏病应避免长时间或用力哭闹，洗澡时要避免水温过热，因为这些情况都有可能加重缺氧。

3. 患有轻度心脏病的儿童仍可进行正常的运动，但对患有严重的心脏病的儿童，须限制部分活动。

4. 平常应养成正确的刷牙习惯，注重口腔卫生，并定期到牙科门诊追踪检查，以避免心内膜炎的合并症。

5. 根据先天性心脏病的种类和严重程度，医生可能会给予药物以改善心脏功能。家长应按照医生指示使用，不可自行增加、减少或停用药物。

244 心肌炎

心肌炎是感染、药物、有毒物质或自体免疫疾病引发的心脏肌肉或传导系统炎症。最常见的原因是感染,感染源包括细菌、支原体、结核菌、真菌、寄生虫与病毒等,其中又以病毒感染最多。虽然心肌炎不是很常见的疾病,但其病程进展之快速和严重常会让医护人员措手不及。

症状

心肌炎的临床表现千变万化,轻可出现胸口不适、疲倦、呕吐或腹痛,严重时可出现呼吸急促、脸色苍白、冒冷汗、心律不齐、头晕、昏倒甚至猝死的症状。

诊断

临床上常用的诊断工具包括:(1)胸部 X 线:可能看到心脏扩大、肺水肿;(2)心电图:可呈现心跳过速或过慢、心肌缺氧、心律不齐或其他传导异常的变化;(3)抽血检查:可能显示心肌酶升高;(4)心脏超声波检查:可显示心脏扩大、心室功能不良、心包积液和瓣膜关闭不全等;(5)心导管检查:除了可评估心脏功能外,同时可做心脏切片,如果看到心肌间充满了发炎细胞,更可作为确诊的直接证据。

治疗

治疗方面,主要是对心脏衰竭症状的控制,包括限水,卧床休息,给予氧气、强心剂与利尿剂等,然而严重的心肌炎即使经过上述传统方式治疗,死亡率仍可高达五至七成。近年来,随着医疗水平的不断进步,对于某些暴发性心肌炎,可考虑使用主动脉内气球泵和叶克膜,暂时取代心脏功能,让发炎的心脏暂时休息,而外围器官仍可获得适当的血液与氧气供应,则存活率可提高到七至八成,但最终的预后还是要看病人心脏恢复的程度。至于免疫球蛋白和类固醇在急性心肌炎治疗中扮演的角色,目前仍然众说纷纭,没有定论。

大多数急性心肌炎患者经过以上治疗,心肺功能都能恢复良好,但仍有些病人要做心脏移植,植入永久性的心脏起搏器,或需要长期服药。有些患者因发现太晚而出现了多重器官衰竭的合并症,或发展成扩张性心肌病变。因此,如果孩子出现心肌炎症状,要赶紧就医,早发现,早治疗,才能避免悲剧的发生。

245

贫血与地中海贫血

贫血的定义是红细胞数量或血红蛋白低于同年龄儿童的正常值。刚出生的婴儿血红蛋白通常较高,第2周时开始下降,约2个月大时会降到最低,这被称为"生理性贫血",之后血红蛋白会慢慢上升,这是正常的生理过程,家长们无须太过紧张。

■ 缺铁性贫血

缺铁性贫血是最常见的儿童贫血,多发于1岁左右的幼儿与青少年两类人群中。幼儿出现贫血的主要原因多是含铁食物摄入不足,而对于青少年还需考虑慢性出血的可能性。4~6个月大前母乳喂养的婴幼儿不易缺铁,然而到了该添加辅食的年龄却仍然只喂母乳或含铁辅食摄入不足,会导致体内的铁储存量逐渐降低。建议适当补充含铁量较高的辅食,如蛋黄、瘦肉泥、猪肝泥、葡萄汁或苹果泥等。

■ 地中海贫血

地中海贫血是一种遗传性贫血,根据其严重程度可分为轻度、中度及重度。轻度患者通常可以像正常人一样生活,不需特别治疗;中度患者一般无明显症状,但有些人可能容易头晕或体力较差,服用叶酸会有帮助;重度患者则需定期输血与服用叶酸,然而长期输血会造成体内铁过度堆积,产生合并症,需定期使用排铁剂。对于重度患者,如果有适当的捐赠者,进行造血干细胞移植可解决根本问题,但仍需考虑移植的风险。

> **小贴士**
>
> 如果孩子被诊断患有缺铁性贫血,可根据医生指示服用补铁剂。地中海贫血的治疗与严重度有关,请与儿童血液肿瘤科医生讨论。

246

蚕豆病

蚕豆病是"葡萄糖-6-磷酸脱氢酶（G6PD）缺乏症"的俗称，是因为G6PD缺乏症患者在吃蚕豆后会引发急性溶血症而得名的。蚕豆病是一种性联遗传疾病，男孩发生概率较女孩高。

原因

G6PD的功能是保护红细胞免受氧化伤害，G6PD缺乏症的病因通常是G6PD基因在某些突变后造成其结构与活性异常。这些基因变异存在种族差异。

症状

G6PD缺乏症患者如果接触到过多氧化物质，会发生溶血，但症状轻重与接触到的氧化物多寡以及本身红细胞G6PD活性高低都有关系。轻微且很快结束的溶血在临床上可能不会造成任何身体不适；而严重溶血会导致脸色苍白、头晕、眼白与皮肤颜色变黄、尿液颜色变深等症状，如果导致严重贫血则需要输血治疗。新生儿中约有30%会发生严重的黄疸，如果没有及时接受光照或换血治疗，可能会导致中枢神经、听觉与运动方面的障碍。

治疗

患有蚕豆病的儿童一般无须特殊治疗，只要不接触到蚕豆、樟脑、紫药水或会引起溶血的药物（如磺胺类药物），基本与一般儿童无异。

> **小贴士**
>
> 如果儿童已确诊患有蚕豆病，母亲在哺乳期间也应避免吃蚕豆，而服用药物时也应咨询医生或药剂师。带患有蚕豆病的儿童看病时，需提醒医生不要开会引起溶血的药物；一旦出现皮肤变黄、脸色苍白或茶色尿时，应立即送医，不可延误。

恶性肿瘤

儿童恶性肿瘤是指发生在 18 岁以下儿童身上的癌症,相较于成人恶性肿瘤,儿童恶性肿瘤治愈的希望常常更大。

类型

常见的儿童恶性肿瘤中白血病的比例最高,占儿童患癌比例的三分之一,脑瘤占两成,淋巴瘤占一成,之后依次为神经母细胞瘤、生殖细胞瘤、骨肉瘤、软组织恶性肿瘤、肾母细胞瘤、肝母细胞瘤及视网膜母细胞瘤。这些部位的恶性肿瘤主要发生在儿童身上,与常见的成人癌症并不相同。

肝母细胞瘤与视网膜母细胞瘤的多发年龄较小,多在婴儿时期便出现症状;骨肉瘤则常在十多岁儿童的膝关节等关节部位上下出现;白血病则没有固定多发年龄,甚至有儿童一出生即患有白血病。

症状

儿童年纪小,不太会主动表达,所以父母更应多注意儿童身体异状,假如发现有以下儿童恶性肿瘤的征兆,应尽早就医,以提高治愈率。

1. 持续高热不退,头部、腹部、关节等部位不明疼痛。
2. 身体出现莫名瘀血、肿块、紫斑或血块,淋巴结、肝脾肿大,食欲不振。
3. 神经方面症状,如颜面神经失调、走路不稳、不明原因抽搐等。
4. 眼睛里有不正常白色物质。

原因

目前儿童恶性肿瘤的致病原因仍然不明,但多数癌症与遗传并无直接关联。与遗传有直接关联的癌症为视网膜母细胞瘤,患视网膜母细胞瘤的患儿中,大约有 40% 是遗传导致的,但由于父母皆带有视网膜母细胞瘤的基因才有可能让儿童患病,实际案例并不多见。此外,肾母细胞瘤的患儿中 15% 有先天性异常,10%~15% 具有家族性遗传倾向。

研究发现,患有唐氏综合征的儿童比一般儿童更容易患白血病,这可能与染色体异常有关。此外,部分早产儿患肝母细胞瘤的比例比一般的足月儿高,但原因仍不清楚。

治疗

目前的医疗技术是可以治愈儿童恶性肿瘤的，治疗方法主要有化学治疗（混合多种药物以对抗病症）、放射性治疗（以精密仪器释放光线消灭有害细胞）、手术治疗（进行手术摘除恶性肿瘤）以及其他先进的辅助性治疗。白血病则另有周边血、骨髓或脐带血移植等治疗方法，需要有亲属或非亲属进行抗体配对，将周边血、骨髓或脐带血植入患者的干细胞，使新的干细胞制造出全新的血液或产生免疫功能来对抗病症。

儿童恶性肿瘤在经过治疗后存活率与治愈率都较高，但复原后仍然要保持良好的身体状态，因为仍无法排除未来复发或出现另一种恶性肿瘤的可能性。

陪孩子面对儿童恶性肿瘤

假如家中儿童不幸罹患儿童恶性肿瘤，父母须有陪伴孩子与癌症长期抗战的心理准备。因为儿童在治疗期间，除了会长时间无法像一般孩子那样正常上下学以外，更要承受治疗或病魔带来的疼痛，因此这时更需要家人陪伴带来的爱与安全感。家人除了鼓励孩子，也要让孩子明确自己接下来将接受什么治疗，灌输孩子正确的观念，陪伴孩子一起度过治疗期。

> **小贴士**
>
> 虽然目前儿童恶性肿瘤的原因仍然不明，也很难确保健康孩子没有患病的可能性，但是儿童癌症不等于绝症，只要配合医生的指示和正确的治疗，都有治愈的可能。大部分儿童恶性肿瘤与遗传并无直接关联，不用担心癌症是否会传播给下一代。平常多注意作息与健康饮食，早发现身体发出的警告信号，即使孩子不幸患癌，病情也多半能得到控制。

白血病

白血病俗称血癌，是儿童中最常见的癌症，致病原因是白细胞失去了正常情况下应有的分化能力，导致原始的白细胞异常增生，而这些异常白细胞会占据正常骨髓的造血空间，影响红细胞和血小板的正常制造。儿童白血病可分为急性淋巴细胞性白血病、急性髓细胞性白血病与慢性髓细胞性白血病，其中急性白血病占95%以上（淋巴细胞性与髓细胞性比例约为3∶1），慢性髓细胞性白血病较少见。

症状

常见的临床症状包括贫血、容易出血（流鼻血、牙龈出血、紫癜）、不明原因发热、淋巴结肿大、骨痛、肝脾肿大等。因为正常的白细胞数目不足会影响免疫力，有些病人的临床表现为严重感染。

诊断

白血病的诊断有赖于血涂片和骨髓片检测，以确定分型。必要时还需检测白血病细胞的免疫分型以及染色体与分子生物学的基因突变，有助于预估临床治愈的概率。

治疗

急性白血病的治疗主要以化学治疗为主，急性淋巴细胞性白血病的疗程为2年半至3年，急性髓细胞性白血病的疗程约为1年，少数病人（例如对化疗反应不佳、白血病细胞有特殊染色体等）则需考虑异体造血干细胞移植。至于慢性髓细胞性白血病的治疗，过去一般认为只能通过异体造血干细胞移植根治，然而近几年靶向药物（如格列卫等）在成人慢性髓细胞性白血病的治疗中相当有效，也已渐渐在儿童中使用。

小贴士

儿童白血病的平均治疗成绩不差，并非不治之症，请咨询专业的儿童血液肿瘤科医生。

249 喉软骨软化

患喉软骨软化的婴幼儿因喉头上部结构过软,吸气时会造成气管阻塞与塌陷而发出喘鸣声,但哭声不受影响,仍然洪亮。喘鸣声常在出生后不久出现,随之渐渐加重,4～8月大时达到最高峰,之后又会慢慢缓解,通常在18～24月大时自然消失。

症状

喘鸣声会在患儿哭闹、接受喂食或仰躺时加剧,在俯卧或下巴抬高时则较为舒缓。少于四分之一的患儿有严重吸气困难、氧气不足、进食量少和体重偏低的情况。

吸气时的喘鸣声并不一定是喉软骨软化造成的,也有可能是其他原因(如舌根后会厌囊肿、声门下狭窄、血管瘤、气管狭窄、血管畸型发育环抱气管)的结果。

原因

病因至今仍然不明,近期研究大多认为与神经性机能障碍有关。

治疗

大部分有喉软骨软化情况的婴幼儿都能在2岁前自然康复,但如果在喉头镜检查后发现有共存或其他病因,则应针对特定病因进行手术治疗。喉软骨软化成因与体内钙量无关,所以给宝宝多晒太阳、服用鱼肝油和补钙都无法促进病症改善。

家庭护理与预防

平日可采用左侧睡姿、床头比床尾高10～15度,以减少胃食道反流的概率。注意是否有胸凹严重、进食时因呼吸困难影响喂食、睡眠时呼吸中止与嘴唇发绀、体重增加缓慢、发育迟缓(肌肉张力过低或过高、翻身、自坐、爬行、站立与行走迟缓)等情况,遇到上述情况,应尽早转诊儿童胸腔专科。

第24章

外科类疾病

250

儿童麻醉

对大多数父母而言，孩子生病是无可避免的，通常吃药打针即可，但如果遇到需要接受外科手术才能处理的疾病，想到宝贝必须接受麻醉，很少有父母不会担心害怕。

麻醉的方式

麻醉分为全身麻醉、半身麻醉、区域麻醉和局部麻醉。对于无法合作的儿童，处理方式以全身麻醉为主。全身麻醉一开始需要麻醉诱导，对于已经住院输液或是能配合打针的儿童，可以通过静脉慢慢地将麻醉药注射到体内，让孩子进入昏睡状态；但如果是进行门诊手术又害怕打针的幼童，则需要使用麻醉面罩，快速将气体麻醉药吸入肺部，以达到全身麻醉的效果。麻醉药物会影响呼吸功能，所以全身麻醉时必须进行辅助呼吸的操作，在麻醉诱导后会视手术方式、时间以及患儿状况放置气管内管或是喉头罩，再装上呼吸器。

每一次麻醉均要通过心电图和血压、血氧监视器全程监控，确保患儿在手术中生命体征稳定。绝大多数患儿在手术结束、麻醉药停止供应之后就能拔管并恢复自主呼吸。之后，患儿会被送到麻醉恢复室，并请一位家长入内陪伴。

麻醉的危险性

麻醉的风险与患儿本身的身体状况有直接关系。一般出生3个月以下的婴儿因为脑部发育尚未健全，手术后残余的麻醉药物可能影响呼吸，造成窒息，因此需要住院观察至少12小时。此外，有先天性心脏病、哮喘、感冒的儿童在手术中出现缺氧问题的概率也会增加。如果在手术当天罹患感冒，而有发热、活动力降低、咳嗽有痰、呼吸有喘鸣音等症状，麻醉后出现呼吸道痉挛、发热甚至肺炎等合并症的危险性将大增，因此建议将非紧急手术延期至症状消失后2～4周再进行。

胆道闭锁

胆道闭锁是胆道阻塞导致胆汁滞留在肝脏中的情况，通常发生在新生儿身上，为新生儿主要肝胆疾病之一。

症状

新生儿胆道闭锁的症状以黄疸期延长和灰白色大便为主。黄疸是新生儿时期常见的现象，一般会在出生后2周内逐渐消退，但如果黄疸持续超过2周，则称为"黄疸期延长"，应抽血检验胆红素来判断是否为胆汁淤积症。提醒家长勿将黄疸期延长视为哺喂母乳造成的正常现象。

原因

导致胆汁淤积症的原因除了胆道闭锁外，还有感染、代谢、遗传等因素造成的新生儿肝炎或肝内胆管稀少等疾病，必须经过1～2周的检查，甚至需要进行术中胆道造影才能诊断。

治疗

可以进行葛西手术，切除闭锁的胆道，并将肠道接到肝脏部位，使胆汁排入肠道。术后仍需持续追踪和看护，如果仍发生肝衰竭，则需进行肝脏移植。在出生60天内接受手术，胆汁流通率可达80%～90%；在60～90天手术后可达60%～80%；90天之后则只有13%，因此以尽早进行手术为原则。但即使到60～90天才接受手术，仍有很大的痊愈机会，千万不要放弃治疗。如果没有及时手术，儿童可能在2岁内发展为肝硬化而死亡。

肠套叠

所谓肠套叠，就是一节肠管套入其邻接的肠管，是儿童外科常见急症，一般多发年龄在6个月至1岁半之间。

症状

肠套叠的婴儿有三个典型症状：（1）腹痛（间歇性的哭闹）和呕吐；（2）腹部触及肿块；（3）排果酱样血便。肠套叠的婴儿如果没有得到及时诊断和治疗，时间拖久后会出现严重的腹胀及脱水。

诊断

首先从症状判断，然后通过超声波检查，可显示"靶子"或"假性肾脏"的影像。有肠套叠的可能时，必须安排空气灌肠X线摄影，该检查兼具检查与治疗的功能。如果影像呈杯状，就可进行空气灌肠复位治疗。

治疗

已经诊断为肠套叠的患儿，在空气灌肠X线摄影治疗失败后，必须接受开腹手术，然后在直视下进行指压整复。轻度肠套叠套入部分的血液循环在整复后就会改善。目前，微创手术比较发达，轻度肠套叠可以接受腹腔镜手术整复。

有极少数的肠套叠因套入的时间长，套入部分受到挤压以致坏死，此时指压整复无法施行，必须将不能整复的肠团做局部切除，再以端端吻合术进行接合。此类病患在术后都需要在加护病房接受更深层的治疗。因此，若发生上述肠套叠的典型症状，父母须有所警觉，尽早带孩子就医诊治。

急性阑尾炎

急性阑尾炎是儿童外科常见急症之一,多发于6岁以上的儿童中,不过在6岁以下的儿童中也有发生。

症状

急性阑尾炎的典型腹痛症状从肚脐周围开始,起因是阑尾内腔阻塞引起内压升高,会通过内脏神经感受器传达到第十胸椎神经,在肚脐周围产生反射性的绞痛。数小时后,腹痛会转移至右下腹部,这是因为阑尾本身发炎刺激了附近的腹膜,引起了局部隐痛。有时,腹痛会伴随着恶心、呕吐及厌食现象,有些患儿会发热至38℃左右。

诊断

首先应从患儿症状判断,但儿童往往不能清楚描述疼痛的症状,检查时也不一定能够配合,因此经常要借助实验室检查手段。一般急性阑尾炎的血液检查中会发现白细胞增加,特别是中性粒细胞的增加,有时通过X线能看到钙化的粪石位于右下腹,也可以成为诊断依据。腹部超声与腹部CT是近年腹部疾病的重要检查诊断工具,一般以阑尾胀大、有粪石或腹腔内脓液来提供诊断信息。

治疗

已经诊断为急性阑尾炎的病人都需接受切除发炎阑尾的手术。传统手术方式是在右下腹部横切一道刀口,将阑尾牵出腹外做阑尾切除。严重或穿孔性的阑尾炎会导致腹膜炎甚至败血症,这时必须在腹部中线开刀及引流,还须给予强力抗生素。术后可能合并肠阻塞、腹内脓肿等现象,也常发生伤口感染。

由于微创手术的发达,目前阑尾炎手术可用腹腔镜来执行,一般用三个洞口就可清楚看到腹内变化并切除阑尾,现在甚至用肚脐上的一个洞口即可进行切除。

小贴士

急性阑尾炎是6岁以上儿童常发生的外科急症,此年龄层的儿童有上述典型疼痛症状或持续腹痛情况时,父母须有所警觉,提早就医,以免造成严重或穿孔性阑尾炎。

254

腹股沟斜疝

腹股沟斜疝是儿童外科常见疾病之一，为先天性腹膜鞘状突闭锁不全导致，不分年龄、性别都会发生，且男孩比女孩多，通常发生在单侧，也可能两侧同时发生。患儿中不乏有家族史者，但并无特定的基因或遗传模式可循。

症状与诊断

腹股沟斜疝的临床表现因年龄而异，新生儿或婴幼儿往往因哭闹、吐奶或腹股沟鼓出肿块而引起父母注意；稍大的孩子则常因诉说腹痛或腹股沟反复出现肿块而引起父母注意。诊断方法中最主要的是身体检查。检查时可发现腹股沟处有软质突出物，平躺或稍加压向外上方及向腹腔推挤时会消失。腹部超声波也可用来检查是否有疝气囊存在。

有些孩子会出现钳闭性疝气，临床上除了出现在腹股沟有不能推回及压痛的肿块外，也会出现肠梗阻的迹象，如哭闹不安、吐奶或腹痛等。可通过腹部 X 线发现肠胀气及有肠气在阴囊内，如能尽早发现，医生可尽快处置；如果钳闭时间过久而造成小肠坏死，阴囊会红肿甚至解血便，则需进行紧急手术。

治疗

已确诊为腹股沟斜疝的孩子，不论年龄大小，都需要接受疝气修补术，年龄越小越需要，因为幼儿更容易发生钳闭性疝气。手术方法是在腹股沟部做一横切刀口，将疝气囊做高位结扎即可。

如果不幸发生钳闭性疝气，刀口会较大，开刀中如果发现钳闭的肠道还没有坏死，将肠子送回腹腔并修补疝气即可。如果钳闭的肠道已经坏死，则必须切除，而且较易发生疝气复发、伤口感染和睾丸坏死等合并症，严重时更可导致败血症或死亡。

> **小贴士**
>
> 腹股沟斜疝的发生不分年龄和性别，父母不可掉以轻心。确诊后，只要身体情况允许，最好能尽快接受手术治疗，以免造成钳闭性疝气。

婴幼儿是否需要割包皮？

谈起婴幼儿的包皮，父母常有许多误解，例如认为包皮容易藏污纳垢、除了保护外没有其他功能，甚至有些人怀疑包皮会妨碍龟头的发育，不如趁早割除，较有利于清洗和发育。究竟婴幼儿需不需要割包皮？本文将详细说明。

认识婴幼儿的包皮

1. **婴幼儿包皮的生理机制**：婴儿的外生殖器由一层完整的皮肤包覆，其中盖住龟头部分的皮肤被称为包皮。包皮有两层，外层是皮肤的一部分，内层则是一层黏膜，与口腔内的黏膜类似。婴幼儿的包皮和龟头是由相同的组织结合在一起的，包皮内层和龟头合为一体，不可分离，不像成人的包皮内层和龟头可以轻易完全分开。

2. **婴幼儿包皮内的白色粒状物是正常且无害的**：经过一段时间，包皮内层及龟头表面开始剥落一些细胞，其实这种表面细胞剥落的现象一生都在发生，只是在婴幼儿时期比较特别。这些剥落的细胞一直留在一个密闭空间内无法脱离，累积并结合为一种乳白色的脂状物，潜藏在包皮和龟头间的缝隙内，被称为包皮垢。一般人常误以为包皮垢是脏东西，其实这些白色脂状物是完全洁净无菌的。

3. **随着婴幼儿的成长，包皮通常会自然与龟头分离**：包皮垢越来越多，会逐渐撑开包皮和龟头的空隙，逐渐使包皮完全与龟头分开。此外，阴茎勃起时会将原本包在龟头上的皮肤向腹部拉回，也会加速包皮的回缩。这个过程从3岁开始变得明显，到了青春期，有95%以上的男孩会完成这一成长过程，但最后并不是每个人都会露出龟头。

必须实施包皮手术的情况

基于医疗方面的考虑，有下列情况的儿童必须在童年实施包皮手术，包括：

1. **经常性尿路感染**：经过检查，肾脏、膀胱都很正常，但尿路仍持续发炎，此时发现包皮开口极小，就应割包皮，以免再次感染。

2. **包皮不足**：包皮不足的幼儿阴茎极短小，呈金字塔状，尖尖的包皮开口只让部分龟头露出体外，大部分阴茎埋在脂肪层内。

3. **包皮开口太小**：包皮开口太小，导致小便无法直线解出，尿液会先充满包皮和龟头之间的空隙，使包皮形成水球，有时甚至变得像乒乓球那样大，然后才尿出来。这类儿童的包皮与龟头早就分离，但因为包皮开口太小而无法清理，可能会引起尿路感染，因此要尽早以手术解决清洗问题，并预防感染。

一般婴幼儿是否需要实施包皮手术？

一般健康的男婴是否需要割包皮呢？目前医学界对此仍未形成明确共识。

1. 美国儿科医学会的建议：美国儿科医学会在 2012 年发表的建议中认为男婴割包皮利大于弊，主要理由包括：（1）可降低男婴泌尿系统感染的风险；（2）可减少成年后感染艾滋病毒或罹患阴茎癌的概率；（3）可减少导致伴侣罹患宫颈癌及感染人类乳头瘤病毒的概率。

2. 反对美国儿科医学会最新建议的声浪：许多学者对美国儿科医学会倾向于割包皮的建议提出了有力的反对意见：

①并非所有研究结果都支持"割包皮能降低男婴泌尿系统感染风险"的论断，而且有许多比动手术更简单的方法可以预防感染。例如，即使未割包皮，只要保持适度清洁的习惯，就能大幅减少泌尿道感染的可能；且泌尿道感染没有太大的危险性，治疗方面也并不困难。

②美国儿科医学会是根据在非洲进行的研究得出结论的，此结论未必适用于发达国家，例如，一般发达国家提倡使用安全套来预防艾滋病，效果明显优于割包皮。此外，阴茎癌属于罕见疾病，是否有必要为预防罕见病而让所有男婴接受手术，值得商榷。

③接种宫颈癌疫苗，比割包皮更能有效预防感染人类乳头瘤病毒和宫颈癌。

④割包皮会造成身体上无法复原的改变，站在尊重孩子权利的角度，应将割包皮的决定交给孩子，让他长大后自行判断。

婴幼儿包皮手术须知

1. 须进行全身麻醉：儿童割包皮非常疼痛，必须进行全身麻醉；长大后只需进行局部麻醉，可以减少不必要的危险性。

2. 造成剧烈疼痛：儿童期龟头尚未与包皮分离，此时割包皮，须将嫩皮和龟头剥离，这个动作会使包皮表层失去黏膜，就像烫伤起水泡后外皮脱落一样留下失去表皮的真皮层，须经过结痂期及表皮层新生的过程，3 周后才会痊愈。青春期以后，包皮已自然与龟头表面分离，手术伤口只有缝线处，几天后疼痛就会消失，7 天后即可完全愈合。

3. 可能引发其他症状：新生儿的龟头非常细嫩，容易被尿液与大便刺激，包皮反而能够保护龟头。如在出生时就割包皮，有时裸露的龟头会受刺激而变红肿，尤其是尿道开口处最易受到伤害，甚至会引发溃疡，导致日后尿道口狭窄。

4. 存在设计不良的风险：儿童的阴茎尚未发育完全，包皮要留下多长才合适，有时不易准确设计；长大后才能量身切割、缝合，当然会比较合适。

包皮不会制造污垢，也不会限制龟头发育，它的功能在于保护龟头；即使不割包皮，多数男孩到青春期前包皮也会自然与龟头分离。关于是否该让宝宝接受包皮手术的问题，父母可参考上述医学研究与讨论，并权衡手术相关风险，综合做出正确的决定。

医生在线

Q 儿子常觉得痒，会去抓小鸡鸡，是不是包皮里面感染了？

A 3岁以后男孩逐渐进入性蕾期，会开始玩弄阴茎，此时不是包皮过长引起痛痒，而是自然生理发育现象。因此不必严禁这种行为，只要留意不摩擦破皮即可，这样的现象大约在进入小学后就会改善。

Q 儿子的包皮内有一个白色的肿块，需要看医生吗？

A 这是我们俗称的包皮垢，因为包皮内层嫩皮和龟头表皮都会有分泌物，剥落的细胞也会聚集成小白粒。随着孩子的成长，小白粒形成的肿块会逐渐胀大，最后自然脱出，接着包皮与龟头就分离了，不需手术清除。

Q 儿子的包皮开口常常红肿，小便时感觉痛，是包皮在作怪吗？

A 这种情况一般是因为父母清洗不当，包皮不慎剥开造成的，也可能是夜间勃起将龟头及包皮的黏合处撕裂，造成小便疼痛，通常3天左右会自然痊愈。如果包皮真的发炎了，整个阴茎都会肿大，此时就要尽快请医生诊治。

256

斜颈

门诊中常有父母问："孩子躺着时为什么头是歪的？""为什么孩子总朝同一侧看？而且把孩子的头转到另一侧以后，他马上就会转回原先那一侧？"或者"孩子的脖子上为什么有一个硬块？"这就是斜颈，也就是俗称的"歪脖子"，是新生儿常见疾病。以右侧斜颈为例，其临床特征包括头部倾向右侧，眼睛习惯看向左侧，下巴朝向左侧，右颈部胸锁乳突肌可能有硬块或呈硬带状，会逐渐出现头形不对称、两侧脸颊及眼睛两侧大小不同等现象。

原因与诊断

斜颈发生的原因目前尚不清楚，有可能是胎位不正、胎内姿势不良、难产时拉伤、骨骼异常、斜视或视力异常等原因，造成患者患侧胸锁乳突肌缩短、纤维化，及对侧胸锁乳突肌肌力较弱，导致婴儿的头部倾向患侧且下巴朝向对侧。

诊断方式包括物理学检查（医生以触诊来判断胸锁乳突肌是否有硬块或硬带状、颈部旋转与侧弯角度是否有受限）、超声波检查（优点为安全、简单、无辐射，为目前婴儿斜颈检查的首选方法）、X 线检查（用于怀疑颈椎异常导致斜颈的情况），其他方式包括视力和斜视检查、听力检查等。

治疗

1. 以康复治疗为主，包括正确的姿势摆位（建议家长在患侧喂食或陪伴，让婴儿多将头部转向患侧，矫正头部习惯的倾斜方向）、按摩（以适度力量按摩胸锁乳突肌有硬块或硬带状处）、被动肌肉牵拉运动（治疗师施力，缓和拉长患侧缩短的胸锁乳突肌，增加颈部活动度）、主动肌肉牵拉运动（三四个月大以后，可利用平衡训练、翻正反射来加强对侧肌肉肌力）。如果能尽早开始，经上述复健治疗后，有 70%~99% 的斜颈幼儿可被治愈，且一般治疗时间少于 6 个月。

2. 如果患儿已大于 1 岁，接受过康复治疗，颈部旋转角度受限仍大于 30 度，且脸部不对称，建议实行手术治疗。接受外科手术后约两星期即需开始持续接受复健治疗，以维持良好的手术效果。

3. 当怀疑或感觉婴儿姿势有异常时，请尽早让孩子接受医生的诊断与治疗。早期诊断、早期按部就班接受治疗后，婴儿斜颈的预后是很好的。

结膜炎

儿童的结膜炎中常见的是急性结膜炎和过敏性结膜炎。

■ 急性结膜炎

原因

主要由病毒感染导致，因此又被称为"传染性结膜炎"，常见途径为接触传染。急性结膜炎传染力很强，家中如果有人患病，其他成员受传染的可能性极高。

症状

主要病程为1～2周，双眼可以同时或先后发病。初期症状为眼白部分充血、眼内有异物感、眼内黄色分泌物变多，同时眼睛感到刺痛、瘙痒或肿痛，更严重者会流泪、怕光。部分患者有耳前淋巴结肿大的现象。

治疗

以症状治疗为主，视严重程度给予适当的类固醇药水以缓解不适。年幼的患者容易在结膜处形成一层伪膜，须定期回门诊移除伪膜，以免影响疗效。如果已经侵犯到角膜，形成角膜白斑，则须进一步治疗。

家庭护理与预防

1. 在公共场所避免过多接触，多用肥皂洗手。
2. 不要总揉眼睛。
3. 避免与他人共用毛巾。
4. 急性期多在家休息停课，以免进一步传染给他人。

■ 过敏性结膜炎

患者以儿童居多，特别是有哮喘或过敏体质的孩子。许多患儿发作时常伴有鼻子过敏症状，如打喷嚏、流鼻涕，也被称为过敏性鼻炎结膜炎。

原因

根据过敏原不同，又可分为：

1. 季节性过敏性结膜炎：主要过敏原是花粉及孢子，在花粉浓度升高的季节较常见。

2. 常年性过敏性结膜炎：主要过敏原是尘螨、动物皮毛、空气中悬浮的灰尘、湿冷空气等。发作时机并不限于特定季节。

症状

结膜红肿、充血、瘙痒，眼窝周围水肿，患儿过度揉眼睛有时会造成更严重的水肿症状。通常不会影响视力。

治疗

1. 确定过敏原，避免接触诱因。
2. 使用局部过敏细胞稳定剂或抗组织胺眼药水治疗。
3. 症状严重者可加上类固醇药水。
4. 搭配冰敷。

> **小贴士**
>
> 儿童眼睛红或痒时，应请眼科医生诊断，避免自行用药。药店购买的成药含有类固醇，虽可迅速缓解不适，但长期使用会造成部分患儿眼压升高，进而产生视神经损伤等合并症。

258

弱视与斜视

■ 弱视

弱视并不意味着视力很弱，而是指视力发育不良。弱视的定义是指排除眼睛构造问题后，用矫正镜片后视力仍达不到0.8（即矫正视力小于0.8），或是视力检查结果两眼相差两行以上。

原因

原因是在视力发育的过程中，大脑视觉区接收到的视觉刺激不够或不正确，或是来自两眼的影像差距太大，妨碍了正常发育。原因分为：

1. **遮蔽**：如先天性白内障或眼睑下垂，光线被遮蔽从而无法传到大脑。
2. **斜视**：当斜视发生时，两眼注视的目标不同，大脑会抑制一眼的功能。
3. **屈光不正**：如高度近视、散光或远视。
4. **不等视**：两眼的屈光状态差异很大时，大脑选择使用较清楚的那一眼而忽略另一眼。

治疗

弱视是孩子成长过程中的发育问题，所以要趁着大脑还有可塑性时尽早矫正。一般来说，6岁前是矫正的黄金时期。治疗方法包括解决引起遮蔽的问题、配戴适当的眼镜、遮盖治疗、弱视训练等。治疗成功后要定期追踪，直到大脑发育完成为止。

■ 斜视

斜视是指两眼位置排列不正常，无法同时注视同一目标，所以外观看来是一眼直视而另一眼向内（内斜视或俗称斗鸡眼）或向外（外斜视）、往上或往下（上下斜视）。

原因

新生儿的眼位尚不稳定，但如果6个月大后仍未有正常眼位，就应接受眼科医生的诊治，因为斜视可能会使大脑习惯用固定的某一眼，另一眼被抑制，从而发生弱视，就算大脑可以轮流使用两眼，立体感也无从建立。

有些斜视是其他眼睛或身体病变引起的，例如感染、脑部血管性病灶、肿瘤等致使神经麻痹，从而造成斜视；线粒体疾病、重症肌无力、甲状腺疾病等少数疾病会造成肌肉病变，从而造成斜视；斜视也可能是头部外伤或眼窝骨折的后遗症；另外，单眼视力丧失时也可能发生形觉剥夺性斜视。

儿童因脸形、鼻梁尚未发育成熟，所以外观看来可能有假性斜视，假性斜视并不会影响视觉功能的发育，但到底是真斜视还是假斜视，需经医生检查才能诊断。

治疗

儿童斜视治疗的目标是避免弱视、重建眼位并促进双眼视觉功能（立体感）的发育，通常配镜或手术是必要的治疗方式。

龋齿

龋齿是儿童口腔中常见的疾病,发生率约为哮喘的5倍。6岁以下的儿童如果有龋齿,一般称为"奶瓶龋齿",近年来,国际专家将这种龋齿定名为"儿童早期龋齿"。预防重于治疗是不变的真理。研究显示,幼年时期就患有奶瓶龋齿的儿童,将来不断出现龋齿的可能性比没有患过奶瓶龋齿的儿童高好几倍,即使换恒牙后龋齿的概率也会变高,可谓后患无穷。

原因

常见的儿童口腔问题,不论是龋齿还是牙周病,都是一个共同的祸首造成的,这个祸首就是牙菌斑。

1. **龋齿的成因**:牙菌斑中的细菌利用我们食物中的糖类(碳水化合物)发酵,会产生酸,经过相当长的时间,酸在牙齿表面开始腐蚀作用,牙齿因钙质流失产生凹洞,形成龋齿。

2. **牙周病的成因**:如果没有在一段合适的时间内清除牙菌斑,它所含细菌产生的有毒物质刺激牙龈,会产生牙龈发炎、齿槽骨被破坏等牙周病症状。

牙菌斑是如何堆积的?

专家经过多年研究,从家长的认知、态度、家庭背景、如何喂养幼儿以及幼儿口腔卫生习惯中发现,许多父母或家中长辈常让幼儿含着有糖分的乳制品、吃着母乳或其他含糖食品睡着,根本没有做好清洁牙齿的工作,因此宝宝的牙齿就会受到腐蚀,患上奶瓶龋齿。

乳牙蛀掉没关系?

乳牙陪着每个孩子成长,任重道远,除了帮助咀嚼、消化、发音、维持面部外观、支持颌骨咬合发育外,还兼占空间,将来会引领恒牙长到适当的位置上。如果乳牙过早掉落,早长出的恒牙可能会发生位移,导致晚长出恒牙没有足够的空间萌发,从而造成阻生牙或齿列混乱的问题。

因此,虽说乳牙将来会换,但使用年限可长达6~10年,绝不是明天或下个月就能换的,龋齿一旦恶化,不但会失去应有功能,孩子还可能被牙痛和肿胀折磨。

预防

1. 每天都要替孩子刷牙，记得刷牙要面面俱到，一定要使用牙刷和牙线，用牙线的目的是将牙缝间的牙菌斑清除干净。睡前一定要彻底刷干净牙齿，刷完不要再喂孩子任何食物（包括牛奶），只能喝开水。父母要一直帮孩子刷牙，到8岁为止。

2. 平时喂孩子吃东西，尽可能一日限定三餐，注意营养，进食次数不要过多，也不要少食多餐，因为不停吃吃喝喝，口腔不易清洁，容易龋齿。也应尽量避免在三餐间吃零食。

3. 长牙后，切勿让幼儿含着奶瓶睡觉，边吃边睡或喂完奶不清洁牙齿就入睡容易造成龋齿。

4. 建议1岁前做第一次牙齿与口腔检查。此时牙医可以指导父母该如何替幼儿做牙齿清洁工作、如何预防龋齿；如果有夜间吃奶的习惯，儿童牙科医生还可协助父母帮孩子戒除。定期检查也是预防工作的重点，一般儿童可半年检查口腔一次，经常龋齿的儿童则需3个月检查一次。

5. 照顾幼儿的大人们（包括父母、保姆和长辈）都应将自己的牙齿照顾好，不论是有龋齿还是牙周病都应去找牙医处理，以免将细菌传给幼儿，增加龋齿的风险。

6. 建议使用含氟牙膏刷牙，并定期涂氟。

7. 一旦发现孩子牙齿上有白色的脱钙现象，应尽快安排孩子到儿童牙科就诊。

> **小贴士**
>
> 孩子8岁前的牙齿清洁工作需要照顾者的帮助，平日养成良好的口腔清洁习惯，有龋齿时及早处理，是避免问题扩大的最佳良方。

260 髋关节发育不良

髋关节发育不良是婴幼儿最常见的骨骼问题,但因没有症状,婴儿不会哭闹,也不妨碍早期运动发展,往往要到孩子开始走路时父母才发现异常。髋关节是连接骨盆和大腿的关节,是体内相当深而重要的结构,髋关节松脱或结构异常会导致脱臼、长短腿、跛足和退化性关节炎等长期病痛。

诊断

关于髋关节检查,可徒手检查是否有关节不稳、大腿外展受限、腿长不等的现象。影像学检查的目的是用超声波和X线来确诊徒手筛检出的疑似病例。确诊为髋关节发育不良的婴儿,应立即接受专科医生的治疗。

虽然目前的检查无法检测出所有病例,但如何提高警觉、早期诊断,仍是需要父母和医疗保健人员共同努力的方向。如果您的孩子有大腿外展受限(左图)或腿长不等(右

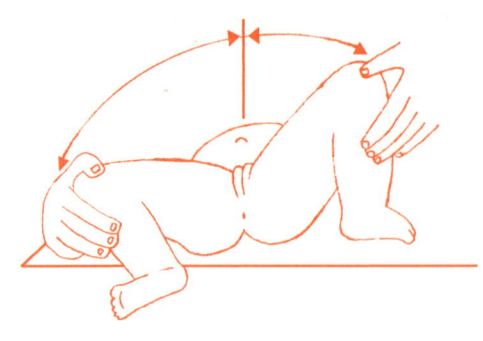

左侧大腿外展受限

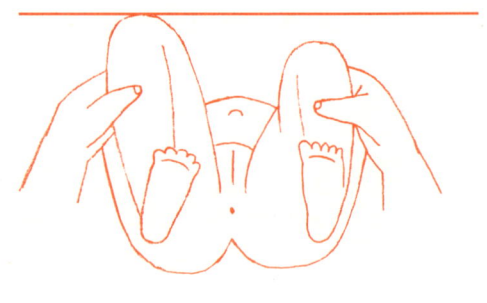

左侧大腿腿长较短

图）的现象，请告知儿科医生特别注意髋关节，或将孩子转至儿童骨科门诊。

治疗

髋关节发育不良如果能在婴儿 6 个月大以前尽早确诊，只需吊带治疗，而且疗效很好；如果在 6 个月大后确诊，大多须在全身麻醉下进行徒手关节复位并用石膏固定；一旦拖到 1 岁后开始走路才发现，因为关节结构异常的情况已经相当明显，大多需要开刀进行关节复位和切骨手术矫正。由于早期诊断可以有相当好的疗效，世界各国都将髋关节筛检列为婴幼儿保健中的重点，以降低因诊断不及时而必须开刀的概率。

预防

1. 许多新生儿时期发生的髋关节松脱与发育不良现象会自然复原，但如果将婴儿用过紧的包巾束缚，或使大腿处于伸直并拢的姿势，会阻碍自然复原进程，使其恶化为脱臼。应让婴儿大腿处于自然的屈曲外展姿势，这样才有助于髋关节发育。

2. 髋关节发育不良常见于臀位产（胎位不正）、女性、有家族病史、斜颈、足部变形、头胎和羊水过少的婴儿中，应特别关注有以上危险因素的婴儿。

骨折与脱臼

骨折是指骨骼受到超过生理负荷的外力而发生断裂的情况。脱臼则是指骨骼没有断裂，但关节处的骨骼移位的情况。一般而言，儿童的韧带强度比骨骼大，所以很少有脱臼的情况，绝大多数都是以骨折来表现的。

儿童骨骼的特征

1. **容易骨折**：儿童骨质软而有弹性，不需多大外力就会折弯或断裂。
2. **愈合快速**：成人骨折需半年以上才会愈合，但儿童只需4～6周就够了。
3. **再塑性强**：儿童骨骼不但长得快，对弯曲变形的再塑形能力也强。有时骨折变形很严重，但半年或一年后就会回复正常形态。

治疗

儿童骨折大部分不必开刀，但一些特别部位的骨折（如肱骨外髁与髁上骨折、股骨颈骨折、开放性骨折等）无法只靠石膏固定，这时就需要接受钢钉固定手术。

家庭护理

1. 如果用石膏固定，要注意肢体末端的血液循环，如发生肢体末端麻木、肿胀、苍白或变蓝紫色的情况，代表血液循环不良，请尽快回医院就诊。
2. 露在石膏外的肢体必须做康复运动，以促进血液循环并避免关节僵硬，例如手掌可以做对指和张指运动，脚掌可以做足背伸展与屈曲运动。
3. 要小心对待石膏，不要弄湿或弄脏石膏，不要用坚硬的物体碰撞石膏，以免石膏受损。也不可用抓痒器具深入石膏缝内抓痒，以免皮肤受伤，造成感染。
4. 如果有手术伤口，须遵照医护人员的指示照顾，注意是否有红肿、发烫或化脓等伤口感染的情况。

262 生长痛

生长痛不是病，不会影响孩子的发育，但孩子经常半夜喊疼，带去看医生又得不到确切的答案，另外父母听说白血病症状跟生长痛很像，的确会感到非常困扰。

原因和症状

生长痛没有真正的原因，只是好发于成长期（2～12岁）儿童中的一种现象。生长痛的典型症状包括：

1. 突然发生的酸或痛，可能疼哭或疼醒，但又很快消失（大多不超过1小时）。
2. 孩子无法明确指出痛点，只会说这里疼、那里疼。这次左脚，下次可能是右脚。
3. 常在晚上发生。第二天早上完全复原，运动正常。

诊断

生长痛没有正式的诊断标准，针对生长痛，医生通常会做以下几件事：

1. 询问病史，从第一次发生疼痛起至今已有多久。越久就越不用担心。因为如果是感染、癌症、风湿性等疾病引起的，疼痛的肢体多半会有肿胀发热或肌肉萎缩的现象；如果距上一次疼痛已经很久且肢体外观正常，那么由疾病引起的可能性就很小。
2. 询问疼痛的特征，是快急而严重，还是缓和而持续。生长痛多半是快急而严重的疼痛。
3. 进行身体检查，评估是否有局部发炎现象，是否有慢性疼痛的表现。
4. 抽血与X线检查大多没有必要，如果医生怀疑生长痛以外的可能，会主动安排适当而有效的检查。

家庭护理

1. 观察孩子说疼的部位有没有发红、肿胀或体表温度较另一侧肢体高的现象，按压时会不会更疼。如果有，应尽快去看医生。
2. 观察孩子疼痛发生时有没有伴随发热。生长痛并不会引起发热，如果有，应尽快去看医生。
3. 可用按摩、热敷、冰敷、涂抹药膏等方法帮助孩子舒缓疼痛，度过这段短暂的不适期。

第25章

儿童心理问题

263

走进孩子的心理世界

在成人的世界里，我们常会说"那个人一看就是个好人"。但是，要如何把一个孩子培养成一个有道德、乐于助人、身心愉快的成人呢？

儿童的心理发展中，有几个方面是十分重要的。

社会互动：良好的社会互动起源于良好、稳定的婴幼儿期亲子关系。在这个阶段，理想的、能提供足够安全感的亲子关系至少要具备稳定的养育过程这一因素。家长应该给予婴幼儿适度的身体接触，满足孩子的生理需求，并尽量为孩子提供积极情绪的示范与鼓励。

自我管理：具备自我管理、自我约束的能力，才能拒绝诱惑、克制冲动及延迟满足。孩子的自我管理能力于学龄前便开始发育，这是一段漫长的演化过程。父母一开始先通过设定外在环境来约束宝宝（如关灯表示要睡觉了）；宝宝大一些时，可以通过转移注意力、安抚的方式来教导他们管理自己的情绪。孩子可以理解语言后，父母就应开始教导孩子各种自我管理技巧，并让孩子了解自我管理的必要性。

了解他人与社会：分享与服从是社会化的重要指标，这个能力在 12～18 个月大的婴幼儿身上已经出现。孩子会通过父母的设限来了解外在环境的限制。父母养育孩子的态度应该尽量保持开放、灵活及积极。

自尊：人必须先喜欢自己，别人才会喜欢你。在教养孩子的过程中，父母虽然爱他们，却不应放纵他们的行为；虽然对他们提出要求，却愿意听取他们的意见并尊重他们的个体差异。在这样的教养方式之下，孩子才有机会学习尊敬他人，并获得他人的喜爱。

264

学习障碍——别错怪孩子不努力

学习障碍多属于隐而不显的问题，一般情况是孩子外观上看起来聪明伶俐、没有缺陷，但在一个或多个学科中的表现落差却很大。

什么是学习障碍？

对学习障碍的一般定义是：孩子的智力是正常的，但学习成果明显低于同年龄与认知程度所应达到的水平。学习障碍通常表现在特定的学科上，孩子虽然非常用心，也花费很多时间学习，却还是总学不明白或是学了就忘，努力和收获不成正比，常常被老师或家长误会不够认真或懒惰，孩子也因此没有成就感，进而排斥学习或者情绪低落。

常见的学习障碍表现

部分有学习障碍的孩子可能在学龄前就开始出现某些学习上的困难（如对数字方面的理解较差），但不会有明显发育上的困难，因此往往要在上小学后才会被诊断出来。

常见的障碍表现包括阅读障碍（阅读跳字跳行、顺序颠倒、不懂文章要表达的意思和重点）、数学障碍（计算有困难、记不住九九乘法表、符号辨识困难、简单的四则运算有很多错误、很难掌握空间和顺序）和书写障碍（左右或上下颠倒、同音异字、多一撇少一撇、字体比例和空间安排不恰当）。

学习障碍的孩子是故意不学吗？

医学研究认为学习障碍的病因是内因性的，是生物神经而不是心理或是环境因素造成的。如果家长怀疑孩子有学习障碍，应带孩子到医院做正式的临床评估和心理测试。

我们能为孩子做什么？

目前并没有有效的药物或其他可以治愈学习障碍的方式，家长需要与老师保持联系并合作，主要用教育方式来辅助孩子学习。协助学习的技巧有很多，以下仅列几个重点提醒，父母可以多方寻找其他方法和信息，并发挥多元创意来教导孩子：

1. 利用字形、字音、字义来协助认字背字，例如："碧"字是"王先生白小姐坐在石头上"（利用拆解字形的字谜）；"圆"和"园"的差别是"圆里面有个圆圆的头"（用有趣的方法提示字形特征）。

2. 为了锻炼孩子写字的能力，建议家长多让孩子做手部的活动训练，这对手部（尤其是小肌肉）的发育相当有利，例如打球、捏黏土等。

3. 有学习障碍的孩子通常也会有注意力缺陷的问题，因此需视孩子的情况为其营造学习的环境，一次的练习量不要太多，并进行适当的休息，避免所学的知识混淆。

4. 学习障碍并不是孩子的心理问题或叛逆的表现，建议父母尽可能以爱心和耐心协助学校老师一起来帮孩子学习。

265

发育性协调障碍——用爱陪伴慢飞天使

什么是发育性协调障碍？

某些儿童虽然没有明显的生理问题（大脑、小脑、脊髓、周围神经、感觉、肌肉、骨骼等皆无损伤），但在生活中从事大动作（如球类、平衡木、攀爬）或精细动作（如剪纸、打绳结、运笔）活动时，表现明显弱于同龄人，常出现迟缓或不协调的表现，在学习新动作技巧时也明显慢于同龄人。临床上将此类儿童的症状称为"发育性协调障碍"，约占所有儿童的6%。

与发育性协调障碍有关的因素

虽然动作协调性不佳是此类儿童的共同特性，但有不少直接或伴随因素与此困难有关，这也导致不同儿童间的表现有很大的差异，如果能理清这些因素，日后给予儿童协助时方向会更明确。

1. **直接因素**：包括肌肉张力较高或较低、动作幅度太大、感觉功能弱（特别是运动觉）、感觉统合弱、行动概念与计划能力弱、空间处理能力弱、节奏感或时间敏锐度弱等。

2. **伴随因素**：常见的有视知觉弱、注意力难以集中、容易冲动等。

由于部分儿童会被同伴排挤，逃避参加与动作有关的活动，这种恶性循环的结果除了操作表现未能提升或退步以外，也可能导致低自尊、社会功能弱、情绪低落等现象。

我们能为孩子做什么？

除了可以接受医院系统中职能治疗师、物理治疗师和其他专业人员的评估、咨询与介入外，家长也可在平时的学习与生活中融入以下原则，促进孩子的参与、适应与情绪健康。

1. **多练习日常生活中常使用的动作**：如果一直训练在生活中不常使用的动作，孩子仍会在生活中遭遇很大的挫折。因此，可让孩子多参与日常生活中的各种活动，借此强化在学校和户外等环境中常需要做的动作（如跳跃、攀爬、运球、扫地、拖地、洗拖把、剥水果、削铅笔、涂胶水等），这对孩子在生活中直接应用这些动作有很大的帮助。

2. **逐渐提升活动的变化性**：父母在引导孩子进行活动的过程中可多做一些变化，以锻炼孩子操作表现的灵活性，例如剪不同厚度或材料的纸、使用不同紧度或大小的夹子、可以把以前的学习经验运用在未来的环境中。

3. **预习将要参加的活动**：如果要参加某项较难的活动（如体育课上的跳绳或手工课），可以事先预习，且预习时间要拉长，用充分的准备来提高表现。

4. **培养对行动的概念与计划能力**：可以让孩子多了解与行动有关的知识（如工具的意义、怎么使用、身体或肢体怎样运作），而且要先计划好步骤，行动时才会更有效率。

5. **培养自我提示的能力**：大人通过示范和口语教导，能让孩子将动作的步骤掌握得更熟练。但孩子不能只依靠外在提示，大人们也要引导孩子尝试用简单的口语指令或心理语言来引导自己的动作。

6. **提供在活动中成功的机会**：安排适合孩子能力的活动，让孩子可通过参与活动的成功经验获得成就感与自尊。如果一味要求孩子跟随同伴玩较复杂的活动，孩子在没有准备好的情况下一直遭遇失败，反而容易影响自尊，或因被同伴嘲笑、排挤而造成心理创伤。

> **小贴士**
>
> 孩子虽有动作协调困难问题，但并不代表无法掌握任何与动作有关的技能。可鼓励孩子从事感兴趣且可以持续参与的活动（如跆拳道、游泳、台球和乐器等），孩子在自己内心强烈参与动机和价值感的驱动下，最终通常都能有不错的表现。在这样的历程中，孩子不但会因长期参与而习得特定技能，还从中获得成就感、同伴的尊敬，发展出良好的人际关系，有助于建立自信与自尊。

266

注意力缺陷多动症——分心好动就是我

常有家长询问:"我的孩子不专心,写作业的时候要玩上好半天,总是坐不住,到底是不是多动儿?"

症状

诊断多动症患者的根据主要是《精神障碍诊断与统计手册》,需要符合下列几点:

1. 就主要症状来说,有些人的表现以注意力不足为主,有些则是以多动与冲动为主,有些则是同时出现两种表现。

注意力不足:持续性不专心,如分心、粗心、不听别人说话、丢三落四、记性不好等。

多动与冲动:如坐不住、活动量大、声音大、话多、缺乏耐心、干扰他人等。

2. 症状在 12 岁前就已经出现。

3. 在两个或两个以上不同场所(如学校、家里、工作场所)都出现了同样的问题,损害了社会、学业和职业方面的功能。

孩子为什么会多动?

根据台湾流行病学研究,多动症儿童占所有儿童的 5%～7%,男孩为女孩的 4 倍。主要可能是先天或后天因素,造成大脑细微功能欠佳的结果,特别是在大脑的前额叶部分。由于这种病变发生在分子层面,所以脑波或计算机断层扫描术都无法检测,不需刻意耗费时间精力金钱去做,主要还是医生根据孩子的临床行为表现来判断的。

治疗

注意力缺陷多动症是生理疾病,所以无法仅依靠处罚来矫正孩子的状况,父母与老师必须有这种认识。

一般而言,治疗必须包含全面性的策略,如行为管理、认知行为治疗、亲职训练和药物治疗。此外,还需要配合课业辅导与日常生活中的活动安排。在对学龄前多动症儿童进行治疗时,通常是以行为治疗来协助孩子改善症状与环境适应上的困难。

是否需要用药?

不是每个多动症儿童都必须吃药,医生会视个案提供建议。当孩子到了学龄期,建议家长或老师不要排斥让孩子用药,因为多动症主要还是脑部功能的问题,有效的药物服用计划还是非常重要的,可以让孩子在日常生活或学习方面与同伴一样获得成功的体验与夸奖。即使药物无法根除孩子的症状,这些效果仍可能足以让一个孩子从自我放弃变为有信心接受训练。

当然,治疗不能只依靠药物而忽略其他方法,例如肯定孩子的积极行为、帮助孩子建立信心,让孩子知道自己也有值得表扬的行为或成就,或是训练孩子自我控制;在学校,老师也可以利用此期间进行补救教学或是训练孩子应用有效的学习策略,甚至制造机会让学生拥有成功体验,同时给同伴留下积极印象,例如适当参与班级活动、适当分担班级任务或是表现才能等。当然,如果孩子不用药也能够控制自己行为,就不需要用药了。

小贴士

高糖分、含咖啡因的饮料与食物虽不是造成多动症的原因,但过量摄取会使幼儿活动量增加,可能让多动症状加剧。

267

自闭症——星星的孩子

很多人误以为自闭症儿童是指瑟缩在角落里不说话的孩子,但临床上很多自闭症患者的表现却并非如此。自闭症在医学中有很明确的定义,包括社交中的困难(不直视他人、不会用表情或手势来与人互动、不会交朋友、不会分享)、语言沟通困难(语言发育迟缓、语句僵化和重复、不会玩过家家)以及重复而有限的兴趣或行为(重复排列东西,或只喜欢字母、数字、汽车等)。

孩子为什么会自闭?

对自闭症比例的不同研究结果差异很大,范围为每万人中有 0.7 ~ 72.6 人。过去认为自闭症与父母的教育程度和教养态度有关,这样的说法已被证实是个误解。目前认为基因是主要病因(自闭症患者的兄弟姐妹患自闭症的概率是一般人的 22 倍;自闭症患者的同卵双胞胎也有较高的患病率),环境则被认为是次要因素。

治疗

自闭症的治疗以行为治疗为主,如果有合并症(如多动、焦虑、抑郁等症状),则可能需要辅以药物治疗。早期发现、早期治疗对自闭症儿童非常重要,所以父母如果发现孩子可能有自闭症,一定要尽快寻求专业的医疗协助。

我们能为孩子做什么?

在教养方面,面对自闭症儿童,父母需要注意的方面包括:

1. 照顾自闭症儿童是一场长期的挑战,需要全家一起投入,支持并协助孩子。父母也需适时舒缓自己的压力,适当休息放松和求助。

2. 在日常生活中可以多观察孩子,比如孩子喜欢什么、讨厌什么(包括吃的、玩的、看的),擅长哪些方面(如听觉或视觉),在教育时可以多加运用,引导孩子沟通并表达需求。

3. 运用各种方式教孩子沟通,包括口语、手势、卡片、书写板和打字等。一般可以先从教孩子模仿动作和仿说开始,逐渐引导孩子锻炼主动说话的能力。但因为许多自闭症儿童日后仍无法以口语作为主要的表达方式,所以需要发展其他沟通方式。

4. 自闭症儿童需要从生活经验中学习,除了要教孩子认识卡片上的名称,也需要带孩子去认识真实的世界，例如要教动物就去动物园认识动物，还需要着重培养孩子日常生活中独立自理的能力。

5. 在适当的时机训练孩子接受多样化选择，例如尝试不同的食物、不同的走路路线、不同的衣服颜色等。

6. 家长和老师持之以恒的反复教导是很重要的，也许短时间内看不到效果，但只要持之以恒，未来一定会看见孩子阶梯式的进步。

> **小贴士**
>
> 研究指出，自闭症儿童接受合适且积极的治疗后，90％可获得明显改善，早期发现、早期介入十分重要。目前医学界对自闭症的了解还很有限，对自闭症的治疗也众说纷纭，父母可以在网上搜集其他父母的治疗心得作为参考，同时也建议要规律地在医疗体系中对病情进行追踪，并多和医生讨论。

268

阿斯伯格综合征——我只看得到我的需要

阿斯伯格综合征是1944年由一名维也纳儿科医生汉斯·阿斯伯格首先描述的,但直到1981年,西方世界才开始关注这一类病例。阿斯伯格综合征属于自闭症谱系障碍,与自闭症最大的不同在于,阿斯伯格综合征患儿的语言发育是正常的。在新版的《精神障碍诊断与统计手册》中,该病已被归入自闭症谱系障碍,不再独立存在。

症状

诊断上常见的症状有社交上沟通存在障碍、缺乏眼神交流、表情变化少、无法顺利结交同龄朋友、缺乏同理心和分享的能力、有说话或做事不分场合的倾向等。

有阿斯伯格综合征的孩子在行为、兴趣和活动方面通常会呈现有限、重复和刻板的模式,在生活中固执地坚持规则,兴趣较偏,例如有些孩子对自然科学非常有兴趣,喜欢阅读自然科学书籍和研究自然科学实验,对其他科目和书籍则缺乏兴趣。

父母要成为孩子最重要的知己

在教养中,孩子最需要父母协助的方面是改善人际关系,建议父母可以当孩子的玩伴,同时教孩子如何向同伴表示想参与他们的互动,在团队活动中学习了解他人并遵守规范,学习和他人分享与合作;也可以邀请同学和朋友来家里玩,父母在旁观察,随时或在事后指出孩子社交技巧方面的不足,帮孩子建立与同伴良好的互动经验。另外,加入一些社团也可增加社会互动的机会。

小贴士

有阿斯伯格综合征的孩子有许多和一般孩子不同的独特个性,他们的困难最常出现在人际互动和情绪处理方面,如果家长怀疑孩子有阿斯伯格综合征,建议带孩子到医院做正式的评估和诊断。

269 拒学症——学校里有怪兽！我害怕

拒学是一种现象，也是一种结果，指孩子因为情绪上的困扰而不愿意上学。而造成这种情绪困扰的原因千奇百怪，可能只是单纯害怕不适应新环境，也有可能严重到成为一种精神疾病。

症状

拒学症儿童通常合并有情绪困扰现象，其中焦虑较为普遍。孩子焦虑时，经常告诉家长自己容易紧张，会莫名其妙地发脾气、哭闹，或是出现抑郁或生理方面的症状。拒学的孩子没有明显的反社会行为，而是单纯不愿意去学校、害怕上学，家是唯一让他们感觉安全的环境。

孩子为什么会拒学？

拒学背后的原因根据生活背景和经验有所不同，有的是逃避学校，有的是害怕老师，有的则是承受不了课业压力、不适应学校的特殊要求或是被同学欺负勒索以及人际关系上出现问题导致的。虽然有一部分源于家庭因素，但更多问题可能出在孩子自己本身，如分离焦虑和忧郁等。

处理拒学的原则

1. **父母要与孩子和学校建立良好沟通与互动**：良好的亲子关系与保持理性、和谐的沟通方式，是处理拒学问题的关键。家长要用孩子可以接受的方法倾听其想法，试着与孩子一起找出不想上学的原因。此外，家长应与学校保持良好互动，允许孩子用渐进的方式进入学习环境，不放弃学习的机会。

2. **不要使用责骂或强迫的方式**：不管用哪一种方法解决拒学问题，除了尽快让孩子回到学校，也要注意千万不要以为用强硬的方式将孩子拖回学校就算解决了问题。因为如果孩子不肯上学的核心问题没有得到解决，家长和老师硬拖孩子回到学校绝非上策，一定要循序渐进，找出孩子不去学校的根本原因。

3. **耐心陪伴，给孩子多一点空间**：有的孩子个性内向，需要较多时间适应环境，这是孩子天生的个性，强迫孩子尽快适应学校生活恐怕只会雪上加霜。有的孩子缺乏足够的处理挫折的能力，家长和老师必须帮孩子掌握更多问题解决技巧，提升处理问题和忍受焦虑感的能力。

只要给拒学症孩子多一点空间,以时间争取最后的胜利,同时以稳定的亲子与师生关系作为一切的基础,一定能帮助孩子克服拒学症。

小贴士

幼儿拒学的原因通常是分离焦虑,协助孩子对新的环境产生安全感,孩子才会更愿意忍受与主要照顾者分开后的焦虑情绪。

270

焦虑症——处处都是焦虑源

不管是对儿童、青少年还是成人来说，焦虑紧张都是种正常情绪，而对单一事件（如要参加考试、上台表演）感到紧张也是正常现象，但如果孩子过度焦虑，导致无法面对并试图逃避挑战，且影响了家庭、学校或是社会功能，则意味着孩子可能有焦虑症。大约6%的儿童和青少年患有严重到需要治疗的焦虑症，如果不接受治疗，有些始于童年的焦虑症可能持续终生，尽管病况时隐时现。

症状

儿童时期的焦虑症状常伴随着许多身体化症状，如头痛或是腹痛等。常见的儿童时期焦虑症包括分离焦虑症、广泛性焦虑症、社交恐惧症、强迫性精神病、恐慌症、创伤后应激障碍。本节将针对广泛性焦虑症进行说明。

广泛性焦虑症为儿童青少年时期最常见的焦虑症之一，盛行率为1%~2%，较常出现在青春期少年及前青春期的儿童身上。孩子往往无法控制自己的担心或恐惧，如对未来、过去行为、个人的能力及外貌的担心，以至于出现了许多身心症状，包括肌肉紧张、腹痛、容易疲劳、不能集中注意力或有睡眠障碍等。小一点的孩子则容易出现黏人、哭闹或退化性的行为。

治疗

在针对儿童和青少年焦虑症的治疗中，帮助孩子找到造成其焦虑的可能原因相当重要，通常首选认知行为疗法。另外，肌肉放松训练及腹式呼吸法可帮某些孩子减缓焦虑症状。如果认知行为疗法对年龄较大的儿童或青少年效果不佳，建议合并药物治疗（如抗忧郁剂）。

> **小贴士**
>
> 紧张害怕是常有的事，但孩子如果因为担心害怕而妨碍了正常生活，一定要寻求协助。

分离焦虑症——我想永远待在育儿袋里

婴幼儿在跟主要照顾者分离时出现分离焦虑，属于正常的发展现象，一般情况下，10～18个月大的婴儿看不见主要照顾者时会出现不安、哭泣等现象，然而随着认知逐渐成熟，大部分孩子在3岁时便能建立起信任感，了解分离只是暂时现象。

症状

分离焦虑症在《精神障碍诊断与统计手册》中被归类为儿童或青少年时期的疾病，发生率为3.5%～5%，平均发病年龄约为7岁半，有些病程短暂，但有些则会变成慢性症状，主要特征是孩子在离开家或是与依恋对象（如父母）分离时，会产生持续、过度的担心。最常出现的症状包括过度担心父母死亡或受伤，或有不幸的事情会导致自己与父母分离，以及因害怕分离而拒绝上学或拒绝独处，会合并哭泣、睡眠障碍与身体化症状。

孩子为什么害怕分离？

分离焦虑症的成因可能与父母没有建立安全依恋关系或是过度保护有关，如果父母在面对孩子分离时出现了焦虑行为，或是父母本身就经常焦虑不安，也容易让孩子学到焦虑的模式。另外，此疾病也与先天遗传和孩子天赋气质有关（如过度害羞或退缩）。如果孩子有上述潜在发作因素，在遇到突发的生活压力事件（如进入新的学校）时便可能引发分离焦虑症。

治疗

分离焦虑症的治疗以心理治疗为主，但如果孩子的情绪状况很不稳定，建议辅助药物治疗（抗抑郁剂或是抗焦虑剂），先稳定孩子情绪，为接受心理治疗奠定基础。常用于治疗分离焦虑症的心理疗法包括认知行为治疗、家族治疗及游戏治疗。儿童期的分离焦虑症可能会发展为其他类型的焦虑症，如广泛性焦虑症、社交恐惧症或是恐慌症。所以早期发现、早期介入，再加上家长的配合，可大幅减少孩子的焦虑行为并提高疗效，避免发展为慢性疾病或引起精神方面的其他障碍。

272

强迫症——一点都不能错

强迫症是青少年常见的焦虑障碍，发生率为1%～2%。通常在青少年时发病，有些会在儿童早期发病。约有三分之一的强迫症患者在15岁以前发病，但仅有四分之一的患者会在成年前寻求医疗协助。

症状

强迫症的主要症状为重复的想法、冲动或是行为，即使不希望其出现并努力抗拒仍无法停止，且会引发强烈焦虑，常需要重复的动作（强迫行为）来减缓焦虑。强迫症状往往会耗费患者许多时间，影响到学业、工作，或使其无法外出参加其他活动。

1. **强迫性思考**：包括重复担心受到外界污染（如担心与人握手会感染疾病）、重复怀疑某件事（如没有锁门）、认为事情需要遵照特殊的顺序进行（如书本有一定的排列顺序）以及性相关想象（如脑中不断浮现色情画面）等。

2. **强迫性行为**：往往是随强迫性思考而来的，如重复洗手、检查、排序或心理活动（如计数或重复默念句子）等。

原因与治疗

强迫症并非个性使然，也并非来自儿童时期养成的坏习惯，它与大脑功能障碍有关。有些人会在短时间内康复，但大多数患者的症状与病情会在数年间起伏不定。病情的起伏与环境改变、外在压力和情绪有关。研究显示，药物治疗（如抗抑郁剂）合并行为治疗会比单一治疗效果更好，但对于儿童和青少年强迫症患者，还需要家庭、学校与医院各方面的配合，协助患者循序渐进地面对自己的恐惧，逐步设法减轻焦虑。

> **小贴士**
>
> 孩子喜欢整齐清洁、做事有一定原则及顺序，这些绝对是良好的个人品质，但如果严重到了影响生活的程度，一定要及早寻求医疗协助。

273

选择性缄默症——我怕我的声音被你听到

选择性缄默症是一种精神障碍，患者的口语表达能力处于同龄平均水平，但在特定场合或特定社会情境中会拒绝说话超过1个月，以致严重影响了生活功能（如学习或人际互动）。

症状

症状多始于幼儿园或小学低年级，极少数是到青春期才发生的。患儿会长期不说话的场合大多是家庭以外的地方（如学校或公共场合），但有些患儿会用点头、摇头或是推扯等肢体语言表达。此症一般始于五六岁，患儿的个性通常较为害羞，容易焦虑或抑郁。大多数患儿的症状会持续数周至数月，但也有的会持续数年。由于患者较少同时出现偏差行为，在外安静沉默，但在家中可与家人交谈，往往要到上学后出现障碍时才被发现。

孩子为什么拒绝说话？

选择性缄默症的发生原因并不单纯，普遍认为是多重病因造成的。研究显示，语言能力方面的神经发育迟滞以及被动、退缩、适应慢的气质是造成缄默症的潜在因素，不利的语言环境是诱因，而后续来自同伴的排斥与负面的自我评价则是加重选择性缄默症的症状和使其持续发生的因素。

治疗

研究及临床上皆显示，强迫患儿表达不仅无用，反而会加重患儿说话的恐惧。大部分治疗方式为渐进式与支持性的，让患儿逐渐从非口语表达转为口语表达。选择性缄默症的治疗方式包括认知行为治疗、游戏治疗、语言治疗、团体治疗、家族治疗、药物治疗等。认知行为治疗是较普遍而有效的治疗方法，精神科专业医疗人员、家庭和学校之间良好的合作关系是获得良好疗效的关键，治疗过程往往是很漫长的，父母必须有相当强的耐心、信心与毅力，与患儿一起努力。

274 适应障碍——当孩子身陷压力风暴

根据《精神障碍诊断与统计手册》，适应障碍是在压力源开始后3个月内产生的情绪或行为障碍，患儿的反应超过了事件所能引起的反应程度，并导致功能受损。适应障碍是一种心因性障碍，发生率可高达5%～20%。

原因与治疗

适应障碍又可细分为合并忧郁、合并焦虑与合并行为障碍三类。如果症状持续半年，则为慢性疾病。虽然适应障碍的病程可长可短，但严重时可能会产生自杀倾向或自我伤害行为。

在儿童与青少年阶段，适应障碍的压力源常常与学校里发生的问题（如考试压力、人际关系、校园暴力）、家庭失和及亲子冲突有关，患病也可能造成适应障碍。

儿童和青少年适应障碍的表现往往与大人不同（常表现为忧郁、焦虑或自我伤害行为）。青少年会有忧郁、焦虑的情绪和行为以及学习上的问题等表现，儿童则有退化现象等表现，如啃咬、吸吮手指或尿床。

治疗

适应障碍的治疗包括支持性心理治疗，必要时可在短期内使用药物来减缓抑郁焦虑或失眠等症状。青少年的适应障碍需要从个人与环境入手来了解适应的困难所在，并以支持的态度帮助孩子克服适应的困难。除了减少或解除外在压力外，父母还应协助孩子克服这些压力，增强孩子的环境抵抗力。

我们能为孩子做什么？

面对孩子因为不适应而出现的焦虑、退缩、拒绝等症状，家长应以循序渐进的方式指导孩子，并与孩子共同解决困难，从中学习如何面对挫折和失败、培养挫折忍受力和解决问题的能力，并增加环境抵抗力。但如果孩子适应障碍的症状持续了一段时间后仍然没有改善，或症状十分严重，则建议尽快就医。

创伤后应激障碍——尘封在心中的伤口

谈到创伤后应激障碍，首先要定义所谓的"创伤"事件。创伤事件必须是涉及死亡、死亡威胁、重伤或性暴力的体验。儿童可能会因为亲身经历、目击他人的经历、得知亲朋的遭遇或者重复听闻创伤事件的详情而受到创伤。比较常见的创伤包括各种天灾、意外事故、战争、家庭暴力、性侵害、挚爱的人死亡等。

症状

儿童经历创伤事件后，观察其是否出现以下情况。（1）反复受创伤事件侵扰：一再想起该事件、做相关梦、出现解离症的迹象、对类似情境出现生理或心理不适等；（2）逃避：努力避免做让自己不舒服的梦，回避相关想法、感觉及人事物；（3）对认知或情绪产生消极影响：对事件失忆、态度消极、对事件起因的认知扭曲、消极情绪持续、失去参与事务的兴趣、疏离或无法感受积极情绪以及种种易受惊吓的表现。如果上述症状持续超过1个月，则可诊断为创伤后应激障碍。

如何陪伴经历创伤的孩子？

孩子经历创伤事件后，家长的长期目标是降低孩子对该事件的敏感度，并整合其创伤体验。对家长来说，重要的是保持冷静与正面的态度，避免责备孩子在创伤事件发生时的作为，并鼓励（但不强求）孩子用画图、讲故事、写文章、演戏等各种形式来表达自己的感受。家长也可以协助孩子恢复结构化的生活作息、澄清孩子对事件的消极认知或归因（如"会变成这样都是我的错"）。

小贴士

发生创伤事件后，可向医疗系统寻求心理治疗与药物治疗的相关信息。面对创伤，爸妈要好好照顾自己，才能给孩子提供充分的支持。

遗尿症——又尿床了怎么办？

儿童从包尿布到可以自主排尿排便，是一个正常发展的历程。年龄大于 5 岁的儿童，不论是有意还是因为无法自控，连续 3 个月以上至少每周出现 2 次遗尿情况，且并不是药物或者身体问题造成的，这种情况就是遗尿症，分为夜尿型、日尿型和混和型。

孩子为什么会遗尿？

当儿童出现遗尿问题，则需要追查可能的生理和心理原因。相关的生理原因包括膀胱容量有问题、控制膀胱括约肌的能力异常、癫痫发作、糖尿病或脊柱裂等，因此内外科的评估与诊断很重要。确认无生理原因后，精神心理方面的可能成因包括情绪困扰、睡眠障碍、消极的如厕训练体验等。

此外，对日尿型儿童，必须考虑发生的情境：有些孩子是因为沉迷于游戏而不愿中断去厕所，有些是畏惧进厕所（担心环境脏污或怕被他人欺负），有些是无法告诉老师自己想上厕所的需求，而部分选择性缄默症儿童也有日尿表现。

如何帮助遗尿的孩子？

儿童如在白天遗尿可能会引起同伴的取笑或遭到孤立，在夜间遗尿则可能造成亲子双方的挫折感和情绪反应。处理日尿的原则包括为孩子定下如厕时间、请老师提醒、携带可更换的干净裤子等。处理夜尿则有以下建议：避免晚上喝水，家长要记录孩子夜尿的时间，夜间在夜尿前固定唤醒孩子去上厕所等。以上方式可搭配如厕记录，如果孩子能主动告诉父母自己想上厕所或主动去上厕所，或能维持裤子或床铺干爽时，父母应给予奖励，以增强孩子维持行为的动机。

遗粪症——就是管不住自己

生理年龄或者发育水平相当于4岁以上的儿童在3个月期间至少每月发生1次遗粪情况：重复、不自主或者有意在不当地点排便，且遗粪行为并不是药物（例如泻剂）或一般生理问题造成的。这种情况便可诊断为遗粪症。

孩子为什么会遗粪？

考虑遗粪症的原因时，需注意是否合并便秘问题。如合并便秘，常常是因为儿童会有意憋住大便（例如害怕排便的感觉、场所或设备，不遵从大人的排便指导，不愿意排便）。至于不合并便秘的遗粪，则可能和愤怒情绪、亲子之间的权力争夺有关。此外，生活中的压力事件以及过早进行如厕训练、过度严厉或者过度纵容，都有可能是遗粪症产生的原因。

治疗

在治疗策略方面，首先要确认遗粪的情况是不是生理因素造成的。针对合并便秘的遗粪症，医生会采用泻剂或高纤维食物来改善儿童的便秘状况，另外可辅助以行为治疗，针对解便行为进行正向激励（如给予称赞或奖品）、逐渐减轻儿童对如厕环境与步骤的不安和紧张等情绪。和遗尿症类似，为避免儿童被同伴取笑欺负，在外应携带可更换的衣裤。

> **小贴士**
>
> 因遗尿症和遗粪症都可能带来负面情绪，家长应该温和处理，避免采取高压、严厉的态度。此外，就医前也可做一份如厕时间记录表，并标注可能的相关因素，为医生提供诊断时的参考。

278

重复性行为障碍——孩子爱咬指甲怎么办？

有些家长带孩子来看儿童心理科门诊，是因为孩子会反复咬手、指甲或用手剥指甲，这种行为常常是不自觉的，而且在父母制止之后还会反复发生。

什么是重复性行为障碍？

重复性行为障碍是指重复出现明显无意义的举动，严重时会影响生活、社交或学习。在诊断时需排除该类行为由药物、神经系统疾病或特定精神疾病（如拔毛症、强迫症）造成的可能性。常见的症状包括咬指甲、剥指甲等。

原因

目前，这些重复性行为的原因仍不确定，有些研究认为是因为焦虑、无聊或行为问题。除了表面的重复性行为，研究也发现有些孩子同时有其他心理问题（常见的有注意力缺陷多动症、对立违抗性障碍、分离焦虑症等）。

如何减少重复性行为？

孩子出现这类重复性行为时，有些父母会感到困扰，从而去处罚孩子，但其实处罚是没有用的，而且可能加重这类行为。建议父母可以：

1. **找出引起重复性行为的原因**：观察哪些原因或情境会增加这类重复性行为的出现，例如在学校人际关系不佳因而常常被同学欺负、学习方面有困难、上课动来动去无法专心、频繁受到环境中大人的责打或无法从环境中得到安全感、感到无聊或天生特质使然。

2. **给予孩子正面关怀与协助**：在教养时，多给予孩子温柔关爱和正面的注意力，多鼓励孩子从事令人感到放松、有趣的活动，让孩子保持心情愉悦。在了解背后原因后，父母可帮孩子了解如何处理遇到的困难，或帮孩子避开该情境，必要时可寻求医疗协助。

3. **注意卫生问题**：多洗手和修剪指甲，避免病从口入，患处、伤口要擦药包扎，避免感染。

> **小贴士**
>
> 如果孩子有重复性行为障碍，父母需要帮孩子找原因、着手处理，并注意患处清洁。如果症状持续，没有改善或恶化，建议及早就医，接受治疗。

患慢性身体疾病孩子的心理健康

当疾病对孩子日常生活功能的干扰在一年中超过了3个月，或者需要孩子接受1个月以上的住院治疗时，就属于慢性身体疾病。这类疾病会存在相当久的时间，并为身体状态带来持续的负面效应。特应性皮炎、哮喘、第一型糖尿病、癫痫等疾病都具有这样的特质。

慢性身体疾病对孩子与家庭的影响

除了疾病本身带来的不适以外，疾病的治疗过程，孩子对疾病的情绪、行为反应，以及疾病对活动与课业的影响等都是必须解决的问题。父母或其他主要照顾者是肩负起照料责任的核心人物，应对孩子生病的就医需求与情绪行为反应是成人最基本的任务。慢性身体疾病的病程变化、预后的不确定性、时间的重新分配、工作与收入的调整、孩子生病导致父母或照顾者之间角色及情感关系的变化，更不免会为成人带来压力。

当孩子罹患慢性疾病，除了父母及主要照顾者需要花费更多的时间及心力以外，其他家庭成员（如同住亲人或孩子的手足）甚至亲朋好友，或多或少也会面临角色的改变以及生活模式的调整。举例来说，当父母忙于照顾患儿时，家中其他健康孩子可能就需要其他亲属来照顾饮食及接送上下学；此外，家中年龄较大的健康孩子可能要负担家务，并代替父母照顾年幼的弟弟妹妹。

慢性疾病患儿的生活调整

与正常发育的孩子相比，罹患慢性疾病的孩子存在较高的心理健康风险。孩子的发育程度、天生个性、应对压力的方式、过去生病与就医的经验以及与父母或主要照顾者的互动关系，都会影响孩子对疾病的反应。在适应疾病的过程中，否认、焦虑、愤怒以及抑郁是常见的情绪反应。对孩子的情绪及行为需保持敏感度并给予适当响应，以开放的态度配合孩子，帮助孩子了解其疾病与相关治疗，这些举措可以帮助孩子正常化其患病体验，提升治疗配合度。

我们能为孩子做什么？

对父母及主要照顾者而言，除了寻求可信任的医疗服务与建议以外，在孩子生病后重建家庭的平衡同等重要。父母要让照顾患儿成为每天的生活习惯，但并非唯一的重心，尽量帮孩子回归正常生活。过度保护生病的孩子，将使孩子更难以发展出符合年龄的自律性，也会影响孩子的问题解决能力、社交与情绪表现。此外，就算让健康的其他孩子了解患儿的病情，他们也不一定能理解父母的这种区别对待。

比起保护，患儿更需要鼓励，所以，尝试将重心放在孩子能做到的事而不是做不到的事上，孩子可能会有让每个人都感到惊讶的表现。同时，在医疗人员认可的前提下，尽可能让孩子继续从事普通的活动、进行正常的社交，不要顾忌太多，自我限制。

> **小贴士**
>
> 身与心是紧密联系、不可分开的，在照顾孩子身体的同时，一定要妥善照顾到孩子的心理世界。

面对丧亲的悲伤

生活中的失落有许多种，比如弄丢心爱的纪念品、毕业后与同学各奔东西、被解雇、离婚、所爱的人过世等。与对个人有重要意义的人、事、物分离，意味着某种形式的关系终止，因而会带来失落。华人的家庭形态以核心家庭居多，父母是孩子最主要的情感依恋对象。因此，如果父母其中一人过世，对孩子来说是种灾难，可能会危害孩子的安全感，同时带来长期的消极影响。

当孩子面对父母的逝去

孩子对死亡的反应取决于孩子当时的情绪与认知这两部分的成熟程度。此外，父母过世的原因（生病、意外、自杀等）、在世父母自身的调适情况以及事发前孩子是否有情绪与行为方面的问题，也与孩子的事后反应及自我调适息息相关。

当父母之一逝去，孩子感受到的失落往往比失去其他亲人更多。在世的另一位父母可能会被自身情绪吞噬从而自顾不暇，难以顾及孩子的需求。此外，经济重担可能发生转移，孩子同时被要求负担更多的家务、照料自己的生活或独自在家。此外，在世父母新的情感关系也许会被孩子视为背叛和二次情感剥夺。这些都可能让孩子感觉愤怒或痛苦。当具有特殊意义的节日或生活事件到来时，悲伤可能卷土重来，因为逝去的父母永远无法参与。

孩子在丧亲状态下的情绪及反应是影响其日后精神心理健康的潜在危险因子。过去的研究显示，11岁前丧亲是导致抑郁症形成的重要生活事件。丧亲后短时间内最常见的是抑郁症与焦虑症的相关症状。

帮孩子走出失落的悲伤

失去所爱的人，因失落而感觉悲伤，这个过程是正常且健康的。以下提供几点帮孩子走出丧亲悲伤的建议：

1. 如何告诉孩子噩耗、如何解释死亡，是要做的第一件事。如果在世的父母自己深陷悲痛而无力安抚及照顾孩子，就需要能够暂时代替父母照料孩子的亲属来提供协助。

2. 对于死亡，要给予孩子明确、诚实的解释。过于模糊抽象的说法会让孩子感到不安。对年幼的孩子解释死亡的意义时，不要将死亡比喻为睡觉，因为这可能增加孩子的焦虑（自己会不会睡着了就醒不来了？）。可以用"身体活动中止"来解释死亡。

3. 尽量提供孩子情绪支持，让孩子有机会宣泄情绪、自由地谈论与提出种种疑问。千万别避而不谈、模糊带过，甚至阻止孩子表达情绪。

小贴士

处理失落与悲伤的历程，被称为"哀悼"。接受失落的事实只是这个历程中的第一个任务；历经伤痛、适应没有死者存在的状态并迈向新生活后，哀悼的过程才算正式完成。死亡结束了生命，但没有结束关系。孩子需要成人的帮助才能安然走出失落与悲伤。

习惯性偷窃行为

学龄前或学龄期儿童可能在某些压力情境下偶尔有偷拿东西的行为。儿童偷窃行为常常表现为事先没有征得他人同意便私自将他人的东西据为己有,也有种情况是父母往往无意地把钱乱放,儿童发现时,未征得父母同意便拿钱去买自己喜欢的东西,如果事后并没有受到谴责,孩子就会认为这种行为是被允许的,不算偷窃,因此逐渐养成随便拿别人东西的习惯,进而演变成偷窃行为。

原因

偷窃的原因有很多,个人、家庭、学校和社会因素都可能导致偷窃行为。偷窃行为可能是满足自己需求的一种表现,孩子的需求没有被满足时,便可能通过偷窃来满足自己。有些偷窃行为是对父母的一种愤怒或报复的表达,例如曾有研究指出,当儿童一再做出触犯法律的行为时,可视为其对父母或父母所持标准具有敌意。有些偷窃则是儿童或是青少年企图控制自己世界的一种方法,而有些则是习得的,另有研究发现,孩子的偷窃行为也与对学业适应不良、学习缺乏成就感导致的低自尊有关。偷窃行为有时还受到同伴影响,如孩子们相互模仿、用金钱或物质来博取友谊,或是受到帮派的威胁利诱等。

发现孩子偷窃时怎么办?

当发现孩子有偷窃行为时,先不要严厉谴责或是惩罚孩子,应先询问偷窃的原因及动机,并让孩子了解偷窃是损害他人利益的行为,对自己来说也是坏事。另外一件很重要的事是,父母需要协助孩子归还被偷的物品,或付出等值的金钱或劳动,以帮孩子建立正确的观念、纠正其行为。如果偷窃已经成为惯性,建议尽快就医。

小贴士

幼儿对物权的观念不是十分清楚,有些时候会认为拿到手的东西就是自己的,也可能因自我控制能力发展未完成而拿别人的东西,这些行为并不算偷窃。但进入学龄期后的儿童已建立物权观念,如果还拿别人的东西,就属于偷窃了。帮孩子在成长过程中学习控制自己的冲动与欲望是父母的重要任务。

282 孩子需要做心理测验吗？

除了生理发育和健康以外，孩子的心理发展和教养方式也是许多父母关心的课题。新父母往往会根据个人经验和想法、通过询问周围前辈或友人以及阅读教养书籍等方式，对孩子的心理进行解读、做出应对。尽管心智发展有大致的参考原则与进程，然而每个孩子都有其独特性，了解孩子的个体心理特质并采取适当的教养策略，可以根据孩子的特性助其发展、提高亲子互动的质量。

什么是心理测验？

有些父母会带孩子前往医疗机构接受心理测验，有时候则是医疗人员或学校老师建议孩子去做心理测验。心理测验是一种专业的评估程序，主要通过与父母或主要照顾者谈话、与孩子互动并进行行为观察以及应用标准化的心理测验工具等方式，对孩子在先天气质倾向、注意力、活动量、认知学习、沟通表达、情绪调节、社会互动、行为管理或是生活自理技能等方面的发展进行评估。

心理测验有什么意义？

心理测验结果可以让父母明确自己的孩子与其他同年龄甚至同性别儿童相比在不同发展领域究竟落在什么样的位置，以判断孩子的发展是否属于正常水平，同时也可以清楚孩子的内在优势与相对弱点。一旦发觉孩子有异常的发展表现，则可以运用儿童发展知识以及心理学技巧尽早提供帮助，让孩子的整体适应水平有所提升。

父母担心孩子的发展状况时，可以先与儿童心理科、儿童康复科等专科医生进行讨论，或是向从事儿童发展、教育工作的专业人员咨询，以初步辨明孩子是否有发展异常的情况，必要时可以进一步向临床心理医生求助，安排专业的心理测验。心理测验提供的信息与建议能够更客观、具体地体现孩子的心智发展水平，为父母提供教养或早期治疗方面的参考。

> **小贴士**
>
> 心理测验的进行需要孩子的配合。焦虑、不易配合的孩子在心理测验中的实际能力易被低估，因此测验结果仅供父母参考。

第26章

儿童意外伤害处理

283

意外伤害的预防及处理

我们经常在媒体上看到各种意外伤害的案例，轻则使受害者心惊胆战，重则夺去受害者生命，留下一辈子的遗憾。3～6岁幼儿的肌肉与骨骼尚在发育，运动神经协调功能及认知能力发育也都尚未成熟，因而限制了他们对突发状况的反应能力。因此，为防范幼儿意外伤害、保护幼儿安全，需要照顾者提供协助，为幼儿创造一个安全的环境，才能使意外伤害的发生率降到最低。

■ 溺水

对幼儿来说，可能发生意外溺水的地点到处都是，从一个小小的水盆到泔水桶，都可能在短短几秒钟内让幼儿溺毙，所以有幼儿的家庭务必要注意防止这类意外的发生。家中浴室里装满水的浴缸或澡盆是最容易发生溺水的场所，千万不可将幼儿单独留在浴室里；同时，浴室中最好采用防滑地砖。如果家里有水塘或顶楼的水塔，应严禁儿童单独逗留玩耍，以免不慎跌入。

万一幼儿不幸溺水，最主要的伤害是缺氧，因此应先将溺水幼儿平放，头往后仰，保持呼吸道通畅。如果已无呼吸，在清除口腔异物后进行人工呼吸，然后测量脉搏，决定是否进行心肺复苏术，同时必须进行体外心脏按摩和人工呼吸。幼儿的血糖、溺水时间和进行心肺复苏术的时间是最好的预后指标，会影响受伤害程度与后续复原情况。

■ 撞伤

儿童在玩耍时常常玩得忘形而忽略了安全，反应与协调性也处于发育阶段，因此容易发生意外，例如在骑马打仗游戏中，碰撞的力量过大，可能引起脑震荡、骨折、脱臼等严重伤害。碰撞产生的伤害（如脑震荡）不一定能立刻发觉，也许要经过好多天才有症状出现，从而耽误了病情，因此一有碰撞情况最好先到医院检查，确定是否无恙。

家庭中经常发生的撞伤还有家具边角和开关门时的碰撞，如果碰到太阳穴或撞到脑部也十分危险。一旦发生撞伤、夹伤事故，如果孩子有呼吸不顺或骨折、流血的情况，要立即送医急救，才不会耽误病情。

■ 利器割伤

家中可能伤到儿童的利器不胜枚举，除了刀、剪之外，任何破裂的玩具或家具都可能割伤孩子，因此必须小心，以免意外发生。

如果孩子不小心被利器割伤，可先用生理食盐水或开水冲洗，再用碘酒消毒伤口。如果利器本身已经生锈或有污垢而伤口又很深，必须送医治疗，由医生视伤势注射破伤风针剂，以免伤口感染恶化。

医生在线

 孩子误吞鱼刺卡住喉咙该怎么办？卡到鱼刺时，可以吞饭或喝醋吗？

  如果孩子被鱼刺卡住喉咙，先让孩子轻咳，看看能否将异物咳出，还是有异物感的话，应就近到耳鼻喉专科诊所检查。一般在食道以上的异物都可以由诊所的医生夹出；如果已经进入食道，则需到医院急诊，医生会根据异物位置和形状判断是否需要用食道镜或胃镜取出。

一些口耳相传对付鱼刺的偏方，例如吞饭、喝醋、用手挖和催吐等，其实都很危险。吞东西有可能会让本来只卡在表层组织上的异物越刺越深，更难清除；喝醋可以软化鱼刺也是无稽之谈，醋通过食道的时间只有短短几秒，不可能软化鱼刺，况且醋的浓度如果高到能软化鱼刺，食道也早就被灼伤了。

284 中毒的预防及处理

据统计,一半以上的中毒事件发生在6岁以下的儿童身上。根据长庚儿科急诊的观察,最常发生中毒的场所就是我们温暖的家。如何才能预防儿童中毒意外,保障孩子的安全?下列建议供父母参考。

妥善管理家中危险有毒物质

居家环境中,任何一种有毒物质都可能被孩子误食,这类常见有毒物质包括任何药片(包括降血糖药物、降血压药物、支气管扩张剂等)、清洁剂(如洗衣粉、洗碗精、漂白水等)、农药(包括杀蚊、杀蟑、杀蚁或杀鼠剂及液状、粉状或饼状制剂)和小物件(如牙签、硬币、纽扣、电池、牙线棒和亮片贴纸等)。

中毒后的紧急处置

家中儿童有任何不适、意识变化或有任何潜在危险,家长必须马上把儿童送到附近医院急诊室治疗,不要有任何拖延,临床上急性中毒的有效急救时间只有1~2个小时。到医院时,要将误食物品及其包装盒、药瓶及说明书、可能的中毒时间等信息提供给急诊医生参考,以免耽误救治。

送医前切记,不要自行帮孩子催吐。非专业催吐是有危险的,不但可能造成吸入性肺炎,如果误服的是强酸、强碱,更可能造成重复性伤害。如果误喝强酸、强碱,可先喝下少量牛奶稀释,再送医治疗。

如何预防儿童中毒?

1. 将离家最近的医院急诊处的电话号码记在电话机旁,以备不时之需。
2. 记得将家中用过的清洁用品、药物、有机溶剂等放在儿童不易开启的柜子里。
3. 所有装药物的瓶子尽量使用儿童不易开启的安全瓶盖,服用后记得放回原处,不可随意放置。
4. 尽量不要在儿童面前服用药物,因为幼小的儿童容易误以为大人是在吃糖果,从而进行模仿。
5. 家长平日应教育儿童远离有毒物质及其可能带来的伤害,培养儿童的警戒心。

烧烫伤的预防及处理

伤害发生的原因

当幼儿能爬行或坐上学步车开始移动时，大人就要开始注意预防烧烫伤了。幼儿的烧烫伤大部分发生在家里，尤其是在客厅、厨房和浴室。在客厅里，孩子拉动桌布、碰触杯盘时，可能使桌上的热饮（茶、汤）倒下而被烫伤。在厨房里，孩子碰到热锅、打开热水时，都可能造成伤害。在浴室里，孩子可能因为一屁股坐进只放了热水的浴盆而烫伤，也有大一点的孩子会因自行打开热水龙头而烫伤。

其他的烫伤原因包括：碰触电熨斗、玩电插座、含太烫的奶嘴、碰触具酸碱性的清洁剂、碰触热封口机、碰到烧过的纸灰、吃火锅时碰到酒精膏或玩打火机等。照顾者的疏忽是造成儿童烧烫伤的最大因素，平时多加注意防范就可避免。

实时处置

幼儿烧烫伤有时会带来生命危险，不可轻视。有时一碗泡面从头淋下，就能导致皮肤肿胀、呼吸困难、脱水继而休克（幼儿头脸与身体面积的比例比成人大的缘故）。幼儿烫伤时，必须以正确方法急救，将伤势降到最低。万一不幸受伤，不要惊慌，先移除热源，再根据"冲脱泡盖送"五字口诀处理：

1. **冲**：指冲冷水，前10分钟最有效，可减轻伤害深度，减少肿胀与疼痛。但如果伤处面积太大，要注意不能冲太久，否则体温会降低。

2. **脱**：指能脱掉的衣物可脱掉，也有去除余热的效果，但粘在皮肤上的衣物最好到医院再处理，不要一时心急，在脱衣物同时连皮肤也一起扒下。

3. **泡**：指泡冷水，适用于手、脚等小面积伤处，大范围的伤口则不宜。

4. **盖**：指盖上清洁的毛毯衣物，避免失温。

5. **送**：指送到医院，幼儿烧烫伤不论范围大小，最好尽快到医院急诊部门处理。

千万不要自行涂抹酱油、醋、牙膏、糨糊、草药之类的东西，误用偏方往往容易造成伤口感染，严重时甚至可能引发败血症。如果烫伤较严重，已产生水泡，千万不要把水泡弄破，否则会感染细菌而化脓，耽误伤口痊愈的时间。

> 家庭护理

烧烫伤愈后常会留下疤痕和褶皱，影响关节活动。有的伤疤会影响发育，如女孩胸部的肥厚性疤痕会影响日后乳房发育。有的会有瘙痒、干裂抽痛、毛囊炎、溃疡等症状。有的伤疤会形成凹凸不平、褶皱、色素沉淀或脱失等丑陋疤痕。

愈后应注意伤疤保养，包括防晒、用润肤乳液按摩，可能还需穿戴弹性束套压制伤疤，并持续进行肢体运动等复健活动。这些保养和复健活动或长或短，平均要1年左右，直到伤疤定型。但如果伤疤严重，部分皮肤功能缺失，则必须终身保养。

> 疤痕整形重建

如果疤痕影响发育，造成反复、难耐的症状，或疤痕挛缩造成肢体功能障碍，一般无法通过复健改善，应该尽早评估，接受疤痕整形重建手术。如果症状较轻，只是考虑到外观问题或想改善皮肤功能，则建议等伤疤定型后再评估是否有必要进行美化。

> **小贴士**
>
> 平日应随时注意幼儿的活动，移走危险热源，避免误触。不慎烧烫伤时，应寻求正规渠道就医，就医前可先冲水，但应注意避免失温。愈后要注意伤疤的保养，预防或减少后遗症。

286

居家意外伤害的预防

■ 浴室

避免在浴室受伤的最简单的方法,就是不要让儿童有机会在没有大人陪伴的情况下进入浴室。可在浴室门上安装只有成人才能够到的门闩,并要确定门锁能从外开启,以防儿童把自己反锁在浴室内。以下是预防儿童浴室内伤害的一些建议:

1. 即使只有数厘米深的水,都有可能造成儿童溺水,所以绝对不要让幼儿独自待在浴室,即使时间很短。在不使用时,浴缸中绝对不要存水。
2. 浴缸底部要装设防滑条,水龙头外包覆缓冲软垫,以免儿童撞伤头部。
3. 养成盖上马桶盖的习惯,以免儿童玩马桶里的水甚至跌进马桶。
4. 为了预防烫伤,对能自行打开水龙头的儿童,应教导其一定要先开冷水再开热水。
5. 确保所有药品都装在有安全瓶盖的容器中,并将药物和保养品都放在高处上锁的橱柜中。
6. 浴室中的电器(尤其是吹风机和刮胡刀)在不用时皆应拔除电源,并收藏在儿童无法拿到的柜子里。此外,可安装一个特殊的浴室插座(接地故障断路器),降低电器掉进洗脸槽或浴缸时造成的伤害。当然,最理想的预防措施是不在浴室里使用这些电器。

■ 所有房间

有些安全原则和预防方法适用于所有房间。以下措施可预防常见的居家伤害,不只能保护儿童,也能保护所有家人:

1. 在家中安装烟雾探测器,至少每间卧室装一个。每月确认探测器是否正常运作。制订火灾逃生计划并演习,为紧急状况发生时做好准备。
2. 不用的插座应用安全插头堵上或是以家具挡住,防止儿童插入手指或玩具。不要把电线暴露在看得到的地方。
3. 在楼梯上铺设地毯以防滑倒,并确认地毯边缘粘牢。儿童学爬或学走时,在楼梯上下装设闸门。
4. 有些家庭观赏植物可能是有害的。避免种植可能有毒的植物,最好暂时不要在家中种植盆栽,至少要将它们移到室外。
5. 经常确认地板上是否有儿童可能吞食的小型物品,例如硬币、纽扣、电池、针、珠子、螺丝等。
6. 不要让儿童穿着袜子在家中奔跑,以防滑倒。

7. 将窗帘或百叶窗的拉绳在地板上的底座上系紧，或缠绕在墙上的托架上，以免儿童玩耍时被缠住。

8. 玻璃门特别危险，如果可以应一直保持开放，以免儿童冲撞。转门可能会撞到儿童，使其跌倒，折叠门则可能夹到手指。最好能暂时移除上述几种门，直到儿童年龄大到可以理解如何使用这些门。

9. 检查家中家具是否有坚硬的边缘或尖锐的角，尤其是家中有正在学步的儿童时，尽量将这些家具移到家人走动路线之外，也可在这些尖锐边角上贴上保护软垫。

10. 测试家中大型家具的稳定性，如立灯、书架以及电视架，最好靠墙放并固定。

11. 计算机应放在儿童碰不到之处，以免拉扯掉落造成砸伤，电线也要收到看不见的地方。

12. 较低的窗户应加装儿童无法开启的安全锁，窗边绝对不能放置任何可让儿童攀爬的家具，以免儿童坠落窗外。

13. 塑料袋在丢掉之前要先打结，绝不要在家中随意摆放塑料袋，尤其是像干洗袋这种大型塑料袋特别危险，要防止儿童爬进塑料袋或将塑料袋套在头上，造成窒息。

14. 为了预防烧烫伤，要确认家中所有热源（如暖炉、电热水壶、瓦斯炉、烤箱等）儿童都无法接近。

15. 酒精对幼儿十分危险，一定要确保将酒精性饮料收在上锁橱柜中，并清空所有酒瓶中的残酒。

> **小贴士**
>
> **居家设施或对象安全检查项目：**
> - 地面平整不会打滑
> - 地板上没有未固定的电线或其他易绊倒儿童的物品
> - 窗户装有护栏或防坠落的安全装置
> - 窗台离地板至少110厘米，10层楼以上至少120厘米，在窗户旁不放置床、沙发、椅子、桌子或矮柜
> - 电热器、电风扇加装防护设施，让儿童碰触不到
> - 不留下儿童能碰到的绳索（如窗帘绳）
> - 儿童活动地带没有细小尖锐的物品
> - 药品、清洁剂、碱水等要存放在儿童碰触不到的地方，并不要装在食物容器（如盘、碗、塑料瓶等）中
> - 有幼儿用餐时，避免在餐桌上放置桌巾，以避免打翻热汤／菜碗造成烫伤

呼吸道异物梗塞的预防及处理

呼吸道异物梗塞是指异物堵住呼吸道造成的窒息，是1岁以下儿童的常见意外死因。

婴幼儿如果在咀嚼和吞咽食物时说话、大笑或哭泣，非常容易增加食物误入呼吸道的风险，用餐时应保持安静，切忌在孩子哭泣时喂食。花生、瓜子、龙眼、硬糖果等颗粒较小的食物不易咀嚼，容易造成梗塞，尽量不要给2岁以下的幼儿吃。

此外，婴幼儿常因好奇而将眼前的东西往嘴里塞，或在玩耍时误入口中造成窒息。因此在婴幼儿能碰到的地方，千万不要放置细小的物品，如弹珠、玩具零件、别针、耳环等。

窒息超过5分钟，就可能对脑神经造成严重损害，甚至导致死亡。因此家长应具备急救常识，如果发现孩子突然吃力咳嗽、喘不过气、脸色发白，应检查是否有异物梗塞，立即施行急救，以免耽误抢救时机。

孩子异物梗塞时该怎么办？

1 岁以下婴儿：拍背压胸法

1. 请旁人拨打急救电话。
2. 清除口中异物。
3. 拍背：将婴儿翻过来，使其趴在大人前臂上，头部微下倾斜（注意要支撑住婴儿头颈部），以掌根在婴儿背部两肩胛骨中间向前扣击5次。
4. 压胸：在婴儿两乳头之间中点，以食、中二指快速按压5次。
5. 反复施行步骤3和4，直到异物排出或急救人员抵达。

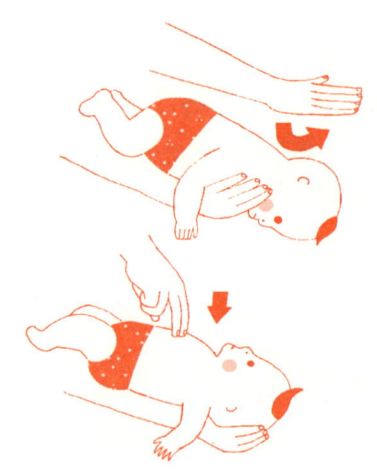

幼儿轻度梗塞时：鼓励孩子咳出异物

1. 如果异物仅有部分卡住呼吸道，孩子意识清楚，会剧烈咳嗽。父母可在旁安抚，鼓励孩子尝试将异物咳出。

2. 此时应注意孩子情况，如果出现呼吸困难、咳嗽无力、脸色发紫等情况，即可能已完全卡住呼吸道，应改用下面的方法。

幼儿严重梗塞但意识清楚时：环抱腹戳法（海姆立克急救法）

1. 请旁人拨打急救电话。

2. 大人握拳（大拇指与食指形成拳眼，面向孩子腹部），放在孩子上腹部正中线上，位置稍高于肚脐，另一手抱住拳头。

3. 双手用力向孩子的后上方快速反复推挤，注意看有无异物排出。

4. 如果没有发现异物，继续操作步骤2和3，直到急救人员抵达。

幼儿严重梗塞且意识丧失时：胸部按压法

1. 请旁人拨打急救电话，同时拍孩子肩膀呼唤，确认孩子失去意识后，让孩子平躺在坚硬的地面上。

2. 以仰头抬颌法（一只手放在孩子前额上，另一只手的手指将其下颌骨向上抬起，两手一起将头部推向后仰）打开孩子的呼吸道，发现嘴内有异物时，先进行清除。

3. 施救者跨坐在患儿下肢处，两手手指互扣，将掌根置于患儿肚脐上方，往下和前方推压5下，检查口腔内是否有异物，有则清除。

4. 没有发现异物时，尝试口对口人工呼吸，如无法吹进空气，重复步骤3；如能吹进空气，则施行心肺复苏术。

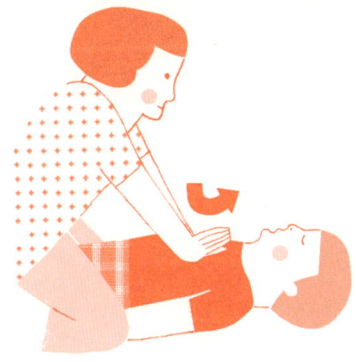

PART 8

认识疫苗接种

疫苗可说是为孩子身体构建抵抗力的重要防线,它能抵御杀伤力强大甚至可能造成严重残障或威胁生命的传染病。在进入小学前,孩子必须按规定完成各项预防注射。本部分将介绍对孩子比较重要的疫苗、接种后可能发生的反应与处理方式,以及万一漏打、延迟或接种状况不明时应采取的补种方式。

第 27 章　关于疫苗,你应该知道的事

第 28 章　认识重要疫苗

第 27 章

关于疫苗，你应该知道的事

什么是疫苗？疫苗接种有多重要？

疫苗是用来帮助我们抵御外来病毒和细菌的一种好方法。预防重于治疗，为了避免孩子患上可怕的传染病，预防接种是最具成本效益的公共卫生政策。

■ 疫苗是什么？

1. 疫苗原理：

接种疫苗是一种主动免疫的方式。其原理是把不具有或已降低致病性的病原体或其成分注入体内，使身体产生抗体，让接种者以后再接触到同一病毒或细菌时不会得病，或是减轻受感染的严重程度。

2. 疫苗成分：

每剂疫苗的成分，除了一种或多种抗原之外，可能还包含调剂的溶液、防腐剂、安定剂、抗生素和免疫佐剂等。

其中免疫佐剂又称免疫增强剂，可以促进免疫系统对抗原的免疫生成性，提高免疫反应的质量，包括提升反应强度与持续时间，可用较低的抗原剂量和较少的追加剂次引发强度相同的免疫反应。目前疫苗最常见的佐剂以铝盐为主，新型佐剂还在陆续研发之中。

■ 疫苗接种重要吗？

以上世纪曾造成欧洲上亿人口死亡的天花为例，由于牛痘疫苗普遍接种成效显著，世界卫生组织于1980年正式宣布天花已经绝迹。小儿麻痹也因疫苗的使用而被根除，成为第二种绝迹的致病原。除此之外，如白喉、麻疹、百日咳等疾病的危害也都在疫苗获得推广后大幅下降。

■ 疫苗的种类

疫苗可根据活性被大致分为减毒活疫苗与灭活疫苗（见表27-1）。

1. 减毒活疫苗：

减毒活疫苗含有完整的活性病原体，人体接种后，病原体会像真正的病毒或细菌一样繁殖复制，引起的免疫反应较强而持久，预防疾病的效果较好，通常一两针即可带来终身免疫效果。因为经过减毒处理，所以通常不会致病，但在少数情况下可能会引起轻微病症，或在免疫力低下的个体身上引起较严重的感染。

2. **灭活疫苗：**

　　灭活疫苗又称非活性疫苗，即死疫苗，是经过处理后已死去的病原体或病原颗粒、成分的一部分，接种后完全不会导致接种者感染该病原，安全性较高，但身体产生的免疫反应也较差，产生防护的时间较短，可能需要多次接种。灭活疫苗根据成分可分为全细胞型、类毒素型、成分型与仿病毒颗粒型等。

表 27-1　各种疫苗类型

种类		现有疫苗
减毒活疫苗		卡介苗，水痘疫苗，口服小儿麻痹疫苗，轮状病毒疫苗和麻疹、腮腺炎、风疹混合疫苗等
灭活疫苗	成分型	乙型肝炎疫苗、新型（非细胞性）百日咳疫苗、b型流感嗜血杆菌疫苗、肺炎链球菌疫苗
	类毒素型	白喉疫苗、破伤风疫苗
	全细胞型	旧型百日咳疫苗、流感疫苗、注射型小儿麻痹疫苗
	仿病毒颗粒型	人类乳头瘤病毒疫苗

289 幼儿接种疫苗的时间与禁忌

■ 疫苗的接种时间

疫苗的接种时间是接种成功的关键因素。到底一种疫苗要打多少针，该隔多久打，要根据多种因素决定，包括疾病的流行病学、疾病合并症的危险年龄族群、预期的抗体反应和免疫的持续时间。

表27-2为台湾现行常规疫苗预防接种时间表，供父母参考。

表27-2 台湾现行预防接种时间表

接种年龄 疫苗	出生后24小时内尽快	出生后24小时后	1个月	2个月	4个月	6个月	12个月	15个月	18个月	24个月	27个月	30个月	满5岁至入学前
乙型肝炎疫苗	第一针		第二针			第三针							
卡介苗		一针											
白喉破伤风非细胞性百日咳、b型流感嗜血杆菌及灭活小儿麻痹五合一疫苗				第一针	第二针	第三针			第四针				
水痘疫苗							一针						
麻疹、腮腺炎、风疹混合疫苗							第一针						第二针
流行性乙型脑炎疫苗							第一针 第二针			第三针			第四针
流感疫苗						←―――――初次接种两针，之后每年一针―――――→
甲型肝炎疫苗							第一针		第二针				
减量破伤风白喉非细胞性百日咳及不活化小儿麻痹混合疫苗												一针	
肺炎链球菌结合疫苗				第一针	第二针		第三针						

■ 接种疫苗的禁忌事项

接种疫苗是最直接、最有效的传染病预防措施，然而在某些特殊情况下，儿童是不宜接种疫苗的，需经医生判断后再进行接种。例如：

1. 正在发高热或患有急性中重度疾病：

正在发高热或患有急性中重度疾病的儿童，因为接种疫苗后的反应可能干扰对病情的判断，因此暂时不适合接种疫苗，应该等病情稳定后再进行接种。

2. 曾对特定疫苗产生严重过敏性休克反应：

一般来说，先前接种过特定疫苗或对疫苗中任何成分出现过严重过敏性休克反应的患儿，不应接种该疫苗。

3. 其他特定情况的注意事项：

①免疫机能不全（如有艾滋病或严重联合免疫缺陷病）的儿童，在接种活性疫苗前应先咨询医生，经医生评估后才可接种。

②曾输血或接受其他血液制剂（如免疫球蛋白）的儿童，应咨询医生何时可以接种麻疹、腮腺炎、风疹混合疫苗和水痘疫苗等活性疫苗。

③有进行性痉挛症或神经系统疾病的患儿，应在医生判断病情已经稳定后才可注射疫苗。

❗ 不属于接种禁忌的情况

一般来说，是否可接种疫苗应由医生进行评估，家长如果对接种有疑虑，应与医生详细讨论，不应随便放弃接种，耽误了孩子接种疫苗的时机。

1. 孩子感冒还没完全好，如还有轻微咳嗽或流鼻涕等症状，其实是不影响接种的。
2. 低热、轻微腹泻、正在接受抗生素治疗、之前接种疫苗的局部产生红肿痛的反应，或接种疫苗后发热低于40.5℃、家中有孕妇或接触的家人中有免疫缺陷者、接种者为过敏体质等情况，都不属于接种禁忌。
3. 早产儿除了接种乙型肝炎疫苗和卡介苗时有体重限制，其余疫苗的接种时间与剂量都与足月儿相同。

290

接种疫苗后可能出现的反应与处理

■ 接种疫苗后的常见反应

1. 一般疫苗：

接种部位可能出现红肿、疼痛现象，偶尔有食欲不振、发热等症状，这些反应通常会在数日内恢复。如果接种部位红肿十分严重或数日后仍不消退、出现化脓或持续发热情况，则须请医生诊治。

2. 减毒活疫苗：

上面提到的反应在接种任何疫苗后都有可能出现，但在接种减毒活疫苗后可能有类似自然感染的表现，比较特别。一般而言，出现的反应与处理方式如表27-3所示：

表27-3　几类疫苗的反应与处理方式

	反应	注意事项
卡介苗	大多有红色小结节，不需处理。如果变成轻微的脓泡或溃疡，不要挤压或包扎，只要保持局部清洁，经过2～3个月就会自然愈合	如果接种部位出现较多脓液或同侧腋窝淋巴结肿大，则需要就医
水痘疫苗	注射后5～26天可能出现类似水痘的水泡，不需特别处理	接种水痘疫苗后不可服用阿司匹林，以免发生瑞氏综合征
麻疹、腮腺炎、风疹混合疫苗	注射后5～12天可能出现皮疹、咳嗽、鼻炎或发热，不需特别处理，会自行消退	如果发热持续或合并食欲活力减退情况，建议请医生诊治

■ 疫苗的不良反应

1. 局部不良反应：最常见的不良反应是局部反应，即接种部位产生严重红肿，需要与蜂窝性组织炎做鉴别，蜂窝性组织炎通常在2～3天后才发生，需使用抗生素治疗；而局部反应则通常于当天发生，一般只需冰敷或服用抗组织胺便会好转。

2. 全身性不良反应：较常见的全身性不良反应包括发热、疲倦等。

3. 特定疫苗的罕见不良反应： 还有部分比较少见的疫苗不良反应，例如卡介苗可能在免疫力低下的人群中造成卡介苗株的弥漫性结核菌感染，不过目前病例极少，家长不用过于担心。

291

疫苗漏打、延迟或接种状况不明的补种方式

如果拖延疫苗接种的时间尚短，如在数周内，尽快接种即可。但如果拖得太久，就要考虑需要补打几次的问题，以及是否需要和即将接种的疫苗错开。通常的建议是，要遵医嘱尽快补种疫苗。

一般的通用原则是：不同的灭活疫苗或灭活与减毒活疫苗可以同时接种，也可以分开接种，且间隔时间不限。而两种不同的减毒活疫苗也可同时接种，如果不是同时接种，则至少需要间隔1个月。

第28章

认识重要疫苗

292

五合一疫苗（DTaP-Hib-IPV）

* 第一针：满 2 个月
* 第二针：满 4 个月
* 第三针：满 6 个月
* 第四针：满 1 岁 6 个月

五合一疫苗为灭活疫苗，可以同时预防白喉、破伤风、百日咳、小儿麻痹以及 b 型流感嗜血杆菌。此疫苗将旧型三合一疫苗中的全细胞性百日咳成分改为非细胞性百日咳，可大幅减少接种后注射部位红肿、疼痛或发热等不良反应的发生率。此外，也以灭活的小儿麻痹疫苗针剂取代过去的口服小儿麻痹疫苗糖丸，以避免虽罕见但可能发生的服用糖丸后仍患上小儿麻痹的情况。因此，新型五合一疫苗除了可减少儿童接种次数，还能减少疫苗可能产生的副作用。

对完成完整四针疫苗接种的孩子，疫苗效果可达到 95%，对破伤风和白喉的预防效果可以维持 10 年左右。10 年后则要视情况补种，如伤口不洁净，须补种破伤风疫苗；孕妇可接种百日咳疫苗，将抗体传给易受百日咳感染的新生儿。

293

卡介苗（BCG）

* 一针：出生满 24 小时后

为活性疫苗，由牛型结核分枝杆菌减毒后制成，目前主要成效为预防婴幼儿的结核性脑膜炎和血行播散型结核。

近年来，由于检验技术的进步，人们已发现极少数由牛型结核分枝杆菌造成的关节或淋巴结感染。为避免严重联合免疫缺陷病患者因接种卡介苗而造成感染，可先选择自费筛检，不过由于此症非常罕见（发生率约为十万分之一），也应将延迟接种疫苗带来的结核病风险纳入考虑。所以，如果处在结核病高发区，仍是越早接种越好。

乙型肝炎疫苗（Hepatitis B Vaccine）

＊第一针：出生后24小时内尽快接种
＊第二针：满1个月
＊第三针：满6个月

为灭活疫苗。乙型肝炎病毒会导致慢性肝炎，进而演变成肝硬化和肝癌。母婴间的垂直感染，是乙型肝炎盛行的重要原因。目前的产检中包括乙型肝炎带原与否的检查，如果为高传染性带原者（e抗原阳性），其新生儿应于出生后24小时内尽快接种第一剂疫苗，并同时给予免疫球蛋白。

麻疹、腮腺炎、风疹混合疫苗（MMR Vaccine）

＊第一针：满12个月
＊第二针：满5岁至入小学前

为减毒活疫苗，用来预防麻疹、腮腺炎、风疹，其预防效果平均可达95%以上，并可获长期免疫力。

麻疹、腮腺炎、风疹疫苗在全球范围内并没有全面普及，近几年国际麻疹疫情有所升温，欧美国家、日本、东南亚地区均有众多本土病例报告，此外，东南亚地区也爆发过大规模风疹疫情。

未曾接种过和需要前往疫区者最好先接种该疫苗，避免感染。由于疫苗在接种后约2周起才会产生免疫力，如需前往疫区，应注意接种时间，以确保疫苗达到预期的保护效力。

296

水痘疫苗（Varicella Vaccine）

＊一针：满 12 个月

为减毒活疫苗，注射后预防水痘感染的效果可达 95%～98%，抗体可维持 7 年以上。接种疫苗可避免严重的水痘症状，但即使接种疫苗，仍有少数人可能感染水痘（根据不同文献，比例为 8%～25%），症状通常较轻微，可能会产生较少的水痘皮疹（接种后小于 50 个病灶，如果未接种可能产生 200～500 个），较少发热，复原较快。

297

流行性乙型脑炎疫苗（Japanese Encephalitis Vaccine）

＊第一针：满 15 个月
＊第二针：与第一剂间隔 2 周
＊第三针：满 27 个月
＊第四针：满 5 岁至入小学前

为灭活疫苗，疫苗接种后 6～8 周产生抗体。流行性乙型脑炎由三斑家蚊传播的流行性乙型脑炎病毒引起，每 250 个感染者中只有约 1 人有症状，包括头痛、恶心、呕吐和发热，病情严重者可能昏迷，致死率高达 35%，留下神经系统后遗症的情况约有 30%。

甲型肝炎疫苗（Hepatitis A Vaccine）

＊第一针：满 12 个月
＊第二针：与第一剂间隔 6～12 个月

为灭活疫苗，完成两剂后，可提升抗体效价至 97%，无论成人或儿童都要接种两针。一般情况下，免疫力可持续约 20 年。接种年龄为出生后满 12 个月以上，两针至少间隔 6 个月。美国疾病控制与预防中心认为儿童应为甲型肝炎疫苗的首要的接种对象。

肺炎链球菌结合疫苗（Pneumococcal 13-Valent Conjugate Vaccine）

为灭活疫苗。肺炎链球菌常潜伏在人类鼻腔内，可通过飞沫传播，也是幼儿中耳炎、鼻窦炎最常见的病原。细菌表面的荚膜多糖与致病力有关，目前已发现 90 多种血清型。一旦感冒或免疫力降低，肺炎链球菌可能侵入人体，引发严重病症。

目前最新的疫苗有 10 价和 13 价类型，即将肺炎链球菌最常见或关键的 10 种或 13 种荚膜多糖体与增强免疫的蛋白质抗原，以共价键结合之后形成结合型疫苗（以 13 价为例，内含血清型抗原 1、3、4、5、6A、6B、7F、9V、14、18C、19A、19F、23F），能引发较有效和持久的免疫反应，并产生免疫记忆力，预防其引起的侵袭性疾病，如肺炎、脓胸、脑膜炎、败血症等。在免疫功能正常的 5 岁以下儿童中，各类型的保护效力平均约为 85%。

医生在线

Q 在接种乙型肝炎疫苗多年后，有些人的抗体已经消失，是否需要追加？

A 这个问题仍未有定论。打过乙型肝炎疫苗后，即使抗体消失，受感染的机会也微乎其微。但在免疫受到抑制的情形下（化疗或器官移植），则需了解感染的风险，考虑先行追加。

Q 目前还可以接种哪些儿童疫苗？是否有必要接种呢？

A 还有4价流行性感冒疫苗（2种a型加上2种b型）、轮状病毒疫苗、人类乳头瘤病毒疫苗等。在经济状况允许下，建议咨询医生，根据实际需要来让孩子接种，以预防疾病。其中轮状病毒疫苗是口服而非注射的，所以宝宝不用打针。此外，轮状病毒疫苗共有两种，一种口服两剂，另一种口服三剂，且8个月以上的宝宝不能再服用轮状病毒疫苗，因此建议最好在4个月大前开始服用，否则会来不及完成两剂或三剂的接种。

流感疫苗

流行性感冒（简称流感）除了会引起咽喉肿痛、咳嗽、流鼻涕外，常常伴随着高热数日、全身倦怠、肌肉酸痛等全身症状。流感与普通感冒最大的不同是，流感的全身性症状明显且容易引起并发症，如中耳炎、肺炎、心肌炎、脑炎或合并细菌感染等，在免疫力低下的人群中致死率较高，建议每年接种疫苗。

一般的流感疫苗为灭活疫苗，所以不用担心会因为打疫苗感染流感病毒，流感疫苗的副作用与一般疫苗类似，接种部位可能在接种后数天内肿痛，少数人可能合并发热。除了已知食用鸡蛋会导致严重过敏的病人外，接种禁忌也与一般疫苗大致相同。根据世界卫生组织的建议，孕妇不论怀孕几个月，皆可接种流感疫苗，除了可以降低孕期感染流感导致严重并发症的风险，也可以把抗体传给胎儿，保护未满6个月、还不能接种流感疫苗的宝宝。

附录

医生家庭的常备药品

一般父母需要为孩子在家中准备哪些常用药呢？在此，我们给读者的建议只是以备不时之需，绝对不是鼓励父母亲自给孩子治疗较轻微的病症，孩子生病不适时，还是应该由儿科医生诊治。另外还要特别提醒父母以下两点：（1）常备药物要根据有效期不断更新；（2）必须听从医生的指示使用药物，绝对不要未经医生开处方就自行在家中给孩子使用从未用过的药物。

有幼儿的家庭中的常备药品建议如下：

■ 外用药：

尿布疹药膏

尿布疹在婴儿身上很常见，建议使用含有氧化锌的药膏，除了对破皮处有收敛作用以外，还可以舒缓尿液和粪便对皮肤的刺激。

低效价的类固醇乳膏

可以用0.5%或1%的氢化可的松消炎药膏来治疗湿疹、皮肤干痒或是蚊虫叮咬。此类乳膏温和且适用于婴儿，但不要使用超过七天，因为长期使用可能导致皮肤色素减少，从而产生色差。

多重抗生素软膏

孩子年龄渐长，活动量也大增，随时可能不小心轻微割伤或擦伤。这类药膏可以用于表皮损伤，预防后续感染。

碘酒或双氧水

这两者都是紧急情况下清洗伤口的优良选择，只是使用双氧水时常会引起伤口疼痛。

凡士林

凡士林除了对干燥的皮肤和湿疹有明显疗效之外，保湿效果也极佳，可以涂在尿布包裹的区域，以隔绝皮肤与刺激性尿液和粪便的接触。

包扎伤口用品

准备不同尺寸的创可贴、无菌纱布和固定用胶布。也可准备弹性绷带卷，用于暂时止血。

■ 口服药物：用以退热和止痛

对乙酰氨基酚

即扑热息痛的主要成分，经常用作解热镇痛药的首选，有液状或颗粒制剂。必须听从医生指示或按标签上的建议剂量服用，但小于2个月的婴儿发热时一定要就医，不要自行服用退烧药。另外不要给婴儿阿司匹林作为退烧药，因为有可能会引起严重的合并症瑞氏综合征。

布洛芬

布洛芬和对乙酰氨基酚一样可以用来减轻疼痛和发热症状，但不适用于小于4个月的孩子。与对乙酰氨基酚相比，布洛芬药效较强，持续时间较久，但也较容易伤胃。

■ 退热肛门栓剂

口服退烧药后1小时，如果体温仍高于38.8℃，可再给予肛门栓剂退热；但两次肛门栓剂的给予时间应间隔6小时，避免密集使用造成体温过低。而且必须注意，同样的药物可以做成不同的剂型，不要选用与口服退烧药成分相同的肛门栓剂。

索 引

使用说明：
- 索引中收录了本书出现的重要词条和关键词，按拼音顺序排列。
- 各词条后的页数按内容相关度由高至低排列，读者如果对其他相关内容有兴趣，可查看后面的页码。
- 如果孩子生病了，建议尝试检索疾病症状（如皮肤红疹、腹泻等），有助于辨别可能病因及相关处理方式。此外，无法确定孩子病因或症状未能改善时，建议尽快就诊，请儿科专业医生进行诊断与治疗，以免耽误病情。

0 ~ 7 岁儿童发育曲线百分位图 041、042
AA、ARA（二十碳四烯酸）179、237、280
BMI（身体质量指数）300、302
DHA（二十二碳六烯酸）279、237、244、280
EPA（二十碳五烯酸）279
O 型腿、X 型腿 099

阿斯伯格综合征 452
癌症（恶性肿瘤）418、143、407
安全
　睡眠空间 027、035 ~ 037
　尿布台 036
　猝死 088、063、074、230
　家庭暴力与虐待 118、460
　婴儿摇晃综合征 118 ~ 119

本体觉 182、180、184、219、315
鼻
　鼻塞与呼吸杂音 077
　鼻窦炎 379、400、407

蚕豆病 417、082
产前与生产
　父母的心理准备 005 ~ 011
　产前检查 012、013
　产前父母教室 009、015
　生产征兆 016
　待产包 016
　爸爸的角色 009、015、017

陪产 015、018

产后抑郁症 007、022

肠

　　肠道病毒 366 ~ 368、370、380

　　肠绞痛 065、102、241

　　肠炎 395、076、254、255、365

　　肠套叠 425

　　肠杆菌 370、375、384、386

　　肠痉挛 399

　　肠胃不适 241、403

　　肠梗阻 076、080

　　肠胃感染 076、229

　　肠胃过敏 241、255

　　肠胃保健 283 ~ 287

　　坏死性肠炎 229、241、284

重复性行为障碍 463

抽动秽语综合征 411

触觉 044、181、184、219

创伤后应激障碍 460

打鼾 162

大动作发育 043、186 ~ 190

胆道闭锁 424、082

低体重儿 088、241、246

癫痫 410、118、164、240、370、461、464

电子产品 145、168、169、345

肚脐

　　脐带护理 050

　　脐带血 019、408、419

　　脐炎 373

断奶 265

　　断奶时机（离乳表征）266、249

　　断奶方式 266

　　断奶后饮食建议 249、265、266 ~ 269

耳

　　中耳炎 377、229、355、407、392、494

　　耳温 051 ~ 052、084

发热

　　新生儿发热 084

　　幼儿发热 353

　　发热的可能原因 350、086、355、357、359、360、361、362、365、366、369、370、372、374、375、377、379、380、383、384、386、387、390、395、409、414、420、423、426、487

　　发热的处理 353 ~ 354

发育

　　发育领域 043

　　发育迟缓 210 ~ 217

　　发育检查与评估 216

　　促进发育 043、045、150

　　发育里程碑 210、212

　　丹佛发育筛查测验 211

　　* 发育相关内容可参见：脑部发育、口腔发育、感觉统合、语言发育、感官发育、大动作发育、精细动作发育、社会行为发育、情

绪发育、游戏能力发育、生活自理能力发育等部分

肥胖 299 ~ 300
    健康问题 301
    预防与治疗 302 ~ 304
    运动建议 305 ~ 311

肺
    肺炎 381、085、350、355、357、359、363、380、392、397、407、423
    肺结核 383、487、491
    吸入性肺炎 062、073、473
    心肺功能 063、088、216、307 ~ 310
    肺炎链球菌 160、370、375、378、379、384、386
    肺炎链球菌结合疫苗 494

风疹 360、492

辅食
    开始添加时机 106
    添加原则与注意事项 109
    辅食的准备与制作 257 ~ 263
    各年龄层宝宝适合的辅食 110、112、262

腹泻
    婴儿腹泻 080、076、253
    益生菌的功效 284
    症状与疾病 399、359、365、365

钙 275、281、106、138、139、237、245、248、249、268

肝
    肝炎 396、294、301、424

肝炎疫苗 492、494

感官发育 181 ~ 185、047

感冒 355、077、377、379、381、393、401

感冒与过敏症状的不同 400

感觉统合 219 ~ 221

骨
    骨髓炎 384、363、365、386、407、487
    骨折 440、118、229、301、435、471
    脱臼 440

关节
    关节肿大 386
    关节疼痛 360、386
    化脓性关节炎 386
    类风湿性关节炎 372
    髋关节发育 438、099、023
    过度喂食 236

过敏
    食物过敏 403、079、405
    过敏的预防 251、285
    新生儿过敏 025、241
    过敏性鼻炎 400

喉软骨软化 421、062

黄疸 054、082、241、387、396、417、424

J

急救
    溺水 471
    撞伤 471

割伤 472

中毒 473

烫伤 474

居家意外 476

呼吸道梗塞 478

心肺复苏术 479

海姆立克法（环抱腹戳法）479

拍背压胸法 478

急性喉炎 380

急性阑尾炎 426

减毒活疫苗 483

焦虑

准妈妈对分娩的焦虑 009、013、015

孩子的焦虑 053、116、130、157、161、162、202、301、464、466

焦虑症 455、466

分离焦虑 128、200、333、453、463

分离焦虑症 456

教养议题

礼貌 329

溺爱 321、095、219

体罚 323

谈性 132

叛逆期 324

人来疯 330

不专心 156、221、344、448

没耐性 344

黏人 128

审美教育 204、347

阅读兴趣 342、317、345

独立自主 130、128、134、157、206、324

独生子女 326

怕黑、怕鬼 331

不听话 328

学英语或特长 346

金黄色葡萄球菌感染 363、375、381、384、386、390、393、160

精细动作发育 191～193

痉挛 088、118、353、362、409

拒学 161、453

抗生素 392、284

适用病症（细菌感染）363、365、370、373、375、377、379、381、384、386、387、390、426

口吃 152、127、196、199

口腔

口腔期 074、116

口腔发育 068、091、100、108、112、196、197、229

口腔保健 436、437、141

矿物质 275

淋巴结肿大 362、420、432

流感疫苗 496

麻疹 359、012、492

慢性疾病孩子的心理健康 464

梦魇 162

泌尿
- 泌尿系统 025、373、387
- 泌尿系统感染 387、373

免疫
- 先天性免疫缺陷 407
- 严重联合免疫缺陷症 408、486、491

灭活疫苗 484

母乳
- 母乳成分 034
- 母乳哺喂好处 229
- 母乳哺喂技巧 068、235、236
- 哺乳期妈妈饮食 237
- 哺乳期妈妈吃药 239
- 哺喂奶量建议 103、236、260
- 特殊宝宝的母乳哺喂 241

奶粉
- 奶粉成分 230、244
- 奶粉选择 246、243
- 成长奶粉 248
- 冲泡与喂食 072
- 婴儿羊奶粉 247
- 稠化配方 254
- 无乳糖配方 253、255
- 水解蛋白配方 251、255
- 配方奶宝宝奶量建议 103、236、260

奶嘴
- 奶瓶奶嘴 070、233、249
- 安抚奶嘴 074、249

难产 013

脑
- 脑部发育 170、028、043、044、108
- 脑炎 369
- 脑膜炎 370
- 流行性乙型脑炎疫苗 493

尿床 162、164、459、461、133

拍嗝 073、079

皮肤
- 湿疹 229、251、373、390、405、498
- 尿布疹 056、057、029、498
- 皮肤感染 390、358、363、372
- 皮肤红疹 056、109、253、357、359、360、362、366、372、487
- 皮肤变黄 082、417
- 接触性皮炎 055、056
- 婴儿皮肤护理 055、058

偏食 292、297

前庭觉 180～185、219

强迫症 457、411、463

情绪发育 202

R

热性惊厥 409

人际关系
- 友谊 336
- 友伴冲突 337、326

羡慕嫉妒 010、011、202、338

保护自己 339

如厕训练 124、333、461、462

腮腺炎 361

丧亲 466

沙门氏菌感染 365、395

疝气 427、003

社会互动 200、443、469、169

社会行为发育 200

生活自理能力发育 206、212、333、043

生长

  促进生长 150、275~281

  生长曲线（生长评估）039、149

  生长迟滞 289~295、299、397、407、413

  生长激素 060、162、167、229

  生长因子 229、247

  生长与发育的区别 149、177

  包皮 428、388

生长痛 441

适应障碍 459

手足口病 366

手足关系 010、011、327、324

水痘 357、493、487

水泡 056、357、366、390、473

睡姿 062

睡眠

  宝宝 060、102

  学步儿 133

  学龄前 162

胎记 059

特应性皮炎 439、400、435、498

体适能 309、101

挑食 289~293

听觉 023、026、028、181、184、219、417

吐奶

  溢奶与呕吐的不同 076

  溢奶的预防与缓解 028、049、062、071、073、254

  可能原因 079、236、427

维生素 276、139

喂药 087

胃

胃食道反流 397、062、065、076、255、294、401、421

味觉 181~184、219、296

物品的准备 006、029

  婴儿床 027

  枕头 028

  背巾 031

  推车 031

  汽车安全座椅 031~033

  婴儿椅（餐椅）034

  游戏围栏 034

  沐浴用品 049

  脐带护理包 050

  耳温枪 051~052

湿纸巾 058

吸乳器 066

奶瓶 070、067

奶瓶及消毒器具 070

母乳袋 067

习惯性偷窃 468

纤维素 278、138

腺病毒 160、355、380、382

消化性溃疡 398、294

哮喘 401、229、251、382、397、400、405、423、432、464

协调障碍 446

斜颈 431

写字 154

血

    贫血 416、108、136、247、275、294、398、417、420

    白血病 420

    败血症 375、368、373、407、426、427、474、350、494

    地中海贫血 012、019

心肌炎 415、350、366

心理测验 469

心杂音 413、025

心脏病 414

    筛检 025

    护理 085、353、294、423

    预防 301

    相关疾病 089、372、413

新生儿

    身体检查 023

    听力筛检 024、026

    代谢异常筛检 024

    自费筛检 025

囟门 023、025、064

性蕾期 430

嗅觉 181～185、116、219

选择性缄默症 458、461

学习障碍 444

牙齿

    长牙 100、091、102、262

    刷牙 141、437、100、109、414

    龋齿 436、142、170、068、229、249、296

    涂氟 142

    牙菌斑 141、436

眼

    近视 172、061、143、434

    弱视 434、143

    斜视 434、143

    结膜炎 432、366、372

    配眼镜 172

    假性近视 172

    近视的预防 173

厌奶 113

厌食 294

夜惊与梦游 162

遗尿症 461

遗粪症 462

益生菌 283 ~ 287

营养

 婴儿营养补充品 135

 用餐时间安排 270

 饮食建议 137、269

 不吃蔬菜 139

 零食 296、167、168、292、295、437

游戏能力发育 204

幼儿急疹 362

幼儿园

 教学法 334

 入学时间 157

 入学准备 157、333

 选择幼儿园 159

 传染疾病的预防 160

 从幼儿园到小学的过渡 340

幼儿一日饮食建议量 268、137

鱼油 279、280

语言发育 195 ~ 199

育儿

 上班族父母 319

 祖父母 318

运动

 适合儿童的运动项目与原则 307 ~ 310

 运动伤害预防 311

 肥胖儿童的运动 305

智力测验 209

注意力缺陷多动症 448、145、220、221、344、345、411、463

自闭症 450、211、219、452

自我

 自我管理 443、207

 自我意识 324

 自信 101、131、153、222、303、336、338

 自尊 316、443、446、468

 害羞 130、150、202、456、458

走路

 何时学走路 123

 为孩子选购鞋 098、123

 走路外八 099

 走路内八 099

 扁平足 098

 是否需要学步车 096

 是否需要矫正鞋 098

左撇子 126

坐月子 021、234

早产儿 013、014、040、136

胀气 079、065、102、236、241、253、255、427

出版后记

您手上这本厚厚的育儿百科,是台湾规模最大的医疗体系长庚纪念医院儿童医学中心经验丰富的医护人员团队与幼儿教育专家、畅销书作者周育如副教授合作编著的心血结晶,在收录西方先进医学研究成果的同时,也从中华传统文化中汲取养分,成为一本从华人视角出发、贴近华人育儿习惯的接地气的育儿书。

本书东西方结合的著书原则,来源于作者们对西方育儿图书占主流的市场现状的反思。另外,随着信息社会的发展与信息渠道的丰富,读者也很容易迷失在众说纷纭甚至以讹传讹的舆论环境中,因此,本书从策划到成书为止,都秉持着为华人社会中的新手父母提供科学、实用、符合华人具体情况的养育方法这一系列目标,对欧美或日本的经验与成果进行了充分的本土化处理。

而在本书的编校过程中,我们也对文稿进行了本土化处理,请拥有丰富临床经验的儿科全科医生进行审校,对原文中用法有异的医学术语与表述做了修正,使其更符合大陆的具体医疗实践与父母的阅读习惯。我们也保留了原文中台湾通行的饮食计量标准、疾病发生率等信息,以供父母们参考。另外,书中有部分篇幅探讨了家庭中有多个孩子的情况,如父母让大孩子接纳新弟弟妹妹的技巧,相信在如今二胎家庭越来越普遍的背景下,本书能成为父母们的好帮手。

儿童是国家的未来,理想、美好的未来需要从萌芽期便开始精心呵护。祝阅读本书的父母都能养育出健康、活泼、聪明、快乐的孩子!

服务热线:133-6631-2326　188-1142-1266

服务信箱:reader@hinabook.com

后浪出版公司
2016 年 9 月

图书在版编目（CIP）数据

华人育儿百科 / 林奏延，台湾长庚纪念医院儿科医疗团队，周育如著. —北京：北京联合出版公司，2016.10
ISBN 978-7-5502-8547-7

Ⅰ.①华… Ⅱ.①林… ②台… ③周… Ⅲ.①婴幼儿—哺育—基本知识 Ⅳ.① TS976.31

中国版本图书馆 CIP 数据核字 (2016) 第 219023 号

版权所有◎林奏延

本书版权经由亲子天下股份有限公司授权

银杏树下（北京）图书有限责任公司出版简体版权，
委任安伯文化事业有限公司代理授权

非经书面同意，不得以任何形式任意重制、转载。

华人育儿百科

著　　者：林奏延 等
选题策划：后浪出版公司
出版统筹：吴兴元
责任编辑：张　萌
特约编辑：刘昱含
营销推广：ONEBOOK
装帧制造：墨白空间·张　莹

北京联合出版公司出版
（北京市西城区德外大街 83 号楼 9 层　100088）
北京天宇万达印刷有限公司印刷　新华书店经销
字数 593 千字　720 毫米 × 1030 毫米　1/16　32.5 印张
2016 年 12 月第 1 版　2016 年 12 月第 1 次印刷
ISBN 978-7-5502-8547-7
定价：98.00 元

后浪出版咨询（北京）有限责任公司 常年法律顾问：北京大成律师事务所　周天晖 copyright@hinabook.com
未经许可，不得以任何方式复制或抄袭本书部分或全部内容
版权所有，侵权必究

本书若有质量问题，请与本公司图书销售中心联系调换。电话：010-64010019